中国科学院研究生教学丛书

生 物 数 学

徐克学 著

科 学 出 版 社

北 京

内 容 简 介

本书为中国科学院研究生教学丛书之一。

生物数学是20世纪生物学飞速发展中产生的一门新兴边缘学科。生物数学的基本理论与方法对当代生物学的发展产生重大影响，并在生物学有关领域得到广泛应用。本书对生物数学的发展历史、基本原理、数学方法及其在生物学领域中的应用作了比较系统的介绍。书中部分内容出自著者的科研和教学成果，如演化集合论、二元数据的数据处理和计算方法、生物信息论中的离散论、马尔柯夫链中的带输入马尔柯夫状态序列以及系统与控制论中的部分理论。本书内容适应了当代生物学研究工作对新理论知识和新技术方法的需要，有一定的深度和广度。

本书适合硕士以上研究生阅读，也是广大农、林、医、环保专业工作者或大专院校有关专业师生的教学参考书。

图书在版编目(CIP)数据

生物数学/徐克学著.–北京：科学出版社，1999. 10

(中国科学院研究生教学丛书)

ISBN 978-7-03-007850-6

Ⅰ. 生… Ⅱ. 徐… Ⅲ. 生物数学–研究生–教学参考资料 Ⅳ. Q-332

中国版本图书馆 CIP 数据核字(1999)第 38848 号

责任编辑：刘 丹 彭克里

责任印制：张 伟/封面设计：槐寿明

科学出版社 出版

北京东黄城根北街 16 号

邮政编码：100717

http://www.sciencep.com

北京凌奇印刷有限责任公司 印刷

科学出版社发行 各地新华书店经销

*

1999 年 10 月第 一 版 开本：787×1092 1/16

2022 年 9 月第九次印刷 印张：24 1/2

字数：566 000

定价：138.00 元

（如有印装质量问题，我社负责调换）

《中国科学院研究生教学丛书》总编委员会名单

《中国科学院研究生教学丛书》生物学科编委员会成员名单

《中国科学院研究生教学丛书》序

在21世纪曙光初露，中国科技、教育面临重大改革和蓬勃发展之际，《中国科学院研究生教学丛书》——这套凝聚了中国科学院新老科学家、研究生导师们多年心血的研究生教材面世了。相信这套丛书的出版，会在一定程度上缓解研究生教材不足的困难，对提高研究生教育质量起着积极的推动作用。

21世纪将是科学技术日新月异，迅猛发展的新世纪，科学技术将成为经济发展的最重要的资源和不竭的动力，成为经济和社会发展的首要推动力量。世界各国之间综合国力的竞争，实质上是科技实力的竞争。而一个国家科技实力的决定因素是它所拥有的科技人才的数量和质量。我国要想在21世纪顺利地实施“科教兴国”和“可持续发展”战略，实现邓小平同志规划的第三步战略目标——把我国建设成中等发达国家，关键在于培养造就一支数量宏大、素质优良、结构合理、有能力参与国际竞争与合作的科技大军。这是摆在我国高等教育面前的一项十分繁重而光荣的战略任务。

中国科学院作为我国自然科学与高新技术的综合研究与发展中心，在建院之初就明确了出成果出人才并举的办院宗旨，长期坚持走科研与教育相结合的道路，发挥了高级科技专家多、科研条件好、科研水平高的优势，结合科研工作，积极培养研究生；在出成果的同时，为国家培养了数以万计的研究生。当前，中国科学院正在按照江泽民同志关于中国科学院要努力建设好“三个基地”的指示，在建设具有国际先进水平的科学研究基地和促进高新技术产业发展基地的同时，加强研究生教育，努力建设好高级人才培养基地，在肩负起发展我国科学技术及促进高新技术产业发展重任的同时，为国家源源不断地培养输送大批高级科技人才。

质量是研究生教育的生命，全面提高研究生培养质量是当前我国研究生教育的首要任务。研究生教材建设是提高研究生培养质量的一项重要的基础性工作。由于各种原因，目前我国研究生教材的建设滞后于研究生教育的发展。为了改变这种情况，中国科学院组织了一批在科学前沿工作，同时又具有相当教学经验的科学家撰写研究生教材，并以专项资金资助优秀的研究生教材的出版。希望通过数年努力，出版一套面向21世纪科技发展、体现中国科学院特色的高水平的研究生教学丛书。本丛书内容力求具有科学性、系统性和基础性，同时也兼顾前沿性，使阅读者不仅能获得相关学科的比较系统的科学基础知识，也能被引导进入当代科学研究的前沿。这套研究生教学丛书，不仅适合于在校研究生学习使用，也可以作为高校教师和专业研究人员工作和学习的参考书。

“桃李不言，下自成蹊。”我相信，通过中国科学院一批科学家的辛勤耕耘，《中国科学院研究生教学丛书》将成为我国研究生教育园地的一丛鲜花，也将似润物春雨，滋养莘莘学子的心田，把他们引向科学的殿堂，不仅为科学院，也为全国研究生教育的发展作出重要贡献。

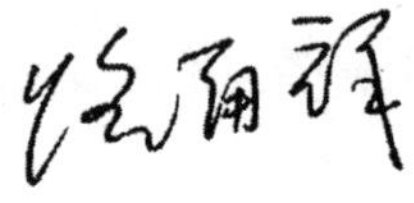

前　言

生物数学是 20 世纪生物学飞速发展中产生的一门新兴边缘学科。生物数学的基本理论与方法对当代生物学的发展产生重大影响，并在生物学有关领域得到广泛应用。在此形势下，广大生物学工作者迫切需要了解本学科的发展现状，掌握其原理与方法，应用于科研和生产实践中。因此在科研工作和大专以上院校的教学中备受重视，然而提供给生物学工作者学习阅读的教材和书籍不多，适用于研究生和博士生的教材在国内尚属空白。为了满足教学方面的需要，并促进本学科的发展是撰写本书的目的。

著者不但从事生物数学研究，而且还担负中国科学院研究生院生物数学课程的教学工作。科研和教学迫切需要编写教材，数年前我曾承诺撰写《生物数学》一书。经多年的科研和教学工作中不断学习、积累和总结，终于能完成了本书的初稿，实现了多年来的夙愿，甚感欣慰。在此我要感谢我国生物数学开创人杨纪珂教授的帮助与指导，同时还要感谢中国科学院生物物理研究所、植物研究所和中国科学院研究生院生物学部为研究工作和撰写本书所提供的支持与帮助。本书还得到中国科学院研究生教材出版基金的资助，承蒙有关领导、专家的支持与鼓励，在此一并表示谢意。

作为研究生教材，本书对生物数学的发展历史、基本原理、数学方法及其在生物学领域中的应用作了比较系统的介绍。还应许多生物学专家的要求，把当代生物学发展前沿中涉及的定量分析方法和对生物学产生重大影响的数学理论与思想作为本书的重点内容。然而由于本书篇幅的限制，部分内容不得不作了一些删除，实为可惜。

书中部分内容出自著者的科研和教学成果，如演化集合论、二元数据的数据处理和计算方法、生物信息论中的离散论、马尔柯夫链中的带输入马尔柯夫状态序列以及系统与控制论中的部分理论。这些内容是应生物学的需要而提出的，在理论与方法方面的开拓，仍需要广大读者和有关专家在实践中检验，提出宝贵意见，进一步发展和完善，以便于生物数学这门新学科的发展。

按照中国科学院的计划，本书属研究生教材，读者对象是硕士以上研究生，为此，教材内容适应了当代生物学研究工作对新理论知识和新技术方法的需要，有一定的深度和广度。但是在编写过程中，本书也兼顾到普通读者的需要，让更多的读者也能看得懂。著者把书中的内容分为不同层次，有关数学理论的论述，为了保持理论体系的系统性和严谨性，要求具备大学以上数学基础的读者才能阅读，部分内容也可能成为专业数学工作者了解生物数学的研究材料。但是在生物学的实际应用方面，在阐述具体运算方法和步骤时，尽量以最浅显而易于理解的方式展开，对读者数学基础的要求降到最低水平，让具有大学以上的普通生物学工作者对书中基本数学方法也能看得懂，会应用。多年的教学实践已经证实，许多数学基础较低的学员，通过教师与学生的共同努力，不仅掌握了生物数学的基本理论方法，还获得了优异的成绩。本书按这样的意图撰写，实际上它既是研究生的教材，也是广大农、林、医、环保专业工作者或中专以上有关专业教学的参考书。

让广大读者都能够学会应用生物数学方法的另一个重要环节是计算机实践，为了把本书的数学理论与生物数学实际应用结合得更好，与本书配套的生物数学《KX》软件的开发也与本书一同完成。凡书中主要的数学方法都有相应的程序能进行运算，软件中大量的习题也可供学员操作练习，通过实际演算来加深对抽象理论的认识十分必要。书中因篇幅限制而短缺的内容也一并以资料文件编入软件。因此，该软件成为阅读本书学习生物数学的辅助材料。望读者充分利用，以期达到更好的学习效果。需要软件的读者可直接与作者联系。

编写研究生教材是一项艰难的工作，生物数学是一门新学科，新学科教材的撰写更是难上加难，本书中错误难免，恳切希望得到广大读者的批评和指正。

徐克学

1999 年 3 月于北京

目　录

第一章 概 论

第一节 学科界说

生物数学(biomathematics)是一门介于生物学与数学之间的边缘学科。这门学科以数学方法研究和解决生物学问题，并对与生物学有关的数学方法进行理论研究。它的分支学科较多，从生物学的应用去划分，有数量分类学、数量遗传学、数量生态学、数量生理学和生物力学等。这些分支是数学与生物学不同领域相结合的产物，在生物学中有明确的研究范围。从研究使用的数学方法划分，生物数学又可分为生物统计学、生物信息论、生物系统论、生物控制论和生物方程等分支。这些分支与前者不同，它们没有明确的生物研究对象，只研究那些涉及生物学应用有关的数学方法和理论。

生物数学按照生物学和数学这两个方面去理解，可以从下面的图示获得形象的表示：

生物学		数 学
生物分类学 遗 传 学 生 态 学 生 理 学 ……	×	概 率 论 统计数学 微分方程 信 息 论 ……

这里把生物学的分支领域看作一个集合，数学的不同分支领域视作另一个集合，生物数学就是这两个集合导出的乘积空间。因而生物数学的分支内容十分丰富。

生物数学具有完善的数学理论基础，包括集合论、概率论、统计数学、随机过程、对策论、微积分，微分方程、线性代数、矩阵论和拓扑学，还包括一些近代数学分支，如信息论、图论、控制论、系统论和模糊数学等。由于生命现象复杂，从生物学中提出的数学问题往往十分复杂，需要进行大量的计算工作。因此，计算机是生物数学产生和发展的基础，是研究和解决生物学问题的重要工具。20 世纪 90 年代以来，计算机技术的进一步发展，生物学的应用又把数学模型的定量分析与电脑的信息处理技术紧密结合在一起，计算机在生物数学中日益重要。然而，不论数学内容多么丰富，计算机的地位多么重要，就整个学科的内容而论，生物数学需要解决和研究的本质方面是生物学问题，数学和计算机仅仅是解决问题的工具和手段。因此生物数学与其他生物边缘学科一样，通常被归属于生物学而不属于数学。1974 年联合国教科文组织编制的学科分类目录，已明确地将生物数学归入生命科学类，与生物化学、生物物理学等生物分支学科并列在一起。由此看来，学科归属于生物学的认识已得到公认。

认识学科归属的同时还应该认识生物数学与许多学科的复杂联系，学科归属的明确并不排除它的分支领域与其他学科的复杂联系以及学科界限上的模糊不清。这里首先要提出的是生物物理学和生物数学，这两门十分相近的边缘学科，不仅在发展的历史上相互影响，而且学科的内容相互渗透，关系十分密切。某些分支如生物控制论、生物力学、量子生物学和生物热力学成为这两个学科交叉重叠的领域。另一方面我们还应看到许多其他的观点，数学家常常把生物数学列入应用数学范畴，有些理论生物学家又把生物数学视作理论生物学的一个分支，也有的学者认为所谓理论生物学，其实就是生物数学。把整个生物数学区分为数学生物学(mathematical biology)和生物数学(biomathematics)两个方面，也是部分学者的观点。对分支学科应包括的范围认识不一致，众说纷纭、莫衷一是。上述学科界限上的模糊不清和名词概念上的混乱，都说明生物数学还是一门初见雏形，正处于发展形成中的新学科。

20 世纪 90 年代以来，计算机信息处理技术的飞速发展，生命科学中建立数学模型的定量分析工作与其前期的生物信息处理工作结合在一起，把生物数学的应用又提高到一个新的阶段。对生物数学这门尚未发展到成熟而定型的学科又面临着概念认识上的巨大冲击。在数量分类学中出现了生物信息工程的内容；在分子水平上的遗传学与分类系统学的研究，庞大的 DNA 数据库，蛋白质数据库与各种定量分析软件结合为生物数学的应用开拓出一片新的领域；生态学的研究把遥感技术、图像识别技术、地理信息系统与建立数学模型结合在一起，由此生态学家提出了信息生态学的名称；起步于布尔代数的神经生理数学模型与人功智能研究相结合发展成为研究具有思维能力的巨型计算机技术。 所有这些学术发展的新动态都说明，在计算机技术飞速进步的推动下，生物数学向着新的方向发展，正在演化成为由生物学、数学和计算机学三门学科相结合的边缘学科。

以计算机为基础，生物数学与生物信息处理相结合引导我们对数学，这个最基本的学科概念将赋予新的认识，应生物学的需要，数学的概念也须要扩充。如果按照它的本质结构去认识，新的数学结构可以表示成从一个一般的集合到一个信息集合的转换：

$$\boxed{\text{集合 } A} \xrightarrow{B=f(A)} \boxed{\text{信息集合 } B} \tag{1.1}$$

所谓数学，就是研究从一般集合到信息集合转换的理论、方法以及实现这种转换的运算过程。这就是我们对数学学科扩充以后的认识。在此集合 A 如果指实(复)数集合，信息集合 B 仅仅指一个实(复)数值，这就又回到传统数学中一般集合函数上去了。集合限制的放宽，将改变对数学概念的认识。在新的概念下，生物数学的范围和内容又将面临巨大变化。

第二节 发展历史

了解生物数学产生和发展的历史，要追溯到 19 世纪末 20 世纪初，最早是统计数学在生物学中的应用。1901 年英国著名统计学家 Pearson 创办了《生物统计学杂志》

(Biometrika)，它标志着生物数学发展的起点。生命现象的多次重复和大量出现，随机性的特点迫切要求概率统计数学方法，容易理解生物数学发展的萌芽阶段以生物统计学为基础。在这一阶段生物数学的工作局限于对生命现象作静止的，定量的简单描述，研究的数学手段仅仅是统计学，几何学和一些初等的解析方法。从当时的《生物统计学杂志》，可以看到许多这方面的研究成果，D'A. W. Thompson 对这一阶段的研究成果作了总结，写出一部巨著《论生长与形式》，它可以看作生物数学萌芽阶段的代表作。在这本书里提出了许多古典的生物数学问题，直到今天仍然引起某些学者的关注，进行讨论和研究。

20 世纪 20 年代以后，生物物理学的发展促进了数学向生物学进一步渗透。数学在生物学中的应用不再局限于静止的、孤立的描述生命现象，开始分析生命现象复杂的过程，并探索其规律性。人们应用各种数学工具，建立起各种各样的数学模型模拟各种生命过程。数学物理方法把许多微分方程模型带进生物学领域，生物数学的发展进入第二阶段。这一阶段的特征是生物物理带动生物数学发展。学术带头人首推生物物理学家拉舍夫斯基(N. Rashevsky)和生态学家洛特卡(A. J. Lotka)。

拉舍夫斯基在生物物理学学术上的成就形成了自己的学派，在他的主持下 1939 年创办了《数学生物物理学通报》(Bulletin of Mathematical Biophysics)，该杂志促进了生物物理学的发展。洛特卡以提出著名的 Lotka-Volterra 捕食与被捕食生态数学模型而出名，1952 年发表了他的专著《物理生物学原理》(Elements of Physical Biology)，这本专著是数量生态学早期的经典著作。1956 年这本书再版时改名为《数学生物学原理》(Elements of Mathematical Biology)。有趣的是拉舍夫斯基也于 1972 年把他创办的杂志改名为《数学生物学通报》(Bulletin of Mathematical Biology)。这两个学术出版物的改名再一次说明生物物理导致生物数学发展的事实。

在生命现象的研究中，人们最初把复杂的生命物质运动归结为简单的物理学和化学运动，利用比较成熟的物理学和化学知识总结生命现象的规律性。许多生物物理学的先驱者，把物理方法引进到生物学，却未料到获得的结果竟是生物数学的发展、这个事实重演了过去物理学及其他自然科学发展导致数学发展的历史。这本是不足为奇的，因为数学是一切自然科学的基础，数学本身就是从其他学科的实践中不断发展、丰富和抽象出来的。这种关系，物理学与数学之间表现得尤其明显。物理学的基本理论，从牛顿力学原理开始，有热力学原理、电动力学原理、量子力学原理、爱因斯坦的相对论直到今天基本粒子理论。物理学对客观世界认识得愈深刻，它所涉及的数学就愈多。近代物理学的原理也开始向生物学渗透，出现了生物热力学、量子生物学。从物理学的观点对生命现象揭示得愈深刻，所涉及的数学也愈多，生物数学终于成为研究生物学不可缺少的工具。

20 世纪 40 年代末电子计算机的发明和普及应用，让生物数学的发展进入又一个新的时期。由于生命现象非常复杂，给生物数学带来大量运算，只有利用电子计算机，一些生物数学问题的求解才成为可能，当今几乎所有的生物数学应用工作都必须通过计算机才能实现。在数学方面，由于计算机的发明，产生许多新的数学分支，数学工具借助电子计算机获得飞速发展，并广泛应用于生物学。计算机成为发展生物数学的基础。在此基础上许多生物数学的分支学科，如数量分类学、生物控制论、生物信息论等在 20

世纪50年代以后如雨后春笋般相继产生，并得到发展。

随着计算机技术的发展和它的普及应用，以此为后盾的生物数学如虎添翼飞速发展，到了20世纪70年代，俨然以一个独立的学科立于科学之林。生物数学作为独立学科的标志之一是具有完整的数学理论基础。发展到此时的生物数学已经把数学学科的绝大部分内容置于自己的理论基础之中，从古典的初等数学到近代数学，从抽象数学到应用数学。应该说像统计学这样一些分支领域，实际上是在生物学的应用中才建立和完善了自己的数学理论体系。20世纪的近代数学发展都与生物学的应用有联系，模糊数学是其中一例。1965年模糊理论一问世，很快被应用于生物学，直到今天模糊数学尚被部分数学家怀疑和排拒之时，是由于模糊理论在生物学等方面的广泛应用而得到发展的现实，才能够在学术的激烈争辩之中确立并巩固自己的地位。生物数学就是这样在广泛应用中建立和完善自己的理论体系，与此同时也推动了数学理论的发展。

生物数学作为独立学科的另一个标志是它的应用已经遍及生物学所有领域，微生物、动物、植物和古生物都有大量生物数学应用的记录，不同分支学科的应用已经又形成生物数学自己的分支学科，如数量分类学、数量遗传学等即是。在许多与生物学有关的学科和生产实践中也得到广泛应用，如农业、林业、环境、医药等方面。70年代以后，生物数学在诸多方面的应用产生显著的经济效益和社会效益。除理论意义外，巨大的实际效益，促使人们关注生物数学的发展，这时科学研究和宣传教育机构开始设立生物数学或与之有关的项目内容。所有上述情况都说明生物数学的发展已达到独立学科的水平，联合国教科文组织1974年颁布的学科目录把生物数学正式列为一门学科是有充分根据的。

20世纪90年代生物数学的发展进入与信息处理相结合的时代。计算机作为一门技术或学科，是20世纪发展和进步最快的领域，以计算机为基础的生物数学在计算机发展的带动和影响下，也必然随之一起迅速发展。生物数学发展前期仅仅利用计算机进行数值计算，当时的计算机也只能当作运算工具。随着20世纪70年代计算机数据库技术的产生和发展，计算机不仅是一种运算工具，也成为了信息处理的最得力的工具。20世纪90年代计算机技术在以下四个方面为生物信息处理创造了条件：①高性能微机的普及使用；②多媒体技术的产生；③计算机软件技术的提高；④计算机网络技术的推广使用。计算机在生物学数据库技术的发展和应用研究过程中，生物信息的收集、整理、存储、传输都能由计算机高速、自动化完成，信息处理工作十分重要。以致计算机成为生物学研究工作或其他有关生产实践的重要工具。生物数学家不得不把自己的工作从数学模型的建立和运算分析转向生物信息处理的研究上来。在这里数学模型与信息处理是相互紧密联系而不可分割的。信息处理要按照数学模型的建立而进行设计；数学模型要考虑信息提供的可能性而研究建模。生物数学的研究成果不再仅仅是建立模型和数值运算，还包括信息处理。它体现了生物学、数学与计算机三者在理论方法和技术上的结合，生物数学与计算机的结合把当代生物学的研究提高到前所未有的高水平。

在中国国内生物数学的发展是从“文化大革命”结束以后开始起步的。起步之时比国际上该学科发展至少落后20年，这是长期以来政治上的极左路线和学术上的闭关锁国所致，令人痛心。然而起步虽晚，一旦起步发展十分迅速，这要感谢一大批学术上的先驱者的勤奋努力。

国内生物数学的开创人当首推杨纪珂教授。杨教授多年来从事生物统计研究工作，正是他在国内发表了第一批有关生物数学和数量遗传方面的专著，也是他首先在各种重要的会议上和学术报告中呼吁发展生物数学。70 年代末，当他在中国科学院生物物理所任职时，主持成立了生物数学研究组，这是国内第一个本学科的研究组织，在杨教授的领导下，蓬蓬勃勃地开展生物数学研究工作，很快在国内形成了以中国科学院生物物理研究所为主的研究中心。在杨纪珂的学生孙长鸣的多方努力下，中国科学技术协会第二届常委会还通过了接纳“中国生物数学研究会”的决定。当时生物数学研究工作得到贝时璋所长的大力支持，还有许多学者从生物热力学、量子生物学、视觉模型、酶动力学和电子计算机应用等方面深入到生物数学。国内的生物数学发展也重步国外从生物物理到生物数学的发展道路。

80 年代初，在生物物理所的影响下，很快在高等学校涌现出一批对生物数学热心的学者。随后中国科学院数学研究所部分数学理论研究者和高等院校一批数学教师，都期望在生物学寻找应用研究课题，这样他们也步入到了生物数学的队伍中。这三股力量结合在一起经过协商，终于在 1984 年 11 月 28 日，召开了全国第一届生物数学学术交流暨工作会议，会址在广州中山大学，与会代表 158 人，收集学术报告 118 篇，会上宣讲 101 篇学术报告。会上成立了中国生物数学筹备委员会。

第一届学术交流会议的召开，标志着中国生物数学的发展进入一个全面发展与壮大的时期。此次会议之后，分别在西安、武汉、上海和杭州，又相继召开过国际生物数学交流会和第二、三、四届全国生物数学学术交流会。在农业、医学界也成立相应的学术组织，并举行各种有关学术活动。例如全国性的数量分类学讲习班已举办了 11 次之多。这些活动都大大推动了生物数学在国内的发展。与此同时，大量的学术论文在各种刊物上发表。中国生物数学筹备委员会成立后，第一项重要工作是于 1985 年创办了《生物数学学报》杂志。生物数学第一次在国内有了发表自己研究论文的刊物。90 年代以后又陆续出版了一批生物数学及其分支学科的专著。中国大百科全书将生物数学作为新学科条目，以 9000 字的中型条目收载入书。这是我国第一次将该学科收入百科全书。

生物数学在国内发展壮大的过程中，不同分支领域逐渐形成了该领域的学术带头人。

生物统计　北京农业大学 裴鑫德教授、陈伟侯教授，东北农业大学徐中儒教授
数量遗传学　北京师范大学刘来福教授
数量生态学　中国科学院-国家计划委员会综合考察委员会阳含熙院士
数量生理学　(植物方面)上海植物生理研究所王天铎研究员
数量分类学　中国科学院植物研究所徐克学研究员
数量生态学　(动物与昆虫方面)中国科学院动物研究所李典漠研究员
(在植物方面)山西大学张金屯教授
种群生态学　(数学模型研究)西安交通大学马知恩教授
(常微分方程数学模型研究)中国科学院数学研究所陈兰荪研究员
生物控制论　复旦大学顾凡及教授
视觉数学模型与生物控制论　中国科学院生物物理研究所汪云九研究员

医学数学模型　　浙江医科大学周怀梧教授
随机过程数学模型　　中国医科大学方积乾教授
生物热力学　　上海生物化学研究所徐京华研究员
数量经济学　　(农业方面)杨义群教授
生物信息　　中国科学院张建中研究员
生物信息　　(植物学方面)徐克学研究员
生物信息　　(动物学方面)李典漠研究员

以这一批学术带头人为骨干，形成了国内生物数学的基本队伍。这支队伍包括从事教学与科研，理论与应用方面的来自不同分支领域的高素质研究者。这支队伍将为国内生物数学跨世纪的发展奠定基础。

生物数学在国内的教学工作是从中国科学院和中国科学技术大学研究生院开始的。该研究生院十分重视新技术、新学科的教学内容，当该研究生院建院伊始就于 1979 年正式开设生物数学课程，这是国内最早开设生物数学课程的单位。经过近 20 年的摸索，对这一门新学科的教学工作已经积累了初步经验。本书就是为该研究生院编写的生物数学教材。当今国内的许多与生物有关的高等院校都建立了相应的专业或课程。

生物数学在国内虽起步较晚，但发展迅速。20 世纪 90 年代很快与国外先进国家缩短了差距。在研究队伍、学术组织、科研应用与教学方面都打下初步基础，为 21 世纪的中国生物数学发展赶上和超过国际水平而做好准备。我们有信心，期望着那一天的到来。

第三节　学科内容

依据生命科学的需要，生物数学的内容分为以下几个主要方面：

(1) 生命现象数量化的方法：所谓生命现象数量化，就是以数量关系描述生命现象。数量化是利用数学工具去研究生物学的前提。生物表现性状的数值表示是数量化的一个方面。生物内在的或外表的、个体的或群体的、器官的或细胞的，直到分子水平的种种表现性状，依据性状本身的生物学意义，用适当的数值予以描述。数量化还表现在引进各种定量的生物学概念，并进行定量分析。如体现生物亲缘关系的数值是相似性系数。各种相似性系数的计算方法及在此基础上的分类运算构成数量分类学表征分类的主要内容。遗传力表示生物性状遗传给后代的能力，对它的计算及围绕这个概念的定量分析是研究遗传规律的一个重要部分。多样性在生物地理学和生态学中是研究生物群落结构的一个抽象概念，它从种群组成的复杂和紊乱程度体现群落结构的特点。多样性的定量表示方法基于信息理论。

数量化的实质就是要建立一个集合函数，以函数值来描述有关集合。传统的集合概念认为一个元素属于某集合，非此即彼界限分明。可是生物界存在着大量界限不明确的、“软”的模糊现象，给生命现象的数量化带来困难。1965 年扎德(L. A. Zadeh)提出的模糊集合概念适合于描述生物学中许多“软”的模糊现象，为生命现象的数量化提供了新的数学工具。以模糊集合为基础的模糊数学已广泛应用于生物数学。

(2) 概率与统计方法：生命现象常常以大量、重复的形式出现，又受到多种外界环境和内在因素的随机干扰。因此概率论和统计数学是研究生物学经常使用的方法。

生物统计学是生物数学发展最早的一个分支，各种统计分析方法已经成为生物学研究工作和生产实践的常规手段。

概率与统计方法的应用还表现在随机数学模型的研究。以随着时间而变化的随机变量来描述生命现象显然是研究随机现象的重要概念，以这种观点研究生命现象必须先建立随机数学模型，然后利用随机数学理论去分析研究随机现象的规律性。随机数学模型又分为连续和离散两大类。由于生命现象的离散性，马尔科夫链作为离散的数学模型成为研究生物学的重要工具，特别在群体遗传学中，可以阐明许多群体遗传的规律。马尔科夫链也可以用于生态学、环境科学和医学。

(3) 数学模型方法：为了研究的目的而建立，它能够表现和描述真实世界某些现象、特征和规律的数学系统，称为数学模型。数学模型能定量地描述生命物质运动的过程。一个复杂的生物学问题借助数学模型能转变成一个数学问题，通过对数学模型的逻辑推理、求解和运算，就能够获得客观事物的有关结论，达到对生命现象进行研究的目的。

数学模型可分为确定模型和随机模型两大类。如果模型中的变量由模型完全确定，这是确定模型；与之相反，变量出现随机性变化而不能完全确定，称为随机模型。从数学物理方程中引出的许多微分方程数学模型都属于确定模型，其中部分偏微分方程和微分方程组在动物生理学、生态学中发挥重要作用。著名的霍奇金-赫胥黎(Hodgkin Huxley)神经兴奋传递数学模型就属于二阶偏微分方程。该模型为电神经生理学奠定基础。

(4) 综合分析方法：世界上一切物质的运动都是相互联系、相互制约的，生命现象表现尤为突出。片面的、孤立的、机械的研究方法不能满足生物学的需要。从非生命科学中发展起来的数学，在被利用到生物学领域时就须要从事物的多方面，在相互联系的水平进行全面的研究，须要综合分析的数学方法。

多元统计分析是应综合分析的需要，从经典统计学中分化出来的一个分支领域。它是从统计学的角度进行综合分析的数学方法。多元统计的各种矩阵运算体现多种生物实体与多个性状指标的结合，在相互联系的水平上，综合统计出生命活动的特点和规律性。生物数学中常用的多元分析方法有回归分析、判别分析、主成分分析和典范分析等。

多元统计分析不仅对生物学的理论研究有意义，而且由于原始数据直接来自生产实践、科学实验或调查资料，有很大的实用价值。在农、林业生产中，对品种的鉴别、情况的预测、生产规划及生态条件的分析等，都可以应用多元统计分析方法。医学方面的应用，多元统计分析与电脑技术相结合已经实现对疾病的诊断，帮助医生分析病情，提出治疗方案。

分类分析是一种专门解决分类问题的综合分析方法，它起源于多元统计中的聚类分析，多种数学工具的介入早已超出统计的范畴而发展成为新的生物数学方法。

系统论与控制论是最得力的综合分析数学方法。它是以动态的观点进行综合分析，因而胜过多元统计，应用于庞大的生态系统和复杂的生理学研究。但它也有缺陷，因为它的数学模型属于微分方程，对离散的事物描述有一定困难。

在系统和控制理论中，综合分析的特点还表现在把输出和状态的变化反馈对系统的影响，即反馈关系也考虑在内。生命活动普遍存在反馈现象，许多生命过程在反馈条件的制约下达到平衡，生命得以维持和延续。对系统的控制常常靠反馈关系来实现。

可控系统的最优控制是控制理论的核心问题。所谓最优控制，就是从实际需要出发设计适当的性能指标，在一定的约束条件下选取输入，使性能指标取最小值。寻求生物系统最优控制的方法常常采用庞特里雅金最小值原理和贝尔曼的动态规划。有关农业、林业、医学和环境问题的最优控制可望获得满意解决。

(5) 不连续的数学方法：不连续性是一切物质存在的基本属性。首先，物质和能量两个最基本的概念是不连续的；再看生命现象、物种、个体、细胞、基因等都是生命活动不连续的最小单位，有性繁殖的世代交替和循环重复的许多生理现象都是不连续的，生命活动的不连续表现尤其突出。因此，不连续的数学方法在生物数学中占有重要地位。

描述不连续生命现象的离散模型有两态和多态之分。马尔科夫链和分类分析属于多态的离散数学模型；两态的模型应生物学中二元表现状态而产生。如神经兴奋的传递、兴奋波的通过与否就是一个二元表现状态。1943 年麦卡洛克和皮茨在布尔代数的基础上，首次给出描述神经传递现象的离散模型。此模型不断改进，并借助计算机加以实现，目前已做到模拟许多较复杂的神经功能，成为探索人类大脑思维奥秘的一个重要手段。

不连续数学方法还表现在对连续方法的补充。微积分学的基本理论指出，函数的可微性蕴涵着连续性，因此以微分运算为基础的数学模型都是连续的。这些模型只适用于连续变化范围，对于连续函数出现不连续点或奇点(包括导函数不连续点)情形，模型无效。而恰恰在这些破坏了连续性的区域，却常常是生物学需要研究的课题。

60 年代以来，法国数学家托姆(R. Thom)从拓扑学提出一种几何模型，能够描绘多维不连续现象，他的理论称为突变论。生物学中许多处于飞跃的、临界状态的不连续现象，都能找到相应的跃变类型给予定性的解释。跃变论弥补了连续数学方法的不足之处，现在已成功地应用于生理学、生态学、心理学和组织胚胎学。对神经心理学的研究甚至已经指导医生应用于某些疾病的临床治疗。

(6) 计算机方法：这是应计算机技术飞速发展之后提出的新方法，我们可以从以下几个方面去理解计算机方法。

首先在生物数学中几乎所有的数学模型应用研究都需要计算机才能实现，这里计算机的软件设计随着模型的复杂和运算量的增加显得日益重要。生物数学不得不把软件设计与数学模型的设计放在一起考虑，生物数学不能回避计算机特别是计算机的软件设计工作。

其次，传统的生物学研究方式把收集整理信息数据与数据的运算分析分割开，数据的运算分析由计算机完成，数据的收集整理靠生物学家手工操作。计算机处理信息数据的能力产生和提高以后，这两项工作都由计算机自动完成，在计算机内这两项工作不再分割，而是互相密切联系，依据信息的特点和分析工作的需要，在计算机软件系统的统一安排下同时完成。因而生物数学家也须要考虑信息数据在计算机中的读取、存储、转换和传输方法，设计完整的计算机软件系统完成复杂的生物数学工作。

再次，数学应生命现象的需要，再加上计算机技术的不断提高，数学的概念正在改变，下一节还要专门讨论这个问题。在新的概念下，计算机运行时传统的数据运算可以看作是某种信息数据的转换处理；反过来信息数据的转换处理也是一种新的数学运算形式。

最后，当计算机的能力提高以后，我们可以利用计算机进行模拟试验。模拟有两种方式，一种是基于一定的数学模型，设计程序，给出不同的参数，在计算机上运行该数据模型，以数据模型的运行模拟生命现象。另一种方式是依据对生命现象的观察了解，设计相应的计算机系统来替代某种生命现象，运行该系统在计算机中重演生命物质运动的过程，由此了解生命活动的规律。这种方式对客观生命现象的模拟比较真实，但是实现这种模拟要求计算机具有较大的信息存储容量和较高的运行速度。计算机技术的提高为实现这种模拟创造条件。

第四节　学科的特点和意义

生物数学把数学的应用从非生命转向有生命，生物数学的特点是什么呢？它的特点取决于生命现象自身。

生命活动以大量重复和周期循环的方式出现，受到许多随机因素的干扰，在生命世界中随机现象比比皆是，对随机现象的研究需要概率统计方法，这是生物数学的第一个特点。

世界上一切事物都是互相联系，互相制约的，生命现象尤为突出。片面的、孤立的、机械的研究方法不能满足生物学的需要，对生命现象需要从事物的多方面，在相互联系的水平上进行全面的研究，需要综合分析的数学方法。这是生物数学的第二个特点。

生命物质的结构和生命活动的方式常常是不连续的、间断的，因此出现许多不连续的、离散的数学方法。这是生物数学第三个特点。

数学的应用转向生命现象，生物数学出现前面三种特点，然而具备这三个特点并没有完全满足生命现象的需要，没有给数学方法带来本质性的变化。因而，也就不可能从根本上解决生物学提出来的所有问题。那么生物数学还须要具备什么样的特点呢？让我们进一步讨论这个问题。

非生命现象的存在及其运动形式都是简单的，几乎都可用数值来表示。针对非生命现象的传统数学几乎都建立在实数及其扩展的集合的基础之上，这些数学方法的基本结构体现在函数的概念中，即从实数集合到一个实数值的映象：

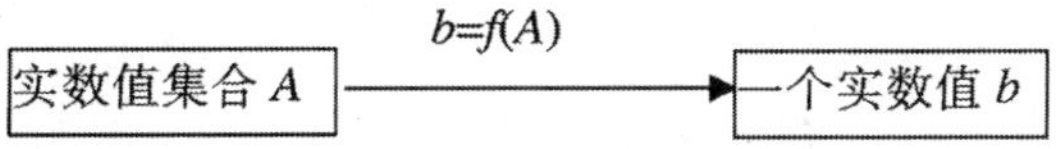

在生命世界，生命是物质运动的高级形式，生命存在的方式和运动形式是十分复杂的，它出现许多难于用数值表示的变化。例如，不同生物组织、器官类型上的变化；生物居群在不同演化方向上的变化；生物物质在微观层次结构上的变化；生命表现在空间几何形状上的变化和生物学中许多抽象的生物学概念等；生命活动表现信息的复杂性，如彩色图像、声音和复杂的活动过程等。

总之，面对这些变化多端的生命现象，要求生物数学能够打破传统数学的基本结构。换句话说，新的数学方法，其基本结构不应再拘守于实数集合上的实值函数。生物数学需要这样的结构：

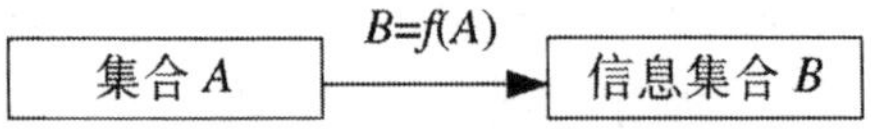

这里集合 A 是代表客观生物世界的一般集合，它可以是被研究生命现象的自身，也可以是反映被研究生命现象的数据集合。集合 A 通过广义的集合函数 f 转换成为集合 B，集合 B 是一个能够反映客观生命现象本质属性的信息集合。

上述新的数学结构是生物数学的第四个特点。因为这个特点直接来自生命现象的需要，并且触及到数学概念的根基，所以我们说，它是生物数学本质的特点，真正带有生命色彩的特点。

让我们以这样的观点认识当今的生物数学：

概率的定义是一般可测集上的集合函数，这里的集合，只要求是可测的，不一定是实数值集合。概率的定义开始部分摆脱传统数学基本结构的限制，正是因为具有这个特点，概率成为应用于生物学最早的数学概念之一。

信息论中的信息量，它的定义基于信源，信息量也是一个一般集合上的集合函数，以信息量为基础的信息理论，它已广泛应用于生物数学。

模糊数学的模糊集合概念，把数学方法朝着生命现象需要的方向上，向前迈进了一步，这一步非常深刻，因为它动摇了传统数学对集合的理解。一个集合可以用特征函数表示，传统数学的集合概念，特征函数取值非 0 即 1；新的集合概念把特征函数取值放宽到 0 与 1 之间的任一值。这里又涉及到集合函数的扩充理解。模糊集合的定义也突破了传统数学基本结构的限制，因此模糊数学在生物学中是很有发展前途的生物数学方法。

再看数量分类学中的分类分析，它的数学基本结构是把一般的数据集合转换到一个树系图。

在此，树系图可以看作图论中的赋权树图，集合函数的值是一个复杂的图，它在摆脱传统数学基本结构上有较大的变动。分类分析是从生物数学自身的分支学科中应生物分类的需要而发展起来的，它的数学基本结构和在生物学中的应用价值都显示出具有生物数学本质特点。

20 世纪 90 年代以后，生物数学的应用研究出现了一大批以计算机为基础的成果，如图像识别系统、服从某些专业需要的专家系统、人工智能系统、信息决策系统、自动控制系统等。这些系统功能十分强大，在科学研究和社会生产实践中发挥重要作用，生物数学的应用达到当代最高水平，按照前面数学基本结构的观点去分析，这些系统利用计算机对大量生物信息进行运算处理，转换成其他形式的各种信息，这些信息揭示事物的本质，阐明其运动发展的规律，提供对人们有用的东西。实际上具有这种功能的系统也是带有生物数学本质特点的数学方法。它的大量出现正在冲击传统的数学概念。什么是数学？数学的研究内容是什么？数学的概念和内容应该随数学本质结构的改变而扩充。概念和内容的扩充是由生物学应用的需要和计算机技术发展提供条件而提出来的。所谓数学，就是研究从一般集合到信息集合转换的理论、方法以及实现这种转换的运算过程。

由于计算机技术发展太快，数学基本概念和内容的改变未必能被数学家立即理解。只要我们回顾数学发展的历史，就不难理解当今的变化。实际上数学基本内容的扩充不乏其例。平行公理的改变，从欧氏几何引出非欧几何学；有理数的开方运算开拓出无理数；负实数的开方运算又导出虚数。当今的数学，应生命科学的需要和计算机技术的发展，学科概念和内容的扩充也是很自然的事。

第二章　生物统计数学模型

以统计数学的方法来研究生命科学，构成一门分支学科——生物统计学。生物统计学具有悠久的发展历史。早在本世纪初 K. Pearson 创办《生物统计学杂志》，就标志着这门分支学科的产生。统计数学在生命学科中的应用，一方面促进了概率论和统计数学的发展；另一方面对生物学产生重大影响，以至人们把生物统计的出现，誉为生物学获得了第二次生命。何以具有如此重大意义，这是因为生命是物质运动的高级形式，生命现象的多样性、重复性和复杂性，生命运动的规律蕴含在大量的随机现象中，没有统计数学作为工具无法从大量随机的现象中揭示生命活动的基本规律。这门分支学科产生后，很快在一切有关生物学的领域获得广泛应用，如遗传学、生态学、生理学等学科，还被应用在生产领域如农业、林业、医药等方面。20 世纪 80 年代以后在环境、生物多样性的研究和保护工作方面也得到应用。在有关生物基础理论方面，以生物统计为起点又派生出数量遗传、数量分类、数量生态和数量生理，因此生物统计作为生物数学的分支是发展最早、影响最广的分支领域。

早期的生物统计以经典的统计方法为主，电子计算机技术问世以后，生物统计得到突飞猛进的发展，表现在多元统计和随机数学模型理论的出现。由于生命现象的复杂性，多元统计成为生物统计中最有实用价值，发展最快的数学方法。

考虑到多元统计在生物统计中的重要性，也根据多数读者在经典统计方面已经学过或者具有一定的基础，在此就把多元统计放在主要位置，其中包括多元回归、多元判别分析、聚类分析、主成分分析等。经典的统计方法仅介绍部分最主要的内容。

学习多元统计在数学方面希望读者已具备高等数学、线性代数、概率论等学科的预备知识。

第一节　简单的统计数学方法

生命活动呈现出大量的随机现象，如果以数据来描述，大量的随机数据表现出一定的分布规律。其中以正态分布规律最普遍、最重要。概率论的中心极限定理告诉我们，凡是由大量随机因素总和的极限所构成的随机变量，如果所有这些因素都互相独立，对总和的影响均匀地小，那么该随机变量遵从正态分布。中心极限定理从理论上论证了，在实际生活中为什么大量的随机现象都以或者近似地以正态分布为其分布规律。

通常一维的正态分布，其分布密度函数是

$$Q(x)=\frac{1}{\sqrt{2\pi}\sigma}e^{-\frac{(x-a)^2}{2\sigma^2}} \tag{2.1}$$

其中有两个参数，a 是平均值，σ 是标准差。

遵从正态分布的随机变量ξ，其正态分布函数是

$$F(\xi < x) = \frac{1}{\sqrt{2\pi}\sigma}\int_{-\infty}^{x} e^{-\frac{(t-a)^2}{2\sigma^2}} dt \tag{2.2}$$

凡正态分布有两个参数 a 和σ；每给一组正态分布的参数 a 和σ (>0)，确定了一个正态分布。我们通常以 $N(a, \sigma)$表示平均值为 a，标准差为σ 的正态分布。平均值为 0，标准差为 1 的正态分布称为标准正态分布，记作 $N(0, 1)$。服从正态分布 $N(a, \sigma)$ 的随机变量η，可以通过变换

$$\xi = \frac{\eta - a}{\sigma} \tag{2.3}$$

转换成具有标准正态分布 $N(0, 1)$的随机变量。

标准正态分布是我们研究和计算与正态分布有关的各种统计数量的桥梁，各种统计图书资料中都载有详细的正态分布和分布密度数据表。统计工作者应熟悉查阅这些数据表。

有关正态分布的下面三个概率数据常常被用到，通过查表可以获得

$$P(|\xi - a| \le \sigma) = 0.6826$$
$$P(|\xi - a| \le 2\sigma) = 0.9545$$
$$P(|\xi - a| \le 3\sigma) = 0.9973$$

如有一服从正态分布 $N(a, \sigma)$的随机变量母体，从中取得 n 个观察数据

$$x_1, x_2, \cdots, x_n$$

对该母体的两个参数的无偏估计量按以下公式计算：

$$\text{平均值} \qquad \bar{x} = \frac{1}{n}\sum_{i=1}^{n} x_i \tag{2.4}$$

$$\text{标准差} \qquad S = \left[\frac{1}{n-1}\sum_{i=1}^{n}(x_i - \bar{x})^2\right]^{\frac{1}{2}} \tag{2.5}$$

这里所谓的无偏估计量，当 n 取得充分大，$\bar{x}$ 和 S 分别逼近于平均值 a 和标准差σ。当 n 数量比较小时，以(2.4)和(2.5)这两个公式直接计算 a 和σ。当 n 比较大时，为了减小

计算工作量，也可以采取分区统计计算的方式。

在此对人参(*Panax ginseng* C. A. Meyer)叶柄长的50个度量数据为例，进行分区统计计算。

表 2-1 植物人参叶柄长统计表

区号	区间范围(厘米)	区间值(厘米)	数据个数	频率
1	40~50	45	0	0
2	50~60	55	5	0.1
3	60~70	65	12	0.24
4	70~80	75	24	0.48
5	80~90	85	8	0.16
6	90~100	95	1	0.02

取出上面统计数据作直方图

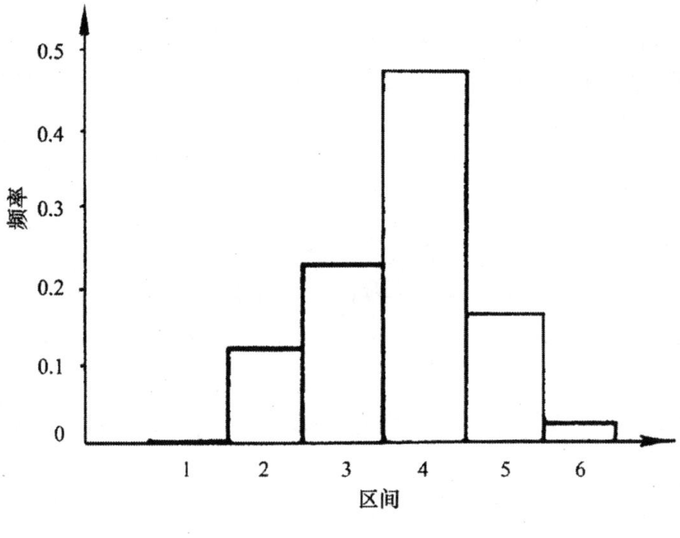

图 2-1 植物人参叶柄长统计直方图

这里如果 i 代表区间号，计有 m 个区间，x_i 是区间的变量值，n_i 是第 i 区间的数据个数。平均值与标准差的计算公式如下：

$$\text{平均值} \qquad \bar{x} = \frac{1}{N}\sum_{i=1}^{m} x_i \cdot n_i \tag{2.6}$$

$$\text{标准差} \qquad S = \left[\frac{1}{N-1}\sum_{i=1}^{m}(x_i - \bar{x})^2 \cdot n_i\right]^{\frac{1}{2}} \tag{2.7}$$

其中 $N=\sum_{i=1}^{m} n_i$ 。

将人参叶柄长数据统计表中的统计数据代入上述公式得

$$\bar{x}=\frac{1}{50}[5\times 55+12\times 65+\cdots+1\times 95]=72.6$$

$$S=\{\frac{1}{49}[5\times(55-72.6)^2+\cdots+1\times(95-72.6)^2]\}^{\frac{1}{2}}=9.161$$

至于人参叶柄长，该随机变量是不是正态分布呢？可以通过统计手段进行检验。随后在介绍各种统计分布和假设检验之后再验证。

这里我们把统计数学中数学期望与方差引进来，随机变量ξ 的数学期望和方差分别以 $M\xi$ 和 $D\xi$ 表示。对于正态分布有下面的结果：

(1) 如果ξ 是服从 $N(a，\sigma)$的正态分布，则 $M\xi=a$，$D\xi=\sigma^2$

(2) 如果ξ_1，ξ_2是相互独立分别服从 $N(a_1，\sigma_1)$，$N(a_2，\sigma_2)$的随机变量

作

$$\xi=\xi_1+\xi_2$$

得

$$M\xi=M\xi_1+M\xi_2=a_1+a_2$$

$$D\xi=D\xi_1+D\xi_2=\sigma_1^2+\sigma_2^2$$

因而ξ 是服从 $N(a_1+a_2,\ \sqrt{\sigma_1^2+\sigma_2^2})$的随机变量。

(3) 如果ξ_1,ξ_2是相互独立分别服从 $N(a_1，\sigma_1)$，$N(a_2，\sigma_2)$的随机变量，c_1 和 c_2 是常数

作

$$\xi=c_1\xi_1+c_2\xi_2$$

则

$$M\xi=c_1M\xi_1+c_2M\xi_2=c_1a_1+c_2a_2$$

$$D\xi=c_1^2D\xi_1+c_2^2D\xi_2=c_1^2\sigma_1^2+c_2^2\sigma_2^2$$

因而ξ 是服从 $N(c_1a_1+c_2a_2,\sqrt{c_1^2\sigma_1^2+c_2^2\sigma_2^2})$的随机变量。

(4) 如果 $x_i(i=1，2，\cdots，n)$是相互独立来自 $N(a，\sigma)$的随机变量。

作

$$\bar{x}=\frac{1}{n}\sum_{i=1}^{n}x_i$$

得

$$M\overline{x} = \frac{1}{n}\sum_{i=1}^{n} Mx_i = a$$

$$D\overline{x} = \frac{1}{n^2}\sum_{i=1}^{n} Dx_i = \frac{\sigma^2}{n}$$

因此 $\overline{x}$ 是服从 $N(a, \frac{\sigma}{\sqrt{n}})$ 的随机变量。

(5) 如果 $x_i(i = 1, 2, \cdots, n_1)$ 和 $y_i(i = 1, 2, \cdots, n_2)$ 是分别服从 $N(a_1, \sigma_1)$ 和 $N(a_2, \sigma_2)$ 的随机变量，并且 $n_1 + n_2$ 个随机变量每两两都互相独立。

$$\overline{x} = \frac{1}{n}\sum_{i=1}^{n_1} x_i, \quad \overline{y} = \frac{1}{n}\sum_{i=1}^{n_2} y_1$$

作随机变量 $z = \overline{x} + \overline{y}$，

得

$$Mz = M\overline{x} + M\overline{y} = a_1 + a_2$$

$$Dz = D\overline{x} + D\overline{y} = \frac{\sigma_1^2}{n_1} + \frac{\sigma_2^2}{n_2} = \frac{n_2\sigma_1^2 + n_1\sigma_2^2}{n_1 n_2}$$

因而 z 是服从 $N(a_1 + a_2, \sqrt{\frac{n_2\sigma_1^2 + n_1\sigma_2^2}{n_1 n_2}})$ 的随机变量。

下面是各种常见的统计量和假设检验。

χ^2 分布

这是一个在统计假设检验中十分重要的分布。如果有 f 个相互独立的，服从正态分布 $N(0, 1)$ 的随机变量 $\xi_i(i = 1, 2, \cdots, f)$，作统计量

$$\chi_f^2 = \sum_{i=1}^{f} \xi_i^2 \tag{2.8}$$

该统计量称为具有 f 自由度的 χ^2 分布的变量。

χ^2 分布也可采取另一种表示方式。如果 $x_i(i = 1, 2, \cdots, f)$ 是相互独立服从一般正态分布 $N(a, \sigma)$ 的随机变量，作变换 $\frac{x_i - a}{\sigma}$，显然这是服从标准正态分布的随机变量。统计量

$$\chi_f^2 = \frac{1}{\sigma^2}\sum_{i=1}^{f} (x_i - a)^2 \tag{2.9}$$

是具有 f 自由度的 χ^2 分布变量。

统计量

$$\chi_{f-1}^2=\frac{1}{\sigma^2}\sum_{i=1}^{f}(x_i-\bar{x})^2 \tag{2.10}$$

却是具有 $f-1$ 自由度的 χ^2 分布变量，其中 $\bar{x}=\frac{1}{f}\sum_{i=1}^{f}x_i$ 。

数学计算可以导出 χ^2 分布的分布密度函数：

$$P_f(x)=\begin{cases}\dfrac{1}{2^{\frac{f}{2}}\Gamma(\frac{f}{2})}x^{\frac{f}{2}-1}e^{-\frac{x}{2}} & \text{当 } x>0\\ 0 & \text{当 } x\leqslant 0\end{cases}$$

在此 $\Gamma(\frac{f}{2})$ 是伽玛函数。

学生氏分布，t 分布

从正态分布可以引出统计检验中常用的学生氏分布，它的统计量定义如下

$$t=\frac{\xi}{\sqrt{\chi^2/f}} \tag{2.11}$$

其中 ξ 服从标准正态分布 $N(0, 1)$，χ^2 是遵从具有 f 自由度的 χ^2 分布，且 ξ 与 χ^2 相互独立。f 称为该学生氏分布的自由度。

在实际应用时 t 分布常常采取下面的形式，此形式是具 $n-1$ 自由度的学生氏分布：

$$t=\frac{\bar{x}-\mu}{S}\sqrt{n} \tag{2.12}$$

其中 $\bar{x}$ 和 S 分别是服从正态分布 $N(\mu, \sigma)$ 的 n 个互相独立观测数据的平均值和标准差。如果 η 服从正态分布 $N(\mu, \sigma)$，$\eta_1, \eta_2, \cdots, \eta_n$ 是相互独立的 n 个观测数据，平均值和标准差表示如下：

$$\bar{x}=\frac{1}{n}\sum_{i=1}^{n}\eta_i, \qquad S=\left[\frac{1}{n-1}\sum_{i=1}^{n}(\eta_i-\bar{x})^2\right]^{\frac{1}{2}}$$

显然 $\frac{\bar{x}-\mu}{\sigma}\sqrt{n}$ 服从标准正态分布 $N(0, 1)$，$(n-1)S^2/\sigma^2=\frac{1}{\sigma^2}\sum_{i=1}^{n}(\eta_i-\bar{x})^2$ 是具有 $n-1$

个自由度的χ^2分布，再按照 t 分布的定义，取$f=n-1$，$\xi=\dfrac{\bar{x}-\mu}{\sigma}\sqrt{n}$，$\chi^2=(n-1)S^2/\sigma^2$ 代入(2.11)可得表示式。由此知新的学生氏表示(2.12)正确。

自由度为f的学生氏分布，分布密度函数如下：

$$P(t)=\frac{1}{\sqrt{f}\ B(\frac{1}{2},\frac{f}{2})}\cdot\frac{1}{(1+\frac{t^2}{f})^{-\frac{f+1}{2}}}$$

其中$B(\frac{1}{2},\frac{f}{2})$是贝塔函数。

当自由度$f>30$，t 分布近似于标准正态分布 $N(0, 1)$，这时可以查正态分布表。

F 分布

两个自由度分别为f_1和f_2且相互独立的χ^2分布，记作χ_1^2和χ_2^2，统计量

$$F_{f_1 f_2}=\frac{\chi_1^2/f_1}{\chi_2^2/f_2} \tag{2.13}$$

称为具有自由度f_1和f_2的 F 分布统计量。

F 分布的分布密度函数是

$$P(x)=\begin{cases}\dfrac{\Gamma(\frac{f_1+f_2}{2})}{\Gamma(\frac{f_1}{2})\Gamma(\frac{f_2}{2})}\cdot f_1^{\frac{f_1}{2}}f_2^{\frac{f_1}{2}}\cdot\dfrac{x^{\frac{f_1}{2}-1}}{(f_2+f_1x)^{\frac{f_1+f_2}{2}}} & \text{当}x>0\\ 0 & \text{当}x\le 0\end{cases}$$

其中 $\Gamma(\quad)$表示伽玛函数。

有了前面的准备工作，我们就可以讨论假设检验。在统计检验工作中把被研究的随机变量称作母体，该随机变量来自被研究的生命现象，我们通过随机变量的变化去认识生命现象的规律性。为此从母体中观测到一批数据，称为该母体中取得的子样。这里为了让子样能够反映母体的特征，当然要求从母体中观测的数据是随机抽取的。统计检验就是从有限子样的数据获得对母体的有关规律性的认识。譬如母体遵从何种分布？其平均值多少？标准离差是多大？统计检验的一般过程是这样：

为了认识母体的规律性，对母体提出与其有关的统计学判断，称为假设，记作“H_0”。统计工作的任务就是要对此假设做出接受或否定的判决。裁决通常是先建立一个与此事物有关的统计量ω，如果假设 H_0 成立，统计量以一个很小的概率 a 属于区域Ω。然后从观测的数据检测ω是否属区域Ω，如果ω属于Ω是小概率事件，几乎不可能发生的事，竟然发生了，我们作出否定 H_0的结论；否则接受 H_0。这里很自然，我们接受 H_0并不等于完全证明假设 H_0的真实性；反之拒绝 H_0，也未能证明其不真实性。对此判断的可靠

性当然与概率 a 有关，我们把 a 称为显著性水平。判断不是绝对的，而是在一定的显著性水平上进行。显著性 a 值愈小，判断的可靠性愈高。

如果我们的统计检验是对反映母体数值的某一参数 θ 进行估计；把 θ 看作统计量，设法确定参数 θ 的区间[θ_1, θ_2]。如果实际测量的结果我们可以得到 θ 落入该区间，即

$$\theta_1 < \theta < \theta_2$$

成立，就完成了对参数 θ 的估计检验。其概率记作 $1-a$ 是接近 1 的值，称为置信度，相对应的区间称为置信区间。

下面我将以实际例子介绍几个最常用的假设检验方法。

χ^2 检验

在生物学中，事物的规律性常常反映在某一组实际数量与理论预测数量是否能很好地吻合。可以利用 χ^2 检验来判断。

如果对某事物提出假设 H_0，从事物的实际测量中获得一组 n 个数量，记作 $s_i(i = 1, 2,\cdots, n)$，另一方面从假设 H_0 真确，可以获得一组相应的理论预测数量，记作 $y_i(i = 1, 2,\cdots, n)$。

设计如下理论预测与实际数量偏离度的度量

$$\sum_{i=1}^{n}\frac{(s_i - y_i)^2}{y_i} \tag{2.14}$$

统计学家 Pearson 于 1899 年就已经证明，上述度量当测量的总数量无限增加时，服从自由度 $n-1$ 的 χ^2 分布。根据这一理论进行 χ^2 检验。该检验方法要求每一实测数量不少于 5，如果不足，将两相近数据归并在一起。

先以遗传学中的杂交实验为研究对象，举孟德尔的豌豆杂交实验为例。孟德尔所做的豌豆杂交，使用种子黄色、圆粒的自交系和种子绿色、皱粒的自交系进行杂交。黄色与绿色是一对等位基因，黄是显性以 Y 代表，绿色是隐性以 y 代表；圆粒与皱粒是另一对等位基因，圆粒是显性以 R 代表，皱粒是隐性以 r 代表。杂交以后获得 4×4 = 16 种基因型，由于杂交基因型只表现显性，因此杂交的后代只表现出黄圆、黄皱、绿圆、绿皱 4 种结果，如果孟德尔的遗传规则成立，所得的杂交后代这四种表现结果黄圆、黄皱、绿圆、绿皱分别以比例 9∶3∶3∶1 出现。这种比例可以从下表获得

表 2-2　豌豆杂交基因型表

	YR	Yr	yR	yr
YR	YYRR 黄圆	YYRr 黄圆	YyRR 黄圆	YyRr 黄圆
Yr	YYRr 黄圆	YYrr 黄皱	YyRr 黄圆	Yyrr 黄皱
yR	YyRR 黄圆	YyRr 黄圆	yyRR 绿圆	yyRr 绿圆
yr	YyRr 黄圆	Yyrr 黄皱	yyRr 绿圆	yyrr 绿皱

孟德尔实验实际获得的杂交后代有黄圆 315 颗，黄皱 101 颗，绿圆 108 颗，绿皱 32 颗，共计 556 颗。实验结果是否支持它的遗传学说呢？如果孟德尔的遗传规律成立，杂交后代应以上述比例表现出来。今以假设检验来分析实验结果。假设 H_0：杂交后代黄圆、黄皱、绿圆、绿皱以 9∶3∶3∶1 的比例出现。

如果 H_0 成立，按此比例分配黄圆、黄皱、绿圆、绿皱理论预期值应分别是 313、104、104、35 颗。作 χ^2 统计量

$$\chi^2=\frac{(315-313)^2}{313}+\frac{(101-104)^2}{104}+\frac{(108-104)^2}{104}+\frac{(32-35)^2}{35}=0.51031$$

此例 $n=4$，自由度 $=n-1=3$，查表 $\chi^2_{3\ 0.01}=11.345$，说明 $P(\chi^2_3>11.345)=0.01$，而 $0.51031<11.345$，因而在显著性水平 $a=0.01$ 之下，接受原假设 H_0，杂交后代 遵从上述预期的比例。孟德尔遗传定律获得实验的支持。

χ^2 检验常用于对统计分布的吻合性进行检验。在此仍举前述人参叶柄长的数据为例，人参叶柄长的随机变量是否遵从正态分布？我们已经算得平均值 $\bar{x}=72.6$，标准差 s=9.161。可以作为该母体正态分布两个参数的估计值。

假设 H_0：人参叶柄长数据遵从正态分布 N(72.6，9.161)

将原 1 与 2 区归并，5 与 6 区归并，四个区间数据计算结果列表于下

表 2-3　植物人参叶柄长正态分布检验表

区间	区间范围(厘米)	实际数据计数	理论预计数	$[(s_i-y_i)^2/y_i]$
1,2	~60	5	4.2252	0.1421
3	60~70	12	15.1875	0.6689
4	70~80	24	20.1051	0.7546
5,6	80~	9	10.4823	0.2096

表中理论预计数是根据假设 H_0 成立，按正态分布 N(72.6,9.161)计算而得。举区号 3 的计算过程如下：先将区间范围作变换$(x-\bar{x})/s$

$$\frac{60-72.6}{9.161}=-1.3754,\qquad \frac{70-72.6}{9.161}=-0.2838$$

在标准正态分布表中查得

$$\begin{aligned}P(-1.3754<\xi<-0.2838)&=P(\xi<-0.2838)-P(\xi<-1.3754)\\&=0.38825-0.08450\\&=0.30375\end{aligned}$$

该区间理论预计数= 0.3038×50 = 15.1875。其他区间理论预计数亦如此计算。

$$\chi^2 = \sum_{i=1}^{4} \frac{(s_i - y_i)^2}{y_i} = 1.7751$$

在计算χ^2时，由于正态分布的两个参数$\bar{x}$和s依赖于原数据，失去2个自由度。因此，χ^2的自由度为4–2–1 = 1。查χ^2分布表$\chi^2_{1\ 0.05} = 3.841$，说明$P(\chi_1^2 > 3.841)=0.05$，由于1.7751<3.841，故接受原假设H_0，人参叶柄长数据服从正态分布。

t检验

学生氏检验常常用以对母体平均值做推断。以实际例子说明它的具体用法。

先举医学中的例子，以中药青木香治疗高血压，50个临床治疗病历，治疗前后舒张压数据之差x为随机变量，平均值$\bar{x} = -16.28$，标准差$s = 10.58$，问疗效是否显著。

如果舒张压之差x遵从正态分布$N(\mu, \sigma)$。疗效的检验成为检验μ是否大于0。假设H_0：$\mu = 0$，进行检验。首先根据t分布的规定建立统计量

$$t = \frac{\bar{x} - 0}{s}\sqrt{n} = \frac{-16.28}{10.58}\sqrt{50} = -10.88$$

这是自由度为$n-1 = 49$的学生氏分布。可取正态分布近似代替t分布，显著性水平$a = 0.01$，$t_{0.01} = -2.33$，说明$P(t < -2.33) = 0.01$，而$t = -10.88$这比$t_{0.01}$小，t值落在否定区域内，假设H_0不成立，换句话说疗效显著有效。

对x的置信区间进行估计，在置信度$1-a = 0.95$，查表$t_{0.05} = 2.01$，说明$P(|t| < 2.01) = 0.05$

$$\frac{|\bar{x} - \mu|}{s}\sqrt{n} < 2.01$$

即

$$\bar{x} - \frac{2.01}{\sqrt{n}} s < \mu < \bar{x} + \frac{2.01}{\sqrt{n}} s$$

$$-16.28 - \frac{2.01}{\sqrt{50}} \times 10.58 < \mu < -16.28 + \frac{2.01}{\sqrt{50}} \times 10.58$$

$$-19.29 < \mu < -13.27$$

最后结果说明在置信度0.95之下，舒张压平均降低13.27~19.29。

再举一例说明t检验的另一用途。某种植物原料经处理后含脂率的变化如下：

处理前	0.19	0.18	0.21	0.30	0.66	0.42	0.08	0.12	0.30	0.27	
处理后	0.15	0.13	0.00	0.07	0.24	0.24	0.19	0.04	0.08	0.20	0.12

试问处理对含脂率的下降是否有效？如果两组数据分别都服从正态分布，且标准差

相同，可以建立一个 t 分布的统计量，对该问题进行统计检验。

让我们以一般情形讨论该问题，如果有两个分别服从正态分布 $N(\mu_1, \sigma)$，$N(\mu_2\sigma)$ 的母体。分别从该母体独立取出大小分别为 n_1 和 n_2 的子样，样本平均值分别为 $\bar{x}, \bar{y}$，样本标准差分别为 s_1 和 s_2。作检验假设 H_0：$\mu_1=\mu_2$。

把 $\bar{x}-\bar{y}$ 看作新的随机变量，显然该变量的均值为 $\mu_1-\mu_2=0$，标准差为 $\sqrt{\frac{n_1+n_2}{n_1n_2}}\sigma$。因此 $U=\frac{\bar{x}-\bar{y}}{\sqrt{\frac{n_1+n_2}{n_1n_2}}\sigma}$ 是服从标准正态分布的随机变量。又因为 $\sum_{i=1}^{n_1}(\frac{x_i-\bar{x}}{\sigma})^2$ 和 $\sum_{i=1}^{n_2}(\frac{y_i-\bar{y}}{\sigma})^2$ 分别是自由度为 n_1-1 和 n_2-1 的 X^2 变量，它们的和自由度为 n_1+n_2-2 的 X^2 变量。

从 t 分布的定义(2.11)，将上述结果引入，可得服从自由度为 n_1+n_2-2 的 t 分布统计量

$$t=\frac{\bar{x}-\bar{y}}{\sqrt{\frac{n_1+n_2}{n_1n_2}}\sigma}\frac{1}{\sqrt{\left[\sum_{i=1}^{n_1}(\frac{x_i-\bar{x}}{\sigma})^2+\sum_{i=1}^{n_2}(\frac{y_i-\bar{y}}{\sigma})^2\right]\frac{1}{n_1+n_2-2}}}$$

考虑到 $s_1^2=\frac{1}{n_1-1}\sum_{i=1}^{n_1}(x_i-\bar{x})^2$ 和 $s_2^2=\frac{1}{n_2-1}\sum_{i=1}^{n_2}(y_i-\bar{y})^2$，将上式整理后得

$$t=\frac{\bar{x}-\bar{y}}{\sqrt{(n_1-1)s_1^2+(n_2-1)s_2^2}}\cdot\sqrt{\frac{n_1n_2(n_1+n_2-2)}{n_1+n_2}} \tag{2.15}$$

在显著性水平 a 下，查 t 表得 t_a(自由度 $f=n_1+n_2-2$)，最后比较 $|t|$ 和 t_a。作出拒绝或接受 H_0。

现在回到前面含脂率是否降低的问题，如果计算得

处理前：样本大小 n_1=10，平均值 $\bar{x}=0.273$，标准差 $s_1^2=0.02811$,

处理后：样本大小 $n_2=11$，平均值 $\bar{y}=0.133$，标准差 $s_2^2=0.00642$,

代入(2.15)计算统计量

$$t=\frac{0.237-0.133}{\sqrt{9\times0.02811+10\times0.00642}}\sqrt{\frac{10\times11\times19}{10+11}}=2.48$$

这里需要检验含脂率是否降低，否定假设是 $\mu_1\leqslant\mu_2\alpha$，属于单边检验，因而在显著性水平 a 下应根据 $P(|t|>t_{2a})=2\alpha$。取 $\alpha=0.05$，查表得 $t_{0.1}$(自由度 $f=19$)= 1.729。$t>t_{0.1}$，

说明 t 落入小概率事件的否定域，从而否定假设。检验结果说明含脂率下降。

第二节　回归预测数学模型

生命活动的各种现象都处于统一的整体之中，因而是相互联系、相互制约的。为了认识生命活动的规律性，需要找出不同现象之间的关系。数学中的函数确定了自变量与变量之间的关系，许多方程，包括微分方程也确定了一种数量上的关系，通常这种关系是确定的，也就是说一些变量一旦给出，另一变量就被完全确定。用这种数学关系来描述生命现象，就是所谓确定数学模型。但是在自然界中生命活动受多种因素干扰，事物的变化表现为随机的，与确定的数学模型相对应还需要随机的数学模型，从大量随机的不确定的现象中寻求事物的统计规律，其中一种统计数学方法称为回归分析方法，从回归分析方法获得的数学关系称为回归数学模型。这是一类具有较高实际应用价值的随机数学模型。

为了更进一步说明回归分析方法，还是让我们从一个具体的例子入手。在畜牧业中，猪的饲养者需要随时了解猪的体重，然而在实际工作中，活体重的测量比较费事。 而猪的各种经济性状之间都具有一定的联系，我们可以从体长预测体重，因而需要了解猪体重与体长之间的关系。为了揭示它们之间的关系，经过调查对中国北方猪种我们已获得一批数据：

体长(厘米)	体重(公斤)
136.6	161.9
157.5	200.0
139.0	176.5
144.0	205.0
138.6	180.2
138.6	113.0
141.9	148.0
149.7	180.3
134.6	133.8

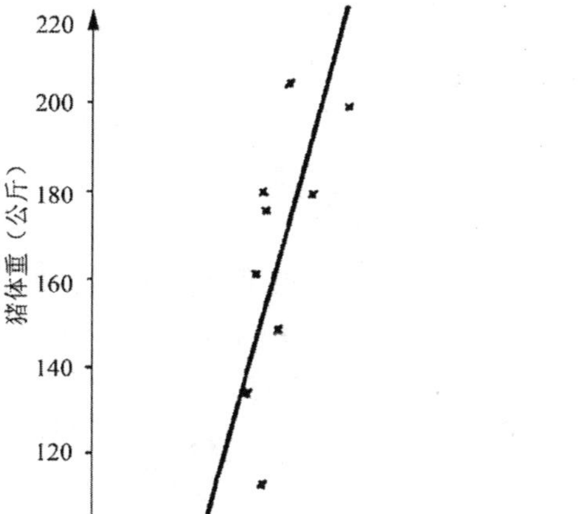

图 2-2　猪体重与体长散点图

将这些数据作出散点图(见图 2-2)，每次测量获得的一组数据在图中以一点表示。在图中大量数据构成的散点图虽然因随机性的影响呈现出不规律性，但是我们能看出仍然表现出一定的规律。体长愈长，体重愈重，二者表现出变化相互关联的趋势。图中的散点在一定的范围近似地表现为线性关系，可以设想以一条直线来代表体长与体重的关系。利用直线的关系来作出体长对体重的预测，这种统计方法就是最简单的一元回归分析方法。

我们的讨论先从一元回归开始，如果原始数据是$(x_i, y_i)(i = 1, 2, \cdots, n)$，其中$x_i$代表体长，称为自变量，$y_i$代表体重，称为因变量，因变量$y$是须要根据自变量$x$进行预测估计的量。作为预测的直线方程如果写成

$$y = b_0 + b_1 x \tag{2.16}$$

其中b_0和b_1是待定常系数。通过此方程可以从x值预测相应的y值。方程(2.16)称为回归方程。

如果把回归方程作为对因变量预测表达式，将数据x_i代入回归方程得

$$\hat{y}_i = b_0 + b_1 x_i \qquad (i = 1,2,\cdots,n)$$

因变量预测值$\hat{y}_i$与实际值y_1的离差平方，代表预测值偏离实际值的估计量，各组数据列出于下：

自变量	因变量	预测值	离差平方
x_1	y_1	$\hat{y}_1$	$(y_1-\hat{y}_1)^2$
x_2	y_2	$\hat{y}_2$	$(y_2-\hat{y}_2)^2$
……			
x_n	y_n	$\hat{y}_n$	$(y_n-\hat{y}_n)^2$
$\bar{x}$	$\bar{y}$	$\bar{\hat{y}}$	$(Q=\sum_{i=1}^{n}(y_i-\hat{y}_i)^2)$

这里作离差平方累计求和$Q=\sum_{i=1}^{n}(y_i-\hat{y}_i)^2$，该值可以作为全部因变量预测值与实际值离差程度的估计。为了预测值的准确，Q值愈小愈佳，Q的值与回归方程有关。问题归结于如何寻求适当的系数值b_0和b_1，使Q达到最小值，从而获得最优回归预测方程(2.16)，这就是回归分析的思路。

以b_0和b_1的函数形式，写出量Q：

$$\begin{aligned} Q(b_0,b_1) &= \sum_{i=1}^{n}(y_i-\hat{y}_i)^2 \\ &= \sum_{i=1}^{n}(y_i-b_0-b_1x_i)^2 \end{aligned}$$

依据多元函数达到极值的条件有

$$\frac{\partial Q}{\partial b_0} = -2\sum_{i=1}^{n}(y_i - b_0 - b_1 x_i) = 0$$

$$\frac{\partial Q}{\partial b_1} = -2\sum_{i=1}^{n}(y_i - b_1 - b_1 x_i)x_i = 0$$

将该式整理后可得 b_0 与 b_1 的线性方程：

$$b_0 n + b_1\sum_{i=1}^{n}x_i = \sum_{i=1}^{n}y_i$$

$$b_0\sum_{i=1}^{n}x_i + b_1\sum_{i=1}^{n}x_i^2 = \sum_{i=1}^{n}x_i y_i$$

解线性方程组得

$$b_1 = \frac{\sum_{i=1}^{n}x_i y_i - \frac{1}{n}(\sum_{i=1}^{n}x_i)(\sum_{i=1}^{n}y_i)}{\sum_{i=1}^{n}x_i^2 - \frac{1}{n}(\sum_{i=1}^{n}x_i)^2} \tag{2.17}$$

$$b_0 = \frac{1}{n}\sum_{i=1}^{n}y_i - b_1\frac{1}{n}\sum_{i=1}^{n}x_i \tag{2.18}$$

这里将平均值 $\overline{x} = \frac{1}{n}\sum_{i=1}^{n}x_i$ 和 $\overline{y} = \frac{1}{n}\sum_{i=1}^{n}y_i$ 代入(2.17)和(2.18)，也可获得下面的形式的表达式

$$b_1 = \frac{\sum_{i=1}^{n}x_i y_i - n\overline{x}\overline{y}}{\sum_{i=1}^{n}x_i^2 - n\overline{x}^2} \tag{2.19}$$

$$b_0 = \overline{y} - b_1\overline{x} \tag{2.20}$$

系数 b_0，b_1 一旦确定，回归方程(2.16)被建立，我们可以从自变量体长预测因变量体重的值。因回归方程中的自变量仅有一个，称此回归分析运算为一元回归。

就前面中国北方猪种的数据，做体重预测的一元回归分析运算如下，先做对体重和体长原始数据的下列计算：

$$\sum x_i = 1280.5, \qquad \sum y_i = 1497.7$$

$$\sum x_i^2 = 182605.59, \quad \sum y_i^2 = 256944.43$$

$$\sum x_i y_i = 214308.15$$

$$\bar{x}=\frac{1}{9}1280.5=142.2778,\qquad \bar{y}=\frac{1}{9}1497.7=166.5222$$

代入(2.19)和(2.20)得

$$b_1=\frac{214308.15-142.2778\times166.5222/9}{182605.59-(142.2778)^2/9}=2.5697$$

$$b_0=166.5222-2.5697\times142.2778=-199.0919$$

最后获回归方程：

$$y(\text{猪体重，公斤})=-199.0919+2.5697x(\text{猪体长，厘米})$$

在生物学问题中，一元回归所建立对因变量的预测是不精确的，其不精确性可以来自原始数据的误差和数据量的不足等原因，这些原因在此不予考虑。不精确的另一个重要原因，就是对影响因变量的因素考虑不全面。在前面讨论对猪体重预测时，因为与体重有关联性的因素不仅仅是体长，还有体高，胸围、胸深和背膘厚等因素，因素考虑不全面，回归预测不准确。这方面的不精确性是一元回归做统计运算无法克服的缺陷。为了获得比较全面的较精确的回归预测，就必须在方法上重新设计一种能包括多种因素(即多个自变量)的所谓多元回归分析方法。下面讨论多元回归分析。

假如我们对因变量 y 考虑与其有联系的 p 个自变量 $x_i(i=1,2,\cdots,p)$，收集 n 组原始数据排列如下：

自变量				因变量
1	2	$\cdots$	p	
x_{11}	x_{12}	$\cdots$	x_{1p}	$y_1=x_{1p+1}$
x_{21}	x_{22}	$\cdots$	x_{2p}	$y_2=x_{2p+1}$
x_{n1}	x_{n2}	$\cdots$	x_{np}	$y_n=x_{np+1}$

(2.21)

这里 $x_{ij}(i=1,2,\cdots,n;j=1,2,\cdots,p)$代表第 j 个自变量在第 i 组数据值；$y_i(i=1,2,\cdots,n)$代表因变量的第 i 组数据值。为了在分析和运算中保持符号的一致，令 $x_{ip+1}=y_i(i=1,2,\cdots,n)$，这样一来，原始数据成为 n 行 $p+1$ 列数值矩阵，矩阵前 p 列是自变量数据，第 $p+1$ 列是因变量数据。在原始数值矩阵中，每一组数据可以看作 $p+1$ 维空间中的一点，当维数超过三维时，我们再也不可能作出像一元回归举例中的数据散点图。但是作为多维空间抽象的理解，类似一元回归做同样的考虑，要在 p 维自变量空间中寻找合适的 p 维平面来预测因变量 y 的值。也就是要建立一个包括 p 个自变量的线性表达式

$$y=b_0+b_1x_1+\cdots+b_px_p \tag{2.22}$$

对因变量 y 进行预测，这个表达式称为多元回归的回归方程。

为了求得回归方程中系数 $b_i(i=0, 1, \cdots, p)$的值，由此而确立一个合适的回归方程。与一元回归的思路完全相类似，首先将原始数据中 n 组自变量分别代入(2.22)得到预测值

$$\hat{y}_i = b_0 + b_1 x_{i1} + \cdots + b_p x_{ip} \qquad (i=1,2,\cdots,n) \tag{2.23}$$

然后与一元回归一样，也建立因变量预测值与实际数值的离差平方$(y_i - \hat{y}_i)^2$，并累计求和得函数

$$\begin{aligned} Q(b_0, b_1, \cdots, b_p) &= \sum_{i=1}^{n}(y_i - \hat{y}_i)^2 \\ &= \sum_{i=1}^{n}(y_i - b_0 - b_1 x_{i1} - \cdots - b_p x_{ip})^2 \end{aligned} \tag{2.24}$$

整个问题归结于寻求适当的一组系数值 $b_0, b_1, \cdots, b_p$，使 $Q(b_0, b_1, \cdots,)$达到极小值。根据求极值的条件应该有

$$\frac{\partial Q}{\partial b_j} = 0 \qquad (j=0,1,\cdots,p) \tag{2.25}$$

将前面 $p+1$ 个等式按 b_i 的次序整理写出如下：

$$\begin{array}{l} b_0 n + b_1 \sum x_{i1} + b_2 \sum x_{i2} + \cdots + b_p \sum x_{ip} = \sum y_i \\ b_0 \sum x_{i1} + b_1 \sum x_{i1}^2 + b_2 \sum x_{i1} x_{i2} + \cdots + b_p \sum x_{i1} x_{ip} = \sum x_{i1} y_i \\ b_0 \sum x_{i2} + b_1 \sum x_{i2} x_{i1} + b_2 \sum x_{i2}^2 + \cdots + b_p \sum x_{i2} x_{ip} = \sum x_{i2} y_i \\ \cdots\cdots\cdots\cdots\cdots\cdots\cdots\cdots\cdots\cdots\cdots\cdots \\ b_0 \sum x_{ip} + b_1 \sum x_{ip} x_{i1} + b_2 \sum x_{ip} x_{i2} + \cdots + b_p \sum x_{ip}^2 = \sum x_{ip} y_i \end{array} \tag{2.26}$$

这里求和符号 $\sum$ 都是对 i 进行$(i=1, 2, \cdots, n)$。整个等式(2.26)是以 $b_i(i=0, 1, \cdots, p)$为变量的线性代数方程组。只要方程组中系数所构成的行列式不等于 0，从(2.26)可解出 $b_i(i=0, 1, \cdots, p)$，回归方程(2.22)就可以获得。利用回归方程可做回归预测计算。

然而在多元回归的实际运算中，我们并不是完全按上述步骤去解决回归问题。让我们进一步分析方程组(2.26)，解这个方程组是一件运算量很大的工作，在实际运算中是否能够求得更简单的计算方法，下面讨论这个问题。

注意方程组(2.26)的系数矩阵可以表示成下面两个互为转置的矩阵的乘积：

$$\begin{bmatrix} n & \sum x_{i1} & \sum x_{i2} & \cdots & \sum x_{ip} \\ \sum x_{i1} & \sum x_{i1}^2 & \sum x_{i1}x_{i2} & \cdots & \sum x_{i1}x_{ip} \\ \cdots & \cdots & \cdots & \cdots & \cdots \\ \sum x_{ip} & \sum x_{ip}x_{i1} & \sum x_{ip}x_{i2} & \cdots & \sum x_{ip}^2 \end{bmatrix} = \begin{bmatrix} 1 & 1 & 1 & \cdots & 1 \\ x_{11} & x_{21} & x_{31} & \cdots & x_{n1} \\ \cdots & \cdots & \cdots & \cdots & \cdots \\ x_{1p} & x_{2p} & x_{3p} & \cdots & x_{np} \end{bmatrix}$$

$$\begin{bmatrix} 1 & x_{11} & x_{12} & \cdots & x_{1p} \\ 1 & x_{21} & x_{22} & \cdots & x_{2p} \\ \cdots & \cdots & \cdots & \cdots & \cdots \\ 1 & x_{n1} & x_{n2} & \cdots & x_{np} \end{bmatrix} = X^T X$$

这里矩阵

$$X = \begin{bmatrix} 1 & x_{11} & x_{12} & \cdots & x_{1p} \\ 1 & x_{21} & x_{22} & \cdots & x_{2p} \\ \cdots & \cdots & \cdots & \cdots & \cdots \\ 1 & x_{n1} & x_{n2} & \cdots & x_{np} \end{bmatrix} \tag{2.27}$$

就是原始数据中的 n 行 p 列自变量，再添上一列元素皆为 1 的列向量。现在再考虑方程(2.26)的第一个等式，它与其他 p 个等式不同，将此等式被 n 除，并以相应的平均值

$$\bar{x}_i = \frac{1}{n}\sum_{k=1}^{n} x_{ki} \qquad (i = 1, 2, \cdots, p)$$

$$\bar{y} = \frac{1}{n}\sum_{k=1}^{n} y_k$$

取代等式中的求和符号项，得等式：

$$\bar{y} = b_0 + b_1\bar{x}_1 + b_2\bar{x}_2 + \cdots + b_p\bar{x}_p \tag{2.28}$$

该式的意义指变量的平均值满足方程(2.22)，这一点是很自然的。由于这个特点有希望将这个等式从方程(2.26)中删除。要做到这一点只需要原始数据在运算之前都减去该数据所在变量的平均值，原来的原始数据经变换后得新的数据：

$$\begin{array}{lllll} x_{11}-\bar{x}_1 & x_{12}-\bar{x}_2 & \cdots & x_{1p}-\bar{x}_p & y_1-\bar{y} = x_{1p+1}-\bar{x}_{p+1} \\ x_{21}-\bar{x}_1 & x_{22}-\bar{x}_2 & \cdots & x_{2p}-\bar{x}_p & y_2-\bar{y} = x_{2p+1}-\bar{x}_{p+1} \\ \cdots & \cdots & \cdots & \cdots & \cdots \\ x_{n1}-\bar{x}_1 & x_{n2}-\bar{x}_2 & \cdots & x_{np}-\bar{x}_p & y_2-\bar{y} = x_{np+1}-\bar{x}_{p+1} \end{array}$$

对这一组数据作为原始数据，考虑新的回归问题。这组数据实际上是对原有数据(2.21)做了一次平移变换，每个变量的数据都减去其平均值。变换后的数据再计算其平均值均为 0，该变换把每个数据的中心点(平均值点)移到坐标原点。因而该变换称为原始数据的中心化。为了使表示式简练，将因变量 y 看作自变量 x_p 的继续，即当作 x_{p+1} 处理。引进新的变量 z_{ij}，原始数据的中心化变换可以表示成

$$z_{ij} = x_{ij} - \bar{x}_j \qquad (i = 1,2,\cdots,n;\ j = 1,2,\cdots,p+1) \tag{2.29}$$

中心化以后的原始数值矩阵可写成

$$\begin{bmatrix} z_{11} & z_{12} & \cdots & z_{1p} & z_{1p+1} \\ z_{21} & z_{22} & \cdots & z_{2p} & z_{2p+1} \\ \cdots & \cdots & \cdots & \cdots & \cdots \\ z_{n1} & z_{n2} & \cdots & z_{np} & z_{np+1} \end{bmatrix} \tag{2.30}$$

以该数据提出新的回归问题，如果回归问题是以 $z_1, z_2, \cdots, z_p$ 为自变量，z_{p+1} 为因变量，新的回归方程如果是

$$z_{p+1} = b_0 + b_1 z_1 + \cdots + b_p z_p \tag{2.31}$$

重复前面已经做过的推理，根据式(2.28)变量平均值应满足回归方程，而在此数据已中心化，$\bar{z}_i = 0 (i = 1,2,\cdots,p+1)$。平均值代入回归方程(2.28)将导出 b_0=0。因此回归方程(2.31)中的 b_0 项可以省略不写。

重复前面的过程，将原始数据(2.30)代入回归方程，与 $\hat{y}_i$ 相对应的有变量预测值

$$\hat{z}_{ip+1} = b_1 z_{i1} + b_2 z_{i2} + \cdots + b_p z_{ip} \qquad (i = 1,2,\cdots,n) \tag{2.32}$$

与前面式(2.27)所表示的矩阵 X，相应地有矩阵

$$Z = \begin{bmatrix} 1 & z_{11} & z_{12} & \cdots & z_{1p} \\ 1 & z_{21} & z_{22} & \cdots & z_{2p} \\ \cdots & \cdots & \cdots & \cdots & \cdots \\ 1 & z_{n1} & z_{n2} & \cdots & z_{np} \end{bmatrix} \tag{2.33}$$

如果令

$$\begin{aligned} l_{ij} &= \sum_{k=1}^{n} z_{ki} z_{kj} \\ &= \sum_{k=1}^{n} (x_{ki} - \bar{x}_i)(x_{kj} - \bar{x}_j) \qquad (i, j = 1,2,\cdots,p+1) \end{aligned} \tag{2.34}$$

相应于(2.26)的线性方程组可写成矩阵乘积的形式：

$$\begin{bmatrix} n & 0 & 0 & \cdots & 0 \\ 0 & l_{11} & l_{12} & \cdots & l_{1p} \\ 0 & l_{21} & l_{22} & \cdots & l_{2p} \\ \cdots & \cdots & \cdots & \cdots & \cdots \\ 0 & l_{p1} & l_{p2} & \cdots & l_{pp} \end{bmatrix} \begin{bmatrix} b_0 \\ b_1 \\ b_2 \\ \vdots \\ b_p \end{bmatrix} = \begin{bmatrix} 0 \\ l_{1p+1} \\ l_{2p+1} \\ \vdots \\ l_{pp+1} \end{bmatrix} \tag{2.35}$$

其中方程组的系数矩阵可表示成 $Z'Z$ 。

注意到(2.35)中的 b_0=0，为了求该线性方程组的解，只需求解：

$$\begin{bmatrix} l_{11} & l_{12} & \cdots & l_{1p} \\ l_{21} & l_{22} & \cdots & l_{2p} \\ \cdots & \cdots & \cdots & \cdots \\ l_{p1} & l_{p2} & \cdots & l_{pp} \end{bmatrix} \begin{bmatrix} b_1 \\ b_2 \\ \vdots \\ b_p \end{bmatrix} = \begin{bmatrix} l_{1p+1} \\ l_{2p+1} \\ \vdots \\ l_{pp+1} \end{bmatrix} \tag{2.36}$$

对比方程组(2.26)与(2.36)，新的方程组减少一个变量，运算量大大降低，这就是采取原始数据中心化以后获得的结果。

现在利用(2.36)解得一组解 $b_i(i=1,2,\cdots,p)$，代入(2.31)，并恢复原变量获回归方程

$$y-\bar{y}=b_1(x_1-\bar{x}_1)+b_2(x_2-\bar{x}_2)+\cdots+b_p(x_p-\bar{x}_p)$$

移项整理后得原数据(2.21)的回归方程

$$y=b_0+b_1x_1+b_2x_2+\cdots+b_px_p$$

其中 $b_0=\bar{y}-b_1\bar{x}_1-b_2\bar{x}_2-\cdots-b_p\bar{x}_p$

到此我们说明利用中心化变换，可以从较简捷的运算过程获得回归方程。再依靠回归方程可以做回归预测计算。下面将讨论回归方程的检验。

对于任意一组原始数据(2.21)，根据上面的推导和计算，只要方程组(2.36)可解，形式上我们总可以获得相应的回归方程。然而获得的回归方程对于因变量的预测估值其准确性有多大意义，那要看自变量与因变量之间是否具有明显的相关性。如明显相关，回归方程对因变量的估值才有可能是准确而有效的；否则估值是不准确无效的，甚至是毫无意义的。因此回归方程获得以后，我们还需要对回归方程做统计检验，检验其显著性。

检验利用方差分析进行，首先考虑因变量离差变化的量，称为总离差：

$$
\begin{aligned}
S_{\text{总}} &= \sum_{i=1}^{n}(y_i - \overline{y})^2 \\
&= \sum_{i=1}^{n}(y_i - \hat{y}_i)^2 + \sum_{i=1}^{n}(\hat{y}_i - \overline{y})^2 + 2\sum_{i=1}^{n}(y_i - \hat{y}_i)(\hat{y}_i - \overline{y})
\end{aligned}
$$

如果上式中的最后一项为 0，整个总离差可分为两个部分。现在我们研究上式的最后一项。

考虑到变换(2.29)当 $j = p + 1$ 时有

$$z_{ip+1} = y_i - \overline{y} \qquad (i = 1,2,\cdots,n)$$

相应地有

$$\hat{z}_{ip+1} = \hat{y}_i - \overline{y} \qquad (i = 1,2,\cdots,n)$$

因而获得

$$\sum_{i=1}^{n}(y_i - \hat{y}_i)(\hat{y}_i - \overline{y}) = \sum_{i=1}^{n}(z_{ip+1} - \hat{z}_{ip+1})\hat{z}_{ip+1}$$

另一方面从(2.24)可得相应的结果

$$
\begin{aligned}
Q(b_0, b_1, \cdots, b_p) &= \sum_{i=1}^{n}(z_{ip+1} - \hat{z}_{ip+1})^2 \\
&= \sum_{i=1}^{n}(z_{ip+1} - b_1 z_{i1} - b_2 z_{i2} - b_p z_{ip})^2
\end{aligned}
$$

又依据极值条件(2.25)，应该有

$$\frac{\partial Q}{\partial b_j} b_j = 0 \qquad (j = 1,2,\cdots,p)$$

作下面的推导

$$0=\sum_{j=1}^{p}\frac{\partial Q}{\partial b_j}b_j=-2\sum_{j=1}^{p}\sum_{i=1}^{n}[(z_{ip+1}-\hat{z}_{ip+1})z_{ij}\,b_j]$$

$$=-2\sum_{i=1}^{n}[(z_{ip+1}-\hat{z}_{ip+1})\sum_{j=1}^{p}z_{ij}\,b_j]$$

$$=-2\sum_{i=1}^{n}[(z_{ip+1}-\hat{z}_{ip+1})\hat{z}_{ip+1}]$$

联合前面的结果有

$$\sum_{i=1}^{n}(y_i-\hat{y}_i)(\hat{y}_i-\overline{y})=0, \tag{2.37}$$

因而证明了 $S_{总}$可分解为两个部分的和：

$$S_{总}=\sum_{i=1}^{n}(y_i-\hat{y}_i)^2+\sum_{i=1}^{n}(\hat{y}_i-\overline{y})^2 \tag{2.38}$$

其中 $\sum_{i=1}^{n}(\hat{y}-\overline{y}_i)^2$ 是回归方程预测值与平均值的离差，称为回归离差，记作 $S_{回}$。剩下的一项 $\sum_{i=1}^{n}(y_i-\hat{y}_i)$ 称为剩余离差，记作 $S_{剩}$。现在着手计算这三个统计量，总离差 $S_{总}$实际上就是 $l_{p+1\,p+1}$，在计算回归方程时，式(2.34)的计算已包括在内。

对 $S_{回}$的推导与计算再次引用结果(2.37)，得

$$S_{回}=\sum_{i=1}^{n}(\hat{y}_i-\overline{y})^2$$

$$=\sum_{i=1}^{n}(\hat{y}_i-\overline{y})(y_i-\overline{y}+\hat{y}_i-y_i)$$

$$=\sum_{i=1}^{n}(\hat{y}_i-\overline{y})(y_i-\overline{y})$$

$$=\sum_{i=1}^{n}\hat{z}_{ip+1}z_{ip+1}$$

$$=\sum_{i=1}^{n}[z_{ip+1}\sum_{j=1}^{p}z_{ij}b_j]$$

$$=\sum_{j=1}^{p}[b_j(\sum_{i=1}^{n}z_{ip+1}z_{ij})]$$

$$=\sum_{j=1}^{p}b_j\,l_{jp+1}$$

当回归方程计算 b_i 和 l_{ij} 之后，$S_{回}$可利用上面结果获得。再从 $S_{总}$减去 $S_{回}$可获得 $S_{剩}$。下面将总离差 $S_{总}$，回归离差 $S_{回}$和剩余离差 $S_{剩}$三个量的分析总结成表：

离差量	计算依据	自由度
$S_{总}=\sum_{i=1}^{n}(y_i-\bar{y})^2$	$l_{p+1\,p+1}$	$f_{总}=n-1$
$S_{回}=\sum_{i=1}^{n}(\hat{y}_i-\bar{y})^2$	$\sum_{j=1}^{p}b_j\,l_{jp+1}$	$f_{回}=p$
$S_{剩}=\sum_{i=1}^{n}(y_i-\hat{y}_i)^2$	$S_{总}-S_{回}$	$f_{剩}=n-p-1$

对已经建立的回归方程，进行显著性检验时希望剩余离差愈小愈好。由于关系(2.38)，换句话说，回归离差 $S_{回}$愈大，愈接近总离差 $S_{总}$，就愈好。利用 F 检验，设计统计量：

$$F=\frac{S_{回}/f_{回}}{S_{剩}/f_{剩}}=\frac{S_{回}(n-p-1)}{S_{剩}p}$$

查 F 分布表，在显著性水平 a 上，自由度为 $f_{回}$和 $f_{剩}$，得值 $F^{a}_{f_{回},\,f_{剩}}$。若 $F>F^{a}_{f_{回},\,f_{剩}}$，说明在 a 水平上，得到的回归有显著意义；否则没有意义。

检验回归可靠性程度，还可以采用复相关系数。因为在因变量的总离差 $S_{总}$ 中，回归离差的比例愈大，说明获得的线性回归方程愈可靠，复相关系数正体现了这个意义

$$复相关系数\qquad R=\sqrt{\frac{S_{回}}{S_{总}}} \tag{2.39}$$

复相关系数取值在 0 与 1 之间，值愈大说明回归方程意义愈大。

以上回归方程显著性检验的讨论，对于一元回归当然也完全适用。一元回归方程的显著性检验，F 检验的统计量成为

$$F=\frac{S_{回}(n-2)}{S_{剩}} \tag{2.40}$$

而复相关系数在一元回归却成了自变量与因变量之间的相关系数

$$R=\frac{l_{12}}{\sqrt{l_{11}\cdot l_{22}}}=\frac{\sum_{i=1}^{n}x_iy_i-\frac{1}{n}\sum_{i=1}^{n}x_i\sum_{i=1}^{n}y_i}{\{[\sum_{i=1}^{n}x_i^2-\frac{1}{n}(\sum_{i=1}^{n}x_i)^2]\cdot[\sum_{i=1}^{n}y_i^2-\frac{1}{n}(\sum_{i=1}^{n}y_i)^2]\}^{\frac{1}{2}}}$$

综合前面的讨论，现将多元回归分析的运算步骤总结于下：

1. 将原始数据按(2.21)排成 n 行(单位，组)，$p+1$ 列(指标，性状)矩阵。前 p 列属于自变量，第 $p+1$ 列是因变量。计算所有变量的平均值

$$\bar{x}_i=\frac{1}{n}\sum_{k=1}^{n}x_{ki}\qquad(i=1,2,\cdots,p+1)$$

2. 计算系数

$$\begin{aligned}l_{ij}&=\sum_{k=1}^{n}(x_{ki}-\bar{x}_i)(x_{kj}-\bar{x}_j)\\&=\sum_{k=1}^{n}x_{ki}x_{kj}-\frac{1}{n}(\sum_{k=1}^{n}x_{ki})\cdot(\sum_{k=1}^{n}x_{kj})\qquad(i,j=1,2,\cdots,p+1)\end{aligned}\tag{2.41}$$

得矩阵

$$\begin{bmatrix}l_{11}&l_{12}&\cdots&l_{1p}&l_{1p+1}\\l_{21}&l_{22}&\cdots&l_{2p}&l_{2p+1}\\\cdots&\cdots&\cdots&\cdots&\cdots\\l_{p1}&l_{p2}&\cdots&l_{pp}&l_{pp+1}\\l_{p+11}&l_{p+12}&\cdots&l_{p+1p}&l_{p+1p+1}\end{bmatrix}\tag{2.42}$$

3. 解线性方程组

$$\begin{bmatrix}l_{11}&l_{12}&\cdots&l_{1p}\\l_{21}&l_{22}&\cdots&l_{2p}\\\cdots&\cdots&\cdots&\cdots\\l_{p1}&l_{p2}&\cdots&l_{pp}\end{bmatrix}\begin{bmatrix}b_1\\b_2\\\vdots\\b_p\end{bmatrix}=\begin{bmatrix}l_{1p+1}\\l_{2p+1}\\\vdots\\l_{pp+1}\end{bmatrix}\tag{2.43}$$

4. 计算

$$b_0=\bar{y}-b_1\bar{x}_1-b_2\bar{x}_2-\cdots-b_p\bar{x}_p$$

得回归方程

$$y = b_0 + b_1 x_1 + b_2 x_2 + \cdots + b_p x_p$$

5. 进行显著性检验

先计算以下各统计量，给出自由度

$$\begin{aligned} &S_{总} = l_{p+1\,p+1}, & f_{总} &= n-1 \\ &S_{回} = \sum_{j=1}^{p} b_j\, l_{jp+1}, & f_{回} &= p \\ &S_{剩} = S_{总} - S_{回}, & f_{剩} &= n-p-1 \end{aligned} \tag{2.44}$$

然后计算

$$F = \frac{S_{回} \cdot (n-p-1)}{S_{剩} \cdot p} \tag{2.45}$$

$$R = \sqrt{\frac{S_{回}}{S_{总}}} \tag{2.46}$$

最后做回归方程的显著性检验：

若 $F > F^{a}_{f_{回}, f_{剩}}$，说明在 a 水平下显著；否则不显著。

若 $R > 0.8$，经验表明因变量与自变量相关显著；否则不显著。

仍然取中国猪种的统计数据作为多元回归分析计算的实际例子。通过对大量统计资料的分析，已经确定反映中国猪种经济性状的主要指标是猪体长、背膘厚和乳头对数，它们分别代表猪种的体尺大小，产肉脂肪性和繁殖能力。由此大量收集不同猪种关于上述主要指标的统计数据，并希望建立其他经济性状与这三个基本指标的关系。利用回归分析方法可以从这 3 个基本指标对其他经济性状做出预测。下面做 3 个基本指标对猪体重的回归预测。

把猪体重定为预测变量，列出中国 48 个猪种的统计数据，自变量 x_1, x_2 和 x_3 分别代表猪体长(厘米)、背膘厚(厘米)和乳头数(对)，因变量 y 代表猪体重(公斤)。依据上述数据进行计算，过程如下：

此数据 $p = 3, n = 48$。先计算平均值

$$\bar{x}_1 = 118.4,\ \bar{x}_2 = 4.49,\ \bar{x}_3 = 13.3,\ \bar{x}_4 = \bar{y} = 99.9$$

然后计算 l_{ij}，得矩阵

$$[l_{ij}]=\begin{bmatrix} 12533.423 & 210.11745 & 272.0487 & 29301.1198 \\ 21.11745 & 98.3519 & -47.17504 & 388.68476 \\ 272.0487 & -47.17504 & 243.7392 & 424.456 \\ 29301.1195 & 388.68476 & 424.456 & 81769.3969 \end{bmatrix}$$

取上述矩阵的数据，列出线性代数方程组

$$12533.423\times b_1+210.11745\times b_2+272.0487\times b_3=29301.1198$$
$$21.11745\times b_1+98.3519\times b_2-47.17504\times b_3=388.68476$$
$$272.0487\times b_1-47.17504\times b_2+243.7392\times b_3=424.456$$

得方程的解：

$$b_1=2.3836,\ b_2=-1.4440,\ b_3=-1.3536$$

将变量平均值代入回归方程得　$b_0=-156.1709$。
回归方程是

y(体重，公斤)$=-156.1709+2.3836x_1$(体长，厘米)$-1.444x_2$(背膘厚，厘米)$-1.3536x_3$ (乳头数，对)

最后进行显著性检验

$$S_{总}=81769.3969 \qquad 自由度 f_{总}=48-1=47$$
$$S_{回}=68706.3435 \qquad 自由度 f_{回}=3$$
$$S_{剩}=12849.87324 \qquad 自由度 f_{剩}=48-3-1=44$$
$$F=\frac{68706.3435\times 44}{12849.87324\times 3}=78.4205>F_{3,44}^{0.01}=4.26$$
$$R=\sqrt{\frac{68706.3435}{81769.3936}}=0.91665\,(复相关系数)$$

无论是 F 检验或复相关系数都说明回归检验是显著的。

至此我们已经解决了多元线性回归问题。对于非线性回归问题，部分非线性回归问题可以通过对原始数据作适当的变换而获得。例如前面的回归问题，如果对变量作如下一步变换：

$$t_1=x_1, t_2=x_2^2, t_3=x_3^3, z=\frac{1}{y}$$

在新的自变量 t_1, t_2, t_3 和因变量 z 下，可建立线性回归方程

$$z = b'_0 + b'_1 t_1 + b'_2 t_2 + b'_3 t_3$$

即

$$\frac{1}{y} = b'_0 + b'_1 x_1 + b'_2 x_2^2 + b'_3 x_3^3$$

这样就获得非线性回归方程

$$y = \frac{1}{(b'_0 + b'_1 x_1 + b'_2 x_2^2 + b'_3 x_3^3)}$$

虽然相当一部分非线性回归，可以通过对自变量和因变量的变换转换成线性回归问题而获得解决。然而还是有一部分非线性回归问题无法借上述形式的变换而得到解决，这时可以采取 Gauss-Newton 法和 Marguardt 法。本书限于篇幅不能做详细介绍。让我们转向讨论更有意义的逐步回归问题。

逐步回归：让我们再回到多元线性回归问题，生物学的实际问题中影响被预测变量的因素很多。为了把种种影响预测值的因素都考虑在内，自变量的个数取得十分大， 希望获得较好的回归效果，这是一个方面。另一方面自变量数量取得很大，把那些对因变量影响不大的变量选入回归方程，不仅大大增加回归分析的工作量，而且有些变量的不准确性会导至回归方程的不稳定，影响回归预测的效果。由此看来理想的回归不在于自变量取得多，而是要把对因变量有显著联系的自变量选取在内。把关系甚微的变量剔除出去。对于相互关联性很强的一组自变量，如果从中已经选取某一个，由于其他变量已经在回归方程中有了反映，也可以不再选入回归方程，这样将获得一个十分准确而简练的回归预测方程。这就是逐步回归所需要的结果。为了达到这个目的，逐步回归设计成多次循环的运算步骤，变量被逐个选入回归方程，同时把不合格的变量剔除出去，直到获得一组稳定的变量。

整个逐步回归的运算过程可画框图表示。

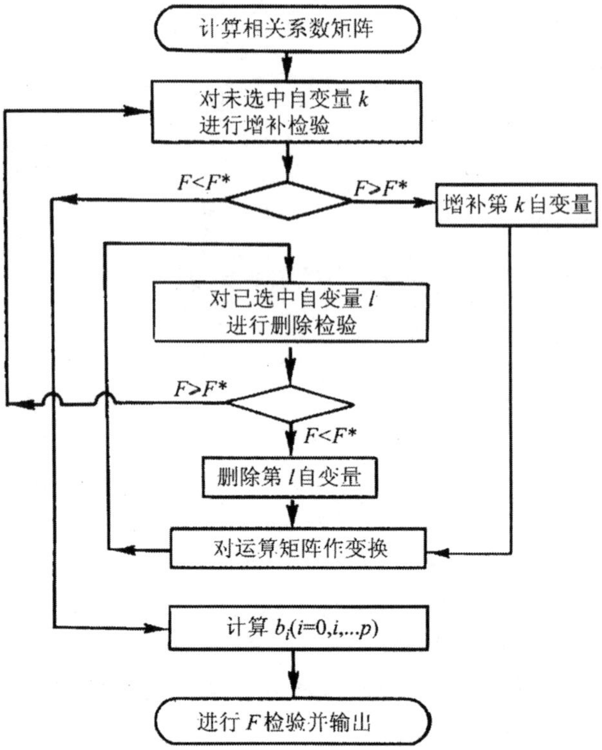

图 2-3　逐步回归运算过程框图

在框图中相应的数学运算规定如下：

1. 计算相关系数

$$\begin{bmatrix} x_{11} & x_{12} & \cdots & x_{1p} & y_1 \\ x_{21} & x_{22} & \cdots & x_{2p} & y_2 \\ \cdots & \cdots & \cdots & \cdots & \cdots \\ x_{n1} & x_{n2} & \cdots & x_{np} & y_n \end{bmatrix} \Rightarrow \begin{bmatrix} r_{11} & r_{12} & \cdots & r_{1p} & r_{1y} \\ r_{21} & r_{22} & \cdots & r_{2p} & r_{2y} \\ \cdots & \cdots & \cdots & \cdots & \cdots \\ r_{p1} & r_{p2} & \cdots & r_{pp} & r_{py} \\ r_{y1} & r_{y2} & \cdots & r_{yp} & r_{yy} \end{bmatrix} \tag{2.47}$$

其中左边的矩阵是原始数值矩阵，n 组，p 列为自变量，最后一列为因变量。右边是相关系数矩阵，其最后一列(行)是因变量的相关系数，下标记作 y，计算时当作第 $p+1$ 列变量进行。相关系数作为工作矩阵运算的初始状态值。

相关系数计算公式如下：

$$r_{ij} = \frac{\sum_{k=1}^{n} x_{ki}x_{kj} - \frac{1}{n}\left(\sum_{k=1}^{n} x_{ki}\right)\left(\sum_{k=1}^{n} x_{kj}\right)}{\left\{\left[\sum_{k=1}^{n} x_{ki}^2 - \frac{1}{n}\left(\sum_{k=1}^{n} x_{ki}\right)^2\right]\left[\sum_{k=1}^{n} x_{kj}^2 - \frac{1}{n}\left(\sum_{k=1}^{n} x_{kj}\right)^2\right]\right\}^{\frac{1}{2}}} \quad (i, j = 1,2,\cdots,p+1)$$

2. 对未选中自变量作增加检验

以 G 表示已被选自变量标号集合，如果已有 g 个自变量被选取。这一步检验实际上是对未被选自变量进行检验，按 F 检验要求，计算 F 值，选 F 值最大者当然是首选的自变量，检验其是否符合要求。此时自由度在运算过程中随 g 而改变，从 F 分布表获得的检验值也在改变。通常被选自变量在 5~6 个左右，以固定的显著性水平，F 分布值是固定的，为了简化运算过程不妨令 $F^*=3.00$。检验的计算如下，先选未被选自变量的最大值，如果 k 是届时被选中的自变量标号

$$M=\frac{r_{ky}^2}{r_{kk}}=\max_{i\in G}\left\{\frac{r_{iy}^2}{r_{ii}}\right\}$$

$$F=\frac{M\cdot(n-g-2)}{r_{yy}-M} \tag{2.48}$$

若 $F \geqslant F^*$，则将第 k 自变换选入，否则不增加自变量。

3. 对已选中自变量作删除检验

删除检验与增加检验相类似，检验是在已选中的自变量中取 F 值的最小者是删除对象。删除自变量计算如下：

$$m=\frac{r_{ky}^2}{r_{kk}}=\min_{i\in G}\left\{\frac{r_{iy}^2}{r_{ii}}\right\}$$

$$F=\frac{m\cdot(n-g-2)}{r_{yy}} \tag{2.49}$$

若 $F<F^*$，则删除自变量 k，否则不删除。

4. 对工作矩阵进行变换

无论是增加变量或是删除变量，随后都要对工作矩阵进行变换，以此随时调整运算结果。变换如下：

$$\left.\begin{aligned}
r_{ij}^{(q+1)} &= r_{ij}^{(q)}-\frac{r_{ik}^{(q)}\cdot r_{kj}^{(q)}}{r_{kk}^{(q)}} && \text{当 } i\neq k, j\neq k \text{ 时}\\
r_{ik}^{(q+1)} &= -\frac{r_{ik}^{(q)}}{r_{kk}^{(q)}} && \text{当 } i\neq k\\
r_{kj}^{(q+1)} &= \frac{r_{kj}^{(q)}}{r_{kk}^{(q)}} && \text{当 } j\neq k\\
r_{kk}^{(q+1)} &= \frac{1}{r_{kk}^{(q)}} &&
\end{aligned}\right\} \tag{2.50}$$

计算式中的上角标号 q 表示整个运算过程矩阵变换的次序，这里是从第 q 次进入第 $q+1$ 次工作矩阵的变换。

5. 计算回归系数

按框图执行的运算过程，当没有自变量增加，被选中自变量也不被删除时，根据最后获得的工作矩阵，对被选取的 g 个自变量计算回归系数：

$$b_i = r_{iy} \cdot \left(\frac{r_{yy}}{r_{ii}} \right)^{\frac{1}{2}} \qquad i \in G \tag{2.51}$$

$$b_0 = \bar{y} - \sum_{i \in G} b_i \bar{x}_i \tag{2.52}$$

第三节　判别分析数学模型

与生物学有关的生产实践和科研工作经常需要做属于判别方面的工作。例如农业生产者根据气候指标，要问来年是否丰产年；综合各种因素要问灾害是否高发年；农业经济学家依据市场调查和有关行情，对某项生产经济活动进行决策；生态学家综合各种调查资料，对某一生态类型进行判别；分类学家对动植物标本进行鉴定。诸如此类的工作都具有鉴别、判断的性质。在多元统计数学中利用统计数学方法解决这一类问题的数学内容称为判别分析。判别分析与经典统计学中的检验方法有着本质的区别，它不能仅仅依据少数性状，而是需要综合来自各方面的性状、特征和指标在相互联系的整体概念下进行运算分析。因此判别分析是属于多元的、复杂的、带有高度综合性的统计分析工作。

多元判别分析的方法很多，我们先介绍属于 Fisher 的判别分析方法。

让我们先从生物分类鉴定的具体例子入手。植物中许多临近种类的鉴别成为困惑分类专家的难题。这里我们取重要药用植物人参(*Panax ginseng* C. A. Meyer)和西洋参(*Panax quinquefolius* Linn.)为例，这两种植物极为相似，不了解该植物分类特征是不可能做出正确分辨，如果仅仅依据少数营养器官的度量进行鉴别，有经验的分类学家也难于做到。下面我们选取小叶片长度和小叶前部宽度两个指标讨论这两个种的鉴别问题。

关于小叶片长度和宽度这两个指标的规定见下图。

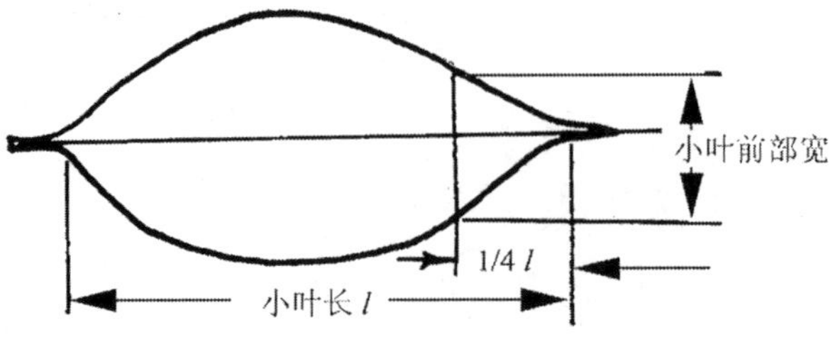

图 2-4　小叶片长度与宽度指标的规定

为了进行判别分析收集了西洋参 32 组，人参 43 组对小叶长度和小叶前部宽度的度量数据。取小叶长 l 为横坐标，小叶前部宽 d 为纵坐标，将这些度量数据作出散点图 2-5。

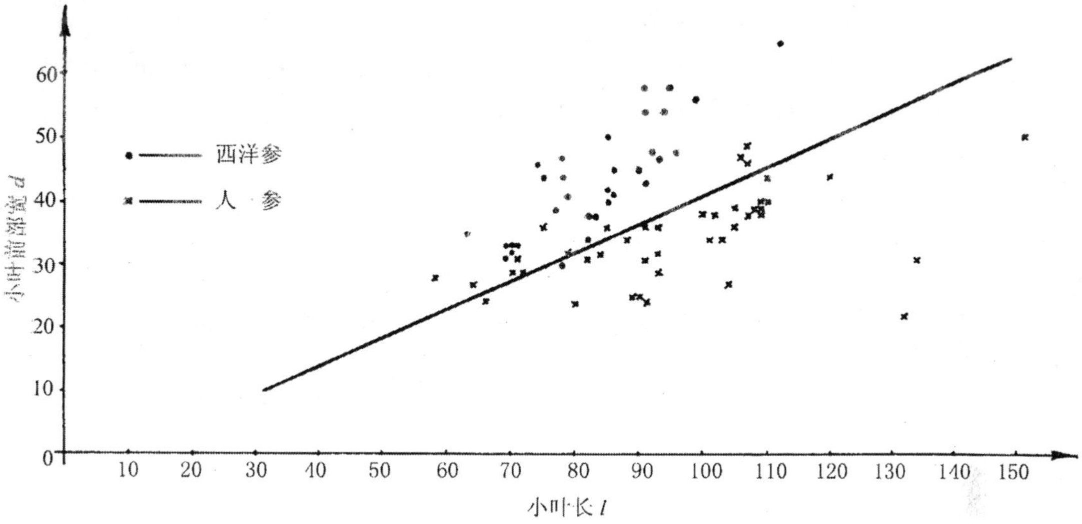

图 2-5 人参与西洋参小叶长度与宽度散点图

从图 2-5 中可以看到，虽然长度 l 和宽度 d 的大量数据有随机性，但是从总体上看，点的分布具有一定的规律性，西洋参和人参在平面中各占据一定的区域。虽然区域的界限不清，我们会很自然地设想在平面中作出两个区域的明确分界限，把整个平面划分为两个部分。假如另有一个待鉴定的标本，度量了相应的叶长 l 和叶宽 d，在坐标图中描点 $P(l, d)$，若 P 落在西洋参区域，就可以作出该标本是西洋参的判断；否则就是人参。于是获得一个利用作图进行判别鉴定的方法。

我们试图把这种作图法定量化。从前面的讨论可以看到能够作出合理判别的关键是如何确定区域的分界限。为了使问题简单化，假设该分界线是一条直线，直线的方程可写成

$$G(l, d)= Al + Bd + C = 0$$

其中 A、B 和 C 都是常数。在分界线上点 $P(l, d)$满足方程，有 $G(l, d)= 0$。除分界线以外，整个平面被该直线分为两个部分，直线的一边使方程 $G(l, d)>0$，另一边 $G(l, d)<0$，于是我们从直线方程，获得定量化的判别方法。

实际上还可以作函数

$$F(l, d)= C - G(l, d)= -Al - Bd$$

相应于 $G(l, d)>0$ 或 $G(l, d)<0$ 分别就是函数 $F(l, d)<C$ 或 $F(l, d)>C$。把 $F(l, d)$称为判

别函数，C 称为判别值。将待鉴别的值(l, d)代入判别函数 $F(l, d)$，根据函数值 $F(l, d)$是大于或小于判别值 C 就可作出鉴别。这样我们把前述的作图法定量化，由此获得一种定量判别分析的方法。这就是我们要讨论的数学方法的主要思路。剩下的问题就是如何为此方法确定判别函数的系数和判别值。

在实际问题中判别的依据不止两个指标，我们从一般情形顺着上面设想的思路讨论判别分析方法。如果判别的依据是 n 个指标，被鉴别的单位在 n 个指标下以 n 维向量 X 表示：

$$X(x_1 \quad x_2 \quad \cdots \quad x_n)$$

被鉴别的两个类如分别称为类群 I 和类群 II，两个类群分别提供了 p 和 q 组数据，这些数据按类群分别排列如下：

		指标			
		1	2	⋯	n
类群 I	1	$x_{11}^{(1)}$	$x_{12}^{(1)}$	⋯	$x_{1n}^{(1)}$
	2	$x_{21}^{(1)}$	$x_{22}^{(1)}$	⋯	$x_{2n}^{(1)}$
	⋮	…………			
	p	$x_{p1}^{(1)}$	$x_{p2}^{(1)}$	⋯	$x_{pn}^{(1)}$
类群 II	1	$x_{11}^{(2)}$	$x_{12}^{(2)}$	⋯	$x_{1n}^{(2)}$
	2	$x_{21}^{(2)}$	$x_{22}^{(2)}$	⋯	$x_{2n}^{(2)}$
	⋮	…………			
	q	$x_{q1}^{(2)}$	$x_{q2}^{(2)}$	⋯	$x_{qn}^{(2)}$

(2.53)

其中类群 I 第 i 组数据的向量是

$$X_i^{(1)}(x_{i1}^{(1)} \quad x_{i2}^{(1)} \quad \cdots \quad x_{in}^{(1)}) \qquad (i=1,2,\cdots,p)$$

类群 II 的第 i 组数据向量是

$$X_i^{(2)}(x_{i1}^{(2)} \quad x_{i2}^{(2)} \quad \cdots \quad x_{in}^{(2)}) \qquad (i=1,2,\cdots,q)$$

与前述二维平面中的作图相类似，这里 n 个指标构成 n 维空间，每一组数据的 n 维

向量对应于此 n 维空间中的一个点。上述类群 I 和 II 的数据构成 n 维空间中 p 和 q 个点，按照这些点在空间中的分布，划分类群 I 和 II 为两个区域的分界是 n 维空间中的一个平面。因此与前述由直线方程构成的判别函数相类似，在这里判别函数是

$$F(x_1, x_2, \cdots, x_n) = C_1 x_1 + C_2 x_2 + \cdots + C_n x_n \tag{2.54}$$

其中 $C_i\,(i=1, 2, \cdots, n)$是常数。如果判别值是 C，对于任何待鉴定的数据组 $X(x_1 x_2 \cdots x_n)$，将这组数据代入判别函数，依据判别函数值与判别值 C 的比较，就可以判断待鉴定的数据 X 属于哪一类群。对线性判别函数的确定就是要选定 n 个常数 $C_i(i = 1, 2, \cdots, n)$。现在着手先解决这个问题。

先将原始数据(2.53)中的每一组数据代入判别函数(2.54)，类群 I 和 II 分别以 $y_i^{(1)}$ 和 $y_i^{(2)}$ 表示其值：

类群 I　　$y_i^{(1)} = C_1 x_{i1}^{(1)} + C_2 x_{i2}^{(1)} + \cdots + C_n x_{in}^{(1)} \quad (i=1,2,\cdots,p)$

类群 II　　$y_i^{(2)} = C_1 x_{i1}^{(2)} + C_2 x_{i2}^{(2)} + \cdots + C_n x_{in}^{(2)} \quad (i=1,2,\cdots,q)$

再计算每个指标在类群中的平均值，类群 I 和 II 分别以 $\overline{x}_i^{(1)}$ 和 $\overline{x}_i^{(2)}$ 表示

类群 I　　$\overline{x}_i^{(1)} = \dfrac{1}{p}\sum_{k=1}^{p} x_{ki}^{(1)} \quad (i=1,2,\cdots,n)$

类群 II　　$\overline{x}_i^{(2)} = \dfrac{1}{q}\sum_{k=1}^{q} x_{ki}^{(2)} \quad (i=1,2,\cdots,n)$

同时计算 $y_i^{(1)}(i=1,2,\cdots,p)$ 和 $y_i^{(2)}(i=1,2,\cdots,q)$ 的平均值

$$\overline{y}^{(1)} = \frac{1}{p}\sum_{i=1}^{p} y_i^{(1)}, \quad \overline{y}^{(2)} = \frac{1}{q}\sum_{i=1}^{q} y_i^{(2)}$$

显然这些平均值代入判别方程满足以下关系：

$$\begin{aligned}\overline{y}^{(1)} &= C_1 \overline{x}_1^{(1)} + C_2 \overline{x}_2^{(1)} + \cdots + C_n \overline{x}_n^{(1)} \\ \overline{y}^{(2)} &= C_1 \overline{x}_1^{(2)} + C_2 \overline{x}_2^{(2)} + \cdots + C_n \overline{x}_n^{(2)}\end{aligned}$$

上述计算的数值中，$y_i^{(1)}(i=1,2,\cdots,p)$ 和 $y_i^{(2)}(i=1,2,\cdots,q)$ 分别是类群 I 和 II 的原始数据组代入判别函数得到的两组数值。为了使构造的判别函数有较明显的判别效果，应该使这两组数据有较大的差距，平均值 $\overline{y}^{(1)}$ 和 $\overline{y}^2$ 可以作为两组数据的代表，因此值 $A = (\overline{y}^{(1)} - \overline{y}^{(2)})^2$ 能反映上述两组数据间的差距。较好的判别函数应使 A 愈大愈好。

数值 $y_i^{(1)}$ 和 $y_i^{(2)}(i=1,2,\cdots,n)$ 分别是两类群 I 和 II 的原始数据组代入判别函数而获得的值。理想的判别函数应该使同类群的这些值大小比较一致。也就是在同类群中，这些值与平均值的离差较小。因此反映这一致性的要求可以用值 $B=\sum_{i=1}^{p}(y_i^{(1)}-\overline{y}^{(1)})^2+\sum_{i=1}^{q}(y_i^{(2)}-\overline{y}^{(2)})^2$ 来表示。理想的判别函数 B 值愈小愈好。

为了得到较好的判别效果，应使 A 值尽可能大，B 值尽可能小。联合这两方面的要求，构造函数 I，使其尽可能大。

$$I=\frac{A}{B}=\frac{(\overline{y}^{(1)}-\overline{y}^{(2)})^2}{\sum_{i=1}^{p}(y_i^{(1)}-\overline{y}^{(1)})^2+\sum_{i=1}^{q}(y_i^{(2)}-\overline{y}^{(2)})^2} \tag{2.55}$$

在此把 I 视作 $C_1, C_2, \cdots, C_n$ 的函数，现在的问题是如何选择适当的一组值 $C_1, C_2, \cdots, C_n$ 使 I 达到极大，从而得到理想的判别函数。

欲使 I 达到极大，很自然地想到极值条件从 $\frac{\partial I}{\partial c_i}=0(i=1,2,\cdots,n)$ 获得一组方程，以此确定一组 $C_i(i=1, 2, \cdots, n)$值。由于对 I 的求偏导数将导致繁琐的运算结果，我们先对 I 施行对数变换

$$\ln I=\ln A-\ln B$$

因为对数函数是严格单调函数，求 I 的极值问题与求 $\ln I$ 的极值保持一致。考虑到求极值的条件中，对两相除的偏微商将导致复杂的运算，而 $\ln I$ 将两式相除改变成相减，对数变换后可以回避复杂的导数运算。因此我们宁可抛弃原式 I，而转向讨论 $\ln I$ 的极值问题。

根据对 $\ln I$ 取极值的必要条件

$$\frac{1}{I}\frac{\partial I}{\partial C_i}=\frac{1}{A}\frac{\partial A}{\partial C_i}-\frac{1}{B}\frac{\partial B}{\partial C_i}=0 \qquad (i=1,2,\cdots,n)$$

得条件

$$\frac{1}{I}\frac{\partial A}{\partial C_i}=\frac{\partial B}{\partial C_i} \qquad (i=1,2,\cdots,n) \tag{2.56}$$

其中

$$\begin{aligned}A&=(\overline{y}^{(1)}-\overline{y}^{(2)})^2\\&=\left[\sum_{k=1}^{n}C_k(\overline{x}_k^{(1)}-\overline{x}_k^{(2)})\right]^2\end{aligned}$$

$$B=\sum_{i=1}^{p}(y_i^{(1)}-\overline{y}^{(1)})^2+\sum_{i=1}^{q}(y_i^{(2)}-\overline{y}^{(2)})^2$$
$$=\sum_{i=1}^{p}\left[\sum_{k=1}^{n}C_k(x_{ik}^{(1)}-\overline{x}_k^{(1)})\right]^2+\sum_{i=1}^{q}\left[\sum_{k=1}^{n}C_k(x_{ik}^{(2)}-\overline{x}_k^{(2)})\right]^2$$

等式(2.56)的左边

$$\frac{1}{I}\frac{\partial A}{\partial C_i}=\frac{2}{I}(\overline{y}^{(1)}-\overline{y}^{(2)})(\overline{x}_i^{(1)}-\overline{x}_i^{(2)}),$$

右边有

$$\frac{\partial B}{\partial C_i}=2\sum_{k=1}^{p}(y_k^{(1)}-\overline{y}^{(1)})(x_{ki}^{(1)}-\overline{x}_i^{(1)})+2\sum_{k=1}^{q}(y_k^{(2)}-\overline{y}^{(2)})(x_{ki}^{(2)}-\overline{x}_i^{(2)})$$
$$=2\sum_{k=1}^{p}\sum_{j=1}^{n}C_j(x_{kj}^{(1)}-\overline{x}_j^{(1)})(x_{ki}^{(1)}-\overline{x}_i^{(1)})+2\sum_{k=1}^{q}\sum_{j=1}^{n}C_j(x_{kj}^{(2)}-\overline{x}_j^{(2)})(x_{ki}^{(2)}-\overline{x}_i^{(2)})$$
$$=2\sum_{j=1}^{n}\left[C_j\sum_{k=1}^{p}(x_{kj}^{(1)}-\overline{x}_j^{(1)})(x_{ki}^{(1)}-\overline{x}_i^{(1)})+C_j\sum_{k=1}^{q}(x_{kj}^{(2)}-\overline{x}_j^{(2)})(x_{ki}^{(2)}-\overline{x}_i^{(2)})\right]$$
$$=2\sum_{j=1}^{n}S_{ij}C_j$$

其中

$$S_{ij}=\sum_{k=1}^{p}(x_{ki}^{(1)}-\overline{x}_i^{(1)})(x_{kj}^{(1)}-\overline{x}_j^{(1)})+\sum_{k=1}^{q}(x_{ki}^{(2)}-\overline{x}_i^{(2)})(x_{kj}^{(2)}-\overline{x}_j^{(2)})$$

将上面的计算结果代入等式(2.56)的左右两边，让 i 跑遍所有 n 个指标，得 $C_1, C_2, \cdots, C_n$ 的线性方程组

$$S_{11}C_1+S_{12}C_2+\cdots+S_{1n}C_n=\frac{1}{I}(\overline{y}^{(1)}-\overline{y}^{(2)})(\overline{x}_1^{(1)}-\overline{x}_1^{(2)})$$
$$S_{21}C_1+S_{22}C_2+\cdots+S_{2n}C_n=\frac{1}{I}(\overline{y}^{(1)}-\overline{y}^{(2)})(\overline{x}_2^{(1)}-\overline{x}_2^{(2)})$$
$$\cdots\cdots\cdots\cdots\cdots\cdots\cdots\cdots\cdots\cdots\cdots\cdots$$
$$S_{n1}C_1+S_{n2}C_2+\cdots+S_{nn}C_n=\frac{1}{I}(\overline{y}^{(1)}-\overline{y}^{(2)})(\overline{x}_n^{(1)}-\overline{x}_n^{(2)})$$

如果方程组的系数行列式不等于 0，解此方程组得一组解 $C_1, C_2, \cdots, C_n$，由此获得我们需要的判别函数(2.54)。

注意上述线性方程组的右边有相同的因子 $\frac{1}{I}(\overline{y}^{(1)}-\overline{y}^{(2)})$，将该因子从方程中除去，

并不影响对判别方程的获得。因为除去该因子后，线性方程组成为

$$\begin{bmatrix} S_{11} & S_{12} & \cdots & S_{1n} \\ S_{21} & S_{22} & \cdots & S_{2n} \\ \cdots & \cdots & \cdots & \cdots \\ S_{n1} & S_{n2} & \cdots & S_{nn} \end{bmatrix} \begin{bmatrix} C_1 \\ C_2 \\ \vdots \\ C_n \end{bmatrix} = \begin{bmatrix} \overline{x}_1^{(1)} - \overline{x}_1^{(2)} \\ \overline{x}_2^{(1)} - \overline{x}_2^{(2)} \\ \cdots \\ \overline{x}_n^{(1)} - \overline{x}_n^{(2)} \end{bmatrix} \tag{2.57}$$

这组方程的解与原方程的解仅差一个常数因子 $\frac{1}{I}(\overline{y}^{(1)} - \overline{y}^{(2)})$，据此两组方程各自得到的判别方程也只相差一个常数因子，此差别并不影响判别方程对判别的作用。因此实际运算时，只需求线性方程组(2.57)的解。

前面已经就 Fisher 判别分析方法对问题的提出、解决问题的思路、数学理论的推导做了全面论述。现在根据前述讨论将判别分析的运算步骤总结于此。

问题的提出：具有 n 个指标，类群 I 和 II 分别有 p 与 q 组原始数据排列成(2.53)的形式。另有待鉴定的一组数据表示成 n 维向量形式 $X=(x_1\ x_2\ \cdots\ x_n)$。试问 X 属于类群 I 抑或类群 II?

运算步骤：

1. 先对原始数据(2.53)分别计算以下求和以及平均值：

$$\sum_{k=1}^{p} x_{ki}^{(1)}, \quad \sum_{k=1}^{q} x_{ki}^{(2)}, \quad \overline{x}_i^{(1)} = \frac{1}{p}\sum_{k=1}^{p} x_{ki}^{(1)}, \quad \overline{x}_i^{(2)} = \frac{1}{q}\sum_{k=1}^{q} x_{ki}^{(2)} \qquad (i=1,2,\cdots,n)$$

$$\sum_{k=1}^{p} x_{ki}^{(1)} x_{kj}^{(1)}, \quad \sum_{k=1}^{q} x_{ki}^{(2)} x_{kj}^{(2)} \qquad (i, j=1,2,\cdots,n)$$

2. 再计算

$$\begin{aligned} d_i &= \overline{x}_i^{(1)} - \overline{x}_i^{(2)} \qquad (i=1,2,\cdots,n) \\ S_{ij} &= \sum_{k=1}^{p}(x_{ki}^{(1)} - \overline{x}_i^{(1)})(x_{kj}^{(1)} - \overline{x}_j^{(1)}) + \sum_{k=1}^{q}(x_{ki}^{(2)} - \overline{x}_i^{(2)})(x_{kj}^{(2)} - \overline{x}_j^{(2)}) \\ &= \sum_{k=1}^{p} x_{ki}^{(1)} x_{kj}^{(1)} - \frac{1}{p}(\sum_{k=1}^{p} x_{ki}^{(1)})(\sum_{k=1}^{p} x_{kj}^{(1)}) + \sum_{k=1}^{q} x_{ki}^{(2)} x_{kj}^{(2)} - \frac{1}{q}(\sum_{k=1}^{q} x_{ki}^{(2)})(\sum_{k=1}^{q} x_{kj}^{(2)}) \\ &\qquad (i, j=1,2,\cdots,n) \end{aligned} \tag{2.58}$$

注意对称性 $S_{ij}=S_{ji}$，值相同者避免重复计算。

3. 解线性代数方程组

$$\begin{bmatrix} S_{11} & S_{12} & \cdots & S_{1n} \\ S_{21} & S_{22} & \cdots & S_{2n} \\ \cdots & \cdots & \cdots & \cdots \\ S_{n1} & S_{n2} & \cdots & S_{nn} \end{bmatrix} \begin{bmatrix} C_1 \\ C_2 \\ \vdots \\ C_n \end{bmatrix} = \begin{bmatrix} d_1 \\ d_2 \\ \vdots \\ d_n \end{bmatrix} \tag{2.59}$$

如果方程有解，得判别函数

$$F(x_1, x_2, \cdots, x_n) = C_1x_1 + C_2x_2 + \cdots + C_nx_n$$

4. 将平均值代入判别函数，计算判别值

$$\bar{y}^{(1)} = C_1\bar{x}_1^{(1)} + C_2\bar{x}_2^{(1)} + \cdots + C_n\bar{x}_n^{(1)}$$

$$\bar{y}^{(2)} = C_1\bar{x}_1^{(2)} + C_2\bar{x}_2^{(2)} + \cdots + C_n\bar{x}_n^{(2)}$$

$$\text{判别值} \quad C = \frac{p\bar{y}^{(1)} + q\bar{y}^{(2)}}{p+q} \tag{2.60}$$

5. 最后将判别组数据代入判别函数，进行鉴别

$$y = C_1x_1 + C_2x_2 + \cdots + C_nx_n$$

若 $y^{(1)} > y^{(2)}$，当 $y > C$，X 属于类群 I，

当 $y < C$，X 属于类群 II；

若 $y^{(1)} < y^{(2)}$，当 $y > C$，X 属于类群 II，

当 $y < C$，X 属于类群 I。

再回到本节开始所提出西洋参与人参依据小叶长与宽两个指标进行鉴别的问题，以此为例计算如下：

类群 I，西洋参，指标 $n = 2$，原始数据 p=32 组；

类群 II，人参，指标 $n = 2$，原始数据 q=43 组。

第 1 步，计算以下求和以及平均值：

$$\sum x_{k1}^{(1)} = 2668, \qquad \sum x_{k2}^{(1)} = 1392$$

$$\bar{x}_1^{(1)} = \frac{1}{32}2668 = 83.375, \qquad \bar{x}_2^{(1)} = \frac{1}{32}1392 = 43.5$$

$$\sum x_{k1}^{(1)}x_{k1}^{(1)} = 225956, \qquad \sum x_{k2}^{(1)}x_{k2}^{(1)} = 63002, \qquad \sum x_{k1}^{(1)}x_{k2}^{(1)} = 118478$$

$$\sum x_{k1}^{(2)} = 4136, \qquad \sum x_{k2}^{(2)} = 1491$$

$$\bar{x}_1^{(2)} = \frac{1}{43}4136 = 96.186, \qquad \bar{x}_2^{(2)} = \frac{1}{43}1491 = 34.67442$$

$$\sum x_{k1}^{(2)}x_{k1}^{(2)} = 413824, \qquad \sum x_{k2}^{(2)}x_{k2}^{(2)} = 53927, \qquad \sum x_{k1}^{(2)}x_{k2}^{(2)} = 146544$$

第 2 步，计算 $S_{ij}(i,j=1,2)$和 $d_i(i=1，2)$

依两个类群将 S_{ij} 分解为两个部分，即 $S_{ij}=S_{ij}^{(1)}+S_{ij}^{(2)}$

$$S_{11}^{(1)}=225956-\frac{1}{32}(2668)^2=3511.5,\qquad S_{22}^{(1)}=63002-\frac{1}{32}(1392)^2=2450$$

$$S_{12}^{(1)}=S_{21}^{(1)}=118478-\frac{1}{32}\times2668\times1392=2420$$

$$S_{11}^{(2)}=413824-\frac{1}{43}(4136)^2=15998.5116,\qquad S_{22}^{(2)}=53927-\frac{1}{43}(1491)^2=2227.4419$$

$$S_{12}^{(2)}=S_{21}^{(2)}=146544-\frac{1}{43}\times4136\times1491=3130.6047$$

$$S_{11}=S_{11}^{(1)}+S_{11}^{(2)}=19510.0116,\qquad S_{22}=S_{22}^{(1)}+S_{22}^{(2)}=4677.4419$$

$$S_{12}=S_{21}=S_{12}^{(1)}+S_{12}^{(2)}=5550.6047$$

$$d_1=\bar{x}_1^{(1)}-\bar{x}_1^{(2)}=-12.8110,\qquad d_2=\bar{x}_2^{(1)}-\bar{x}_2^{(2)}=8.8256$$

第 3 步，解线性方程组

$$\begin{cases}19510.0117C_1+5550.6047C_2=-12.8110\\5550.6047C_1+4677.4419C_2=8.8256\end{cases}$$

$$C_1=\frac{1}{\varDelta}\begin{vmatrix}-12.8110 & 5550.6047\\8.8256 & 4677.4419\end{vmatrix}=-108910/\varDelta$$

$$C_2=\frac{1}{\varDelta}\begin{vmatrix}19510.0117 & -12.8110\\5550.6047 & 8.8256\end{vmatrix}=243296/\varDelta$$

其中 $\varDelta$ 代表行列式 $\begin{vmatrix}19510.0117 & 5550.6047\\5550.6047 & 4677.4419\end{vmatrix}$，对它的运算可以省略。因为考虑到判别方程乘以常数 $\varDelta$ 不影响判别效果，直接取 $C_1=-1089, C_2=2433$，得判别方程

$$F(x_1,x_2)=-1089x_1+2433x_2$$

第 4 步，将平均值代入判别方程，再求判别值

$$\bar{y}^{(1)}=-1089\bar{x}_1^{(1)}+2433\bar{x}_2^{(1)}=15040.125$$
$$\bar{y}^{(2)}=-1089\bar{x}_1^{(2)}+2433\bar{x}_2^{(2)}=-20383.69$$

$$判别值\quad C=\frac{32\times\bar{y}^{(1)}+43\times\bar{y}^{(2)}}{32+43}=-5269.53$$

第 5 步，进行判别

试就 3 分标本数据(110,44)、(88,34)和(86,41)进行鉴定。

(110,44)　　$y = -1089\times110 + 2433\times44 = -12738 < C$，属于人参。

(88,34)　　$y = -1089\times88 + 2433\times34 = -13110 < C$，属于人参。

(86,41)　　$y = -1089\times86 + 2433\times41 = 13398 > C$，属于西洋参。

前面建立的判别分析由 R. A. Fisher 给出，称为 Fisher 判别法，该方法解决了两个类群的归属鉴别问题。对于多个类群的归属如何判别鉴定呢？如果仍然采用 Fisher 判别法，就需要把多个类群归并成两大类群，利用 Fisher 判别法，判得属于某一类群。取出该类群，再划分为两大类群，再利用 Fisher 判别法，如此逐级做下去，最后获得属于某一不能再划分的类群，判别鉴定属于该类群即是。

当类群特别多，Fisher 的逐级判别太累赘，我们可采用距离法。这里介绍的距离法实际上是 Bayes 判别法的一种特殊情形，仍可称为 Bayes 判别法。

如果考虑具有 n 个性状的实体，组成 m 个类群，每个类群具有 $t_l(l = 1, 2, \cdots, m)$个实体，全部数据如下：

$$\begin{bmatrix} x_{11}^{(1)} & x_{12}^{(1)} & \cdots & x_{1n}^{(1)} \\ x_{21}^{(1)} & x_{22}^{(1)} & \cdots & x_{2n}^{(1)} \\ \cdots & \cdots & \cdots & \cdots \\ x_{t_1 1}^{(1)} & x_{t_1 2}^{(1)} & \cdots & x_{t_1 n}^{(1)} \end{bmatrix} \begin{bmatrix} x_{11}^{(2)} & x_{12}^{(2)} & \cdots & x_{1n}^{(2)} \\ x_{21}^{(2)} & x_{22}^{(2)} & \cdots & x_{2n}^{(2)} \\ \cdots & \cdots & \cdots & \cdots \\ x_{t_2 1}^{(2)} & x_{t_2 2}^{(2)} & \cdots & x_{t_2 n}^{(2)} \end{bmatrix} \cdots \begin{bmatrix} x_{11}^{(m)} & x_{12}^{(m)} & \cdots & x_{1n}^{m} \\ x_{21}^{(m)} & x_{22}^{(m)} & \cdots & x_{2n}^{(m)} \\ \cdots & \cdots & \cdots & \cdots \\ x_{t_m 1}^{(m)} & x_{t_m 2}^{(m)} & \cdots & x_{t_m n}^{(m)} \end{bmatrix} \quad (2.61)$$

另有实体 $X(x_1, x_2, \cdots, x_n)$，问属于哪个类群？

以 $G_l(l = 1, 2, \cdots, m)$表示类群，现在讨论如何构造向量 X 到 G_l 的距离$\rho(X, G_l)$。将第 l 类群的数据重新写出如下：

$$\begin{matrix} x_{11}^{(l)} & x_{12}^{(l)} & \cdots & x_{1n}^{(l)} \\ x_{21}^{(l)} & x_{22}^{(l)} & \cdots & x_{2n}^{(l)} \\ \cdots & \cdots & \cdots & \cdots \\ x_{t_l 1}^{(l)} & x_{t_l 2}^{(l)} & \cdots & x_{t_l n}^{(l)} \end{matrix}$$

将数据中心化得

$$\begin{matrix} x_{11}^{(l)} - \overline{x}_1^{(l)} & x_{12}^{(l)} - \overline{x}_2^{(l)} & \cdots & x_{1n}^{(l)} - \overline{x}_n^{(l)} \\ x_{21}^{(l)} - \overline{x}_1^{(l)} & x_{22}^{(l)} - \overline{x}_2^{(l)} & \cdots & x_{2n}^{(l)} - \overline{x}_n^{(l)} \\ \cdots & \cdots & \cdots & \cdots \\ x_{t_l 1}^{(l)} - \overline{x}_1^{(l)} & x_{t_l 2}^{(l)} - \overline{x}_2^{(l)} & \cdots & x_{t_l n}^{(l)} - \overline{x}_n^{(l)} \end{matrix}$$

其中平均值

$$\overline{x}_i^{(l)} = \frac{1}{t_l}\sum_{k=1}^{t_l} x_{ki}^{(l)} \qquad (i = 1, 2, \cdots, n)$$

构造类群 G_l 的协表矩阵

$$S(l)=\begin{bmatrix} S_{11}^{(l)} & S_{12}^{(l)} & \cdots & S_{1n}^{(l)} \\ S_{21}^{(l)} & S_{22}^{(l)} & \cdots & S_{2n}^{(l)} \\ \cdots & \cdots & \cdots & \cdots \\ S_{n1}^{(l)} & S_{n2}^{(l)} & \cdots & S_{nn}^{(l)} \end{bmatrix} \tag{2.62}$$

其中

$$S_{ij}^{(l)}=\sum_{k=1}^{t_l}(x_{ki}^{(l)}-\overline{x}_i^{(l)})(x_{kj}^{(l)}-\overline{x}_j^{(l)}) \quad =\sum_{k=1}^{t_l}x_{ki}^{(l)}x_{kj}^{(l)}-\frac{1}{t_l}(\sum_{k=1}^{t_l}x_{ki})(\sum_{k=1}^{t_l}x_{kj}) \qquad (i,j=1,2,\cdots,n)$$

这里协表矩阵的元素 $S_{ij}^{(l)}$，它的计算与线性方程组(2.58)中系数 S_{ij} 有相似之处。类似这样的计算在多元统计中屡见不鲜，在多元回归中已经遇到，以后在主成分分析中还会出现。

向量 X 到类群 G_l 的距离定义如下：

$$\rho(X,G_l)=[x_1-\overline{x}\ x_2-\overline{x}\cdots x_n-\overline{x}]\begin{bmatrix} S_{11}^{(l)} & S_{12}^{(l)} & \cdots & S_{1n}^{(l)} \\ S_{21}^{(l)} & S_{22}^{(l)} & \cdots & S_{2n}^{(l)} \\ \cdots & \cdots & \cdots & \cdots \\ S_{n1}^{(l)} & S_{n2}^{(l)} & \cdots & S_{nn}^{(l)} \end{bmatrix}^{-1}\begin{bmatrix} x_1-\overline{x} \\ x_2-\overline{x} \\ \vdots \\ x_n-\overline{x} \end{bmatrix} \tag{2.63}$$

其中平均值

$$\overline{x}=\frac{1}{n}\sum_{i=1}^{n}x_i$$

如果引进平均值向量 $\overline{X}$，向量 X 和平均值向量 $\overline{X}$ 写成如下形式

$$X=\begin{bmatrix} x_1 \\ x_2 \\ \vdots \\ x_n \end{bmatrix} \qquad \overline{X}=\begin{bmatrix} \overline{x} \\ \overline{x} \\ \vdots \\ \overline{x} \end{bmatrix}$$

X 到 G_l 的距离可写成更简单的形式：

$$\rho(X,G_l)=(X-\overline{X})^T\ \ S(l)^{-1}\ \ (X-\overline{X}) \tag{2.64}$$

所有的距离系数都计算出来，取最小者，

$$\rho(X,G_i)=\min\{\rho(X,G_l)\mid l=1,2,\cdots,m\} \tag{2.65}$$

X 到 G_i 的距离最小，最后得出判别结果，实体 X 属于类群 G_i。

第四节　主成分分析

掌握主要矛盾的数学方法

主成分分析(principal component analysis)是一种掌握主要矛盾的统计分析方法。生命活动往往以多指标、多性状呈现出异常复杂的状态。对于多元复杂事物的认识，人们常常采取掌握主要矛盾的方法。这里所谓掌握主要矛盾属于哲学上方法论的概念，这个概念移植于数学，产生相应的掌握和突出主要矛盾的数学方法，就是主成分分析方法。主成分分析对生物学的研究具有重要意义，它可以从多元事物中揭示生命现象的主要方面，找出生命活动的主要倾向，帮助人们了解生命活动的规律，从而达到掌握和认识生命现象的本质。主成分分析现已广泛应用于生态学、分类学、农业、林业、医学、环境等领域的研究，成为研究生物学及其边缘学科的重要工具。

如果一个被研究的生物学问题具有多个(n 个)性状、特征或指标，另一方面又具有多个(t 个)单位、品种或实体。通过调查、实验得到这个事物的数据，该数据可以表示成一个矩阵(t 行× n 列)，即主成分分析原始数值矩阵。

$$\overset{n\text{个指标}}{t\text{个单位}\begin{bmatrix} y_{11} & y_{12} & \cdots & y_{1n} \\ y_{21} & y_{22} & \cdots & y_{2n} \\ \cdots & \cdots & \cdots & \cdots \\ y_{t1} & y_{t2} & \cdots & y_{tn} \end{bmatrix}} \tag{2.66}$$

原始数据的列代表不同指标或性状，行代表不同的数据单位或实体。例如对于某一生态学问题的研究，各种不同气候条件、物理指标、化学指标和各种有关生物群体的数量等等。凡体现事物不同性状、特征、属性和因子诸方面，一律都称为指标(index)或性状(character)，以行方向展现在原始数值矩阵中；不同的分析单位(包括分类单位)，品种、实体，区组方面一律都称为分析单位(analytical unit)，以列方向展现在原始数值矩阵中。

在原始数据中，每个指标的数据来源不同，单位的选取不同，因而数值的大小和变化幅度不同。指标之间的这种差异，不仅毫无意义，还会干扰分析。为了取得正确的分析结果，有必要对原始数据进行变换，以消除这种没有意义的差别。

为此，先求每个指标的平均值和离差平方和。

平均值

$$\overline{y}_j=\frac{1}{t}\sum_{k=1}^{t}y_{kj} \qquad (j=1,2,\cdots,n)$$

离差平方和

$$d_j=\sqrt{\sum_{k=1}^{t}(y_{kj}-\bar{y}_j)^2} \qquad (j=1,2,\cdots,n)$$

再作变换

$$x_{ij}=\frac{y_{ij}-\bar{y}_j}{d_j} \qquad (i=1,2,\cdots,t;\ j=1,2,\cdots,n) \tag{2.67}$$

得变换原始数值矩阵

$$X=\begin{bmatrix} x_{11} & x_{12} & \cdots & x_{1n} \\ x_{21} & x_{22} & \cdots & x_{2n} \\ \cdots & \cdots & \cdots & \cdots \\ x_{t1} & x_{t2} & \cdots & x_{tn} \end{bmatrix} \tag{2.68}$$

为了讨论问题方便，本节对矩阵和向量的书写符号作一些规定。凡矩阵都以大写字母表示，矩阵中的元素以字母小写体表示，例如已标准化的矩阵 X，第 i, j 元素写作 x_{ij}。矩阵的行向量列向量分别以同样的字母两种大写的形式表示，并带一个下标表示行或列在矩阵中所在的位置。如矩阵 X 的第 i 行向量和第 j 列向量分别写作

$$\mathcal{X}_i=[x_{i1}, x_{i2}, \cdots, x_{in}], \qquad X_j=\begin{bmatrix} x_{1j} \\ x_{2j} \\ \vdots \\ x_{tj} \end{bmatrix}$$

在矩阵 X(2.68)中，行向量$\mathcal{X}_i$也就是第 i 分类单位向量，列向量 X_j 就是第 j 性状向量。

容易证明变换后的原始数值矩阵 X 具有以下性质：

(1) 指标向量的分量求和为 0，即

$$\sum_{k=1}^{t}x_{ki}=0 \quad (i=1,2,\cdots,n)$$

(2) 指标向量的模为 1，即

$$\|X_i\|=1 \quad (i=1,2,\cdots,n)$$

(3) 矩阵的各元素平方总和为 n，即

$$\sum_{i=1}^{t}\sum_{j=1}^{n}x_{ij}^2=n \tag{2.69}$$

有了前面的准备工作，现在开始讨论如何进行主成分分析。

矩阵的 n 个指标向量是 $\{X_1, X_2, \cdots, X_n\}$，$n$ 通常比较大，一个表现为多指标的复杂事物，人们难于认识，为了有助于从本质方面和主要方面去掌握事物，是否可以从几个指标中寻找其主要方面呢？如果事物的主要方面，刚好就在某几个指标中，那么我们只需将这几个指标提出来进行分析，主要矛盾就抓住了。然而自然界的事物并不那样巧遇而简单，事物的主要方面往往体现为多个指标综合的效果。譬如一个畜牧品种，反映体型大小的诸种因素包括体长、体高、胸围、体重……等性状，代表气候条件中的热量因素包括气温、积温、日照时数等指标。

如果利用一个向量来体现多维事物的主要方面，根据前面的分析，以指标向量的线性组合来体现多个指标的综合效果。事物的主要方面有多个，但绝不会超过原指标题的个数 n，第 i 个主成分向量(principal vector)的表示如下：

$$F_i=a_{1i}X_1+a_{2i}X_2+\cdots+a_{ni}X_n \qquad (i=1, 2, \cdots, n)$$

如此构造的主要方面，考虑到它们各自所代表的生物学意义是相互完全独立的，所谓相互独立，用数学方法表述就是两个不同向量互相垂直，向量垂直的条件就是向量乘积为 0。

$$F_i^T\cdot F_j=0 \qquad (i\neq j)$$

我们是否能够找到一组满足这个条件的向量代表事物的主要方面呢？这里可以借助线性代数的知识来解决这个问题。首先 F_i 可以表示成矩阵与向量乘积的形式：

$$F_i=[X_1X_2\cdots X_n]\begin{bmatrix}a_{1i}\\a_{2i}\\\vdots\\a_{ni}\end{bmatrix}=X\begin{bmatrix}a_{1i}\\a_{2i}\\\vdots\\a_{ni}\end{bmatrix}$$

垂直条件可写成

$$F_i^T\cdot F_j=[a_{1i}a_{2i}\cdots a_{ni}]X^TX\begin{bmatrix}a_{1j}\\a_{2j}\\\vdots\\a_{nj}\end{bmatrix}=0$$

其中矩阵 X^TX 是对称的。线性代数的理论告诉我们，对于一个实对称矩阵，必存在一个正交矩阵 A，将该矩阵化成标准形，因而对于 X^TX 存在正交矩阵 A，有

$$A^T X^T XA = \begin{bmatrix} \lambda_1 & & & 0 \\ & \lambda_2 & & \\ & & \ddots & \\ 0 & & & \lambda_n \end{bmatrix}$$

如果让主成分向量线性表达式的系数取正交矩阵 A 中的相应元素，上述矩阵是标准形的，即除主对角线外皆为 0；矩阵的第 i 行 j 列元素($i \neq j$)就是 $F_i^T \cdot F_j$，因而满足垂直条件 $F_i^T \cdot F_j = 0\,(i \neq j)$；而主成分向量线性表达式的系数 a_{1i}, a_{2i}, …, a_{ni} 刚好就是矩阵 A 的第 i 列列向量 A_i。这个向量 A_i 也就是矩阵 X^TX 的特征向量，相应的特征值也就是 λ_i，并且 $\lambda_i \geqslant 0$。于是从 X^TX 的 n 个特征向量就可以获得彼此相互垂直的 n 个代表主成分的向量。

如何从这些向量中挑选最主要的呢？所谓主要，在向量的运算中可以把向量的大小(模)作为重要性的衡量依据，有趣的是这个衡量依据就是 $\sqrt{\lambda_i}$，因为当 $i = j$ 时，向量模的平方就是前述矩阵主对角线上第 i 元素 λ_i：

$$\|F_i\|^2 = F_i^T \cdot F_i = \lambda_i$$

这样一来，我们只需从矩阵 $X^T X$ 的特征值中适当选出最大的前 m 个，以其相应的特征向量为系数构成性状向量的线性组合，代表主要方面的主成分向量 F_i 即可获得。

以上就是主成分分析的思路。现在正式讨论如下：

为了从性状向量 X_i 的线性组合确立主成分向量 F_i，必须先求出系数(a_{1i}, a_{2i}, …, a_{ni})。对于已变换的原始矩阵 X，作 $R = X^T X$，R 是对称的。根据线性代数的基本理论，存在 R 的特征值(eigenvalue)$\lambda_i \geqslant 0$(i = 1, 2, …, n)，和相应的特征向量(eigenvector)A_i。将 λ_i 依大小次序排列，在此可以做相应的行与列的替换次序达到这个目的。性状排列的次序不影响讨论的结果，为了讨论问题方便不妨假设从一开始就有

$$\lambda_1 \geqslant \lambda_2 \geqslant \cdots \lambda_n \geqslant 0$$

将特征向量依次排列构成一个正交矩阵(orthogonal matrix)。

$$A = [A_1 A_2 \cdots A_n] = \begin{bmatrix} a_{11} & a_{12} & \cdots & a_{1n} \\ a_{21} & a_{22} & \cdots & a_{2n} \\ \cdots & \cdots & \cdots & \cdots \\ a_{n1} & a_{n2} & \cdots & a_{nn} \end{bmatrix} \tag{2.70}$$

矩阵 R 被化成标准形，

$$A^T RA = \begin{bmatrix} \lambda_1 & & & \\ & \lambda_2 & & \\ & & \ddots & \\ & & & \lambda_n \end{bmatrix}$$

定义第 i 个主成分向量

$$F_i = XA_i = a_{1i}X_1 + a_{2i}X_2 + \cdots + a_{ni}X_n \qquad (i = 1,2,\cdots,n) \tag{2.71}$$

如此定义的主成分向量显然有以下性质：

(1) $F_i^T \cdot F_j = 0 \qquad (i \neq j;\ i, j = 1,2,\cdots,n)$

(2) $\|F_i\|^2 = \lambda_i \qquad (i = 1,2,\cdots,n)$

(3) $X_i = a_{i1}F_1 + a_{i2}F_2 + \cdots + a_{in}F_n \qquad (i = 1,2,\cdots,n)$ (2.72)

前两个性质显然，只需说明第 3 个性质的正确性，如果将主成分向量 F_i $(i = 1, 2, \cdots, n)$排成矩阵 $F = [F_2\ F_2\ \cdots\ F_n]$，主成分向量的定义(2.71)可写成如下矩阵运算的形式，

$$F = XA$$

等式两边同时乘以 A^T，因为 A 是正交矩阵，AA^T 是单位矩阵，因而有

$$X = FA^T$$

得

$$X_i = F\mathscr{A}_i^T$$

这里矩阵 A 的第 i 行向量以符号 $\mathscr{A}_i$ 表示，

$$\mathscr{A}_i = [a_{i1}\ a_{i2}\ \cdots\ a_{in}]$$

A 是正交矩阵，有以下性质：

(1) $A_i^T \cdot A_j = \mathscr{A}_i \cdot \mathscr{A}_j^T = 0$ $(i, j = 1, 2, \cdots, n;\ i \neq j)$

(2) $\| A_i \| = \| \mathscr{A}_j \| = 1 \qquad (i, j = 1, 2, \cdots, n)$

后面的推理中要利用该性质。

从表示式(2.72)我们看到性状向量 X_i 可以由主成分向量的线性组合构成，注意到主成分向量 F_i 随着下标 i 的增加，模$\|F_i\|$愈来愈小。可以选取适当的整数 m，$1\leqslant m<n$，将 m 以后的主成分都忽略不计，而仅保留前 m 个主成分向量的线性组合，以符合 $\tilde{X}_i$ 表示。

$$\tilde{X}_i = a_{i1}F_1 + a_{i2}F_2 + \cdots + a_{im}F_m \qquad (i = 1,2,\cdots,n) \tag{2.73}$$

我们指望以向量 $\tilde{X}_i$ 来替代 X_i，这种替代的近似性，就要估计$\left\|X_i - \tilde{X}_i\right\|^2$是否充分小，为了估量这个值的大小，我们无妨证明一个更一般的公式，以后推导中屡次用到。

对于整数 $k, l(1\leqslant k<l\leqslant n)$，引入向量

$$X_i^{(kl)} = a_{ik}F_k + a_{ik+1}F_{k+1} + \cdots + a_{il}F_l$$

则有公式

$$\sum_{i=1}^{n}\left\|X_i^{(kl)}\right\|^2 = \sum_{i=k}^{l}\lambda_i \tag{2.74}$$

为了证明这个等式，需要做向量 $a_{ik}F_k + \cdots + a_{il}F_l$ 与自身的乘积。这时注意到主成分向量的性质(1)和性质(2)，乘积展开的各项中，下标不相同的项为 0，仅保留了下标相同的项，然后又引用主成分向量的性质(2)，有

$$\begin{aligned}
\sum_{i=1}^{n}\left\|X_i^{(kl)}\right\|^2 &= \sum_{i=1}^{n}(X_i^{(kl)})^T \cdot (X_i^{(kl)}) \\
&= \sum_{i=1}^{n}\left(a_{ik}^2 F_k^T F_k + \cdots + a_{il}^2 F_l^T F_l\right) \\
&= \sum_{i=1}^{n} a_{ik}^2\lambda_k + \sum_{i=1}^{n} a_{ik+1}^2\lambda_{k+1} + \cdots + \sum_{i=1}^{n} a_{il}^2\lambda_l \\
&= \left\|A_k\right\|^2\lambda_k + \left\|A_{k+1}\right\|^2\lambda_{k+1} + \cdots + \left\|A_l\right\|^2\lambda_l \\
&= \lambda_k + \lambda_{k+1} + \cdots + \lambda_l \\
&= \sum_{j=k}^{l}\lambda_j
\end{aligned}$$

现在可以获得$\left\|X_i - \tilde{X}_i\right\|$的整体估计，即公式(2.74)当 $k = m+1$，$l = n$ 的情形。

$$\sum_{i=1}^{n}\left\|X_i - \tilde{X}_i\right\|^2 = \sum_{i=1}^{n}\left\|X_i^{(m+1\ n)}\right\|^2 = \sum_{i=m+1}^{n}\lambda_i$$

这个结果告诉我们，只要前 m 个主成分取得充分的多，使 m 以后的特征值之和 $\sum_{i=m+1}^{n}\lambda_i$ 足够的小，就可以认为 $\tilde{X}_i$ 充分逼近 X_i。换句话说，在分析整个问题时利用 $\tilde{X}_i$ 代替 X_i，这样做对事物原来的基本信息不会损失太多。

还可以从另一个角度说明用 $\tilde{X}_i$ 替代 X_i 的合理性。让我们以向量 $\tilde{X}_i(i=1,2,\cdots,n)$ 构造矩阵。

$$\tilde{X}=[\tilde{X}_1\tilde{X}_2\cdots\tilde{X}_n]=\begin{bmatrix}\tilde{x}_{11} & \tilde{x}_{12} & \cdots & \tilde{x}_{1n}\\ \tilde{x}_{21} & \tilde{x}_{22} & \cdots & \tilde{x}_{2n}\\ \cdots & \cdots & \cdots & \cdots\\ \tilde{x}_{t1} & \tilde{x}_{t2} & \cdots & \tilde{x}_{tn}\end{bmatrix} \tag{2.75}$$

矩阵 $\tilde{X}$ 是从只收取前 m 个主成分向量而得到，把这个矩阵与数值矩阵 X 作比较，两个矩阵代表两个不同的基础。忽略掉 m 以后的主成分向量，说明对事物的分析基础从矩阵 X 转向 $\tilde{X}$ 。矩阵 X 与矩阵 $\tilde{X}$ 究竟有多少差别呢？在估计两个矩阵的差别之前先说明这样一个有趣的事实，矩阵 X 所有元素的平方总和等于全部特征值的和，矩阵 $\tilde{X}$ 的所有元素的平方总和等于前 m 个特征值和。下面演算这个结论。

令 $k=1, l=n$，利用公式(2.74)得

$$\begin{aligned}\sum_{j=1}^{n}\sum_{i=1}^{t}x_{ij}^2 &= \sum_{j=1}^{n}\left\|X_j\right\|^2\\ &= \sum_{j=1}^{n}\left\|X_j^{(1\,n)}\right\|^2\\ &= \sum_{j=1}^{n}\lambda_j\end{aligned}$$

令 $k=1:l=m$，同理可得

$$\sum_{j=1}^{n}\sum_{i=1}^{t}\tilde{x}_{ij}^2=\sum_{j=1}^{n}\left\|X_j^{(1\,m)}\right\|^2=\sum_{j=1}^{m}\lambda_j$$

由此，我们还急于想知道矩阵 X 和 $\tilde{X}$ 对应元素差的平方和是否就等于 $\lambda_{m+1}+\cdots+\lambda_n$ 呢？事实上这个结论已经获得，因为

$$\begin{aligned}\sum_{j=1}^{n}\sum_{i=1}^{t}(x_{ij}-\tilde{x}_{ij})^2 &= \sum_{j=1}^{n}\left\|X_j-\tilde{X}_j\right\|^2\\ &= \sum_{j=1}^{n}\left\|X_j^{(m+1\,n)}\right\|^2\\ &= \sum_{i=m+1}^{n}\lambda_i\end{aligned}$$

综上述我们已证明了以下几个等式：

$$\sum_{j=1}^{n}\sum_{i=1}^{t}x_{ij}^{2}=\sum_{i=1}^{n}\lambda_{i}=n$$

$$\sum_{j=1}^{n}\sum_{i=1}^{t}\tilde{x}_{ij}^{2}=\sum_{i=1}^{m}\lambda_{i}$$

$$\sum_{j=1}^{n}\sum_{i=1}^{t}(x_{ij}-\tilde{x}_{ij})^{2}=\sum_{i=m+1}^{n}\lambda_{i}$$

$$\sum_{j=1}^{n}\left\|X_{j}-\tilde{X}_{j}\right\|^{2}=\sum_{i=m+1}^{n}\lambda_{i}$$

这 4 个等式表现了特征值与矩阵 X，$\tilde{X}$ 和向量 $\tilde{X}_j$ 的关系。根据这些关系，当我们选取主成分时，要尽可能让 $\tilde{X}$ 的数据平方总和充分大，相应地 $(x_{ij}-\tilde{x}_{ij})$ 的平方总和就愈小。因为主成分的取舍，带来数据误差的增减与相应特征值的增减完全一致。由于这个缘故，我们把比值

$$\frac{\lambda_{i}}{\sum_{k=1}^{n}\lambda_{k}}=\frac{\lambda_{i}}{n}$$

称为第 i 个主成分的贡献率(ratio of contribution)，又把比值

$$\frac{\sum_{k=1}^{m}\lambda_{k}}{\sum_{k=1}^{n}\lambda_{k}}=\frac{1}{n}\sum_{k=1}^{m}\lambda_{k}$$

称为前 m 个主成分的累计贡献率(accumulative ratio of contribution)。

贡献率是一个百分率，它表示我们所定义的主成分在整个数据分析中所承担的主成分意义占多大的比重。当我们取前 m 个主成分来代替原来全部性状所提供的信息时，累计贡献率的大小体现了这种取代的可靠性，累计贡献率愈大，可靠性愈大；反之，可靠性愈小。一般情况累计贡献率在 70%以上，事物的基本面貌可以得到反映。但是这个比率也不是绝对的，在某些具体问题中，低于此值也可能获得较好的分析结论。

主成分的计算与主成分的实际意义

前面已经就主成分的基本思路和数学理论进行讨论。从原始数据(2.66)出发，必须计算矩阵 $R=X^{T}X$，再从矩阵 R 才能算出特征值与特征向量。对矩阵 R 的计算，按理论上的思路先将原始数据进行变换得矩阵 X，再做矩阵的乘积得矩阵 R。但是实际运算可以直接进行。让我们审视 R 的元素 r_{ij}，考虑到变换(2.67)有下面的关系，

$$r_{ij} = X_i^T \cdot X_j = \sum_{k=1}^{t} \frac{y_{ki} - \bar{y}_i}{d_i} \cdot \frac{y_{kj} - \bar{y}_j}{d_j}$$

将 d_i 的表达式代入得

$$r_{ij} = \frac{\sum_{k=1}^{t}(y_{ki} - \bar{y}_i)(y_{kj} - \bar{y}_j)}{\sqrt{\sum_{k=1}^{t}(y_{ki} - \bar{y}_i)^2 \sum_{k=1}^{t}(y_{kj} - \bar{y}_j)^2}}$$

最后一个表达式读者十分熟悉，它就是原始数据第 i 个性状与第 j 个性状之间的相关系数，对矩阵 R 的计算可以直接从原始数据计算性状之间的相关系数而获得。相关系数矩阵表示如下：

$$R = \begin{bmatrix} r_{11} & r_{12} & \cdots & r_{1n} \\ r_{21} & r_{22} & \cdots & r_{2n} \\ \cdots & \cdots & \cdots & \cdots \\ r_{n1} & r_{n2} & \cdots & r_{nn} \end{bmatrix}$$

其中 $r_{11} = r_{22} = \cdots = r_{nn} = 1$。

从矩阵 R 计算特征值与特征向量，这一步运算十分复杂，运算工作量很大。根据线性代数的理论所设计的计算方法很多，有专著论述，在此不讨论。由于运算量大，这些计算工作都在计算机上完成。幸好许多计算机统计软件都配有对矩阵求特征值和特征向量的运算程序，我们只需借来运行。通常计算方法都采取 Jacobi 方法，这是一个将坐标轴不断旋转，对矩阵施行相应变换的方法。多次迭代运算，一方面获得标准形矩阵，另一方面获得 n 个特征向量构成的正交矩阵。如果标准形矩阵中的特征值没有按大小次序排好，还需要重新排次序。在交换特征值的次序时，也要将特征向量进行相应的交换，以保证特征值与特征向量原来的对应关系。

有了特征值与特征向量，主成分向量就可以确定，但是在实际分析应用中，我们倒并不关心把主成分向量计算出来，而是更关心从特征值计算贡献率和累计贡献率，从累计贡献率决定主成分个数 m。m 大于 3 宣告该组数据不适于主成分分析，也就是说没有突出的主要成分可依据。主成分分析工作步骤总结于下：

(1) 对原始数据(2.66)计算性状之间的相关系数，相关系数的计算可采用下面的公式

$$r_{ij} = \frac{\sum_{k=1}^{t} y_{ki} y_{kj} - \frac{1}{t}\left(\sum_{k=1}^{t} y_{ki}\right)\left(\sum_{k=1}^{t} y_{kj}\right)}{\left\{\left[\sum_{k=1}^{t} y_{ki}^2 - \frac{1}{t}\left(\sum_{k=1}^{t} y_{ki}\right)^2\right] \cdot \left[\sum_{k=1}^{t} y_{kj}^2 - \frac{1}{t}\left(\sum_{k=1}^{t} y_{kj}\right)^2\right]\right\}^{\frac{1}{2}}} \tag{2.76}$$

得相关系数矩阵 R。

(2) 求矩阵 R 的特征值与特征向量，并将特征值按大小，从大到小依次排列。不妨已经按角标次序排成

$$\lambda_1 \geqslant \lambda_2 \geqslant \lambda_3 \geqslant \cdots \geqslant \lambda_v \geqslant 0$$

(3) 计算贡献率与累计贡献率。

第 i 主成分的贡献率，

$$C_i = \frac{\lambda_i}{n} \quad (i = 1,2,\cdots,n) \tag{2.77}$$

前 i 主成分的累计贡献率

$$AC_i = \frac{1}{n}\sum_{k=1}^{i}\lambda_k \quad (i = 1,2,\cdots,n) \tag{2.78}$$

根据累计贡献率达到 70%的要求，确定主成分个数 m。

(4) 分析前 m 个主成分所代表的实际意义。

最后一步是十分重要的工作，如果不能对主成分所代表的意义给予正确分析，整个主成分分析的数学运算将失去应有的价值。这一步工作虽然没有什么复杂的计算，但是要想明了主成分所体现的实际意义有一定难度，它要求分析者不仅理解主成分分析的数学原理，还必须通晓实际问题。只要能够把数学理论与实际问题结合在一起，就不难理解主成分所代表的意义。为了帮助读者更好地掌握分析方法，下面准备举出几个例子。

先以人参属部分种的数据为例，该数据将在第三章作为相似性系数的计算进行介绍，有关该数据的详细情形请参看该章。按照主成分分析的运算步骤(1)，先从原始数据计算性状之间的相关系数。下面列出人参属数据 13 个性状之间的相关系数。

(1)	1.0000	0.9959	−0.4485	−0.0026	−0.8363	0.1673	−0.6413	−0.2872	−0.1472	0.5561	−0.4967	0.8825	−0.5561
(2)	0.9959	1.0000	−0.4622	−0.0034	−0.8283	0.1167	−0.6649	−0.3183	−0.2075	0.5336	−0.5000	0.8784	−0.5336
(3)	−0.4485	−0.4622	1.0000	−0.6329	0.0820	−0.4100	0.7895	−0.3665	0.8006	−0.9058	0.9825	−0.6589	0.9058
(4)	−0.0026	−0.0034	−0.6329	1.0000	0.5237	0.6795	−0.6692	0.6959	−0.5201	0.5639	−0.6918	0.2887	−0.5639
(5)	−0.8363	−0.8283	0.0820	0.5237	1.0000	0.2459	0.1477	0.6399	−0.1543	−0.2298	0.0849	−0.5804	0.2298
(6)	0.1673	0.1167	−0.4100	0.6795	0.2459	1.0000	−0.4911	0.8512	−0.0086	0.5975	−0.5436	0.4252	−0.5975
(7)	−0.6413	−0.6649	0.7895	−0.6692	0.1477	−0.4911	1.0000	−0.2760	0.6523	−0.7008	0.8401	−0.8276	0.7008
(8)	−0.2872	−0.3183	−0.3665	0.6959	0.6399	0.8512	−0.2760	1.0000	−0.1907	0.4046	−0.4339	0.0286	−0.4046
(9)	−0.1472	−0.2075	0.8006	−0.5201	−0.1543	−0.0086	0.6523	−0.1907	1.0000	−0.4714	0.7079	−0.2972	0.4714
(10)	0.5561	0.5336	−0.9058	0.5639	−0.2298	0.5975	−0.7008	0.4046	−0.4714	1.0000	−0.9457	0.7598	−1.0000
(11)	−0.4967	−0.5000	0.9825	−0.6918	0.0849	−0.5436	0.8401	−0.4339	0.7079	−0.9457	1.0000	−0.7370	0.9457
(12)	0.8825	0.8784	−0.6589	0.2887	−0.5804	0.4252	−0.8276	0.0286	−0.2972	0.7598	−0.7370	1.0000	−0.7598
(13)	−0.5561	−0.5336	0.9058	−0.5639	0.2298	−0.5975	0.7008	−0.4046	0.4714	−1.0000	0.9457	−0.7598	1.0000

第(2)步从相关系数矩阵 R，计算特征值与特征向量，这是整个主成分分析运算量最

大的工作。现将特征向量列出于下：

(1)	0.2485	0.2477	−0.3416	0.2348	−0.0903	0.2180	−0.3340	0.1343	−0.2208	0.3468	−0.3585	0.3194	−0.3468
(2)	−0.3748	−0.3791	−0.0770	0.3516	0.5041	0.2591	0.0033	0.4432	−0.1177	0.0301	−0.0844	−0.2140	−0.0301
(3)	0.1344	0.0653	0.2648	−0.0289	−0.1091	0.5574	0.1033	0.2980	0.6588	0.0761	0.1261	0.1522	−0.0761
(4)	−0.1756	−0.2225	−0.2444	−0.3499	−0.1933	−0.1169	0.5267	0.0356	0.0814	0.4173	−0.1607	−0.1643	−0.4173
(5)	0.0392	0.0808	−0.0639	−0.6345	−0.1113	0.1849	−0.0632	0.5497	−0.3997	−0.1886	0.0342	0.0215	0.1886
(6)	−0.3608	−0.3106	0.0571	−0.2962	0.2060	−0.1364	−0.2196	−0.1070	0.1446	0.0183	−0.0868	0.7297	−0.0183
(7)	0.2189	0.2137	−0.3645	−0.3292	0.6659	0.2678	0.0940	−0.3471	0.1001	−0.0232	0.0621	−0.0785	−0.0077
(8)	−0.2616	−0.2627	−0.1927	0.0189	−0.3884	0.6130	−0.0302	−0.4514	−0.1866	−0.2410	0.0204	−0.0240	0.0030
(9)	0.0921	0.0912	−0.1182	0.2938	0.0374	0.0108	0.6524	0.0905	−0.2658	−0.1858	0.2938	0.5061	−0.0039
(10)	−0.0704	−0.0726	−0.2361	0.0105	−0.0647	−0.0334	−0.2733	0.0331	−0.0383	0.4369	0.8124	−0.0146	0.0173
(11)	−0.6972	0.7130	0.0006	0.0169	−0.0129	0.0254	0.0334	0.0033	0.0419	0.0255	0.0025	−0.0246	−0.0176
(12)	0.0321	0.0322	0.6598	−0.0832	0.1568	0.2389	0.1156	−0.2197	−0.4282	0.4772	−0.0085	0.0198	0.0294
(13)	−0.0140	−0.0229	−0.2551	0.0727	−0.0954	0.0417	0.1538	−0.0040	0.1184	0.3881	−0.2516	0.0705	0.8133

数据已经将特征值按大小次序排列，根据前面已经讨论过的有关特征值性质，所有特征值都应该大于或等于 0，并且总和等于 13(性状个数 n)，否则表明运算有误。上面列出了所有特征向量值，实际上没有必要让计算机把所有的特征向量都打印输出，这里列出全部数据，是为了供初学者学习参考。如果把全部 n 个特征向量排列成 n 阶矩阵，就是前面所指的矩阵 A。因为矩阵 A 是正交矩阵，上列数据从行(或列)的方向，数据的平方和都等于 1，不同行(或列)的数据做向量乘积都为 0。以上这些数学关系都可以作为初次编写程序检验运行是否正确的一个旁证。

表 2-4 给出了特征值、贡献率和累计贡献率，由于这个数据分类单位仅有 7 个，比性状少得多，特征值很快就趋向于 0，表中仅列出了前 7 个数值。

表 2-4　人参属数据的特征值，贡献率和累计贡献率

次序	1	2	3	4	5	6	7	…
特征值	7.2986	3.5286	1.2862	0.6013	0.1960	0.0895	0.0000	…
贡献率 C_i	0.5614	0.2714	0.0989	0.0463	0.0151	0.0000	0.0000	…
累计贡献率 AC_i	0.5614	0.8329	0.9318	0.9780	0.9931	1.0000	1.0000	…

从表 2-4 中可以看出主成分十分突出，m 只需取 2，就已经使累计贡献率达到 83.29%。而且第 1 主成分十分高，竟达到 56.14%。

现在进入步骤(4)对主成分的分析，根据前面的计算结果 $m=2$，列出前两个主成分相对应的特征向量，以及每个分量所对应的性状：

性　状	根状茎节　距	根状茎节距标 准 差	圆锥状肉质根	株　高	中央小叶　长	中央小叶长/宽	
第 1 主成分：	0.2485	0.2477	−0.3416	0.2348	−0.0903	0.2180	
第 2 主成分：	−0.3748	−0.3791	−0.0770	0.3516	0.5041	0.2591	
性　状	叶　缘 10 齿宽	柱头数	花柱合生	成熟果具黑点	种　宽	分布海拔	人参醇含量
第 1 主成分：	-0.3340	0.1343	-0.2208	0.3468	-0.3585	0.3194	-0.3468
第 2 主成分：	0.0033	0.4432	-0.1177	0.0301	-0.0844	-0.2140	-0.0301

我们所举的这个例子属于小型数据，性状 13 个，实体只有 7 个。小型数据的主成分比较容易集中，前两个主成分的累计贡献率达 83.29%，取 $m = 2$，对前两个主成分进行分析已经反映整个事物的基本面貌。

由于第一个主成分的贡献率较高(56.14%)，第一主成分在全部性状中处于举足轻重的地位，它是认识人参属的最重要的方面。既然如此重要，让我们看看它所体现的生物学意义是什么？前面列出了第 1 主成分特征向量各性状分量的值，依绝对值的大小选出如下，(11)种宽，–0.3585；(10)成熟果具黑点，0.3468；(13)人参醇含量，–0.3468；(3)圆锥状肉质根，–0.3416；(7)叶缘 10 齿宽，–0.3340；(12)分布海拔，0.3194；(1)根状茎节距，0.2485；(2)根状茎节距标准差，0.2477；……。

再看原始数据性状之间的相关系数，其中成熟果具黑点、分布海拔、根状茎节距和节距标准差等几个性状彼此之间具有较大的相关性，它们的第一主成分特征向量分量呈现较大的正值。而种宽、人参醇含量、圆锥状肉质根等性状之间亦具有较大的相关性，且与前述一组性状呈现明显的负相关，它们的第一主成分特征向量分量呈现突出的负值。对这些分量绝对值较大的性状进行分析比较，可以看出整个人参属性状的变化表现为两个不同的倾向性。一个方向表现为不具显著肉质根，根状茎节距长，标准差大，叶缘锯齿细密，成熟果具黑点，种子较小，人参醇含量低，分布于 1500m 以上高海拔。它包括羽叶三七、珠子参、竹节参和狭叶竹节参。另一个方面表现为具有肥厚的肉质根，根状茎节距短、标准差小，叶缘锯齿疏，成熟果不具黑点，种子较宽大，人参醇含量较高，多生长在 2000m 以下。它包括西洋参、人参和三七。性状在这两个对立的方向上把整个人参属分为两大类群。一类是分布于高海拔、人参醇含量低、药用价值较小的类群；另一类是具有肥厚肉质根、人参醇含量高、药用价值高的类群。这就是第一主成分所体现的实际生物学意义。因为第一主成分的贡献率很高，掌握人参属向这两个方向上的分化是认识人参属的关键。

人参属向两个不同方向分化为两大类群，这是第一主成分所体现的生物学意义。实际问题是比较复杂的，体现的意义不是由某一两个性状简单构成，而主要是由那些在第一主成分特征向量分量绝对值较大的性状，综合产生的效果。主成分分析运算帮助我们揭示复杂事物内在的联系。

第二主成分的贡献率(27.14%)显然低于第一主成分，它所代表的生物学意义远不及第一主成分重要。但是比率仍较高，尤其与排在其后的主成分相对比，第二主成分还占有较重要的地位，亦有必要进行分析。分析的方法与前面对第一主成分的分析方法相类似。

先看前面第二主成分特征向量所列出的数值，绝对值较大的分量有(5)中央小叶长，0.5041；(8)柱头数，0.4432；(2)根状茎节距标准差，–0.3791；(1)根状茎节距，–0.3748；(4)株高，0.3516 等等。察看这些性状的原始数据，发现性状又向其他方向分化。一个方向是出现了植株高大，小叶长而狭窄的种类(狭叶竹节参)；另一个方向是柱头三枚，根状茎节距特别隘缩(三七)。这些变化说明在分化为两大类的基础上，进一步向不同方向分化。但是代表这些变化方向的性状不多，规律性不十分明显，这一点可以从这个主成分的贡献率较小反映出来。

至于排在第三以后的主成分，考虑到已超出 $m = 2$ 的范围，而且贡献率都低于 10%，这些主成分所反映的规律性不明显，分析价值不大。

为了举例方便，这个运算的例子仅取出了部分数据(原数据 10 个实体×52 性状)，但是主成分分析几乎保持了原来的结论。有兴趣的读者可以参看原文(徐克学等，1983)。为了有助于读者掌握主成分分析方法，特别是第(4)步的分析方法，下面再举一个来自农业方面的例子。

这是一个对中国猪种分析的例子(徐克学 1988)，原始数据 48 个实体×32 性状。我们不再重复类似的运算步骤，而把重点放在如何分析主成分的实际意义以及它的应用上。表 2-5 列出了主成分分析的主要结果。

表 2-5　中国猪种主成分分析主要计算结果

编号	项　目	第一主成分	第二主成分	第三主成分
	特　征　值	10.1920	6.3902	3.8411
	贡　献　率(%)	31.85	19.97	12.00
	累计贡献率(%)	31.85	51.82	63.82
1	背　腹	−0.1010	−0.0063	0.1810
2	耳　大　小	0.0331	0.3432	0.0131
3	耳　下　垂	0.0253	0.3229	0.0731
4	嘴　鼻	0.0907	0.3104	0.1132
5	体　毛　色	−0.0115	−0.0891	−0.0548
6	面额皱纹	−0.0092	0.3162	0.0985
7	♀　体　长	0.2879	−0.0204	0.1232
8	♀　体　高	0.2883	−0.0197	0.0346
9	♀　胸　深	0.2073	−0.1336	−0.0843
10	♀　胸　围	0.2817	−0.0581	0.0986
11	♀　体　重	0.2705	-0.0519	0.0996
12	♂　体　长	0.2939	0.0120	−0.0007
13	♂　体　高	0.2872	−0.0019	0.0134
14	♂　胸　深	0.2137	−0.1322	-0.1365
15	♂　胸　围	0.2981	−0.0315	-0.0175
16	♂　体　重	0.2786	0.0035	0.0182
17	日　增　重	0.2394	−0.0155	0.1105
18	性成熟期	0.0684	−0.2417	−0.0375
19	产　仔　数	0.0853	0.2956	−0.0457
20	断奶存活数	0.0919	0.2814	0.0368
21	哺　育　率	0.0168	0.1834	0.2134
22	乳　头　数	0.0518	0.3088	0.0584
23	仔　重	0.2221	−0.0350	0.0303
24	窝　重	0.2228	0.1537	0.0225
25	皮　厚	0.0371	0.2011	0.0373
26	背　膘　厚	−0.0070	−0.1975	0.2841
27	屠　宰　率	0.0710	−0.1616	0.2501
28	胴　体　重	0.1336	−0.1631	0.1147
29	板　油　重	−0.0209	−0.1184	0.4144
30	板　油　率	−0.1152	−0.0443	0.4002
31	花　油　重	−0.0564	−0.0397	0.4300
32	花　油　率	−0.1274	0.0385	0.3630

从表 2-5 显示的累计贡献率看，前三个主成分的累计贡献率只有 63.82%，没有达到 70%。但是仍然不失去采纳主成分分析方法进行分析的意义。我们取 $m = 3$，获得了

十分有价值的分析结果。

中国猪种主成分分析的第一主成分贡献率比较高(31.85%)，是分析的主要方面。找出第一主成分特征向量分量绝对值较大的分量，这些分量是成年猪的体长、体高、胸深、胸围、体重、仔重、窝重和胴体重。所有分量的值都取正值说明这些指标的变化都与主成分保持一致。从这些指标的内容，很快就能理解第一主成分所代表的实际意义，它是反映在长、宽、高、重量等方面猪种的体型大小。第二主成分的贡献率比较高(19.97%)，是分析的次要方面。第二主成分特征向量绝对值较大的分量有耳大小、耳下垂、嘴鼻、面额、皱纹、性成熟期、产仔数、断奶存活数、哺育率、乳头数、皮厚和背膘厚等。这些性状分为两大类，一类代表猪头面部形态学性状，另一类体现猪的繁殖性能指标。因此第二主成分的实际意义是猪种的繁殖性以及与其密切相关的头部形态特征。农业实践关心的是那些经济指标，因此把繁殖性作为第二主成分所代表的实际意义。除性成熟期外，第二主成分的分量都取正值。性成熟期的负值是因为性成熟期愈短，繁殖能力愈强，数量上它与繁殖能力相反。第三主成分的贡献率只有 12.00%，有一定的分析价值，特征向量绝对值较大的分量有背膘厚、屠宰率、板油重、板油率、花油重和花油率，这个主成分的实际意义也十分明显，它代表猪种产肉的脂肪性。这些性状数量上都与油脂性的高低变化一致。因此特征向量分量都取正值。

中国猪种品种繁多，性状复杂，通过主成分分析指出了认识中国猪种的三个主要方面，分别是体型大小，生殖能力和脂肪性。面对中国猪种如此一个复杂的整体，只要把握这三个主要方面，就能够比较正确地认识、评价一个种猪。这三个主要方面，每个方面都不是由一个或两个性状指标构成，而是多个指标综合的结果。譬如体型大小，它反映在空间长、宽、高三个度量和重量指标；不仅包括成年猪，还包括仔猪；不仅有母猪，还有公猪。繁殖能力体现在性成熟期、产仔数、断奶存活数、哺育率和乳头数等指标。油脂性表现在背膘厚、板油、花油等指标。

但是在实际工作中为了更好的掌握这三个主要方面，又希望取三个具体指标分别作为主要方面的代表。根据主成分运算结果提出：成年母猪体长、乳头数和背膘厚这三项作为育种、饲养和调查研究工作的基本指标。三项基本指标的确定要考虑到选取特征向量绝对值最大的分量，同时兼顾到实际度量工作的方便和可能性。三项基本指标的确立对猪的畜牧工作有较大的实际意义。

最后再举一个昆虫分析的例子(刘友樵、徐克学 1982)，表 2-6 列出了前 15 个主成分的特征值、贡献率和累计贡献率的计算结果。此例贡献率分散、累计贡献率增长十分缓慢，前 3 个主成分累计贡献率只有 31%，直到第 13 个主成分、累计贡献率才达到 71.43%。贡献率的分散说明这个数据的结构不存在主要方面，本来是主成分分析方法不可施行，归于失败的例子。但是贡献率的分散从另一个角度说明性状变异的多向性。实际上这组数据所代表的昆虫类群向多方向演化，产生了多个不同的分支类群，主成分分析方法成为表示演化多向性的定量分析依据。

表 2-6　古北区草蛾属的主成分分析特征值与贡献率

主成分次序	特　征　值	贡献率(%)	累计贡献率(%)
1	9.267	13.24	13.24
2	6.559	9.37	22.61
3	5.871	8.39	31.00
4	4.680	6.69	37.69
5	4.188	5.98	43.67
6	3.519	5.03	48.70
7	2.993	4.28	52.98
8	2.731	3.90	56.88
9	2.418	3.45	60.33
10	2.162	3.09	63.42
11	2.089	2.98	66.40
12	1.839	2.63	69.03
13	1.678	2.40	71.43
14	1.516	2.17	73.60
15	1.457	2.08	75.68

主成分分析的作图

前面讨论了主成分分析的数学理论和计算分析方法，一个多性状指标的复杂问题可以在前 m 个主成分构成的空间近似地得到描述，因而使一个多维问题简化为低维空间中的简单问题。可以利用这种简化手段进行作图，一个复杂的事物获得具体形象的表示。作图可以从两个方向进行。对分类单位或实体作图称为 Q 分析；对性状或指标的作图称为 R 分析。现在着手讨论这个问题，先从 R 分析开始。

依据主成分向量的性质(3)，可将性状向量表示成主成分向量的线性组合：

$$X_i = a_{i1}F_1 + a_{i2}F_2 + \cdots + a_{in}F_n \qquad (i = 1,2,\cdots n)$$

再根据主成分向量的性质(1)，知主成分向量互相垂直，因此有希望以主成分向量为基础构造一组垂直坐标系统，而将性状向量 X_i 写成这组垂直坐标系下的坐标形式。为此目的只须定义单位向量，

$$e_i = F_i / \|F_i\| = F_i / \sqrt{\lambda_i} \qquad (i = 1,2,\cdots,n)$$

这里必须要求$\lambda_i \neq 0$才有意义，如果自某标号以后$\lambda_i = 0$，可以将相应F_i为 0 的项都从 X_i的表达式中除去，因此λ_i为 0 的顾虑是不必要的。于是 X_i的线性表示式可写成

$$X_i = a_{i1}\sqrt{\lambda}_1 e_1 + a_{i2}\sqrt{\lambda}_2 e_2 + \cdots + a_{in}\sqrt{\lambda}_n e_n \qquad (i = 1,2,\cdots,n) \qquad (2.79)$$

前面的理论已经说明，只要前 m 个主成分的累计贡献率足够大，由表达式(2.73)所确定的向量 $\widetilde{X}_i$ 可以近似地代表 X_i。$\widetilde{X}_i$ 也可以写成如下形式：

$$
\begin{aligned}
\widetilde{X}_i &= a_{i1}F_1 + a_{i2}F_2 + \cdots + a_{im}F_m \\
&= a_{i1}\sqrt{\lambda_1}e_1 + a_{i2}\sqrt{\lambda_2}e_2 + \cdots + a_{im}\sqrt{\lambda_m}e_m \qquad (i=1,2,\cdots,n)
\end{aligned} \tag{2.80}
$$

在前 m 个主成分所构成的 m 维空间中，$\widetilde{X}_i$ 的坐标就是$(a_{i1}\sqrt{\lambda_1},a_{i2}\sqrt{\lambda_2},\cdots, a_{im}\sqrt{\lambda_m})$。因此研究性状的作图问题被简化成研究在 m 维空间中点 $P_i(a_{i1}\sqrt{\lambda_1},a_{i2}\sqrt{\lambda_2},\cdots, a_{im}\sqrt{\lambda_m})(i = 1, 2, \cdots, n)$的作图问题。一般取 $m = 1, 2$ 或 3，这是三维以下空间中点集合的作图问题。

点 P_i 的第 j 分量有下面的关系：

$$
\begin{aligned}
a_{ij}\sqrt{\lambda_j} &= \|X_i\|\frac{X_i^T \cdot F_j}{\|X_i\|\cdot\|F_j\|} \\
&= \|X_i\|\cos\angle(X_i,F_j)
\end{aligned}
$$

其中 $\angle(X_i,F_j)$ 代表向量 X_i 和 F_j 所夹的角。这个式子说明这样一层直观意义，即点 P_i 的第 j 个坐标值 $a_{ij}\sqrt{\lambda_j}$ 等于第 i 个性状向量 X_i 在第 j 个主成分方向上的投影。换句话说，第 j 个主成分对第 i 个性状指标向量所承担的那一部分分量等于 $a_{ij}\sqrt{\lambda_j}$。因此我们又把点 P_i 的第 j 个坐标 $a_{ij}\sqrt{\lambda_j}$，称为第 j 个主成分对第 i 个性状指标的因子负载(factor loading)。

有了点 P_i 的坐标，我们可以很容易地画出 P_i 在空间中的位置，每一点代表一个性状，全部 n 个性状构成空间中 n 个点的图形，它们显示出性状之间的关系，相距靠近者表示关系密切，远离者表示关系疏远。

人参属数据 R 分析坐标值

1	0.6713	-0.7040
2	0.6691	-0.7122
3	-0.9230	-0.1447
4	0.6343	0.6605
5	-0.2440	0.9468
6	0.5890	0.4866
7	-0.9024	0.0062
8	0.3628	0.8326
9	-0.5965	-0.2211
10	0.9368	0.0566
11	-0.9685	-0.1585
12	0.8629	-0.4019
13	-0.9368	-0.0566

仍以人参属小型数据为例，前两个性状的因子负载计算如下：

$$
P_1 : a_{11}\sqrt{\lambda_1} = 0.2485\times\sqrt{7.2988} = 0.6713
$$

$$a_{12}\sqrt{\lambda_2} = -0.3748\sqrt{3.5285} = -0.7040$$

$$P_2 : a_{21}\sqrt{\lambda_1} = 0.2477\sqrt{7.2986} = 0.6691$$

$$a_{22}\sqrt{\lambda_2} = -0.3791\sqrt{3.5285} = -0.7122$$

性状的坐标图在图 2-6 中，全部因子负载量的计算结果见人参属数据 R 分析坐标值。

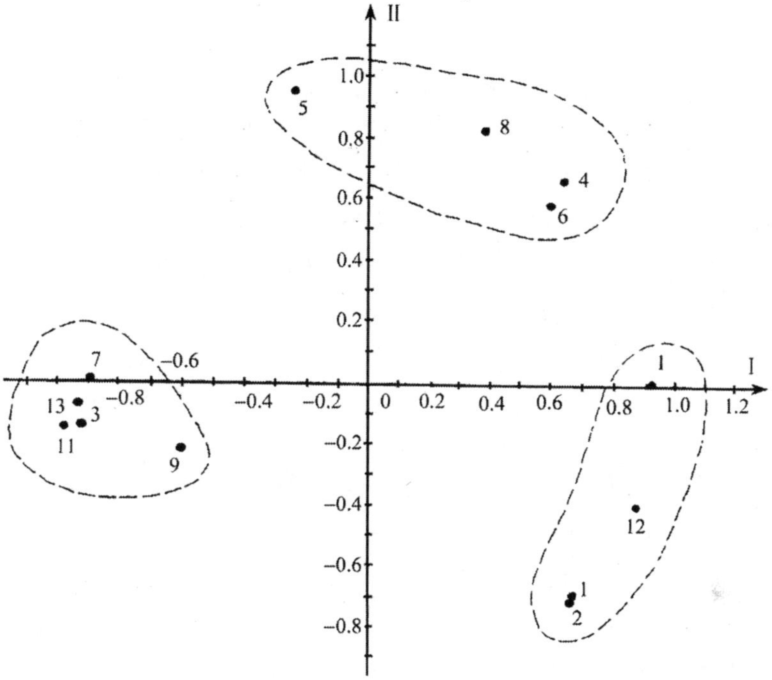

图 2-6　人参属数据 R 分析坐标图

主成分分析方法解决分析单位作图(Q 分析)

为了对分析单位进行作图就必须先给出分析单位向量 X_i 的表示式。第 1 节中性状表示式(2.72)不能满足我们的需要，要改变成另一种形式。先看矩阵的乘积 $X = FA^T$ 可具体写出如下

$$\begin{bmatrix} x_{11} & x_{12} & \cdots & x_{1n} \\ x_{21} & x_{22} & \cdots & x_{2n} \\ \cdots & \cdots & \cdots & \cdots \\ x_{t1} & x_{t2} & \cdots & x_{tn} \end{bmatrix} = \begin{bmatrix} f_{11} & f_{12} & \cdots & f_{1n} \\ f_{21} & f_{22} & \cdots & f_{2n} \\ \cdots & \cdots & \cdots & \cdots \\ f_{t1} & f_{t2} & \cdots & f_{tn} \end{bmatrix} \begin{bmatrix} a_{11} & a_{21} & \cdots & a_{n1} \\ a_{12} & a_{22} & \cdots & a_{n2} \\ \cdots & \cdots & \cdots & \cdots \\ a_{1n} & a_{2n} & \cdots & a_{nn} \end{bmatrix}$$

分析单位向量$\mathcal{X}_i$就是以上矩阵的第 i 行向量，根据矩阵的乘积关系有下面的表示式

$$\mathcal{X}_i = [x_{i1} x_{i2} \cdots x_{in}] = f_{i1} A_1^T + f_{i2} A_2^T + \cdots + f_{in} A_n^T \tag{2.81}$$

其中 $A_i^T = [a_{1i}\ a_{2i}\ \cdots\ a_{ni}]$。考虑矩阵 A 是正交的。因而

$$A_i^T \cdot A_j = \begin{cases} 0 & 当\ i \neq j \\ 1 & i = j \end{cases} \quad (i, j = 1, 2, \cdots, n)$$

换句话说向量 $A_i(i = 1, 2, \cdots, n)$是一组互相垂直的单位向量，它们可以构成一组正交坐标系。等式(2.81)就是向量 X_i 在这一组坐标系之下的表达式，在该坐标系之下向量$\mathcal{X}_i$的坐标就是$(f_{i1}\ f_{i2}\ \cdots\ f_{in})$。这里坐标的第 j 个分量 f_{ij} 是第 j 个主成分的分量，当 j 增加时，f_{ij} 也随着主成分向量 F_j 的模一同减小。与前面曾经多次处理过的方法相一致，可以取适当的整数 $m(1 \leqslant m < n)$，将 m 以后的分量都略去，从而获得分析单位向量$\tilde{\mathcal{X}}_i$在较低维空间的坐标表示，即

$$\tilde{\mathcal{X}}_i = f_{i1} A_1^T + f_{i2} A_2^T + \cdots + f_{im} A_m^T$$

以$\tilde{\mathcal{X}}_i$来代替$\mathcal{X}_i$是否合适？需要估计$\tilde{\mathcal{X}}_i$与$\mathcal{X}_i$之间的差异。

$$\mathcal{X}_i - \tilde{\mathcal{X}}_i = f_{im+1} A_{m+1}^T + \cdots + f_{in} A_{in}^T$$

作该向量模的全部平方总和

$$\begin{aligned}\sum_{i=1}^{t} \| \tilde{\mathcal{X}}_i - \mathcal{X}_i \|^2 &= \sum_{i=1}^{t} \sum_{k=m+1}^{n} f_{ik}^2 \\ &= \sum_{k=m+1}^{n} \|F_k\|^2 = \sum_{k=m+1}^{n} \lambda_k\end{aligned}$$

这个结果的最后又引出自 m 以后特征值的总和，只要选择适当的 m，累计贡献率足够大，也就是说 $\sum_{i=m+1}^{n} \lambda_i$ 比较小，以 $\tilde{X}_i$ 以代 X_i 是可以容忍的。

剩下的问题是如何计算坐标 $f_{ij}(i = 1, 2, \cdots, t; j = 1, 2, \cdots, m)$，通过矩阵乘积 $F = XA$，不难得到

$$f_{ij} = \sum_{k=1}^{n} x_{ik} a_{kj} \quad (i = 1, 2, \cdots, t;\ j = 1, 2, \cdots, m)$$

在 m 维空间中代表向量 $\tilde{X}_i$ 的点 $Q_i(f_{i1}\ f_{i2}\ \cdots\ f_{im})$作为分析单位 i 的近似表示。作出全部 t 个点 $Q_i(i = 1, 2, \cdots, t)$。Q_i点集合的空间结构近似地显示出分析单位之间的分析关系。

取人参属数据，以 $m = 2$ 为例计算如下

人参属 7 个分析单位的全部坐标列出如下，Q 分析坐标图在图 2-7 中。

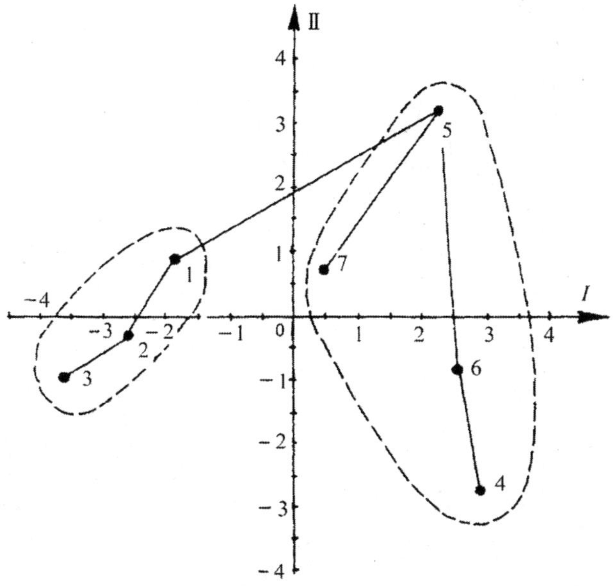

图 2-7　人参属数据 Q 分析坐标图

人参属数据 Q 分析分析单位坐标值

1	−1.8479	0.9105
2	−2.6147	−0.3094
3	−3.6544	−0.9419
4	2.8996	−2.7623
5	2.2638	3.2365
6	2.5470	−0.8557
7	0.4066	0.7223

图 2-7 显示出人参属被分为两大类群的关系，这个结果与系统分类法的树谱图十分吻合。

作为三维坐标图的例子，下面摘引了中国猪种主成分分析 Q 分析图(图 2-8)。

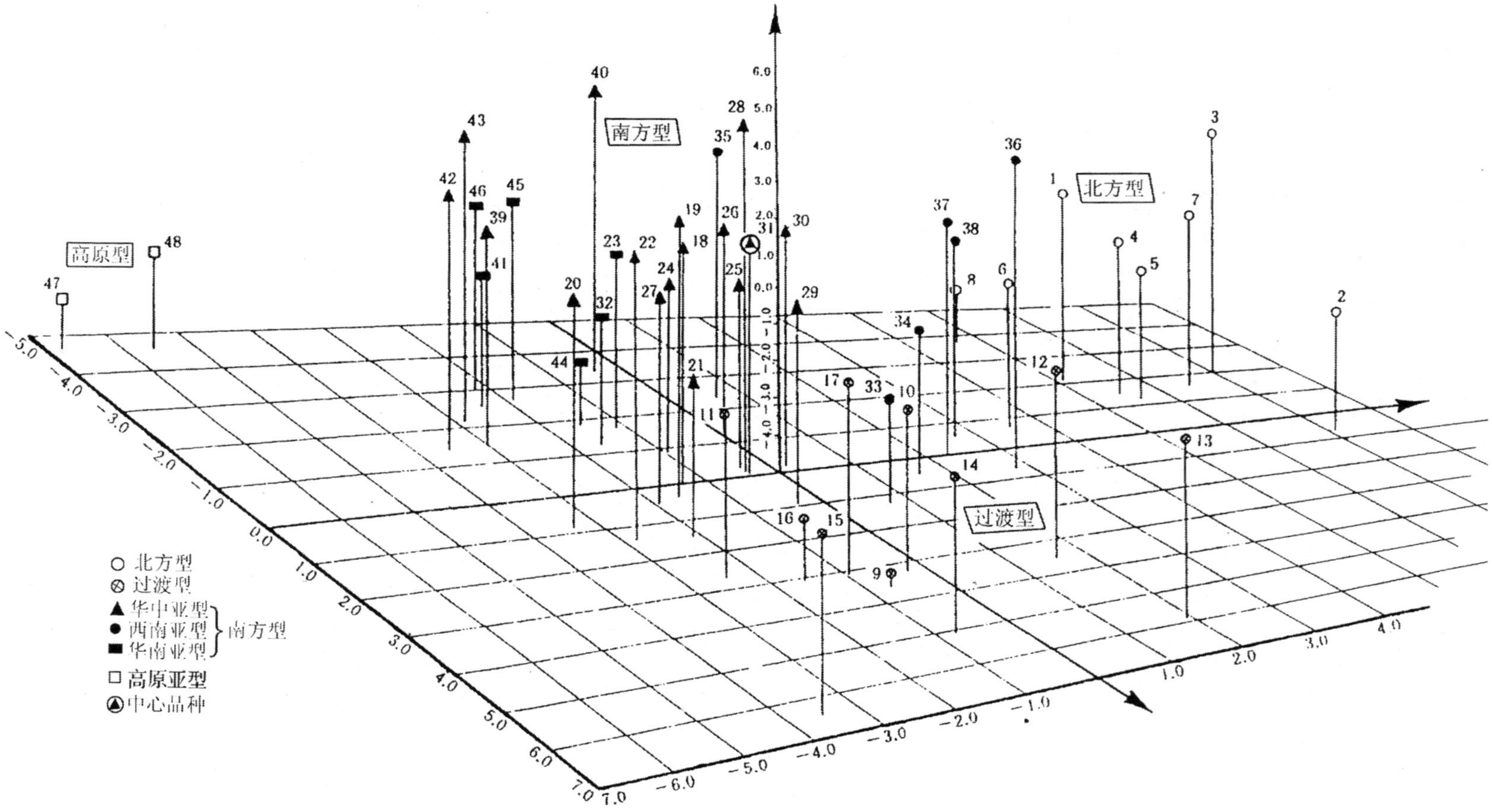

图 2-8　中国猪种主成分 Q 分析坐标图

第三章　生物分类的数学模型

本章开始将讨论生物分类，按照生物分类学家的理解就是指表征分类和分支分类，我们仅研究两种分类概念下的数学理论与方法。这里的分类也是多元统计关于聚类分析的延续，但是已远远超出统计数学的范围。表征分类除经典的系统分类以外还包括图论分类、信息分类、模糊分类；分支分类是以抽象代数为基础，研究生物演化规律的分支学科。因此生物数学中的分类数学模型不能再视作多元统计中的聚类分析，而应称为分类分析。本章专门讨论分类分析中的表征分类数学模型。

第一节　分类的基本概念和原始数据的获得

何谓分类？有句俗话“物以类聚”，这句话的意思是说，许多事物依据其类别的特征，相似者归为同一种类。从这个意思去理解，分类有两个要素。第一个要素是被分类的对象，分类对象是由许多被分类的实体所组成，3 个以上的实体构成一个基本分类对象。被分类的实体，就是被分类的基本单位，在数量分类学中称为运算分类单位(operational taxonomic unit)简写作分类单位(OTU)。全部被分类的分类单位构成的集合称为被分类群。分类的第二个要素是分类的依据，分类依据取决于被类群中分类单位的性状，所谓性状(character)是一个分类单位区分于其他分类单位的性质、特征或属性。一个分类单位对某个性状所呈现的状态，称为该性状的性状状态(character state)，简称状态(state)。

分类就是将被分类群中所有的分类单位，依据它们的性状状态，遵从一定的原则作出划分或聚合，得到一组新的分类单位集合。通过分类获得的这个分类单位集合称为分类群(taxon)。

世界上一切事物都存在分类的问题。专门研究生物物种的分类，也就是生物分类学中的分类，有表征与分支两个对立的概念。依据生物表现性状相似性全面比较而建立的系统分类称为表征分类(phenetic classification)；遵从生物演化的谱系关系而建立的系统分类称为分支分类(cladistic classification)。这两个概念在生物分类学和数量分类学中都很重要，相应的也有两种不同的数学方法，本章将要研究表征分类。

分类单位隶属于一个分类群产生分类单位与分类单位之间的联系。如果 A 是被考虑的一个分类群，又有分类单位 $x\in A$，且分类单位 $y\in A$，则认为 x 与 y 之间建立起同属于一个分类群的联系，称作分类单 x 与 y 共分类群，记作

$$x\varphi y$$

分类学家在分析比较鉴定被分类对象时，经常要问哪些分类单位属于同一分类群，

生物分类工作时时刻刻都在考虑共分类群问题。显然共分类群这个联系成为分类学理论上最基本的概念之一。

分类单位共分类群关系φ具有以下性质：

性质 1　自反性(reflexivity)，即 $x\varphi x$；

性质 2　对称性(symmetry)，若 $x\varphi y$，则 $y\varphi x$；

性质 3　传递性(transitivity)，若 $x\varphi y$ 且 $y\varphi z$，则 $x\varphi z$。

共分类群，就分类单位的隶属性关系来说，以上 3 条性质是十分必要的，3 条性质正是数学中的所谓等价关系(equivalence relation)。具有等价关系的集合，可以依据等价关系将集合分类，得等价集合类。这是集合论中的一个重要结论。数量分类学中的定量分类方法正是依靠数学中的这个结论去解决分类问题。等价关系下的等价集合类成为表征分类方法的理论根据。

下面我们将开始讨论在表征分类观点下的数量分类方法。

当被分类群一经确定，合适的性状也被挑选出来，生物学工作者就要对调查、观察、测量、实验得到的数据进行整理，获得有关分类单位和性状的原始记录。这些记录收集了来自各方面的信息，是从事分类工作的第一手资料。原始记录的形式尚不能直接进行数学运算。为了能够利用数学工具来从事分类学的研究，必须将所有这些记录改变成适合于数学运算的形式。在数量分类学中这项工作叫做性状编码。

性状编码的一般方法随性状的各种类型分别处理，现叙述如下：

1. 数 值 性 状

以整数或实数所表示的性状称为数值性状(numerical character)。例如生物形态的各种度量、长度、面积、体积、角度和重量等；生物组织器官各部分构成的数量；各种实验数据；各种仪器测量的数据以及基于上述性状而获得的导出性状。这些都是数值性状。

数值性状本身已经是数值，它是天然的最适合于进行数量分类的性状，一般分类方法无须编码处理，就可以转入下一步进行数学运算。需要注意的是有些性状虽然以数值表示，但实质上不属于数值性状。

2. 二 元 性 状

表现为对立面二种状态的性状称为二元性状(binary character)。例如动物是脊椎动物还是无脊椎动物，脊椎动物中是胎生还是卵生，冷血还是温血；有花植物的花冠是合瓣还是离瓣，子房是分离心皮还是合生心皮，果实开裂与否；在微生物学中二元性状尤其多，各种生理、生化、营养性状几乎都出现二元性状；生物地理学的调查资料中，生物种类在指定区域内的有或无也是二元性状。

二元性状的编码很简单，将两个状态分别以“0”和“1”表示，通常肯定的状态为 1，否定的性状为 0。

3. 有序多态性状

表现为三个状态以上，能排列成一定次序，次序具有分类意义的性状称为有序多态性状(ordered multistate character)。例如对器官某部分长度的描述是短、略长、长、极长；植物体表无毛、微具毛、具毛、多毛、密毛；植物地理学中某植物在某地区的分布调查是无、有、较多、极多。

有序多态性状的状态个数一般都是有限的，由于是有序的，可以将其排列为一定的等级。编码时可以取连续排列的非负整数 0, 1, 2, 3, …, n，它们分别表示 $n+1$ 个有序多态性状状态。

例如被毛的性状可编码如下：

性状状态：	无毛	微具毛	具毛	多毛	密毛
编　码：	0	1	2	3	4

性状状态在不同方向上各自排列为有序的多态性状，不能按上面的编码方法处理。例如关于被毛的性状，如果毛有短毛、长毛，硬毛、柔毛，单一毛、二歧分支毛和多歧星状毛。这种情形属于无序多态性状，可采取分解的方法编码。

4. 无序多态性状

表现在三个状态以上，不能排列成具有分类意义的一条序列的性状称为无序多态性状(disordered multistate character)。例如种子植物的花序有总状、头状、伞形、伞房、穗状……；花冠的类型有唇形、蝶形、钟形、舌形……；昆虫的口器有咀嚼式、针吸式、虹吸式、舐吸式……；生物分布的地理区域也是无序多态性状。在微观世界蛋白质的氨基酸组成和核酸中的核苷酸构成都是无序多态性状。

无序多态性状的编码比较复杂，有以下三种方法，叙述如下：

4.1 分　解　法

分解法就是将原性状分成多个新性状，再进行编码。有时候无序多态性状包含了多种互相独立的意义，实际上这种性状不符合单位性状的要求，分解成多个相应的单位性状是应该的。例如植物被毛的种类，有短毛、长毛、硬毛、软毛、单一毛、二歧分支毛、多歧星状毛和腺毛等。这一无序多态性状具有多方面的意义，即毛的长短、毛的硬软、毛的分枝状况和毛端是否形成腺状小点。据此，该性状可以分解为 4 个性状，分别编码如下：

毛的长短性，二元性状。短，0；长，1。

毛的质地，二元性状。软，0；硬，1。

毛的分枝程度，有序多态性状。单一毛，0；二歧分枝毛，1；星状毛，2。

毛端是否具腺状点，二元性状。非腺毛，0；腺毛，1。

4.2 综合评分法

这种方法正好像竞技比赛的记分一样，容易为一般读者所理解。为了尽可能避免主观性，必须在编码之前先确定评分的标准，规定合适的综合计算方法，并且要求评分者深明性状的分类学意义。

具体方法随性状的要求而异，现举例说明。

例 1 猪品种的分类研究中，猪耳的形态学性状在育种学和生态学方面具有重要意义。采取综合评分法编码，将该性状纳入猪品种的定量分类研究中。根据猪耳的形态学特征及其生物学意义，先确定耳的大小和下垂程度是评分的两个主要依据，再规定评分标准：

耳大小：耳小，0；一般，1；耳大，2；特大，3；特大遮眼，4。

耳下垂：耳直立，0；耳平伸，1；耳下垂，2。

从这两个方面评出分数，再将两分数相加得综合评分编码。

譬如焦溪猪，耳特大遮眼、下垂，评分编码值 6=4+2。

例 2 小麦抗锈性是小麦育种学重要特征，根据已有的记录将抗锈性分为五个评分等级。发病特别严重、孢子堆大而普遍，0；有较大孢子堆、发病较普遍，1；有较小孢子堆、发病较轻，2；有抗性斑点，3；从未见发病，4。

小麦的抗锈性又有抗条锈、抗杆锈和抗叶锈三种不同的区别。小麦的育种工作抗条锈品种容易获得，抗秆锈品种较少不易获得，抗叶锈品种很难得到。因此，对三种不同的抗锈性分别给予不同的权重系数，0.091(抗条锈)、0.435(抗秆锈)、0.474(抗叶锈)。

譬如小麦“农大 16”品种，对条、秆、叶的抗锈性等级评分分别是 4、1、2。该小麦总的综合评分编码为

$$(0.091\times 4 + 0.435 + 0.474\times 2)= 1.747$$

4.3 演化分析法

生物分类的某些无序多态性状，性状自身呈现出树状的演化过程，可画出其演化关系——树(tree)。树是图的一种，这里涉及图论的一些基本概念。

考虑到演化的特点，有向树图中连接两顶点之间的弧是有方向的，于是图中存在一个顶点，可以它为起点连通到所有其他状态顶点，称为演化起源，而且这样顶点只有一个。除代表演化起源的顶点外，一个顶点，没有一条弧以它为起点，称为演化终点。每一个演化终点代表一个演化方向，把这个演化方向定为新的性状。新性状的编码规定如下，演化起源的顶点编码为 0。连接起源顶点到该性状的演化终点的通路称为主通路。从起源顶点开始沿主通路，每经过一条边增加一个单位编码值，于是主通路上所有顶点的状态都赋给编码值，演化终点状态达到该性状编码的最大值。非主通路上顶点状态的编码值这样规定：取出从起源顶点到该顶点的通路，该通路经过主通路的边数是其状态编码值。这样一来，所有的状态都赋给了新性状的编码值。对每一个演化终点照前述方法

对所有状态赋给一个新性状编码值，编码工作完成。

举一个例子。如果在某植物分类研究中，采用花序性状，出现的性状状态有复穗状花序、穗状花序、总状花序、圆锥花序和伞房花序，无疑这个性状属于无序多态。花序的演化实际过程比较复杂，这里假如按图 3-1 的方式展开，图中单生叶腋花序是假设状态，也是树图的演化起源。该树图有 3 个演化终点状态，分别是复穗状花序、伞房花序和圆锥花序。3 个演化终点状态确定 3 个新的性状，分别记作性状 I、II 和 III，新性状的编码列于图 3-1 的表中。

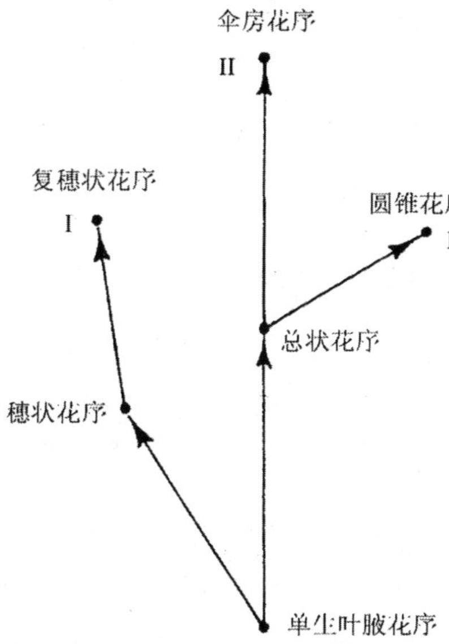

性状状态	新性状编码		
	I	II	III
总状花序	0	1	1
穗状花序	1	0	0
复穗状花序	2	0	0
圆锥花序	0	1	2
伞房花序	0	2	1

图 3-1 部分花序的演化分析编码

起源状态是单生叶腋花序，所有性状的编码均为 0。

性状 I 的主通路 单生叶腋花序→穗状花序→复穗状花序；

性状 II 的主通路 单生叶腋花序→总状花序→伞房花序；

性状 III 的主通路 单生叶腋花序→总状花序→圆锥花序。

按照前述编码规定，性状 I 中穗状花序和复穗状花序的编码分别为 1 和 2；总状花序、圆锥花序和伞房花序，因为从起源状态到它们的路径不经过主通路，故编码值均为 0。性状 II 中总状花序和伞房花序的编码分别为 1 和 2；从起源状态到圆锥花序的通路有一条边通过主通路，故圆锥花序在性状 II 的编码值为 1；从起源状态到穗状花序和复穗状花序的通路不经过主通路，故穗状花序和复穗状花序在性状 II 的编码为 0。同理可作性状 III 的编码，不再赘述。

其实，演化分析的编码方法也是性状分解法，它的分解是依据性状的演化关系。因此，演化分析方法能更好地反映生物演化谱系，对生物分类系统学的研究具有重要价值，在分支分类部分还要详细讨论。无序多态性状的编码方法介绍到此。

经过编码以后的原始数据，如果有 t 个分类单位，n 个性状，数据可列成表格记录如下：

		性状 1	2	…	n	
分类单位	1	y_{11}	y_{12}	…	y_{1n}	(3.1)
	2	y_{21}	y_{22}	…	y_{2n}	
	⋮	……				
	t	y_{t1}	y_{t2}	…	y_{tn}	

其中分类单位和性状都以整数编号表示。第 i 个分类单位，第 j 个性状状态的数据是 $y_{ij}(i = 1, 2, \cdots, t; j = 1, 2, \cdots, n)$。

第二节　数据变换和数据标准化

前一节讨论了性状的编码，经过编码所获得的原始数据如果都是二元数据，没有特殊需要可以直接进行相似性系数运算；如果数据是一般的实数，就必须先进行数据的变换和标准化，然后才能进行相似系数运算。

生物世界种类万千，变化多端，对生命现象的描述和记录十分复杂，数据的来源不同，量纲不同，某些来自专门技术和特殊实验的数据度量标准更复杂。

数据的复杂性最后反映在数值的大小和变化的幅度因不同的性状而各不相同。性状之间的这种差异仅仅是由于性状各自的特点和度量标准不同而产生的。这种差异影响分类的结果，有时候甚至大到把具有分类意义的变化完全掩盖下去，使得分类运算看不到有意义的结果。因此在进行大规模运算之前，需要先进行变换或标准化处理，以便减少和消除这种差异带来的影响。

对原始性状数据进行变换的方法就是将需要变换的数据代入一个事先拟好的函数中，进行计算，得出一组新的数值代替原来的性状数据。如果某一性状有 t 个分类单位，数据 $x_1, x_2, \cdots, x_t$ 进行变换的一般形式是：

$$
\begin{aligned}
x'_1 &= f_1(x_1, x_2, \cdots, x_t) \\
x'_2 &= f_2(x_1, x_2, \cdots, x_t) \\
&\cdots\cdots \\
x'_t &= f_t(x_1, x_2, \cdots, x_t)
\end{aligned}
$$

这里 $x'_i\ (i = 1, 2, \cdots, t)$ 表示变换后的数据，$f_i(x_1, x_2, \cdots, x_t)(i = 1, 2, \cdots, t)$ 是原始性状数据的函数，称为该变换的变换函数。

最简单的变换是数据自身减去某一常数：

$$x'_i = x_i - c \qquad (i = 1,2,\cdots,t) \tag{3.2}$$

这个变换的效果是把度量的基准点做一次平移，有时把常数 c 改换成该性状数据的平均值，这样的变换称为中心化(centralization)。

另一个简单的变换是数据自身乘以非零常数 c，

$$x'_i = x_i \cdot c \qquad (i = 1,2,\cdots,t) \tag{3.3}$$

这个变换可以使性状数据均匀地放大(c＞1)或者缩小(c＜1)。

还有一个基本的变换是 m 次幂乘方，变换函数是

$$x'_i = x_i^m \qquad (i = 1,2,\cdots,t) \tag{3.4}$$

其中 m 是非零整数。如果不是整数也可以表示开方运算。

前面提到的三种变换是性状数据自身最基本的代数变换，部分复杂的变换都可以通过有限次这种变换的组合来实现。

除基本的代数变换以外，还有一些特殊函数的变换。数学中任何一个函数都可以当作变换函数，常见的变换函数有三角函数与反三角函数、指数函数、对数函数等，例如：

$$x'_i = \sin x_i$$
$$x'_i = \arcsin x_i$$
$$x'_i = a^{x_i},$$
$$x'_i = \log_b x_i$$

前面所讨论的变换都是个别性状对其自身的变换。为了消除性状之间数值的大小和变化幅度的差异，常常对所有的性状采取统一的变换，这种变换称为标准化变换(standardized transformation)。

对原始数据进行这种变换的运算过程称为原始数据的标准化(standardization of original data)。在主成分分析和许多相似性系数的运算中，原始数据的标准化已成为必不可少的步骤，我们在这一节里详细讨论。

经过性状编码以后获得的原始数据可以看作一个 t 行 n 列的矩阵，称为原始数值矩阵(original data matrix)：

$$\begin{bmatrix} y_{11} & y_{12} & \cdots & y_{1n} \\ y_{21} & y_{22} & \cdots & y_{2n} \\ \cdots & \cdots & \cdots & \cdots \\ y_{t1} & y_{t2} & \cdots & y_{tn} \end{bmatrix} \tag{3.5}$$

矩阵中的行向量$[y_{i1}\ y_{i2}\ \cdots\ y_{in}]$($i$ = 1, 2, …, t)称为第 i 个分类单位向量(vector of operational taxonomic unit)；列向量$[y_{1j}\ y_{2j}\ \cdots\ y_{tj}]$($j$ = 1, 2, …, n)称为第 j 个性状向量(vector of charater).

最简单的标准化变换称为极差标准化变换。如果经标准化变换以后的数据记作 x_{ij}，极差标准化变换的数学公式如下：

$$x_{ij}=\frac{y_{ij}-\min\limits_{k}\{y_{kj}\}}{\max\limits_{k}\{y_{kj}\}-\min\limits_{k}\{y_{kj}\}}\qquad\begin{pmatrix}i=1,2,\cdots,t\\ j=1,2,\cdots,n\end{pmatrix}\tag{3.6}$$

其中 $\max\limits_{k}\{k_{kj}\}$ 表示第 j 个性状数据 $y_{1j}, y_{2j}, \cdots, y_{tj}$ 的最大值；$\min\limits_{k}\{k_{kj}\}$ 为相应的最小值。公式中的分母代表第 j 性状极大状态值和极小状态值之间的差异。极差标准化的名称由此而得。不难看出，经极差标准化变换之后的数据 x_{ij} 介于 0 到 1 之间($0\leqslant x_{ij}\leqslant 1$)，性状之间数据大小和变化幅度不具有分类意义的差异已经消除。

极差标准化变换虽然计算简单，但这种变换设计十分粗糙，特别当个别数据远离其他数据时，较大的极差使变换后的数据取值不甚合理。

下面介绍一种基于统计运算的标准化变换，这种变换比较合理，已成为数量分类运算常规的运算过程。以至以后再述及标准化时，除非特别说明，一般都指这种基于统计学的标准化方法。其变换公式表示如下：

$$x_{ij}=\frac{y_{ij}-\overline{y}_j}{s_j}\qquad\begin{pmatrix}i=1,2,\cdots,t\\ j=1,2,\cdots,n\end{pmatrix}\tag{3.7}$$

其中

$$\overline{y}_j=\frac{1}{t}\sum_{k=1}^{t}y_{kj}\qquad(j=1,2,\cdots,n)\tag{3.8}$$

$$s_j=\left[\frac{1}{t-1}\sum_{k=1}^{t}(y_{kj}-\overline{y}_j)^2\right]^{\frac{1}{2}}\qquad(j=1,2,\cdots,n)\tag{3.9}$$

$\overline{y}_j$ 和 s_j 分别是第 j 性状数据的平均值(mean)和标准差(standard deviation)。

怎样理解上述标准化变换的意义呢？如果我们把每个性状的数据都看作是平均值为 $\overline{y}_j$，标准差为 s_j 的正态分布随机变量。所谓标准正态分布就是平均值为 0，标准差为 1 的正态分布。不难验证变换以后每一个性状的数据组 $x_{1j}, x_{2j}, \cdots, x_{tj}$ 其平均值为 0，标准差为 1。变换之前，每一个性状各有自己的平均值和标准差；变换之后，所有的性状都服从标准正态分布，因而性状之间因数值大小和变化幅度不同而产生的不具有分类意义的差异就不复存在了。

也可以从另一个角度理解标准化的意义。变换以后的第 j 个性状向量以大写字母 X_j 表示，有趣的是，变换后性状向量的模都相同，并且有等式

$$\left\| X_j \right\| = \sqrt{t-1} \qquad (j = 1,2,\cdots,n) \tag{3.10}$$

其中 $X_j = [x_{1j}, x_{2j}, \cdots, x_{tj}]$

向量的模可以理解为向量的长度。经过标准化变换，性状向量长度都一致，说明因性状之间大小和变化幅度的不同而产生的不具有分类意义的差异已经消除。

原始数值矩阵(3.5)经过标准化变换之后获得已标准化原始数值矩阵

$$\begin{bmatrix} x_{11} & x_{12} & \cdots & x_{1n} \\ x_{21} & x_{22} & \cdots & x_{2n} \\ \cdots & \cdots & \cdots & \cdots \\ x_{t1} & x_{t2} & \cdots & x_{tn} \end{bmatrix} \tag{3.11}$$

该矩阵仍然与原始数值矩阵一样，t 行代表分类单位，n 列代表性状。矩阵在标准化过程中排除了不具有分类意义的数量关系，因而能正确地反映分类单位之间的相亲性。以后的分类运算分析将在这个矩阵上进行。

本书为了说明数量分类每一步的具体运算方法，选取植物桔梗科(Campanulaceae)中的部分种(6 个种，8 个形态学性状)和五加科人参属(*Panax*)部分种(7 个种，13 个性状)作为具体例子。此两例经过性状编码获得的原始数据将在以后各章中多次采用。取用时，对数据的来源每次不再作具体介绍。为了使举例简单易算，尽量把数据的规模缩小，当然，在实际工作中，分类单位和性状的个数都远比此例多，不会如此简单。

举例的桔梗科 6 个种，学名和种的形态描述如下：

党参[*Codonopsis pilosula* (French.) Nannf.]

多年生草本。茎缠绕附它物而蔓生，茎长约 3~10 米。叶对生，有长柄，卵圆形，叶全缘或具波状边缘。花单生枝顶或生叶腋；萼片 5，宽披针形；花冠钟状，浅绿色，5 浅裂；雄蕊 5；柱头 3~5 裂；子房下位，3~5 室。蒴果圆锥形，成熟时顶部萼片间室背开裂。种子长椭圆形、褐色、无翼。

桔梗 [*Platycodon grandiflorus* (Jacq.) A. DC.]

多年生直立草本，株高 60 厘米。叶互生，有时对生或轮生；叶无柄或短柄；叶缘有锐锯齿。花单生或数朵生枝顶；萼 5 裂；花冠阔钟状，蓝紫色，5 裂，花径 4~5 厘米；雄蕊 5；子房下位，5 室，柱头 5 裂。蒴果倒卵形，成熟时顶部瓣裂；种子扁平、无翼。

轮叶沙参 [*Adenophora pereskiifolia* (Fisch. ex Roem. et Schult.) G. Don.]

多年生直立草本，株高 50 厘米。茎生叶 3~4 叶轮生；叶卵圆状披针形；叶缘有锐

粗锯齿。圆锥花序或总状花序；萼片 5、披针形；花冠钟形、蓝紫色，花盘短筒状；花柱长，伸出花冠外，柱头膨大、3 瓣裂；子房下位、3 室，果沿侧壁开裂；种子卵圆形、无翼。

荠苨[*Adenophora remotiflora* (Sieb. et Zucc.) Miq.]

多年生直立草本，株高 70 厘米。上部茎生叶互生、有柄、卵形、长椭圆状卵形至广披针形；叶缘有锐重锯齿。总状花序或疏圆锥花序；花冠宽钟形、白色或淡青色；花柱伸出花冠外；柱头 3 浅裂；子房下位，3 室；花盘短筒状。蒴果侧壁开裂；种子卵形、无翼。

羊乳 [*Codonopsis lanceolata* (Sieb. et Zucc.) Trautv.]

多年生草本，茎缠绕，长 2~3 米。叶有短柄、对生，叶狭卵形，叶全缘，或微具波状疏齿。花单生；花冠钟状、5 浅裂，淡绿色，内面具有紫褐色斑；雄蕊 5，柱头 3~5；子房 3~5。果短圆锥形，顶部萼片间室背开裂；种子淡褐色、卵圆形、扁而具翼。

石沙参(*Adenophora polyantha* Nakai)

多年生直立草本，高 65 厘米左右。叶互生、近无柄，叶椭圆状披针形，叶缘具粗锯齿。圆锥花序或总状花序；萼片线状披针形；花冠钟形，边缘裂片外翻卷，花蓝紫色；花柱略伸出花冠外；子房 3 室。蒴果侧壁开裂；种子无翼。

选取 8 个性状，性状的编码方法如下：

(1) 茎是否缠绕，二元性状。茎缠绕，1；直立，0。

(2) 株高，数值性状。取株高或茎的长度(米)

(3) 叶的着生方式，有序多态性状。叶互生，0；对生，1；轮生，2。

(4) 叶缘，有序多态性状。叶全缘或波状疏齿，0；锯齿，1；重锯齿，2。

(5) 花序，有序多态性状。单生花序，或整个生枝顶，0；总状花序或疏圆锥花序，1；圆锥花序或总状花序，2。

(6) 子房室数，数值性状。取子房室数。

(7) 果开裂方式，有序多态性状。果侧壁开裂，0；果顶部 5 瓣裂，1；果顶部萼片间室背开裂，2。

(8)种子是否具翼，二元性状。果不具翼，0；具翼，1。

对 6 个种的 8 个性状，按照上述原则进行编码，编码结果列于表 3-1 中。标准化数据在表 3-2 中。

表 3-1　桔梗科试验数据

性状 / 分类单位	茎缠绕否 1	株高 2	叶序 3	叶缘 4	花序 5	子房室数 6	果裂方式 7	种具翼否 8
1 党参	1	5.5	1	0	0	4	2	0
2 桔梗	0	0.6	0	1	0	5	1	0

分类单位 \ 性状	茎缠绕否 1	株高 2	叶序 3	叶缘 4	花序 5	子房室数 6	果裂方式 7	种具翼否 8
3 轮叶沙参	0	0.5	2	1	2	3	0	0
4 荠 苊	0	0.7	0	2	1	3	0	0
5 羊 乳	1	2.5	1	0	0	4	2	1
6 石沙参	0	0.65	0	1	2	3	0	0

表 3-2 桔梗科试验数据的标准化

分类单位 \ 性状	茎缠绕否	株高	叶序	叶缘	花序	子房室数	果裂方式	种具翼否
党 参	1.2910	1.8876	0.4082	−1.1070	−0.8476	0.4082	1.1866	−0.4082
桔 梗	−0.6455	−0.5734	−0.8165	0.2214	−0.8476	1.6330	0.1695	−0.4082
轮叶沙参	−0.6455	−0.6236	1.6330	0.2214	1.1866	−0.8165	−0.8476	−0.4082
荠 苊	−0.6455	−0.5232	−0.8165	1.5498	0.1695	−0.8165	−0.8476	−0.4082
羊 乳	1.2910	0.3809	0.4082	−1.1070	−0.8476	0.4082	1.1866	2.0412
石沙参	−0.6455	−0.5483	−0.8165	0.2214	1.1866	−0.8165	−0.8476	−0.4082
平均值	0.3333	1.7417	0.6667	0.8333	0.8333	3.6667	0.8333	0.1667
标准差	0.5164	1.9911	0.8165	0.7528	0.9832	0.8165	0.9832	0.4082

人参属选取部分种和变种(7 个 OTU13 个性状)的数据，也作为本书演算的实例。分类单位的描述如下：

人参(*Panax ginseng* C. A. Meyer)

多年生草本，株高 50~60 厘米。主根圆柱形或纺锤形，肉质；根状茎较短，节距 4 毫米左右。掌状复叶，小叶 3~5；中央小叶长 10 厘米左右，椭圆形至长椭圆形，长 8~12 厘米，宽 3~5 厘米；叶缘锯齿，10 齿宽 18 毫米左右。伞形花序顶生；花小；萼 5 齿；花瓣 5；雄蕊 5；花柱 2，分离。果成熟时红色；种子扁圆形，宽 4~5 毫米。根部化学成分人参醇含量高。分布海拔 1000 米左右。

西洋参(*Panax quinquefolius* Linn.)

多年生草本，株高 30 厘米左右。主根圆柱形或纺锤形，肉质；根状茎短，节距 3~4 毫米。掌状复叶，小叶 3~5；中央小叶长 7~10 厘米，宽 5 厘米左右，长倒卵形；叶缘锯齿 10 齿宽 20 毫米左右。伞形花序顶生；花萼 5 齿；花瓣 5；花柱 2，分离。果成熟时红色。种子扁球形，宽 5 毫米左右。植物化学成分人参醇含量高。分布海拔 1000 米左右。

三七(*Panax notoginseng* (Burk.) F. H. Chen)

多年生草本，株高 30~40 厘米，主根圆锥形、肉质。根状茎短，节距 9 毫米左右。掌状复叶，小叶 5~7；中央小叶长 6~10 厘米，宽 3 厘米左右，倒卵状椭圆形；叶缘锯齿较宽，10 齿宽 23 毫米左右。伞形花序顶生，花 80~100 朵；花柱 2，合生。果成熟红色。化学成分人参醇含量高。分布海拔 2000 米左右。

竹节参(*Panax japonicus* C. A. Meyer var. *japonicus*)

多年生草本，株高 50 厘米左右；肉质主根较小；根状茎竹节状，节距 5~8 毫米，差异较小；掌状复叶，小叶常 5 枚，中央小叶阔椭圆形，长 8~9 厘米，宽 3~5 厘米；叶缘细锯齿，10 齿宽 20 毫米左右；伞形花序；花柱 2 或 3，离生；果成熟时红色具黑色斑点；种子卵球形，宽 3 毫米左右；植物化学成分人参醇含量低；分布海拔 1000~1500 米。

羽叶三七 [*Panax japonicus* C. A. Meyer var. *bipinnatifidus* (Seem). C.Y. Wu et K. M. Feng]

多年生草本，株高 35~55 厘米。主根不呈明显肉质；根状茎较长，节距 3~5 厘米；差异较大。掌状复叶，小叶 5~7；中央小叶长 5~9 厘米，宽 2~4 厘米，二回羽状深裂，长椭圆形；叶缘锯齿细，10 齿宽 10~20 毫米。伞形花序顶生；花小；子房二室；花柱 2，离生。果成熟红色具黑色点；种子较小，宽 3 毫米左右。化学成分中人参醇含量较少。分布海拔较高，2000~3000 米。

狭叶竹节参 [*Panax japonicus* C. A. Meyer var. *angustifolius* (Burk.) Cheng et Chu]

多年生草本，株高 60~100 厘米。肉质主根不明显；根状茎竹节状，节距 0.5~1.0 厘米。掌状复叶，小叶 5~7；小叶狭长，长可达 10~15 厘米，宽 1~3 厘米，披针形或线状披针形；叶缘锯齿细密，10 齿宽 10~20 毫米。伞形花序；花柱 2~5，离生。果成熟时红色具黑色点。种子较小，卵球形，宽 2.5 毫米左右。植物化学成分人参醇含量低。分布海拔 1500~2000 米左右。

珠子参 [*Panax japonicus* C. A. Meyer var. *marjor* (Burk.) C. Y. Wu et K. M. Feng]

多年生草本，株高 50~60 厘米。肉质主根不明显；根状茎串球状，或前端有短竹鞭状部分，节距长 10~30 毫米，差异较大。掌状复叶，小叶 5，小叶较小，中央小叶长 5~8 厘米，宽 2~3 厘米，倒披针形，倒卵状椭圆形；叶缘锯齿细密，10 齿宽 10~15 毫米；伞形花序长；花柱 2，离生；果成熟时红色具黑色斑点；种子卵球形，小，宽 2~3 毫米；植物化学成分人参醇含量低；分布于海拔较高的林下，2500~3000 米。

选取 13 个性状，性状编码如下：

(1) 根状茎节距，数值性状。取根状茎两相邻节间的长度(毫米)。

(2) 根状茎节距标准差，数值性状。根状茎节距多次度量数据，取数据的标准差。

(3) 具有圆锥状肉质根，有序多态性状。肉质根很小或不明显，0；肉质根明显纺锤形或圆柱形，1；肉质根明显，圆锥形，2。

(4) 株高，数值性状。地上部分主茎长度(厘米)。

(5) 中央小叶长，数值性状。中央小叶长(厘米)。

(6) 中央小叶长：宽，数值性状。中央小叶长与宽的比值。

(7) 叶缘 10 齿宽，数值性状。中央小叶叶中部 10 个锯齿的宽(毫米)。

(8) 柱头数，数值性状。花柱数量多个观测数的平均值。

(9) 花柱合生，二元性状。离生，0；合生，1。

(10) 成熟果具黑点，二元性状。不具黑点，0；具黑色斑点，1。

(11) 种子宽，数值性状。种子沿果实对称轴垂直方向的宽度(毫米)。

(12) 分布海拔、数值性状。分布地区海拔高度记录的平均值(米)。

(13) 人参醇含量，有序多态性状。植物化学成分水解后人参二醇与人参三醇数量的多少，无，0；+，1；++，2；+++，3；++++，4。

上述 7 个分类单位，13 个性状，将观察记录的数据整理后列于表 3-3。

表 3-3　人参属植物分类数据

性状 / 分类单位	根状茎节距	节距标准差	圆锥肉质根	株高	中央小叶长	小叶长比宽	叶缘10齿宽	柱头数	花柱合生	熟果具黑点	种子宽	分布海拔	人参醇含量
1 人参	3.97	1.86	1	571.30	102.80	1.99	17.69	2.00	0	0	4.56	1000	4
2 西洋参	3.23	1.44	1	301.80	86.83	1.61	20.43	2.00	0	0	4.79	1100	4
3 三七	8.88	3.35	2	314.50	77.63	2.55	23.12	2.00	1	0	5.80	1200	4
4 竹节参	6.77	2.58	0	497.17	86.76	2.30	20.00	2.29	0	1	3.10	1339	2
5 羽叶三七	39.71	30.83	0	442.80	51.00	2.66	13.93	1.88	0	1	2.87	2636	2
6 狭叶竹节参	7.35	2.90	0	695.00	109.63	4.17	14.78	3.63	0	1	2.63	1828	2
7 珠子参	23.79	17.89	0	543.94	75.88	2.68	13.50	2.06	0	1	2.67	2706	2

上述人参属的数据不大，作为演算的实际例子比较合适。它与桔梗科 6 个种的实际例子所不同之处，在于人参属类群较小，选择的 7 个种已经把人参属绝大多数种类包括在内，取用的 13 个性状，把反映该属主要形态学的依据也纳入。因此对该数据的演算具有较大的真实性。

第三节　相似性概念的数量化

亲缘关系(genetic relationship)是生物学中一个十分重要的概念，生物数学中的生物分类须要引进比亲缘关系更广泛的概念，即相似性的概念。

在阐述分类的基本概念时，已经指出分类工作的目标是在被分类群集合上建立起一种分类关系，即满足等价性三个条件的一种关系。生物分类希望建立的分类关系能反映分类单位之间的亲缘关系。以分析事物为目的的分类，要求所建立的分类关系能体现事物之间的本质联系。在表征生物分类观点下，两者的要求可以统一于相似性的概念之中。如果从生物亲缘关系考虑，关系接近的生物个体，它们的性状表现倾向于比较相同，反之，性状表现较大的差异。在分析事物时，一个呈现多种特性的事物，如果事物之间表现的差异较小，说明两个事物间的联系密切，否则联系疏远。因而我们可以建立一般的相似性概念，即表现性状差异所决定的，分类单位之间的相似性关系，称为相似性(similarity)。两个分类单位，性状表现比较一致，相似性就大；反之相似性就小。

相似性的概念比亲缘关系具有更广泛更抽象的意义，可以用于比较二个生物个体，也能用于比较不同的生物类群，在生物学中有相似性的概念，非生物学中也能应用这个概念。

相似性程度用数值来表示，该数值称为相似性系数(similarity coefficient)。相似性系数的出现是生物分类朝定量方向发展的重要标志。对它的计算，至今一直是分类运算过程中一个十分重要的步骤，相似性系数有以下几个主要类型，即距离系数、相关系数、联合系数、信息系数和模糊系数，前三个系数将在本章中论述，其他系数将连同其相应的分类方法，另辟专门章节进行讨论。

按照数值的大小与其反映的相似性程度是否一致，可以将相似性系数分为两大类，即相异系数和相亲系数：

相异系数(dissimilarity coefficient)　系数值愈小，表示的相似性程度愈高；反之，值愈大，愈不相似。距离系数是最常见的相异系数。

相亲系数(similarity coefficient)　系数值愈大，表示相似性程度愈高；反之，值愈小，愈不相似。这里，相亲系数与相似性系数英文原词相同，出现两个概念名称上的混乱。为了使中译名不再混淆，采用了“相亲系数”这个名词，以此与相似性系数区别。相关系数是最常用的相亲系数。

3.1 距离系数

在数量分类学中，距离系数有较早的历史，早在1934年Anderson就已经用距离系数做桦木科的定量分类研究。现在的许多研究说明，距离系数对于分类运算有较好的稳定性，在距离系数基础之上建立起来的分类运算，方法很多，比较完整，另外距离系数也比较直观，所以直到今天还被定量分析普遍采用，是相似性系数中比较重要的一种。

让我们从最简单的情形开始讨论，如果在三个性状之下讨论二个分类单位之间的关系，性状状态数据表示如下：

	性状		
	1	2	3
分类单位 A	x_1	x_2	x_3
分类单位 B	y_1	y_2	y_3

其中 x_1, x_2, x_3, y_1, y_2 和 y_3 分别是两个分类单位性状状态的数值。

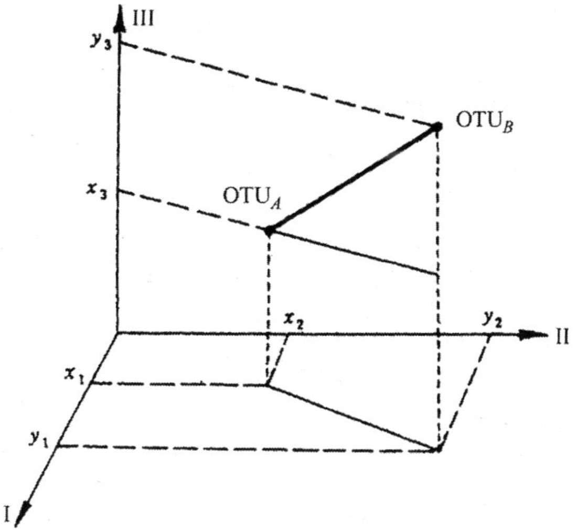

图 3-2 距离系数的空间表示

如果以三个性状当作坐标轴，状态数值分别为相应的坐标，可以将两个分类单位分别以三维欧氏空间中的两个点 A，B 来表示(见图 3-2)。怎样用数值来描绘它们之间的相似性关系呢？一个最简单，也是最直观的方法就是连 A 与 B 二点间的直线，量出它们之间的距离 d_{AB}，以值 d_{AB} 表示 OTU_A 与 OTU_B 之间的相似性，值 d_{AB} 小，A 和 B 两点相近，说明两个分类单位有较大的相似性。相反，若 d_{AB} 值大，A 和 B 两点相距较远，说明两个 OTU 的相似性疏远。用几何学的距离当作相似性系数，来描述相似性关系是很合适的。

距离 d_{AB} 的值可以通过三个性状分量差的平方和进行计算：

$$d_{AB} = \sqrt{(x_1 - y_1)^2 + (x_2 - y_2)^2 + (x_3 - y_3)^2}$$

将前面的结果推广到 n 个性状，得到 n 维坐标下的距离系数(distance coefficient)。

$$d_{AB} = \left[\sum_{i=1}^{n} (x_i - y_i)^2 \right]^{\frac{1}{2}} \tag{3.12}$$

这个系数也被称为欧氏距离系数(Euclidean distance coefficient)。

如此确立的距离系数具有以下三个性质，这三个性质具有普遍意义，也称为距离系数的基本性质：

(1) $d_{AB} \geqslant 0$，当且仅当 $A = B$ 时，等式成立。

(2) $d_{AB} = d_{BA}$。

(3) $d_{AB} \leqslant d_{AC} + d_{CB}$，这里 C 是 A 和 B 之外的另一个任意的分类单位。

这三条基本性质都不难理解。最后一条性质是几何学中的三角形不等式，有时候被改换成其他的形式，如：

(3′) $d_{AB} \leqslant \max\{d_{AC}, d_{CB}\}$

这条性质比原来的三角不等式要求更强，因为

$$\max\{d_{AC}, d_{BC}\} \leqslant d_{AC} + d_{BC}$$

距离系数很多，不管如何定义，通常都应当满足这三条基本性质。它的前两条性质保证了共分类群等价条件的自反性和对称性成立。但是三角不等式不能保证传递性的成立。而性质(3')却能做到这一点。这是因为如果把距离系数作为共分类群关系的判别系数，亦即对于任意 $d_o > 0$ 如果有

$$d_{AB} \leqslant d_o \Leftrightarrow \text{OTU}_A \varphi\ \text{OTU}_B$$

由此我们可以从性质(3')导出等价性的传递条件成立。但是绝大多数的距离系数不能满足如此苛刻的要求。这是距离系数作为相似性系数的重大缺陷。

如果我们需要比较分类单位 i 和 j 而建立距离系数，从已标准化原始数值矩阵(3.11)取出分类单位向量

$$\begin{aligned} &\text{OTU}_i \quad X_i = [x_{i1} \quad x_{i2} \quad \cdots \quad x_{in}] \\ &\text{OTU}_j \quad X_j = [x_{j1} \quad x_{j2} \quad \cdots \quad x_{jn}] \end{aligned}$$

常见的距离系数计算公式摘引如下：

平均欧氏距离系数(mean Euclidean distance coefficient)：

$$d_{ij} = \left[\frac{1}{n}\sum_{k=1}^{n}(x_{ik} - x_{jk})^2\right]^{\frac{1}{2}} \tag{3.13}$$

平均绝对距离系数(mean absolute distance coefficient)：

$$d_{ij} = \frac{1}{n}\sum_{k=1}^{n}|x_{ik} - x_{jk}| \tag{3.14}$$

Minkowski 距离系数：

$$d_{ij} = \left(\frac{1}{n}\sum_{k=1}^{n}|x_{ik} - x_{jk}|^r\right)^{\frac{1}{r}} \tag{3.15}$$

其中常数 $r>0$。这个系数常常被化学分类学使用，借以比较两个薄层层析的差异。因为当 r 充分小时 Minkowski 系数对较小的差异十分敏感，故适用于差异十分微小的 OTU 之间建立相似性比较。

前面两个距离系数(3.13)和(3.14)可以归于 Minkowski 距离系数的特殊情况。当 $r=1$ 时即平均绝对距离系数(3.14)，当 $r=2$ 时，即平均欧氏距离系数(3.13)，当 $r\to\infty$ 时，可以引出 Chebyshev 距离系数：

$$d_{ij}=\max_{1\le k\le n}\{|x_{ik}-x_{jk}|\} \tag{3.16}$$

欧氏距离系数的又一种扩展形式是：

Mahalanobis 距离系数

$$d_{ij}=\left[\sum_{k,l=1}^{n}m_{kl}(x_{ik}-x_{jk})(x_{il}-x_{jl})\right] \tag{3.17}$$

其中 $m_{kl}(k, l=1, 2, \cdots, n)$是参数。这个表达式写成向量与矩阵的乘积形式比较方便，若向量

$$X_i-X_j=\begin{bmatrix}x_{i1}-x_{j1}\\x_{i2}-x_{j2}\\\vdots\\x_{in}-x_{jn}\end{bmatrix}$$

该向量的转置

$$(X_i-X_j)^T=[x_{i1}-x_{j1}\quad x_{i2}-x_{j2}\quad\cdots\quad x_{in}-x_{jn}]$$

公式(3.17)可改写成

$$d_{ij}=(X_i-X_j)'M(X_i-X_j) \tag{3.18}$$

其中常数矩阵 $M=[m_{kl}]_{n\times n}$。当矩阵 M 是单位矩阵时，即

$$M=E$$

在此 E 表示单位矩阵，这时，Mahalanobis 距离系数又回到欧氏距离系数(3.12)的平方。虽然 Mahalanobis 系数比欧氏距离系数更完全，但是该公式要确定 n^2 个参数，使用很不

方便，下面再介绍几个其他形式的距离系数。

Canberra 距离系数：

$$d_{ij}=\sum_{k=1}^{n}\frac{|x_{ik}-x_{jk}|}{x_{ik}+x_{jk}} \tag{3.19}$$

在此要求 $x_{ij}\geqslant 0$(对一切可能取到的值)。不然的话，应将公式稍加改变：

$$d_{ij}=\sum_{k=1}^{n}\frac{|x_{ik}-x_{jk}|}{|x_{ik}|+|x_{jk}|} \tag{3.20}$$

与 Canberra 系数相类似的另一个系数如下：

分离系数

$$d_{ij}=\left[\frac{1}{n}\sum_{k=1}^{n}\left(\frac{x_{ik}-x_{jk}}{x_{ik}+x_{jk}}\right)^2\right]^{\frac{1}{2}} \tag{3.21}$$

最后，如果分类单位取样不止一个，相似性距离系数可按下面 C.R.L.系数(coefficient of racial likeness)计算。

C.R.L.距离系数：

$$d_{ij}=\left[\frac{1}{n}\sum_{k=1}^{n}\frac{(\overline{x}_{ik}-\overline{x}_{jk})^2}{\dfrac{s_{ik}^2}{m_i}+\dfrac{s_{jk}^2}{m_j}}\right]^{\frac{1}{2}}-\frac{2}{n} \tag{3.22}$$

其中 $\overline{x}_{ik}$ 和 $\overline{x}_{jk}$ 分别表示性状 k 对于第 i 个分类单位和第 j 个分类单位取样的平均值；s_{ik} 和 s_{jk} 是其相应的标准差；m_i 和 m_j 分别表示分类单位 i 和分类单位 j 的取样个数。

最后要说明两点，其一是公式(3.12)~(3.18)要求数据已进行标准化处理；公式(3.19)~(3.21)可直接就原始数据进行计算。其二是公式(3.12)、(3.18)、(3.19)和(3.20)的系数与性状的多少有关。为了排除这个影响也可以取相应的平均系数，这时只需紧接在求和符号 $\sum$ 之前添加一个分数“$\frac{1}{n}$”。

3.2 相关系数与角余弦系数

前一节的距离系数属于相异系数。在本节介绍两种相亲系数，即相关系数和角余弦系数。这两种系数都来自统计数学，学过数理统计的读者不会感到陌生。特别是相关系数，在统计数学中这是一个重要的统计量，被普遍使用于表示两组数据的相关性。Sokal 和 Michener(1958)将相关系数引进到数量分类学，在数量分类学中，该系数继续扮演一个颇为重要的角色。至于角余弦系数往往被相关系数代替，未能普遍采用。它计算简单，其实也值得推荐使用。

如果数据来自已标准化的原始数据(3.11)，两个分类单位 i 与 j 之间的相关系数(correlation coefficient)定义如下：

$$r_{ij}=\frac{\sum_{k=1}^{n}(x_{ik}-\bar{x}_i)(x_{jk}-\bar{x}_j)}{\left[\left(\sum_{k=1}^{n}(x_{ik}-\bar{x}_i)^2\right)\left(\sum_{k=1}^{n}(x_{jk}-\bar{x}_j)^2\right)\right]^{\frac{1}{2}}} \tag{3.23}$$

其中 $\bar{x}_i=\frac{1}{n}\sum_{k=1}^{n}x_{ik},\bar{x}_j=\frac{1}{n}\sum_{k=1}^{n}x_{jk}$ 。

角余弦系数(coefficient of cosine of included angle)定义于下：

$$a_{ij}=\frac{\sum_{k=1}^{n}x_{ik}x_{jk}}{\left[\left(\sum_{k=1}^{n}x_{ik}^2\right)\left(\sum_{k=1}^{n}x_{jk}^2\right)\right]^{\frac{1}{2}}} \tag{3.24}$$

因为两个系数都属于相亲系数，与距离系数的相异性有着相反的意义。系数值越大，相似性程度越大；反之，值越小，相似性程度越小。两个系数都具有以下两条基本性质，表述这两条性质时让相关系数 r_{ij} 也代表角余弦系数 a_{ij}。

(1) $-1\leqslant r_{ij}\leqslant 1$，当且仅当 $x_{ik}=cx_{jk}$(c 为非零常数，$k=1, 2, \cdots, n$)时，$r_{ij}=1(c>0)$或 $r_{ij}=-1(c<0)$。

(2) $r_{ij}=r_{ji}$。

这两条性质保证了共分类群等价性的自反性和对称性要求，但是传递性也与距离系数一样未能被满足要求。

相关系数当 $r_{ij}=1$ 时，达到完全正相关，这时两个分类单位数据成比例，仅差一个正比例常数因子；当 $r_{ij}=0$ 时，两分类单位数据不相关；当 $r_{ij}=-1$ 时，完全负相关，两分类单位数据成比例，仅差一个负比例常数因子。

角余弦系数具有明显的几何意义，把两个分类单位向量 X_i 和 X_j 之间的夹角记作 θ_a，根据向量乘积与向量夹角的关系有

$$\cos\theta_a = \frac{X_i \cdot X_j^T}{\|X_i\|\|X_j\|} \tag{3.25}$$

桔梗科试验数据的平均欧氏距离系数、相关系数、角余弦系数和绝对距离系数分别置于下面表(3-4)、(3-5)、(3-6)和(3-7)中，供读者参考。

表 3-4　平均欧氏距离系数(桔梗科试验数据)

分类单位	平均欧氏距离系数					
	1	2	3	4	5	6
1 党参	0.0000	1.3967	1.6991	1.7604	1.0167	1.6854
2 桔梗	1.3967	0.0000	1.4652	1.1088	1.4344	1.1818
3 轮叶沙参	1.6991	1.4652	0.0000	1.0494	1.7248	0.8664
4 荠苨	1.7604	1.1088	1.0494	0.0000	1.7958	0.5916
5 羊乳	1.0167	1.4344	1.7248	1.7958	0.0000	1.7195
6 石沙参	1.6854	1.1818	0.8664	0.5916	1.7195	0.0000

表 3-5　相关系数(桔梗科试验数据)

分类单位	相关系数					
	1	2	3	4	5	6
1 党参	1.0000	−0.0471	−0.5061	−0.7108	0.4896	−0.6922
2 桔梗	−0.0471	1.0000	−0.5135	−0.0206	−0.0455	−0.3142
3 轮叶沙参	−0.5061	−0.5135	1.0000	0.2583	−0.5158	0.4905
4 荠苨	−0.7108	−0.0206	0.2583	1.0000	−0.7089	0.6651
5 羊乳	0.4896	−0.0455	−0.5158	−0.7089	1.0000	−0.6738
6 石沙参	−0.6922	−0.3142	0.4905	0.6651	−0.6738	1.0000

表 3-6 角余弦系数(桔梗科试验数据)

分类单位	角余弦系数					
	1	2	3	4	5	6
1 党参	1.0000	−0.1095	−0.4910	−0.7447	0.5591	−0.7322
2 桔梗	−0.1095	1.0000	−0.4944	0.0525	−0.1257	−0.1847
3 轮叶沙参	−0.4910	−0.4944	1.0000	0.2559	−0.4836	0.4562
4 荠苨	−0.7447	0.0525	0.2559	1.0000	−0.7514	0.7157
5 羊乳	0.5591	−0.1257	-0.4836	-0.7514	1.0000	−0.7365
6 石沙参	−0.7322	−0.1847	0.4562	0.7157	−0.7365	1.0000

表 3-7 绝对距离系数(桔梗科试验数据)

分类单位	绝对距离系数					
	1	2	3	4	5	6
1 党参	0.0000	1.1491	1.5367	1.5631	0.4945	1.5273
2 桔梗	1.1491	0.0000	1.0001	0.7328	1.2669	0.6907
3 轮叶沙参	1.5367	1.0001	0.0000	0.6119	1.6546	0.3156
4 荠苨	1.5631	0.7328	0.6119	0.0000	1.6810	0.2963
5 羊乳	0.4945	1.2669	1.6546	1.6810	0.0000	1.6452
6 石沙参	1.5273	0.6907	0.3156	0.2963	1.6452	0.0000

3.3 联合系数

联合系数在生物学的研究中已经起到很重要的作用，特别在生物分类学、生态学、生物地理学和微生物学中。在生物学的定量分析研究中，联合系数常常用来表示分类群体的相亲性和相似性。英国微生物学家 Sneath(1957)首次把联合系数引进数量分类学，他曾提出，在对比两种细菌时，把负匹配从联合系数中排除出去。Sokal 与他合著的《数量分类学原理》(1963)一书，对联合系数曾进行过总结。此外，Clifford 和 Stephenson (1975)也曾做过总结性的讨论，这本著作偏重于生态学和生物地理学的应用。有关联合系数的论述很多，随着定量分析的发展，生物学家与数学家设计了多种多样适用于不同需要的联合系数，有关联合系数的理论和应用正在发展中。

在各种相似性度量中联合系数难于确切定义。在此我们摘引 Sokal 和 Sneath 给出的定义：联合系数(association coefficient)是在整个二元性状或多态性状数据上，一对 OTU 之间一致性度量的配对函数。在大多数情形，联合系数以二元数据出现，因此，本书把重点放在二元性状的联合系数。

当原始数据是二元数据时，由于数据结构的特殊性，它不必经过标准化处理，直接就原始数据进行相似性系数的计算。假设两个分类单位 OTU_i 和 OTU_j，待比较其相似性，从原始数据矩阵中提取相应的第 i 个和第 j 个分类单位向量，

$$\mathrm{OTU}_i\text{：} Y_i[y_{i1}\ y_{i2}\ y_{i3}\ \cdots\ y_{in}]$$
$$\mathrm{OTU}_j\text{：} Y_j[y_{j1}\ y_{j2}\ y_{j3}\ \cdots\ y_{jn}]$$

其中的分量 y_{ik} 和 $y_{jk}(k = 1, 2, \cdots, n)$取值 0 或 1。当对比 OTU_i 和 OTU_j 的相似性时，两组数据的匹配有四种情形。即 OTU_i 和 OTU_j 分别为 1-1，1-0，0-1，0-0。

计数这四种情形，将计数结果汇总于一个规定的 2×2 列联表如下：

		OTU_j 1	OTU_j 0
OTU_i	1	a	b
	0	c	d

$n = a + b + c + d$

其中 a, b, c 和 d 称为 OTU_i 和 OTU_j 的匹配数值。a 是两个 OTU 都取 1 的性状个数计数值；d 是两个 OTU 都取 0 的性状个数计数值；b 和 c 分别是其中一个 OTU 取 1，另一个 OTU 取 0 的性状个数计数值。列联表中的 4 种情形把性状可能取到的各种匹配情形都已包括在内，因此 4 种情形的计数值之和应该等于性状的总个数 n，即 $n = a + b + c + d$。

举一个简单的例子说明，如果两个被比较的分类单位，32 个性状状态记录如下：

OTU_i	111	100	111	011	010	001	001	001	110	110	11
OTU_j	110	010	110	111	100	001	110	101	001	110	10

两个 OTU 状态都取 1 的性状有 11 个，$a = 11$
两个 OTU 状态都取 0 的性状有 6 个，$d = 6$；
两个 OTU 分别取 1 和 0 的性状有 8 个，$b = 8$
两个 OTU 分别取 0 和 1 的性状有 7 个，$c = 7$

		OTU_j 1	OTU_j 0
OTU_i	1	11	8
	0	7	6

$n = 11 + 8 + 7 + 6 = 32$

有了匹配数值，将该值代入联合系数公式，得到反映 OTU_i 和 OTU_j 之间相似性的

系数值。

一个最简单的考虑就是计算匹配一致的性状个数($a + d$)占总性状个数 n 的百分比值。因而有简单联合系数

$$S_{SM}=\frac{a+d}{n}=\frac{17}{32}=0.53125$$

当然对问题的考虑，并不都如此简单，不同的生物学问题需要设计各种不同的联合系数。联合系数的种类很多，常见的联合系数汇集于表 3-8 中。

此外，还有两种系数分别是如下两个方程的解：

$$\frac{(a+c)^s}{a+b+c}+\frac{(a+b)^s}{a+b+c}=1 \qquad \text{(Preston, 1962)}$$

$$e^{(a+b)s}+e^{(a+c)s}=1+e^{(a+b+c)s} \qquad \text{(Mountford, 1962)}$$

它们是超越方程，不具一般的解。由于在具体实践中计算和使用不便，这些系数未被收列于表 3-8 中。可是，Mountford 系数具有近似表达式 $2a/(ab + ac + bc)$，它已被包括在表 3-8 中。

为了便于讨论，将表 3-8 中最左边的编号当作相应联合系数的编号。例如 $S(3)$是 Jaccard 系数 S_J，$S(6)$是简单匹配系数。我们已尽可能把迄今为止的各种二元数据的联合系数收集在表 3-8 中。其中许多是已为人们熟知的系数。除简单匹配系数 $S(6)$以外，还有 Russell 和 Rao 系数 $S(1)$，Jaccard 系数 $S(3)$，Czekanowski 系数 $S(4)$和普通的相关系数 $S(15)$。

表 3-8 常见的联合系数

编号	公式	作者或系数名称	范围	参数						类型
				h_1	h_2	h_3	l_1	l_2	l_3	
1	$S_{RR}=\frac{a}{n}$	Russell and Rao, 1940	[0,1]	1	0	1	1	0	0	1
2	$S_S=\frac{a}{a+2(b+c)}$	Sokal and Sneath, 1963	[0,1]	.5	0	0	1	0	0	1
3	$S_J=\frac{a}{n-d}$	Jaccard, 1908	[0,1]	1	0	0	1	0	0	1
4	$S_C=\frac{2a}{2a+b+c}$	Czekanowski, 1913	[0,1]	2	0	0	1	0	0	1
5	$S_{RT}=\frac{a+d}{n+b+c}$	Rogers and Tanimoto, 1960	[0,1]	.5	.5	.5	1	0	0	1
6	$S_{SM}=\frac{a+d}{n}$	Simple Matching	[0,1]	1	1	1	1	0	0	1
7	$S_S=\frac{2(a+d)}{n+a+d}$	Sokal and Sneath, 1963	[0,1]	2	2	2	1	0	0	1

续表 3-8

编号	公式	作者或系数名称	范围	参数						类型
				h_1	h_2	h_3	l_1	l_2	l_3	
8	$S=\frac{ad}{ad+bc}$	Unnamed coefficient	[0,1]	0	1	1	1	1	1	1
9	$S=\frac{2a}{2a+ab+ac+bc}$	Unnamed coefficient	[0,1]	2	0	0	1	0	1	1
10	$S_{K2}=\frac{a}{2}\left(\frac{1}{a+b}+\frac{1}{a+c}\right)$	Kulczynski, 1927	[0,1]	1	0	0	2	0	1	1
11	$S_S=\frac{1}{4}\left(\frac{a}{a+b}+\frac{a}{a+c}+\frac{d}{d+b}+\frac{d}{d+c}\right)$	Sokal and Sneath, 1963	[0,1]	5	.5	0	2	0	1	1
12	$S_O=\frac{a}{A}$	Ochiai, 1957	[0,1]	1	0	0	1	0	0	1
13	$S_S=\frac{ad}{AD}$	Sokal and Sneath, 1963	[0,1]	1	0	0	1	1	0	1
14	$S=\frac{AD+ad-bc}{2AD}$	Unnamed coefficient	[0,1]	.5	0	–.5	1	1	0	1
15	$S_\varphi=\frac{ad-bc}{AD}$	Correlation coefficient, Guifford, 1942	[–1,1]	.5	0	–.5	1	1	0	3
16	$S_M=\frac{a^2-bc}{A^2}$	McConnaughy, 1964	[–1,1]	1	0	0	2	0	1	3
17	$S_H=\frac{a+d-b-c}{n}$	Hamann, 1961	[–1,1]	1	1	1	1	0	0	3
18	$S_{YK}=\frac{ad-bc}{ad+bc}$	Yule and Kendall, 1950	[–1,1]	0	1	1	1	1	1	3
19	$S_S=\frac{a+d}{b+c}$	Sokal and Sneath, 1963	[0,∞)	1	1	1	1	0	0	2
20	$S_{K1}=\frac{a}{b+c}$	Kulczynski, 1927	[0,∞)	1	0	0	1	0	0	2
21	$S_S=\frac{2a}{ab+ac+bc}$	Sneath and Sokal, 1973	[0,∞)	2	0	0	1	0	1	2
22	$S_W=\frac{b+c}{2a+b+c}$	Watson et al., 1966	[0,1]	2	0	0	1	0	0	4
23	$S_D=\frac{b+c}{n}$	Euclidean Distance	[0,1]	1	1	1	1	0	0	4
24	$S_{FM}=\frac{a}{A}-\frac{1}{2\sqrt{a+b}}$	Fager and McGowan, 1963	(–∞, 1]							

* $A=\sqrt{(a+b)(a+c)}$; $D=\sqrt{(d+b)(d+c)}$。

在实际工作中，如何从众多的联合系数中挑选合适的公式呢？让我们对表 3-8 中的联合系数进行比较分析。分析方法采取分类分析，利用桔梗科 6 个种的二元数据，对每一个联合系数公式，计算全部种之间的系数值(共有 $C_6^2=15$ 个数值)，把 23 个联合系数当作 OTU，种间的 15 个系数值当作性状，作分类运算，得树谱图(图 3-3)。

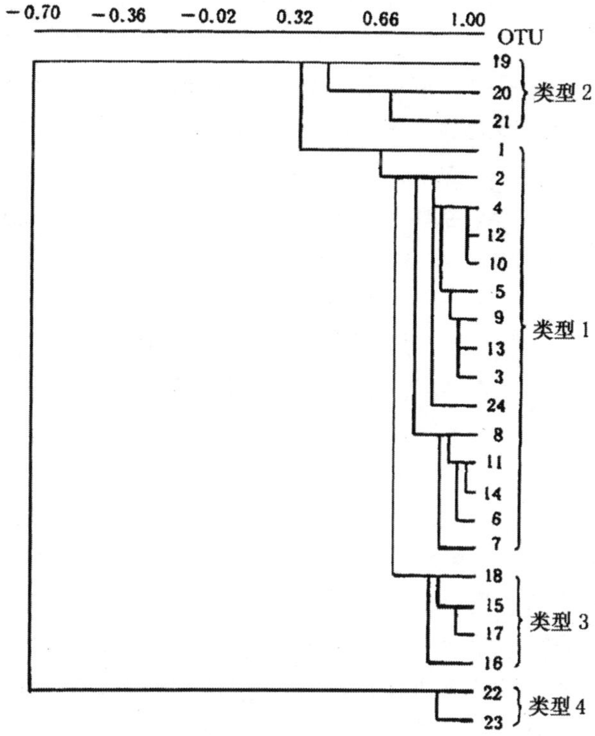

图 3-3 联合系数的分类树谱图

对树谱图粗略地一瞥，就看到两个系数 $S(22)$和 $S(23)$结合为一，并与其他系数明显不同。呈特殊表现的原因是因为它们属于相异系数，而其他联合系数都是相亲系数。这两个系数值愈大，OTU 之间的相似性愈小，它与大多数联合系数的相亲性截然相反。再看树谱图，除 $S(22)$和 S(23)之外，其他系数按取值范围又分为三个组。三个取值范围分别是[0, 1]，[0, ∞）和[−1, 1]，联合系数的这三个组分别被称为相亲有限联合系数，相亲无限联合系数和相亲相关联合系数。

进一步研究发现对称性是联合系数的另一个重要方面。所谓对称性，在此是指当交换表达式中的两个字母，例如 a 和 d，系数表达式的值不变，于是称该系数关于 a 和 d 对称；否则称关于 a 和 d 不对称。表 3-8 中除最后一个 $S(24)$外所有的联合系数都关于 b 和 c 对称。不难理解，在生物学相似性意义下，这个对称性是必需的。因为相似性的关系，要满足共分类群等价关系的对称性条件。

然而，联合系数关于匹配数 a 和 d 的对称性却完全不同。审视表 3-8 中的联合系数，$S(1)$~$S(4)$，$S(9)$，$S(10)$，$S(12)$，$S(16)$，$S(20)$~S(22)和 $S(24)$所有这些系数是非对称的，其他都是对称的。在树谱图(图 3-3)中，尽管非对称系数分散在不同类型中，在相亲有限联合系数中，大多数非对称系数仍聚集在一起。它表明，联合系数关于 a 和 d 的非对称性具有内在的、数量上的联系。匹配值 a 表示双方 OTU 都取肯定(值 1)的性状个数，称之为正匹配数；类似地 d 称为负匹配数。在生物学问题中，正匹配数可能与负匹配数具有不同的意义，因而在联合系数的表达式中应占有不同的地位。非对称系数的出现正适合了这种情形的需要。这种情形在生物学领域屡见不鲜，特别在生态学、生物地理学、分类学和微生物学中。

在生物地理学和生态学中，调查记录的原始数据矩阵常常表现为这种形式，OTU 是地点，性状是种。当两个地点进行比较时，某些所谓指示种和特征种起重要的作用。假若两个地点具有相同的指示种或特征种，则可以论断，它们属于相同的类型或类别。如果都不具有这样的种，是否属于相同类型尚不能做出论断。例如龙脑香料(Dipterocarpaceae)的一些种被一些生物地理学家在植被调查研究中当作热带雨林的特征种，只要某些调查地区一旦具有这个种，就可以认定它们是相同的植被类型——热带雨林。相反，如果不具有该种，尚不能获得如此结论。这种情形，正匹配比负匹配更重要，因而对称联合系数不合适，应该取适当的关于 a 和 d 不对称的系数，才能正确地表达正、负匹配不一致的情形。这正是生物地理学的定量分析中，为什么联合系数常常采取某种非对称形式的缘故。

与此相类似的情形，也可能在生物分类学、生物系统学的研究中出现，当数量分类使用二元数据时，某些性状的两个对立状态是相互不等价的，在分类意义上一个可能比另一个更重要，也许某一个具有较大的鉴别意义。例如常常被生物分类学家强调的鉴别性状，化学分类学中的特征化学成分，微生物学中基于鉴别培养基的某些性状等。

现在就二元数据的某些计算机技术进行讨论。考虑到计算机资源的节省和工作效率的提高，二元数据可以分组，每组由三个连续的二元数字组成，如此一组二进位数转换成从 0 到 7 的普通十进位数，表示如下：

二元数据	000	001	010	011	100	101	110	111
十进位数	0	1	2	3	4	5	6	7

将转换后的十进位数(0~7)代替二元数据，输入操作将减少劳动力，存贮空间的节省更为可观。例如，两组 32 位的二元数据处理如下：

二元数据依次分成 3 个数字一组：

OTU_i	111	100	111	011	010	001	001	001	110	110	11
OTU_j	110	010	110	111	100	001	110	101	001	110	10

转换成十进位数(0~7)

OTU_i	7 4 7 3 , 2 1 1 1 , 6 6 6
OTU_j	6 2 6 7 , 4 1 6 5 , 1 6 4

(数据结尾如果不足一组时，以 0 补充直到凑足 3 个一组)

转换后的十进位数，每连续四个组成一个整型数，在计算机中仅占据整型变量 6 个单元。

为了计算联合系数，需要计数 a，b，c 和 d。按照匹配数的定义，似乎前面得到的十进数又要再转换成原来的二元数据。这是不必要的，事实上，可以建立十进位数的配对，把所有十进位配对的 a、b、c 和 d 值事先准备好(表 3-9)，数 a，b，c 分别存于三个二维数组 $A(i, j)$，$B(i, j)$和 $C(i, j)$中。然后将所有十进位配对的 a，b 和 c 值累计求和得整个数据的匹配数 a，b 和 c，再从 n 减去 a，b 和 c 可得 d。

表 3-9　二元数据的基本匹配数

	0 000	1 001	2 010	3 011	4 100	5 101	6 110	7 111
0 000	0 0 0 3	0 0 1 2	0 0 1 2	0 0 2 1	0 0 1 2	0 0 2 1	0 0 2 1	0 0 3 0
1 001	0 1 0 2	1 0 0 2	0 1 1 1	1 0 1 1	0 1 1 1	1 0 1 1	0 1 2 0	1 0 2 0
2 010	0 1 0 2	0 1 1 1	1 0 0 2	1 0 1 1	0 1 1 1	0 1 2 0	1 0 1 1	1 0 2 0
3 011	0 2 0 1	1 1 0 1	1 1 0 1	2 0 0 1	0 2 1 0	1 1 1 0	1 1 1 0	2 0 1 0
4 100	0 1 0 2	0 1 1 1	0 1 1 1	0 1 2 0	1 0 0 2	1 0 1 1	1 0 1 1	1 0 2 0
5 101	0 2 0 1	1 1 0 1	0 2 1 0	1 1 1 0	1 1 0 1	2 0 0 1	1 1 1 0	2 0 1 0
6 110	0 2 0 1	0 2 1 0	1 1 0 1	1 1 1 0	1 1 0 1	1 1 1 0	2 0 0 1	2 0 1 0
7 111	0 3 0 0	1 2 0 0	1 2 0 0	2 1 0 0	1 2 0 0	2 1 0 0	2 1 0 0	3 0 0 0

例如就前面已经转换成十进位数的数据，计算匹配数值如下：

$$\begin{aligned} a &= A(7,6)+A(4,2)+A(7,6)+\cdots+A(6,4) \\ &= 2+0+2+\cdots+1 \\ &= 11 \\ b &= B(7,6)+B(4,2)+B(7,6)+\cdots+B(6,4) \\ &= 1+1+1+\cdots+1 \\ &= 8 \\ c &= C(7,6)+C(4,2)+C(7,6)+\cdots+C(6,4) \\ &= 0+1+0+\cdots+0 \\ &= 7 \\ d &= n-a-b-c = 32-11-8-7 = 6 \end{aligned}$$

最后将 a, b, c 和 d 代入表 3-8 中的各种公式，可计算联合系数。

联合系数具有 6 种类型。下面给出这 6 种类型之间的变换公式。

表 3-10 相似性系数之间的转换公式

类　型	类型 1	类型 2	类型 3	类型 4	类型 5	类型 6
相亲有限系数[0, M] 类型 1	S	$\frac{S}{M-S}$	$\frac{2S-M}{M}$	$M-S$	$\frac{M-S}{S}$	$\frac{M-2S}{M}$
相亲无限系数[0, ∞) 类型 2	$\frac{MS}{1+S}$	S	$\frac{S-1}{S+1}$	$\frac{M}{1+S}$	$\frac{1}{S}$	$\frac{1-S}{1+S}$
相亲相关系数[-1, 1] 类型 3	$\frac{1+S}{2}M$	$\frac{1+S}{1-S}$	S	$\frac{1-S}{2}M$	$\frac{1-S}{1+S}$	$-S$
相异有限系数[0, M] 类型 4	$M-S$	$\frac{M-S}{S}$	$\frac{M-2S}{M}$	S	$\frac{S}{M-S}$	$\frac{2S-M}{M}$
相异无限系数[0, ∞) 类型 5	$\frac{M}{1+S}$	$\frac{1}{S}$	$\frac{1-S}{1+S}$	$\frac{MS}{1+S}$	S	$\frac{S-1}{S+1}$
相异相关系数[-1, 1] 类型 6	$\frac{1-S}{2}M$	$\frac{1-S}{1+S}$	$-S$	$\frac{1+S}{2}M$	$\frac{1+S}{1-S}$	S

现在我们将利用表 3-10 所建立的相似性系数变换讨论联合系数的普遍公式。表 3-8 中所列举的联合系数，按照取值范围可归属于 6 种类型，取值为[0,1]的系数最为普遍，属于相亲有限类型。联合系数属于相亲有限类型的定为基本类型。基于二元数据的联合系数，除去个别以外，绝大多数都可以借表 3-10 的相似性系数变换转变成基本类型；反过来从基本类型也可以转换成其他任何一种类型。因此要解决联合系数的统一计算，只要基本类型的计算得到解决，其他任何类型的计算也就被解决。

作者(1989)设计了联合系数的两个普遍公式，把表 3-8 中所有取值为[0,1]的相亲有限类型联合系数都归于该公式。两个普遍公式如下：

$$S=\frac{h_1a^{l_1}d^{l_2}+h_2a^{l_2}d^{l_1}}{h_1a^{l_1}d^{l_2}+h_3a^{l_2}d^{l_1}+b+c+l_3[bc-b-c+h_1(ab+ac)/2]}\quad (h_3\geq h_2) \tag{3.26}$$

$$S=h_1I_a^{l_1}I_d^{l_2}+h_2I_a^{l_2}I_d^{l_1}+h_3(I_bI_c-1) \tag{3.27}$$

($h_1+h_2=1$ 且 $h_3=0$，除去当公式 $S(14)$和 $S(15)$时 $h_3-0.5$)

其中

$$I_a=\left[\frac{a^2+l_3a(b+c)/2}{(a+b)(a+c)}\right]^{\frac{1}{2}},\qquad I_b=\left[\frac{b^2+l_3b(a+d)/2}{(b+a)(b+d)}\right]^{\frac{1}{2}}$$

$$I_c=\left[\frac{c^2+l_3c(a+d)/2}{(c+a)(c+d)}\right]^{\frac{1}{2}},\qquad I_d=\left[\frac{d^2+l_3d(b+c)/2}{(d+b)(d+c)}\right]^{\frac{1}{2}}$$

这两个普遍式中有六个参数，参数 h_1, h_2 和 $h_3\geq 0$(除系数 $S(14)$和 $S(15)$，$h_3=-0.5$ 以

外)，l_1, l_2和 l_3为非负整数，l_3取值非 0 即 1。每给一组适当的参数就决定了一个联合系数。表 3-8 中列出了所有系数($S(24)$除外)的参数值。

参数 l_1 和 l_2 通常取整数 0 或 1，这时公式中的指数项可以被非指数项取代，例如 $a^{l_1}\ d^{l_2}$ 可以被$[al_1+(1-l_1)][dl_2+(1-l_2)]$代替。公式(3.27)中参数 h_1 和 h_2 可视为权系数，当 $l_1 \neq l_2$ 且 $h_1 \neq h_2(h_1+h_2=1)$时公式属于非对称(关于 a 与 d)形式。公式(3.26)中参数 l_3 除 $S(8)$，$S(9)$，$S(18)$和 $S(21)$取值 1 以外均取 0 值；参数 h_1, h_2 和 h_3 也可当作权系数，若 $h_1=h_2$ 且 $h_1=h_3$ 公式(3.26)对称，否则(且 $l_1 \neq l_2$)非对称；当参数 $l_1=l_2$ 时公式(3.26)也取对称形式。

表 3-8 中系数 $S(1)$~$S(14)$取值范围[0,1]，已经被定为基本类型，称之为基本联合系数(fundamental association coefficients)。称之为基本的含意之一在于这些系数可以由前述两个普遍式(3.26)和(3.27)直接计算出来。$S(1)$− $S(9)$由第一个普遍式(3.26)给出；$S(10)$−$S(14)$由第二个普遍式(3.27)给出。其他系数可以由这两个普遍公式间接算得，把间接算得的联合系数称为扩展联合系数(extended association coefficients)。对它的计算先代入普遍公式，得到相应的基本联合系数，然后再根据原数据所要求的类型，作表 3-10 中的变换，得到所需要的联合系数。表 3-8 中 $S(15)$~$S(23)$都属于扩展联合系数，$S(15)$和 $S(16)$由普遍式(3.27)计算，$S(17)$~$S(23)$归普遍式(3.26)计算。它们所属的类型在表 3-8 中已经给出。

例如 Jaccard 系数 $S(3)$，从表中参数值知 $h_1=1, h_2=h_3=0, l_1=1$ 并且 $l_2=l_3=0$，代入普遍公式(3.26)得本系数值。Kulczynski 系数 $S(10)$，参数值取 $h_1=1, h_2=h_3=0$，$l_1=2$, $l_2=0, l_3=1$ 代入普遍公式(3.27)计算可得。以上都属于基本联合系数。

再举扩展联合系数的例子，表 3-8 中的系数 $S(17)$，$S(19)$和 $S(23)$属于扩展联合系数。这些系数的 6 个参数都与 $S(6)$完全相同，对它们的计算先从计算 $S(6)$开始。将参数 $h_1=h_2=h_3=1$，$l_1=1, l_2=l_3=0$，代入公式(3.26)算得基本联合系数 $S(6)$。$S(6)$属于相亲有限，类型 1。$S(17)$，$S(19)$和 $S(23)$分别为类型 3、类型 2 和类型 4，要获得这些系数分别再做表 3-10 中的变换 $F_{13}(S)=2S-1$，$F_{12}(S)=\dfrac{S}{1-S}$和 $F_{14}(S)=1-S$(注意，这里 $M=1$)。这三个系数中的 $S(23)$就是联合系数中的欧氏距离系数。再看一个重要的系数，相关系数 $S_\varphi=S(15)$，该系数是基本联合系数 $S(14)$的扩展类型。对它的计算是先将 $h_1=0.5, h_2=0, h_3=-0.5, l_1=l_2=1, l_3=0$ 代入普遍公式(3.27)，先得 $S(14)$；然后再做 $F_{13}(S)=2S-1$ 的转换可得 S_φ。

联合系数的普遍公式与相似性系数的转换公式相结合，不仅把当前已经被使用过的联合系数的计算包括在内，而且还可以开拓出更多的新系数。当前联合系数的使用有片面性，对于非对称系数仅考虑对匹配数 a 的加强，而忽视了对匹配数 d 的加强。联合系数中相亲类型多，相异类型少。新系数的开拓有助于克服使用上的片面性。如果把普遍公式的 6 个参数排成一组数$[h_1h_2h_3l_1l_2l_3]$按照参数的要求每给出一组参数都对应于一个基本联合系数，以及它的 5 个扩展联合系数。例如我们信手给出一组值[2 2 0 0 1 0]，这一组参数值对于公式(3.26)相应的基本联合系数是

$$S = \frac{2(a+d)}{2d+b+c}$$

它的扩展类型只须将该系数代入表 3-10 中的转换公式 $F_{li}(S)(i = 2, 3, \cdots, 6)$，便可得到。这些系数尚未见应用报道。它的基本类型是非对称的，公式的数学结构分母中 $2d$ 项出现，削弱了匹配数 d 的作用，从而加强了 a 的作用。因此该公式对生物地理和具有特征性状的分类研究可能有使用前景。

6 个参数$[h_1\ h_2\ h_3\ l_1\ l_2\ l_3]$得到的组合数量是惊人的，从中开发出具有使用价值的联合系数，数量之大是相当可观的，表 3-8 中列出的基本联合系数仅仅 14 个。足见联合系数的应用研究中，未开垦的处女地还十分广阔。相似性系数的转换和普遍公式的相结合将为联合系数的进一步开拓应用提供方便。

相似性系数的转换和联合系数普遍公式为计算联合系数编写电脑程序带来的益处，是十分明显的，下面画出这两者相结合的联合系数计算程序流程图(图 3-4)。

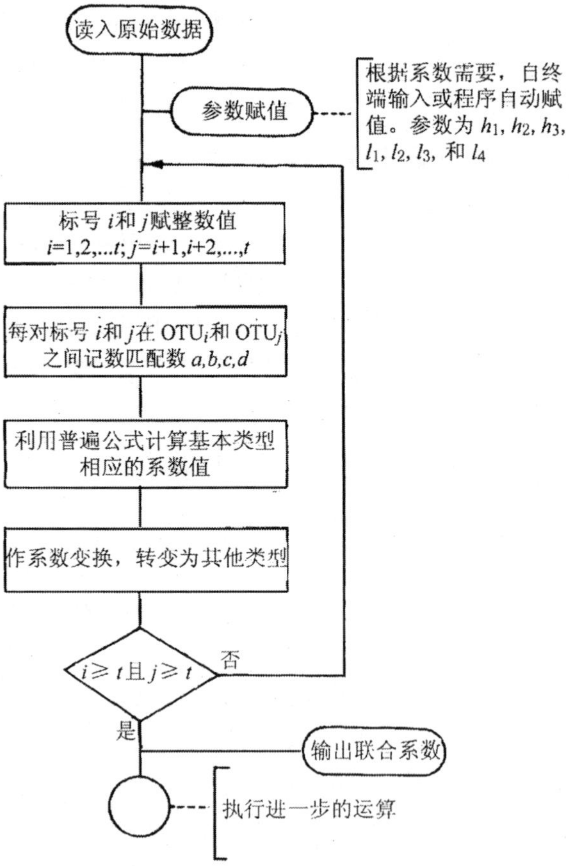

图 3-4　联合系数计算程序流程图

第四节　表征分类的分类运算

表征分类从原始资料的收集和整理开始，形成了原始数据，又经过许多运算过程，得出了我们所需要的相似性系数矩阵。做好这些准备以后，就要开始着手分类运算。分类运算是整个表征分类的核心内容，它决定了分类结果的好坏，因此，生物学家十分关心。分类运算是数量分类最困难的工作，各种数学工具应用于分类运算产生了许多分类方法，它也是数学家热心致力于研究的课题之一。

简单的系统分类

距离系数的系统分类，其运算过程大致如下。先将每一个分类单位看做是一个类群，运算最初，类群与类群之间的距离系数，也就是分类单位之间的距离系数；分类单位的距离系数矩阵，也就是类群的距离系数矩阵。考虑将相似性最接近的类群先结合，因而从类群的距离系数矩阵中找到距离最小的一对类群，将这两个类群合并，获得一个新的类群。然后根据一定的法则，计算新类群与其他所有类群之间的距离系数，以这个新的类群代替被合并的一对类群，得到类群之间的新的距离系数矩阵，这样就完成了一次循环运算。接着进行下一次循环运算，上次运算得到的矩阵中再找距离最近的两个类群，将这一对类群合并，再计算系数，得到新的系数矩阵……。一再重复执行这样的循环运算过程，运算过程与前面完全相同。每循环一次，有一个类群被归并，获得的系数矩阵其阶数减少一阶。直到所有的分类单位都归属于一个类群为止，整个分类运算结束。

让我们取 Anderson 等(1934)对桦木科(Betulaceae)植物的研究数据进行演算，以此当作一例来具体说明分类运算方法。分类单位是桦木科中的 6 个属，下面是属之间的距离系数：

表 3-11　桦木科 6 个属的距离系数

分类单位	1	2	3	4	5	6
1 苗榆属(*Ostrya*)	0.0	1.6	2.1	3.1	5.1	5.8
2 鹅耳枥属(*Carpinus*)	1.6	0.0	3.3	3.6	5.2	6.1
3 虎榛子属(*Ostryopsis*)	2.1	3.3	0.0	2.4	5.2	6.0
4 榛属(*Corylus*)	3.1	3.6	2.4	0.0	4.8	5.0
5 桦木属(*Betula*)	5.1	5.2	5.2	4.8	0.0	3.5
6 桤木属(*Alnus*)	5.8	6.1	6.0	5.0	3.5	0.0

最初将每一个分类单位看作是一个类群，记作 $G_i = \{i\}(i = 1, 2, \cdots, 6)$。在此，括号中的数码是分类单位的编码，以此码代表该分类单位。

该数据分类运算步骤如下：

1	0					
2	1.6	0		$M(1)$		
3	2.1	3.3	0			
4	3.1	3.6	2.4	0		
5	5.1	5.2	5.2	4.8	0	
6	5.8	6.1	6.0	5.0	3.5	0
	1	2	3	4	5	6

第一次循环 从分类单位的距离系数矩阵 $M(1)$中寻找最小值，即 $d_{12}=1.6$。将类群 G_1 与类群 G_2 合并。得一新类群记作 G_7

$$G_7=\{1,2\}$$

计算新类群与其他类群的距离。距离的计算按最小距离方法。

$$d_{73}=\min\{d_{13}\cdot d_{23}\}=\min\{2.1,3.3\}=2.1$$
$$d_{74}=\min\{d_{14}\cdot d_{24}\}=\min\{3.1,3.6\}=3.1$$
$$d_{75}=\min\{d_{15}\cdot d_{25}\}=\min\{5.1,5.2\}=5.1$$
$$d_{76}=\min\{d_{16}\cdot d_{26}\}=\min\{5.8,6.1\}=5.8$$

其他类群之间的系数不变，得新的距离系数矩阵 $M(2)$。

7	0				
3	2.1	0		$M(2)$	
4	3.1	2.4	0		
5	5.1	5.2	4.8	0	
6	5.8	6.0	5.0	3.5	0
	7	3	4	5	6

第二次循环 从系数矩阵 $M(2)$中寻找最小值，即 $d_{37}=2.1$。将类群 G_3 与类群 G_7 合并，得新的类群，记作

$$G_8=\{7;3\}=\{1,2,3\}$$

计算新类群与其他类群的距离系数。

$$d_{84}=\min\{d_{74}\cdot d_{34}\}=\min\{3.1,2.4\}=2.4$$
$$d_{85}=\min\{d_{75}\cdot d_{35}\}=\min\{5.1,5.2\}=5.1$$
$$d_{86}=\min\{d_{76}\cdot d_{36}\}=\min\{5.8,6.0\}=5.8$$

得新的系数矩阵 $M(3)$。

8	0			$M(3)$
4	2.4	0		
5	5.1	4.8	0	
6	5.8	5.0	3.5	0
	8	4	5	6

第三次循环 从系数矩阵 $M(3)$中寻找最小值，即 $d_{48}=2.4$，将类群 G_4和 G_8 合并，得新类群记作 G_9

$$G_9=\{8,4\}=\{1,2,3,4\}$$

计算新类群 G_9 与其他类群的系数

$$d_{95} = \min\{d_{85} \cdot d_{45}\} = \min\{5.1, 4.8\} = 4.8$$
$$d_{96} = \min\{d_{86} \cdot d_{46}\} = \min\{5.8, 5.0\} = 5.0$$

得新的系数矩阵 $M(4)$。

9	0			
5	4.8	0		$M(4)$
6	5.0	3.5	0	
	9	5	6	

第四次循环　从系数矩阵 $M(4)$中寻找最小值，$d_{56} = 3.5$，将类群 G_5 与 G_6 合并，得新类群 G_{10}

$$G_{10} = \{5, 6\}$$

计算类群 G_{10} 与 G_9 的系数

$$d_{109} = \min\{d_{59} \cdot d_{69}\} = \min\{4.8, 5.0\} = 4.8$$

得新的系数矩阵 $M(5)$。

9	0	$M(5)$	
10	4.8	0	
	9	10	

第五次循环　系数矩阵已降低到二阶，只有二个类群 G_9 和 G_{10}，将此二个类群合并得 G_{11}

$$G_{11} = \{9, 1\} = \{1, 2, 3, 4, 5, 6\}$$

分类运算结束。

每次循环若出现两个以上最小值，取分类单位编码大值的最小者；此时若分类编码大值相同，取分类单位编码小值的最小者。

最后，将分类运算结果画出树谱图(dendrogram)，见图 3-5。树谱图显示出桦木科内六个属的分类系统关系。

此例给出分类运算最简单的一种方法，帮助我们了解聚类运算的基本过程。从这个最简单的例子出发，随后还要对各种距离系数的分类方法进行深入讨论。

让我们回过头来再看看全部演算过程，所有这些运算步骤中最关键性的一步是合并的类群确立以后，如何计算新的距离系数。这些系数将决定整个分类运算的过程，类群之间，哪一个先被合并，怎样合并，都要取决于这些系数值；分类最后的结果是好或者是坏，也取决于我们对新距离的定义是否合理。在距离系数基础上的分类方法虽然名目繁多，但是运算的基本过程都相同。究其根本，区别全在新距离的定义不同，不同的距离定义，就得到不同的分类方法。许多从事数量分类研究的学者都对这个关键性的问题做了大量工作。运算过程中计算新类群距离的方法逐渐改进，分类的方法日趋完善。

在此讨论距离系数的各种分类方法，实际上都归结到运算过程中如何确定新类群的距离系数。现在让我们开始讨论。

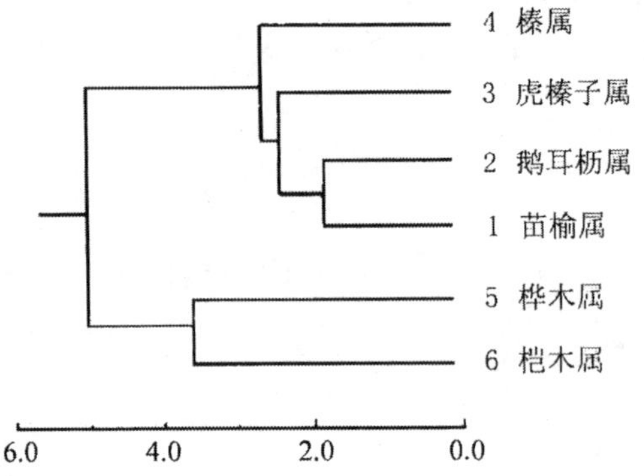

图 3-5　桦木科树谱图(最短距离法，单链法)

假如在某一分类运算的循环过程中，被合并的类群是 G_p 和 G_q，归并以后新的类群是 G_r。G_i 是任意一个已知的类群，G_r 和 G_i 的距离系数可以定义如下：

$$d_{ri} = \min\{d_{pi}, d_{qi}\} \tag{3.28}$$

这就是前述例子中所采用的距离计算方法。因为取距离的最小值，这个分类方法就被称为最短距离法(the shortest distance method)。

与最短距离法相对应的是最长距离法(the longest distance method)，它的距离定义是取最大值，

$$d_{ri} = \max\{d_{pi}, d_{qi}\} \tag{3.29}$$

前面桦木科的运算数据，用最长距离法进行运算得到的树谱图见图 3-6。运算过程与最短距离法完全相同，只是在计算距离时将最小值改换成最大值。由于距离取最大值，二个距离的最大系数符合聚合的条件时，最大值符合要求，两类群之间所有分类单位的距离都小于这个最大值，当然也都符合相聚的条件，所以最长距离法也可称为全链法(complete linkage method)；最短距离法也称为单链法(single linkage method)。

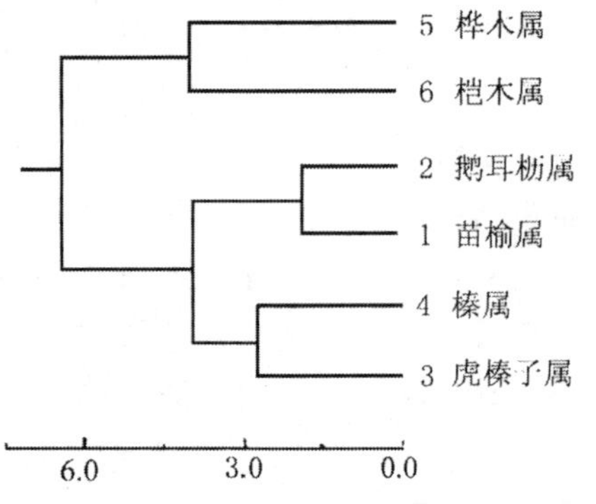

图 3-6　桦木科树谱(最长距离法，全链法)

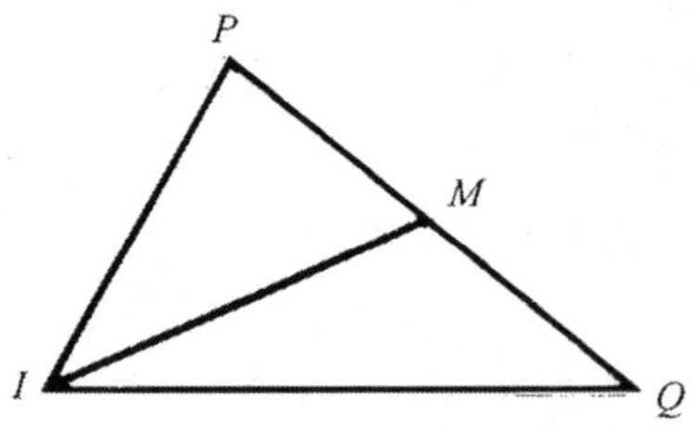

图 3-7

平均链的系统分类

前面介绍了两种分类运算方法。无论是最长距离法还是最短距离法，新距离的定义取了两个极端，显然是非常粗糙的、不太合理的。改进的第一个方法是中线法。

图 3-7 中，线段 IP 和 IQ 分别表示类群 G_i 与类群 G_p 和 G_q 之间的距离。类群 G_p 和 G_q 合并成 G_r 以后，类群 G_i 与 G_r 的距离按最短、最长距离法的定义就是从线段 IP 和 IQ 中选取最短者或最长者，如果采取三角形 IPQ 的中线 IM 来表示 G_i 与 G_r 之间的距离，自然要比 IP 和 IQ 要合理。因为取用的是三角形中线，分类方法的名称由此而来。现在将计算 IM 长度的表达式写出来，几何学中三角形中线的计算公式有

$$d_{ir} = IM = \left[\frac{1}{2}(d_{ip}{}^2 + d_{iq}{}^2) - \frac{1}{4}d_{pq}{}^2\right]^{\frac{1}{2}} \tag{3.30}$$

前面的数据用中线法进行计算得到的树谱图见图 3-8。

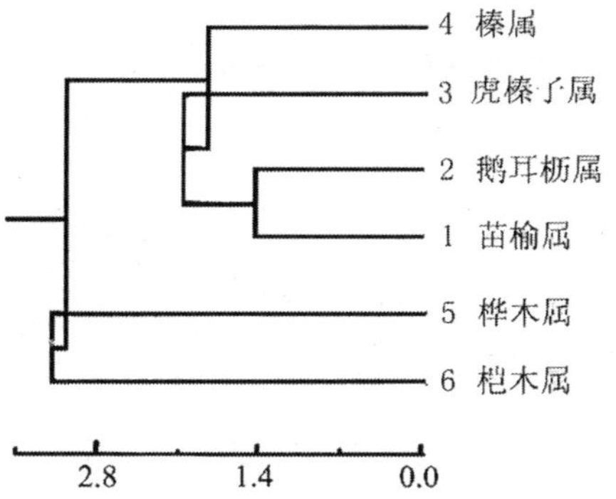

图 3-8 桦木科树谱图(中线法)

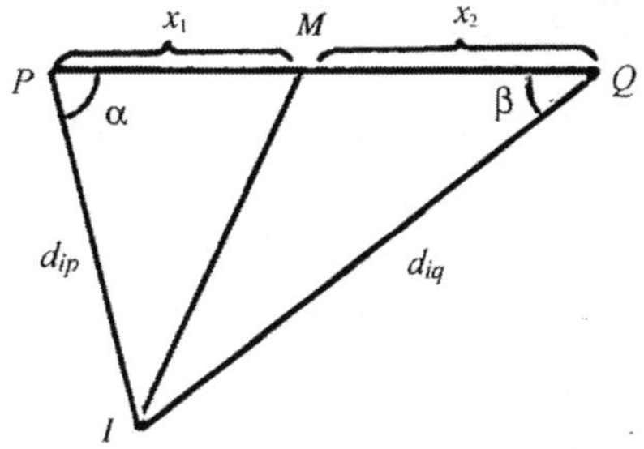

图 3-9

中线法的距离 $\overline{IM}$，M 点取在 P 与 Q 的中点，对两个类群 G_p 和 G_q 看来似乎不偏不倚。可是当二个类群所包含的分类单位数目不等时，简单地把 M 取作 P 与 Q 的中点,实际上仍然不合理，如果把分类单位形象地比作力学中的质点，M 点应落在 P 和 Q 两个类群构成的质点组的重心上。也就是说，M 点应根据两类群的大小按比例地划分线段 PQ(见图 3-9)。

令 n_p, n_q 和 n_r 分别表示类群 G_p, G_q 和 G_r 所包含的分类单位个数；又令 $x_1 = PM$, x_2=QM。$\angle MPI = \alpha, \angle MQI = \beta$ 。

M 点应满足：

$$x_1 n_p = x_2 n_q$$
$$x_1 + x_2 = d_{pq}$$

解得

$$x_1 = \frac{n_q}{n_r} d_{pq}$$

$$x_2 = \frac{n_p}{n_r} d_{pq}$$

又根据几何关系有

$$\overline{IM}^2 = d_{ip}^2 + x_1^2 - 2d_{ip}x_1\cos\alpha$$
$$\overline{IM}^2 = d_{iq}^2 + x_2^2 - 2d_{iq}x_2\cos\beta$$

等式两边分别各乘以 $\frac{n_p}{n_r}$ 和 $\frac{n_q}{n_r}$，并将 x_1 和 x_2 的值分别代入

$$\overline{IM}^2 \frac{n_p}{n_r} = \frac{n_p}{n_r} d_{ip}^2 + \frac{n_p n_q^2}{n_r^3} d_{pq}^2 - 2\frac{n_p n_q}{n_r^2} d_{ip} d_{pq}\cos\alpha$$
$$\overline{IM}^2 \frac{n_q}{n_r} = \frac{n_q}{n_r} d_{iq}^2 + \frac{n_q n_p^2}{n_r^3} d_{pq}^2 - 2\frac{n_p n_q}{n_r^2} d_{iq} d_{pq}\cos\beta$$

将两式相加，并注意到 $n_r = n_p + n_q$ 可得

$$\overline{IM}^2 = \frac{n_p}{n_r} d_{ip}^2 + \frac{n_q}{n_r} d_{iq}^2 + \frac{n_p n_q}{n_r^2}[d_{pq}^2 - 2d_{pq}(d_{ip}\cos\alpha + d_{iq}\cos\beta)]$$

再引用关系 $d_{pq} = d_{ip}\cos\alpha + d_{iq}\cos\beta$，得最后结果

$$\overline{IM}^2 = \frac{n_p}{n_r} d_{ip}^2 + \frac{n_q}{n_r} d_{iq}^2 - \frac{n_p n_q}{n_r^2} d_{pq}^2$$

即

$$d_{ir}^2 = \frac{n_p}{n_r} d_{ip}^2 + \frac{n_q}{n_r} d_{iq}^2 - \frac{n_p n_q}{n_r^2} d_{pq}^2 \tag{3.31}$$

因为 M 点取在重心，我们把这个距离公式所确立的分类方法称之为重心法(centroid method)。

以重心法计算前面桦木科的数据，得到结果如图 3-10。重心法虽然做了许多周密的考虑，但是它仍然不能说是十分完善的。两个类群的距离应该体现类群之间整体意义上的联系。而中线法和重心法都是以一个点代表类群，建立起类群之间的联系。实际上类群之间的联系，体现在两类群间所有分类单位之间的联系，一个单一的点是不可能将许

多复杂的联系都包含在内的。为了克服这方面的缺陷，以至有人建议用所有联系两类群之间分类单位距离的平方和，再取平均值，来表示两个类群的距离平方，即类群间平均平方距离，表示式如下：

$$d_{pq}^2 = \frac{1}{n_p n_q} \sum_{i \in G_p} \sum_{i \in G_q} d_{ij}^2 \tag{3.32}$$

其中 n_p 和 n_q 分别表示 G_p 和 G_q 中分类单位个数。联系两类群间分类单位距离系数值共有 $n_p \cdot n_q$ 个。

现在让我们看看在分类运算中，当两个类群 G_p 和 G_q 合并成 G_r 以后，按平均平方距离新的递推公式如何导出类群 G_r 与其他类群的距离系数公式？根据新确认的原则， 距离系数应该是：

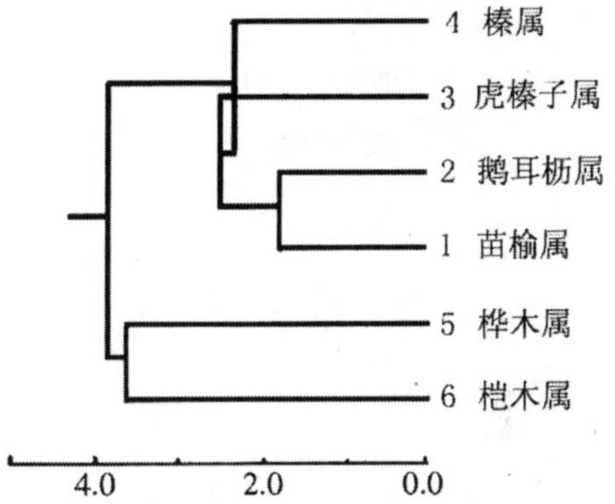

图 3-10　桦木科树谱图(重心法)

$$\begin{aligned} d_{ir}^2 &= \frac{1}{n_i n_r} \sum_{k \in G_i} \sum_{l \in G_r} d_{kl}^2 = \frac{1}{n_i n_r} \sum_{k \in G_i} \left[\sum_{l \in G_p} d_{kl}^2 + \sum_{l \in G_q} d_{kl}^2 \right] \\ &= \frac{n_p}{n_r} \cdot \frac{1}{n_i n_p} \sum_{k \in G_i} \sum_{l \in G_p} d_{kl}^2 + \frac{n_q}{n_r} \cdot \frac{1}{n_i n_q} \sum_{k \in G_i} \sum_{l \in G_q} d_{kl}^2 \end{aligned}$$

注意类群间距离的定义，最后得

$$d_{ir}^2 = \frac{n_p}{n_r} d_{ip}^2 + \frac{n_q}{n_r} d_{iq}^2 \tag{3.33}$$

由这个距离公式确立的分类方法称为类平均法(group average method)，也可以称为非加权配对算术平均法(unweighted pair-group method using arithmetic average，简作UPGMA)。一般说来这是一个比较好的方法，常常在定量分类工作中采用。

应用类平均法计算桦木科的分类数据，得到的分类结果见图 3-11。

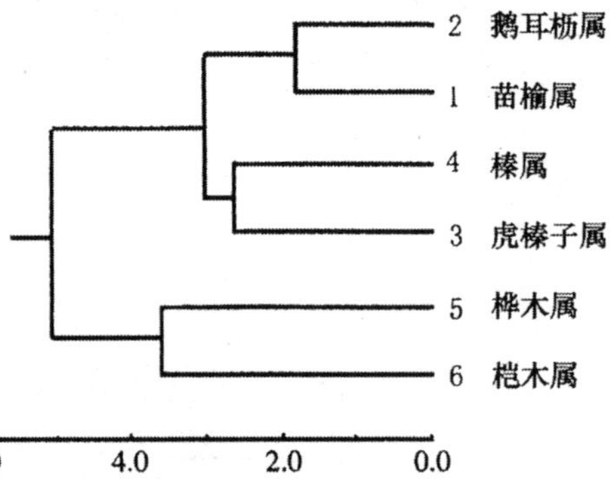

图 3-11 桦木科树谱图(类平均法，UPGMA)

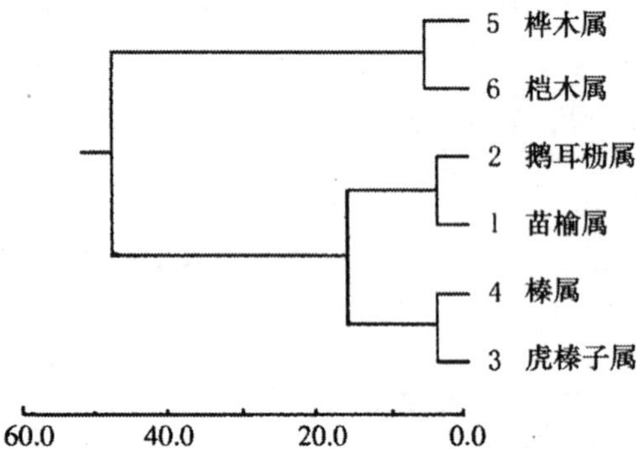

图 3-12 桦木科树谱图(离差平方和法)

再介绍一个方法，称为离差平方和法(square sum of deviation method)，这个方法第一次由 Ward 提出。限于篇幅，对这个方法的数学理论不做介绍，仅仅将它的距离公式写在下面：

$$d_{ir}^2 = \frac{n_i + n_p}{n_i + n_r} d_{ip}^2 + \frac{n_i + n_q}{n_i + n_r} d_{iq}^2 - \frac{n_i}{n_i + n_r} d_{pq}^2 \tag{3.34}$$

桦木科的数据用这个方法计算，分类结果不十分理想。见树谱图 3-12。

本课给出的桔梗科 6 个种的例子，距离系数和相关系数矩阵已在第三节给出。在这个距离系数矩阵上作分类运算是一个很好的演算例题。图 3-13 作出 UPGMA 法的树谱图。其他方法留给读者作为练习自己完成。

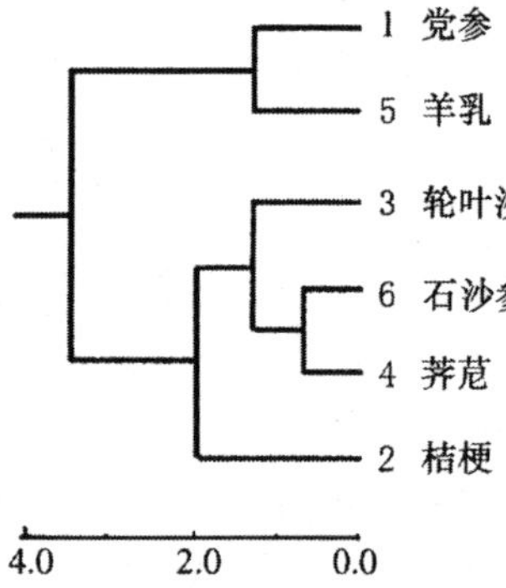

图 3-13 桔梗科试验数据分类树谱图(UPGMA)

系统分类方法的统一和推广

前面已对距离系数系统分类的各种分类运算方法进行了讨论。为了简化运算过程，便于广泛使用，在这里讨论各种方法的统一和推广。

分类的方法很多，各种方法有各自不同的特点，也有相同的一致的一面，这共同一致的一面就是我们进行统一的基础。像前面讲述的六种方法，循环运算步骤都相同，只是当类群合并以后，新的距离系数计算方法不同。实际上，这些系数的计算方法也并不是完全不同，还存在许多共同的地方。现在让我们对这些计算公式进行详细比较。

中线法(3.30)、重心法(3.31)、类平均法(3.33)和离差平方和法(3.34)，它们的计算公式都有共同的项 d_{ip}^2 和 d_{iq}^2；除类平均法以外还有共同项 d_{pq}^2。因此这 4 种方法的计算公式可以统一写成这种形式：

$$d_{ir}^2 = a_p d_{ip}^2 + a_q d_{iq}^2 + \beta d_{pq}^2$$

其中 a_p, a_q 和β 是待赋值的参数。比如中线法的计算取$a_p = a_q = \frac{1}{2}, \beta = \frac{-1}{4}$即可；类平均法取 $a_p = n_p/n_r$, $a_q = n_q/n_r$, $\beta = 0$。

剩下最短距离法和最长距离法尚未归属于这种形式的公式。考虑到最小值与最大值有下面的表达式：

$$\min\{x, y\} = \frac{1}{2}(x+y) - \frac{1}{2}|x-y|$$
$$\max\{x, y\} = \frac{1}{2}(x+y) + \frac{1}{2}|x-y|$$

据此我们也可以将最短距离法和最长距离法归属于前述的统一形式。要做到这一点只需将距离都改成原来的平方，并在前述的公式中补添一项$\gamma|d_{ip}^2 - d_{iq}^2|$，其中$\gamma$ 是待定系数。这样一来统一的计算公式就写成如下形式：

$$d_{ir}^2 = a_p d_{ip}^2 + a_q d_{iq}^2 + \beta d_{pq}^2 + \gamma |d_{ip}^2 - d_{iq}^2| \tag{3.35}$$

Lance 和 Williams 最早进行了这样的总结性工作，得出统一的计算公式。以后 Wishart 也做了类似的工作，现在已经有 8 种方法被总结在这个公式中。这 8 种方法的参数值列于表 3-12. 其中新补充的两种分类方法称为可变法(variable method)和可变类平均法(variable group average mehtod)，它们分别从中线法和类平均法引伸而来，改进的地方是具有 d_{pq} 项，为保持分类的单调性(关于单调性的概念见《数量分类学》)在参数 a_p 和 a_q 中增加因子(1-β)。这两个分类方法的结果与β 值的选择关系极大，根据经验β 值在 0 的附近效果较好。我们取β = 0.1，对前面所举桦木科分类的例子进行计算，两个方法在此例分类结果相同。见树谱图(3-14)。

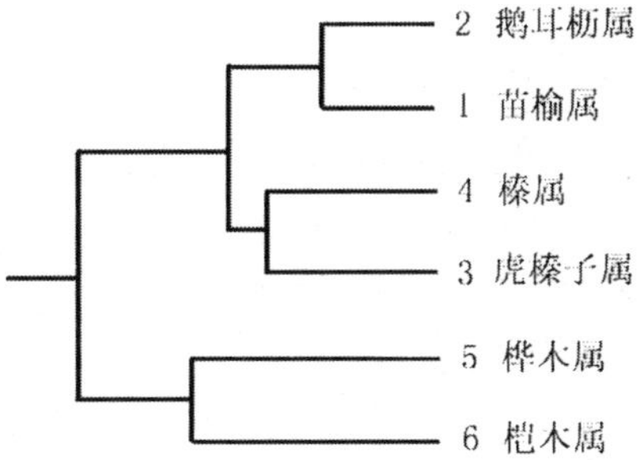

图 3-14 桦木科树谱图
(可变法和可变类平均法)

在表 3-12 中，中线法d_{pq}^2项的常系数$-\frac{1}{4}$被改成一般的参数$-\frac{1}{4} \leqslant \beta \leqslant 0$。往往$\beta$ 的值取在$-\frac{1}{4}$并不能得到较好的分类结果，根据具体情况选取合适的参数β 值，能达到更理想的分类结果。当$\beta = 0$ 时，常常被生物分类学家所采用，称为加权配对算术平均法(weighted pair group method using arithmetic average，简作 WPGMA)。经验证明 WPGMA 是一个较好的聚类方法，计算也比较简单。桦木科数据对此方法的计算除最后一次外，每次碰巧都是两个大小相同的类群结合在一起，这时 UPGMA 与 WPGMA 两个方法的新系数计算公式中 a_p 与 a_q 都是 $\frac{1}{2}$。因此分类树谱图完全相同(图 3-11)。

表 3-12　系统分类法分类运算参数表

方法名称		参数			
		α_p	α_q	β	γ
单链	最近系数	$\frac{1}{2}$	$\frac{1}{2}$	0	$-\frac{1}{2}$
全链	最远系数	$\frac{1}{2}$	$\frac{1}{2}$	0	$\frac{1}{2}$
平均链	WPGMA	$\frac{1}{2}$	$\frac{1}{2}$	0	0
	中线	$\frac{1}{2}$	$\frac{1}{2}$	$-\frac{1}{4}$	0
	中间系数	$\frac{1}{2}$	$\frac{1}{2}$	$-\frac{1}{4} \le \beta \le 0$	0
	离差平方和	$\frac{n_i + n_p}{n_i + n_r}$	$\frac{n_i + n_q}{n_i + n_r}$	$\frac{-n_i}{n_i + n_r}$	0
	重心	$\frac{n_p}{n_r}$	$\frac{n_q}{n_r}$	$\frac{-n_p n_q}{n_r^2}$	0
	类平均 (UPGMA)	$\frac{n_p}{n_r}$	$\frac{n_q}{n_r}$	0	0
	可变类平均	$\frac{n_p}{n_r}(1-\beta)$	$\frac{n_q}{n_r}(1-\beta)$	$\beta < 1$	0
	可变	$\frac{1-\beta}{2}$	$\frac{1-\beta}{2}$	$\beta < 1$	0

以上系统分类的统一结果，只是对距离系数而言。现在要把这些结果推广到一般相似性系数。做这样的推广不会产生很大困难。考虑到距离系数非负，推广到一般性的系数，系数值有可能取负值，如相关系数。因而系数的运算应把平方和开平方运算取消，因此统一的公式只须把系数平方取消改成下式：

$$c_{ir} = \alpha_p c_{ip} + \alpha_q c_{iq} + \beta c_{pq} + \gamma | c_{ip} - c_{iq} | \quad (3.36)$$

这里把系数的符号由 d 改成 c，c_{ir} 代表类群 i 和 r 的相似性系数，其他类同；4 个参数与原公式(3.35)的意义相同。

采用推广的统一公式(3.36)后，分类的循环运算步骤几乎完全可以照搬过来。仅有的区别是决定类群的结合时，相异系数与距离系数一样，选取系数矩阵的最小值；对于相亲系数，选取系数矩阵的最大值。这是因为每次循环都要把相似性最接近的类群先结合。而相异系数和相亲系数对类群的相似性数量上具有相反的意义。要求结合类群的相似性最接近，对于相异系数就是最小值，相亲系数就是最大值。

与推广公式相对应的参数表 3-12 基本上与距离系数相同，只是在名称上稍有不同。推广后的相似性系数不能再用距离这个概念，因此最短距离法、最长距离法和中间距离法这些名称不能再使用。单链法和全链法的名称对相亲系数也不合适，因为按照单链与全链的概念，当相异系数改换成相亲系数时，单链与全链这两个名称要交换。因而我们主张采取更合适的名称是最近系数法(nearest coefficient method)和最远系数法(farthest coefficient method)，中间距离法改成中间系数法(median coefficient method)。

系统分类的推广考虑完善后，由公式(3.36)和相应的参数表 3-12 可适用于一切相似性系数的分类运算。计算机的程序稍作更改适合于一切相似性系数矩阵。

分类方法的比较

分类运算的各种方法得到不同的表征分类结果，应采用哪一种运算结果，这是从事实际工作者所面临的实际问题。应该选择较好的分类结果，所谓好那就是分类结果作出的树谱图能够较真实地反映原来的相似性关系。如何建立起一个判别分类结果优劣的标准，如何进行不同树谱图之间的比较，这是首先要解决的问题。

因为分类结果一般都以树谱图的形式表现出来，我们需要建立起树谱图的定量表示方式。在树谱图中，任意两个分类单位之间的结合水平(结合系数)反映了该分类单位之间的相似性程度，以树谱图反映的相似性系数构成分类单位之间的相似性矩阵称为协表相似性矩阵(cophenetic similarity matrix)。

以前面桦木科距离系数中的最小系数分类运算的树谱图(图 3-5)为例，该树谱图的协表相似性矩阵如下：

$$
\text{OTU}\quad
\begin{matrix}1\\2\\3\\4\\5\\6\end{matrix}
\begin{bmatrix}
0 & 1.6 & 2.1 & 2.4 & 4.8 & 4.8\\
1.6 & 0 & 2.1 & 2.4 & 4.8 & 4.8\\
2.1 & 2.1 & 0 & 2.4 & 4.8 & 4.8\\
2.4 & 2.4 & 2.4 & 0 & 4.8 & 4.8\\
4.8 & 4.8 & 4.8 & 4.8 & 0 & 3.5\\
4.8 & 4.8 & 4.8 & 4.8 & 3.5 & 0
\end{bmatrix}
\tag{3.37}
$$

每一个树谱图获得一个相应的协表相似性矩阵，协表相似性矩阵完全相同的树谱图，其作图形式可以不同。协表相似性矩阵中记载着 OTU 之间的相似性关系应该是树谱图的本质内容，因此我们把协表相似性矩阵相同的树谱图看作是完全等价树谱图。协表相似性矩阵成为树谱图的一种定量表示方式之一。凡等价的树谱图都对应于唯一的一个协表相似性矩阵，每一个协表相似性矩阵唯一对应于一类等价的树谱图。树谱图与协表相似性矩阵成为一一对应的关系。

协表相似性矩阵所包含的信息不仅有分类单位之间结合次序的定性关系，还具有定量的结合水平。如果仅仅考虑定性的关系，我们也可以建立起树谱图的矩阵表达。表达的方法是对协表相似性矩阵以分类运算结合的次序代替相应的结合系数。如前述树谱图的结合系数，相应的结合次序对应如下：

结合次序	1	2	3	4	5
结合系数	1.6	2.1	2.4	3.5	4.8

以结合次序得到的相应矩阵是

$$\text{OTU}\quad \begin{matrix}1\\2\\3\\4\\5\\6\end{matrix}\begin{bmatrix}0 & 1 & 2 & 3 & 5 & 5\\ 1 & 0 & 2 & 3 & 5 & 5\\ 2 & 2 & 0 & 3 & 5 & 5\\ 3 & 3 & 3 & 0 & 5 & 5\\ 5 & 5 & 5 & 5 & 0 & 4\\ 5 & 5 & 5 & 5 & 4 & 0\end{bmatrix} \tag{3.38}$$

我们把以分类单位结合次序编码值构成的矩阵称为树谱图的拓扑矩阵(topological matrix)，又把拓扑矩阵相同的树谱图称为拓朴等价(topological equivale)。许多生物学的研究仅仅只涉及分类单位的拓扑关系。譬如分类群的划分，只需要从树谱图的拓扑关系中获得。树谱图的拓扑等价关系是表示分类系统的一个重要概念。

按照拓扑等价的意义，以前面桦木科距离系数为例所做的各种分类结果最近系数法、中线法和重心法拓扑等价；最远系数法、类平均法、可变法(β =0.1)和可变类平均法($\beta = 0$)都拓扑等价。

不同树谱图构成拓扑等价的条件是结合次序一致。分类运算聚合过程中，结合次序和每次结合的类群都相同，不考虑其结合的定量水平，这样获得的分类结果都是拓扑等价的。

现在以拓扑等价的概念认识关于相似性系数变换。在怎样的变换下能够保持分类结果的拓扑等价性不变？这自然是很有意义的问题。要保持拓扑等价性与采取的分类方法有关，一般性的普遍结果难于获得，但是有下面的结论：

定理 3.1　在最近系数或最远系数的分类运算方法下，严格单调的相似性系数变换，分类结果的树谱图拓扑等价。

该定理的成立容易理解。因为最近系数或最远系数的分类运算方法，类群结合之后新类群的相似性系数取原系数的最大(或最小)值，类群的结合水平亦取原分类单位之间的相似性系数。只要分类单位之间相似性系数值的大小排列次序完全相同，最小或最大系数的分类运算方法就可获得拓扑等价的分类结果。这里如果出现相似性系数相等的情形，规定以分类单位编码的大值为排列次序，若编码大值相等取小值排列次序。例如相似性系数 $c_{53} = c_{62}$ 时，按编码大值的比较有 $c_{53} \leqslant c_{62}$；当 $c_{53} = c_{25}$ 时有 $c_{25} \leqslant c_{53}$。严格单调的相似性系数变换维持系数大小排列次序不变。因而最小或最大系数分类运算树谱图的拓扑矩阵相同，树谱图拓扑等价。

表 3-10 相似性系数变换皆是严格单调，它既用于联合系数，也可施行其他相似性系数。不论用于何种系数，根据定理 3.1 最小或最大系数的分类运算结果皆拓扑等价。也就是说在最小或最大系数的分类运算下，二元数据基本相似性系数与其相应的扩展相似

性系数，分类结果拓扑等价。平均链的分类运算结果树谱图的拓扑性比较复杂。最小或最大系数的分类运算结果拓扑等价，说明分类运算结果具有较大的一致性。因而我们可以认为，在相似性系数变换下，二元数据基本相似性系数与相对应的扩展相似性系数一般都具有比较一致的分类结果。

最后我们讨论关于树谱图的定量比较方法。比较的目的要给出评价各种不同分类运算结果的优劣。这种评价仅仅从拓扑性质考虑是不够的。让我们再留心协表矩阵中所体现分类单位之间的相似性，它与分类运算前初始的相似性系数矩阵有一定的差异。应该说从原始数据或标准化原始数据直接计算得到的相似性系数矩阵，比较真实地反映了原分类单位之间的相似性关系。协表矩阵的获得，为了使相似性关系具有分类的等价性，在分类运算过程已失去部分信息，因而协表矩阵不可能完全反映原有的相似性关系。好的分类运算应该保留较多的反映原相似性关系的信息，从协表矩阵与原相似性系数矩阵的比较中可以得到评价分类运算结果优劣的判别标准。

如何在两个矩阵之间建立起定量的比较方法呢？原相似性系数矩阵与相应的协表矩阵都是对称方阵，阶数(t)相同，考虑到矩阵的对称性和主对角线上的值都相同，两个矩阵的比较实际上是具有 $\frac{1}{2}t(t-1)$ 个数值的两组数的比较。我们设计合适的系数来体现这两组数之间的关系。在前面讨论相似性概念数量化时，已经得到了多种多样相似性关系的定量表示方法，除去针对二元数据的联合系数以外，其他各种系数原则上都可以适用于这里对两个矩阵的比较。

在分类运算前的相似性系数矩阵和分类运算后树谱图的协表矩阵之间，为了表示分类运算前后两个矩阵体现相似性关系的差异，所建立两个矩阵数据之间的相似性系数称为协表系数(cophenetic coefficient)。相关系数和距离系数是最常见的两种形式，分别又称为协表相关系数(cophenetic correlation coefficient)和协表距离系数(cophenetic distance coefficient)。这两个系数的数学计算公式可写出于下：

协表距离系数

$$d_c = \left[\frac{2}{t(t-1)} \sum_{i=2}^{t} \sum_{j=1}^{i-1} (c_{ij} - c_{ij}^*)^2 \right]^{\frac{1}{2}} \tag{3.39}$$

协表相关系数

$$r_c = \frac{\sum_{i=2}^{t} \sum_{j=1}^{i-1} (c_{ij} - \bar{c})(c_{ij}^* - \bar{c}^*)}{\left[\sum_{i=2}^{t} \sum_{j=1}^{i-1} (c_{ij} - \bar{c})^2 \cdot \sum_{i=2}^{t} \sum_{j=1}^{i-1} (c_{ij}^* - \bar{c}^*)^2 \right]^{\frac{1}{2}}} \tag{3.40}$$

上面两上公式中的 c_{ij} 表示分类运算前的相似性系数，c_{ij}^* 表示分类运算后协表矩阵相应的相似性系数。$\bar{c}$ 和 $\bar{c}^*$ 分别表示相关系数矩阵及其相应的协表矩阵中 $\frac{1}{2}t(t-1)$ 个数据的平均值，数学表示如下：

$$\overline{c}=\frac{2}{t(t-1)}\sum_{i=2}^{t}\sum_{j=1}^{i-1}c_{ij} \tag{3.41}$$

$$\overline{c}^{*}=\frac{2}{t(t-1)}\sum_{i=2}^{t}\sum_{j=1}^{i-1}c_{ij}^{*} \tag{3.42}$$

协表距离系数和协表相关系数分别属于相异有限类型和相亲相关类型。系数 d_c 取值区间[0, M]，值愈小表示协表矩阵与原相似性矩阵差异小，分类结果较好地反映相似性关系。r_c 取值于区间[-1, 1]，值愈大表示相应两矩阵差异愈小，分类结果亦较好地反映相似性关系。

考虑到相关系数与距离系数各自的片面性，可以采取综合系数

$$S_c=\frac{d_c}{2\sqrt{2}}+\frac{1}{2}(1-r_c) \tag{3.43}$$

此系数属于相异系数，值愈小表示协表系数矩阵与原相似性系数矩阵差别愈小，分类结果愈佳。

现在就前面桦木科距离系数，采取各种不同分类方法，相应的协表相关系数、协表距离系数和协表综合系数列出于下。

表 3-13　桦木科距离系数各种不同分类方法的比较

分类运算方法	d_r	r_c	s_c
最近系数	2.819569	0.936863	1.028446
最远系数	2.865314	0.944099	1.041002
类平均法(UPGMA)	1.722616	0.9501056	0.633990
离差平方和法	114.2541	0.9207563	40.434934
重心法	5.766057	0.8879978	2.105236
变类法($\beta=0.1$)	2.644205	0.9473997	0.961177
可变法($\beta=0.1$)	2.644205	0.9473997	0.959824
WPGMA	1.722616	0.9501056	0.959824

表 3-13 列出的三个协表系数，都一致显示出桦木科数据(表 3-11)，采取 UPGMA 和 WPGMA 两种分类运算方法的分类结果最佳；其次变类法(β = 0.1)、可变法(β = 0.1)

和最大系数法，亦具有较好的分类结果；离差平方和法与重心法分类结果较差。这个比较结果作为分类运算方法的评价与一般数量分类的实际经验吻合。分类经验通常都认为 UPGMA 与 WPGMA 是较好的分类运算方法，因而常常被分类学家采用，离差平方和法与重心法虽然在数学原理方面做了许多周密地考虑，但分类结果往往欠佳。

第四章　生物演化的数学模型

这一章将讨论生物的演化。对生物演化理论、方法及其应用的研究构成一门新的分支领域，称为分支分类学(Cladistics)，或者称为分支系统学。分支分类学是一门与生物系统学和生物分类学联系十分密切的分支学科，从理论与方法的角度考虑，是数量分类学的一个分支领域。

生物学家对生物演化的认识产生了表征与分支两个不同的理论和观点，相应于这两种不同的理论与观点形成数量分类学两种不同的数学理论与方法。即定量的表征分类与定量的分支分类。因此分支分类学作为数量分类学的分支领域，它以定量的观点和数学方法研究生物的演化。

采取何种数学模型来描述生物的演化过程呢？本书完全采纳了目前分支系统学中理论上最完整的演化集合理论体系。该体系吸取了部分抽象代数中有关格的理论(lattice theory)和图论中有关赋权有向图的理论，使得它的数学理论十分严谨；该体系又充分考虑到生物演化的特点，提出了适应于生物演化的四条基本数学性质和真实演化过程必须具备的四条公理。满足这四条性质的演化集合，和四条公理的补充，构成了整个分支演化理论的基础。

下面开始演化集合理论的论述。限于篇幅，本章的定理证明全部省略。

第一节　演化集合及其基本定理

在分支分类中代表生物演化的实体或单位称为分支分类单位(cladistic taxonomic unit)简作分支单位(CTU)。这个名词与其他分支分类文献中的演化单位(evolutionary unit，简作 EU)意义完全相同。分支单位是为科学家研究生物演化而设的概念，根据研究对象不同，分支单位可以代表个体、居群、种、属、科……等等，也可以是分支分类学中的分类单位(OTU)或假设分类单位(HTU)。分支单位是研究生物演化的最基本单位。

为了表述方便，有时也把分支单位称为分支点(cladistic point)，或者称为点。所有分支点集合记作 $X=\{x_1,x_2,\cdots,x_i,\cdots\}$。集合 X 中所包含分支点的个数理论上是可以无限的，但在实际问题中都是有限的。本书的论述都限定在有限情形。

两个分支单位 x 与 y 如果完全相同，用 $x=y$ 表示；如果不相同，以 $x\neq y$ 表示。如果具有演化关系，比如分支单位 x 是 y 的祖先，我们用 $x\leqslant y$(或者 $y\geqslant x$)表示。x 是 y 的祖先，也称 y 是 x 的后裔。演化关系也可以用符号“→”来表示，$x\leqslant y$ 可写成 $x\rightarrow y$。这个符号在图论方法的表述中常常使用。

定义 4.1　分支单位集合 X，在 X 的部分分支单位间建立的演化关系如果满足以下四条性质，则称该分支单位集合 X 为演化集合。

性质 1　任何分支单位 x 是其自身的祖先，即 $x \leqslant x$(自反性)；

性质 2　三个分支单位 x，y 与 z，若 $x \leqslant y$，且 $y \leqslant z$，则 $x \leqslant z$(传递性)；

性质 3　如果分支单位满足 $x_0 \leqslant x_1 \leqslant x_2 = x_0$，则 $x_0 = x_1$(反对称性)；

性质 4　任意两个分支单位 x 与 y，若存在分支单位 $z \in X$ 使 $x \leqslant z$，$y \leqslant z$，则 x 与 y 可比较(comparable)，即要么 $x \leqslant y$ 或者 $y \leqslant x$(可比较性)。

性质 1 和性质 2 是演化概念本身所要求的特征，无需论证它的必要性。从性质 1 说明关系 $x \leqslant y$ 有 $x = y$ 或 $x \neq y$ 两种可能性，如果 $x \neq y$，我们也可把如此关系表示成 $x < y$。

图 4-1　演化的逆转形成循环演化

性质 3 的结果如果不成立，即 $x_0 \neq x_1$，将得到如图 4-1。所示循环逆转的演化关系。自然界循环逆转式的演化关系不可能存在，因而性质 3 必须成立。性质 3 的表示方式是为了推广成更一般的形式：

性质 3(附)　演化集合中多个分支点若满足

$$x_0 \leqslant x_1 \leqslant x_2 \leqslant \cdots \leqslant x_n = x_0，\text{则 } x_0 = x_1 = x_2 = \cdots = x_n$$

利用演化关系的传递性不难证明性质 3 与性质 3(附)的等价性。

生物演化的分支性，这个基本特征反映在性质 4 中，它说明生物演化过程中不可能出现融合，而产生网状进化。因为性质 4 如果不成立，将会出现两个不可比较的分支点 x 与 y，z 是它们共同的后裔。

演化集合 X 的任一子集 Y，如果在集 Y 上仍然保留 X 中的演化关系，显然在 Y 集上所有演化关系的 4 条性质亦保持正确，故 Y 亦是一个演化集合。称 Y 为 X 的演化子集(evolutionary subset)，记作 $X \supseteq Y$ 或 $Y \subseteq X$。

把树图的顶点视作分支单位，有向树可以看作在共祖条件下的演化集合；反过来，演化集合虽是一个有向图，但并不一定能看作有向树。后面将进一步讨论二者的关系，并指出演化集合与有向树图可以建立同构关系。本书对分支分类的论述常常交互使用这两个概念。因此演化集合有时也被称为演化图(evolutionary graph)，演化集合中的分支单位有时被称为分支点(cladistic point)，甚至更简称为点。图中的弧有时也被称作分支线(cladistic line)或分支边(cladistic edge)。

下面举出几个演化集合的例子。

例 1　$n+1$ 个非负整数 $N(n)=\{0,1,2,\cdots,n\}$，在通常不等式的意义下，把普通不等式符号“$\leqslant$”看作演化关系，集合 $N(n)$构成演化集合。

例 2　图 4-2 所示有向树图，所有顶点集合$\{a, b, c, d, e, f, g, h\}$在图示的方向上，如果从一个顶点 x 可以到达另一个顶点 y 或 $x = y$，规定演化关系 $x \leqslant y$，则该顶点集合构成演化集合。

例 3　提供演算例子的桔梗科 6 个种(6 个 OTU 的描述见第三章)，分支分类运算得出它们之间的演化关系，如图 4-3 所示，按照例 2 对演化关系的理解，图的所有顶点集合$\{h_0, h_1, h_2, OTU_1, OTU_2, \cdots, OTU_6\}$构成演化集合。

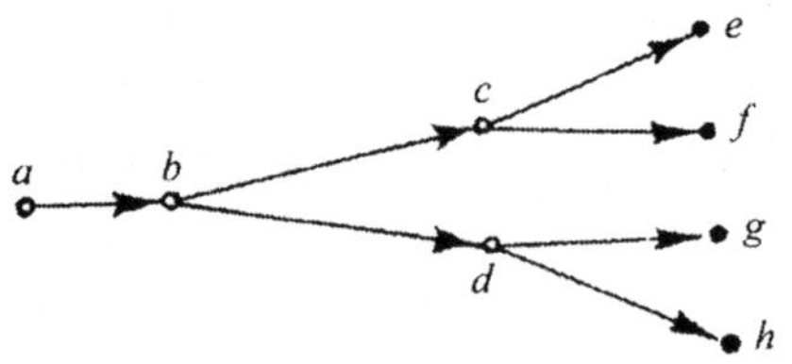

图 4-2　有向树图构成的演化集合

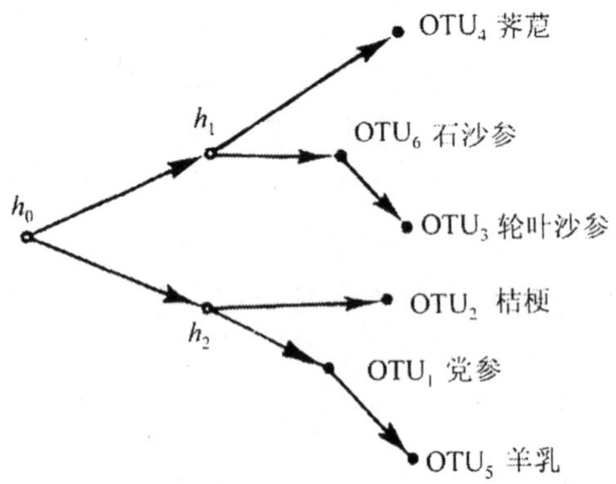

图 4-3　桔梗科 6 个种的演化关系图

前面几个例子属于演化集合，容易验证演化关系的 4 条性质得到满足。对于例 2 和例 3，还可以推广到一般情形，见下面的例子。

例 4　有向树图 T，把图 T 的所有顶点视作分支点，如果两顶点 x 和 y，从 x 可到达 y，则规定演化关系 $x \leqslant y$，于是图 T 的所有分支点构成演化集。熟习图论的读者容易验证，如此确立的演化关系满足演化关系 4 条基本性质，故图 T 是演化集合。

有向树图对生物演化研究十分重要，我们还要详细讨论。

例 5　以如下集合$\{e\},\{f\},\{g\},\{h\},\{e, f\},\{g, h\},\{e, f, g, h\}$ 为元素构成的集合类，并规定演化关系：如果 $A \subseteq B$ 作为 $B \leqslant A$，则该集合类构成演化集合。

演化关系 4 条性质对于例 5 亦容易验证。下面又给出例 5 的一个推广，它对演化的和谐性讨论很有意义。

例 6　一个集合的一切子集类 G，除去空集，且满足条件：若 $A \cap B \neq \phi$，则要么 $A \supseteq B$ 要么 $B \supseteq A$。把子集合看作分支单位，并定义演化关系若 $A \subseteq B$，作为 $B \leqslant A$，则该子集类构成演化集。

要说明上述集合类 G 是演化集合，演化关系的前 3 条性质留给读者自己验证。这里验证性质 4。假如集合类 G 中两集合 A 与 B，又存在集合 $C \in G$，有关系 $A \leqslant C, B \leqslant C$，即 $C \subseteq A$，$C \subseteq B$。无空集，C 非空，故 $A \cap B \neq \phi$。根据已给条件立即可得，要不 $A \leqslant B$ 就是 $B \geqslant A$，性质 4 被验证。

当我们研究生物的谱系关系时，每个生物演化实体可看作一个分支分类单位，许多分支单位构成一个分支单位集合，在这些分支单位间，按照演化的先后次序，即如果 x 是 y 的祖先，确定为演化关系 $x \leqslant y$。显然此关系满足演化关系的 4 条性质。演化集合是一个从生物演化规律中总结抽象出来的数学概念，任何一个演化集合未必能在实际生物世界中找到与之相应的生物演化过程。但是前面的分析说明，生物演化的真实过程一定符合演化集合条件。那些参与演化过程的演化实体必定构成一个真实的演化集合。

演化集合作为数学模型是一个抽象的概念，当我们把演化集合的数学性质分析清楚以后，有助于认识演化的基本规律。当我们面对解决分支分类实际问题，需要构造相应的演化集合，这些构造出来的演化集合并不都是真实的。我们把能够反映生物演化真实历史的演化集合称作真实演化集合(ture evolutionary set)。如何从众多的具有可能性的演化集合中，把真实演化集合区别出来呢？如何把真实演化集合以容易理解的形式显示给生物学家呢？这正是分支分类所需要解决的问题。为了解决这个问题还需要借助一些基本原则，这些原则无法从数学逻辑的推导中得到，它只能从生物演化实际现象的观察研究中，把那些最本质的因素作为公理提出来。这些公理成为研究分支分类和重构生物演化历史的根本依据。分支分类的基本公理如下：

公理 1　对任意一个生物类群，在生物实际演化关系下，存在把该类群包含在内的一个基本演化集，使该类群在此基本演化集上共祖且类群的实际演化关系在基本演化集上得到表达；

公理 2　生物真实演化集合到分支性状状态集合的映象是演化保序的；

公理 3　生物真实演化集合的演化图中，同一演化路径上表示演化关系的演化系数满足可加性；

公理 4　生物真实演化集合其加权演化图的演化长度，取可能达到的最小值。

这些公理的叙述使用了一些尚未说明的名词和概念，因此我们尚不能立即对这些公理进行讨论，随着本章对演化理论的展开，将逐一对这些公理进行说明。

定义 4.2　在演化集合 X 中，有这样一种分支单位 x，除 x 外不存在另一个分支单位 $y\in X$，y 是 x 的祖先，即 $y<x$，则称如此分支单位 x 为演化集合的祖源(ancestral source)。又若除 x 外不存在另一个分支单位 $y\in X$，x 是 y 的祖先，即 $x<y$，则称 x 是演化集合的终裔(end of descendent)既是祖源又是终裔的分支单位称为孤立分支单位(isolated cladistic unit)简作孤立单位。

定理 4.1　有限演化集合必定存在祖源与终裔。

本节讨论演化集合的一个重要概念，即共祖性，然后依据共祖关系的等价性将演化集合分解，获得演化集合的基本定理——分解定理。

定义 4.3　演化集合 X 中，两个分支单位 x 与 y，若存在 $z\in X$，有 $z\leqslant x$ 且 $z\leqslant y$ 则称 x 与 y 在 X 中共祖(coancestral)，z 是 x 与 y 的共同祖先(common ancestor)。又若在演化集 X 中，z 是 x 与 y 的共同祖先，不再有另一个共同祖先 z'，$z'\neq z$，且 $z<z'$，则称 z 是 x 与 y 的最近共同祖先(nearest common ancestor)，记作 $z=x\wedge y$。

特殊情形，若 $x\leqslant y$，根据最近共同祖先的定义，和演化关系的性质 2，不难明白 $x = x\wedge y$。关于共祖性有下面两条定理。

定理 4.2　演化集合中两共祖分支单位必存在唯一最近共同祖先。

定理 4.3　在演化集合 X 中，x_1 和 x_2 共祖，x_2 又与 x_3 共祖，则 x_1 与 x_3 共祖。

这个定理的意义在于说明演化集合中共祖关系可以传递。共祖的可传递性把不同类群依照系统发育的演化历史联系在一起，因而共祖是认识生物谱系关系的依据，在演化集合中是一个十分重要的概念。除传递性以外，共祖还具有自反性和对称性。这三者联合在一起就是数学上的等价关系，所谓等价关系，就是指依据这种关系可以把研究的对象归属于不同的等价类。

在演化集合上，分支单位的共祖性具有以下三条所谓等价关系：

(1) 任意分支单位与自身共祖(自反性)。

(2) 若 x 与 y 共祖，则 y 与 x 共祖(对称性)。

(3) 若 x 与 y 共祖，且 y 与 z 共祖，则 x 与 z 共祖(传递性)。

这三条关系的前两条从共祖的定义容易明了，传递性关系即定理 4.3。依据这三条关系可以把研究的对象等价地归属于不同种类。在本节的基本定理中将要利用共祖的等价关系对一般演化集合进行分类。在引出基本定理之前，让我们把共祖的概念扩展到一般集合上。

定义 4.4　对于演化集 X 有演化子集 $Y\subseteq X$，若存在分支单位 $x\in X$，使得任何 $y\in Y$ 都以 x 为祖先，即 $x\leqslant y$，则称 Y 在 X 上共祖，x 是 Y 的共同祖先。特殊情形，当 $Y=X$ 时，称演化集 X 自身共祖，简称作演化集 X 共祖。这里共祖的概念被推广到集合上。类似地，最近共同祖先这一概念也可以推广到集合上。继续前面的讨论，如果 x 是 Y 的共同祖先，在 X 中不存在另一个共同祖先 x'，$x'\neq x$，且 $x<x'$，则称 x 是 Y 在 X 上的最近共同祖先，记作 $x=\wedge Y$。

上述推广以后的概念，定理 4.2 保持其正确性。将它作为一个新的定理叙述如下：

定理 4.4　演化集合 X 的子集合 Y，若 Y 在 X 上共祖，必存在唯一的最近共同祖先 $\wedge Y$。

如何判断一个分支单位集合的共祖性呢？下面的定理提供一个途径。

定理 4.5　演化集合 X 的子集 Y，Y 在 X 上共祖的充分必要条件为 Y 中的分支单位在 X 上两两共祖。

若 $X=Y$，定理 4.4 的结论成为：自身共祖的演化集合存在唯一最近共同祖先。实际上，这里的最近共同祖先也就是祖源。以定理的形式又可写出如下：

定理 4.6　自身共祖的演化集合 X 存在唯一的祖源，就是最近共同祖先 $\wedge X$。

前面已经论证了共祖的演化集合有唯一的祖源，即最近共同祖先。但是一般情形，演化集合不一定自身共祖，这时结果将怎样呢？下面演化集合的基本定理回答了这个问题。

定理 4.7　基本定理(分解定理)　　凡演化集合 X 可分解为 m 个$(1\leqslant m)$演化子集 X_i，并且有以下性质：

性质 1　　$$X=\bigcup_{i=1}^{m}X_i\,,\quad 其中\ X_i\cap X_j=\Phi(i\neq j)\,; \tag{4.1}$$

性质 2　演化子集 $X_i\,(i=1,\ 2,\ \cdots,\ m)$无论在 X 上或对自身都共祖，且有唯一的祖源 $S_i(i=1,\ 2\cdots,m)$；

性质 3　不同演化子集的分支单位在 X 上非共祖。

在此，数 m 称为演化集合的分支数(cladistic number)。$X_i(i=1,2,\cdots,m)$称为 X 的分支演化集(cladistic evolutionary set)。

为叙述方便还给出一个名词，对于 X 的演化子集 X_i 和 X_j，如果不存在 $x\in X_i$ 与 $y\in X_j$ 使 x 与 y 在 X 上共祖，则称 X_i 与 X_j 在 X 上非共祖。现在证明基本定理。

如果 $X=(x_1,x_2,\ \cdots,x_n)$，先把演化子集 X_i 构造出来。

$$X_i=\{x\mid x\in X\ ，且\ x\ 与\ x_i\ 在\ X\ 上共祖\} \tag{4.2}$$

考虑到共祖的传递性，X_i 无论在 X 上或者对自身都是共祖的，根据共祖的三条等价关系，如果 x_i 与 x_j 共祖，集合 X_i 与 X_j 包含的分支单位相同，视为等价，凡等价者归并于同一个集合类，全部 X_i 可归属于有限个(m 个)等价集合类。从每一集合类取出一个演化子集为代表，m 个演化子集不妨就是：

$$X_1, X_2, \cdots, X_m$$

这些演化子集彼此都非共祖，性质 3 真。因为彼此非共祖，显然有 $X_i \cap X_j = \Phi$，当 $i \neq j$。X 中的任意分支点 x，依(4.2)属于该点的演化子集，该子集又属于某等价集合类。存在某一演化子集 X_i, $x \in X_i$，因而有 $X = \bigcup_{i=1}^{m} X_i$，性质 1 亦真。至于性质 2 的真确性，考虑 X_i 的构造，知 X_i 共祖，再利用定理 4.6，祖源的存在性与唯一性立即可得。

如果 x 与 y 是演化集合 X 中的两个共祖分支单位，其最近共同祖先可表示成 $x \wedge y$。在下一节将要利用最近共同祖先定义假设分类单位，并建立导出演化集，为解决分支分类打下基础。因而求最近共同祖先的运算十分重要。

我们可以把符号“∧”视为演化集中两共祖分支单位之间的一种运算符号。该运算的性质值得我们研究。基本性质如下：

性质 1　$x = x \wedge x$；

性质 2　若 x 与 y 共祖，则 $x \wedge y = y \wedge x$；

性质 3　若 x, y 和 z 互相共祖，则

$$x \wedge (y \wedge z) = y \wedge (z \wedge x) = z \wedge (x \wedge y) = \wedge\{x, y, z\} \tag{4.3}$$

性质 3 和等式(4.3)可以推广到任意多个分支单位情形。考虑到性质 2 的可交换性，它说明 n 个分支单位间的运算∧，与运算的排列次序无关。形式为

$$x_1 \wedge (x_2 \wedge \cdots \wedge (x_{n-2} \wedge (x_{n-1} \wedge x_n)) \cdots)$$

的运算可写成 $\mathop{\wedge}\limits_{i=1}^{n} x_i$ 并且运算结果就是 $\{x_1, x_2, \cdots x_n\}$ 的最近共同祖先 $\wedge\{x_1, x_2, \cdots x_n\}$，

$$\mathop{\wedge}\limits_{i=1}^{n} x_i = \wedge\{x_1, x_2, \cdots, x_n\} \tag{4.4}$$

所谓分支分类问题，让生物学家表述就是要求把生物演化的真实过程重新显示出来，从而认识当今生物类群的谱系关系。为了解决生物学家提出的问题，需要把所提的问题具体化，以数学语言对问题进行描述并说明解决问题的途径。

与表征分类一样，分支分类也是从一群被分类的生物对象(称为分类单位)开始。如果有 $t(3 \leq t)$ 个分类单位 $x_i(i=1,2,\cdots,t)$ 构成一个分类单位集合，记作 O，全部分支分类工作从集合 O 开始。分支分类的目的就是找到一个包含集合 O 在内的演化集合，通过它

认识与分类单位有关的生物演化真实过程。

这样的演化集合无疑应该把分类单位集合 O 包括在内。但是仅仅这些集合还不够，为了表示演化发展过程还必须把那些不属于 O 的有关生物种类也包括在内，比如为了阐明鸟类与哺乳类的演化历史，必须把爬行类也包括在演化集合中，因为爬行类是鸟类与哺乳类的演化起源。这就是分支分类中的所谓假设分类单位。在分支分类实际工作中，代表生物演化历史的演化集，它的全部分支单位往往不可能事先都给出。除集合 O 中的分类单位以外，某些分支单位所代表的生物种类可能已经灭绝；可能被分类学家所遗漏；可能由分类学家的主观认识所拒绝；……但是为了展示整个演化过程，应该把这些生物种类当作假设分类单位予以恢复，置于演化集合中。

如果 x 与 y 是分类单位集合 O 中的任意两个元素，作为分支单位其最近共同祖先 $x\wedge y$ 可以看作前述的假设分类单位，它不一定在分类单位集合 O 中，可是为了说明 x 与 y 的演化历史，须要指出在演化过程中什么位置开始分化。而最近共同祖先是它们演化分支的开始，因此分支单位 $x\wedge y$ 是认识演化的关键，应该把 $x\wedge y$ 作为假设分类单位包括在演化集合中。根据最近共同祖先的存在性与唯一性定理，为了得到 $x\wedge y$，必须要求 x 与 y 在某演化集合下共祖。x 与 y 的共祖性是存在最近共同祖先的先决条件，也是我们探求 x 与 y 演化关系的前提。为了能够表示集合 O 中每一对分类单位之间的演化关系，就要求存在某一演化集合，在该集合下 O 中每一对 OTU 是共祖的。定理 4.5 又告诉我们这个概念与整个集合 O 的共祖等价。实际上要求存在一个演化集合，使分类单位集合 O 在其上共祖。如果不能说明分类单位集合 O 的共祖性，分支分类问题解的存在性就值得怀疑，整个分支分类理论的研究，逻辑上也是不严谨的。

分类单位集合 O 的共祖性反应了我们研究问题的范围，比如我们研究桔梗科下沙参属中种的演化关系，在沙参属的范围内，属中的种共祖，把它们的最近共同祖先也包括在属内，演化过程在属内得到表达。如果要研究沙参属与其他属种间的演化历史，在属的范围内，它们不共祖，无法构成一个演化集合表示它们演化的全过程。为了解决这个问题，把我们的研究范围扩大到包括该属的桔梗科，在科的范围下所有分类单位是共祖的，演化问题可以解决。如果科还不够，可以把研究的范围置于比科更高的分类等级上，由此看来要解决集合 O 的共祖性，须要把范围充分扩大，让被研究分类单位都包括在内。也就是说，对于任意分类单位集合 O 是否存在充分大的演化集合 U，集合 O 在 U 上共祖。如此集 U 称为集 O 的基本演化集 (fundamental evolutionary set)。

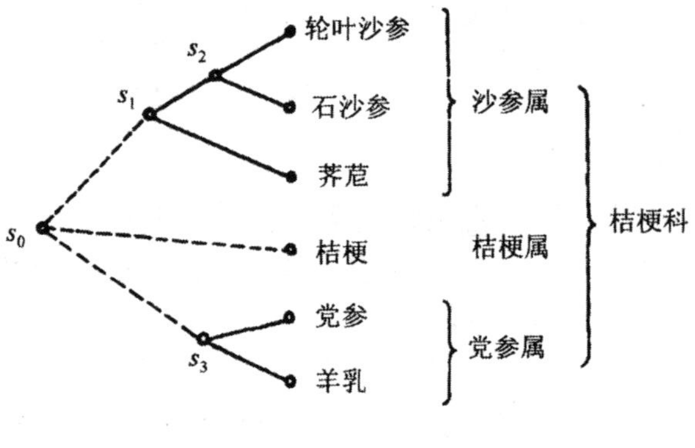

图 4-4　演化集合的扩大

基本演化集的存在性，从数学理论考虑是做得到的。事实上，依据演化集的基本定理，对于任意分类单位集 O，如果构成演化集合，可分解为 m 个演化子集 $X_i(i=1,2,\cdots,n)$，有 m 个相应的祖源 $s_i(i=1,2,\cdots,m)$。作分支单位 s_o，并建立从 s_o 到 s_i 演化关系

$s_o \leqslant s_i (i = 1,2,\cdots,m)$。如此确立了一个演化集合 $S = \{s_i \mid i = 0,1,\cdots,m\}$将 O 与 S 两个演化集合并在一起，记作 U，不难证明，U 是一个演化集合，并且 O 在 U 上共祖。从理论上我们已经说明基本演化集总是存在的。

基本演化集理论上的存在并不一定具有实际意义。为了解决分支分类问题，必须要求分类单位集合 O 在基本演化集上不仅共祖，并且符合真实情况的演化关系在基本演化集上得到表达，如此基本演化集在客观世界亦是存在的。这一要求无法从逻辑的推论中证实，只能作为客观存在的事实，以公理的形式在分支分类的理论中引进。

公理 1　对任意一个生物类群，在生物实际演化关系下，存在把该类群包含在内的一个基本演化集，使该类群在此基本演化集上共祖且类群的实际演化关系在基本演化集上得到表达。

有了公理 1 就可以对假设分类单位给出严谨的定义。

定义 4.5　对于分类单位集合 O，依据公理 1 存在基本演化集 U，因为 O 在 U 上共祖，对任意 x_1 和 $x_2 \in O$，存在 $x \in U$ 有 $x = x_1 \wedge x_2$，称 x_1 与 x_2 的最近共同祖先 x 为分支分类问题的假设分类单位(hypothetical taxonomic unit)，简称假设单位(HTU)。假设分类单位构成的集合

$$H = \{x \mid x = x_1 \wedge x_2\text{，对于任意 } x_1, x_2 \in O\} \tag{4.5}$$

称为假设分类单位集合(hypothetical taxonomic unit set)。集 H 与 O 的并集

$$X = O \cup H$$

称为分类单位集合 O 的导出集(induced set)。如果将基本演化集 U 中的所有演化关系都引入导出集中，获得一个新的演化集合，称为分类单位集合 O 的导出演化集合(induced evolutionary set)，亦简称导出集。

定理 4.8　导出演化集无论对基本演化集或对自身都共祖。

推论：导出演化集存在唯一的祖源。

分支分类的最后结果都以一棵树的形式出现，即具有一个祖源然后不断分化成多个分支的树状结构。所有分支树谱图也是这种形式。何以采取这种形式？定理 4.8 及其推论为我们给出比较严谨的论证，从而为分支分类提供坚实的基础。

定义 4.6　对于演化集 X 中的任一分支单位 x，如下演化子集

$$R(x) = \{y \mid x \leq y, y \neq x, y \in X\} \tag{4.6}$$

称为 x 的演化可达集(evolutionary reachable set)，演化可达集 $R(x)$的分支数称为分支单位 x 的分歧数(branch number)，记作 $BN(x)$。

演化可达集可能是空集，例如当 x 是 X 的终裔时，此时规定空集的分歧数为 0，于是 $BN(x)= 0$。从演化可达集和终裔的定义不难明白，演化集中的分支单位 x 是终裔的充

分必要条件是 $BN(x)=0$。

对于分支单位 $x\in X$，有了分歧数 $BN(x)$的概念，我们就可以对演化集中所有的分支单位进行分类，按照分歧数的多少得到下面的集合

$$B(i)=\{x \mid BN(x)=i, x\in X\} \qquad (i=0,1,2,\cdots) \tag{4.7}$$

$B(i)$称为分歧数为 i 的集合，分歧数为 0 的集合 $B(0)$显然就是演化集合 X 的一切终裔集合。分歧数为 1 的集合 $B(1)$是什么样的集合呢？我们看前面所举演化集例 3，在该例中 OTU_1(党参)和 OTU_6(石沙参)两个分支点的分歧数为 1。如此两个分类单位就是该演化集合的集合 $B(1)$。该例中其余的分类单位都属于 $B(0)$。

为了显示生物类群的演化关系，作出的树状演化图，取出其中的任意一个分支线，考虑到自然界原来的演化过程，或者这样说，在基本演化集合中相应于该分支线那一段演化过程，可能又经过许许多多不同的演化进程，如果这些演化的中间进程都表示在分支线中，就会得到多个属于 $B(1)$的点集。这样的分支数为 1 的点，它所代表的生物类群如果与我们的研究内容没有多大关系，一般情形我们都把这样的分支点从演化图中删除，删除之后也并不影响整个演化图的基本结构。作为我们构造的导出演化集，构造的目的是为了展示被分类群的演化关系，分歧数为 2 以上的分支点为了显示分化的位置应保留在演化图中。$B(1)$的点属于原分类单位也应保留，否则将是多余。当然我们希望把那些与研究内容不相干的分支点从演化图中删除出去。那么所构造的导出演化集是否满足这样的要求呢？回答是肯定的。随后我们定义产生集并建立有关产生集的定理 4.9 论证这个结论。

对于一个分支分类问题，导出演化集的 $B(0)$与 $B(1)$之并称为产生集(product set)，表示如下：

$$P(O)=\{y \mid BN(y)\le 1, y\in O\text{ 的导出演化集}\} \tag{4.8}$$

定理 4.9　对于一个分支分类问题，分类单位集合 O 的产生集 $P(O)$是分类单位集合 O 的子集。即：

$$P(O)\subseteq O$$

第二节　分支性状与性状编码

表征型分类曾经把性状看作是分类单位集合到性状状态集合的映象。分支分类也自然沿用这个基本概念。如果 Y 表示被研究的分支单位集合，此集合属于演化集合，如果对于 Y 中的分支单位 y，依据性状映象 M 都有一个状态 $x=M(y)$，集合 $X=\{x \mid x=M(y), y\in Y\}$是状态集合。于是我们说代表性状的映象 M 把集合 Y 映象到性状状态集合 X 上。它们的关系表示如下：

$$Y \xrightarrow{M} X \tag{4.9}$$

据此我们对分支分类的性状给出定义

定义 4.7　从代表生物的演化集合 Y 到性状状态集合 X 上的一个性状映象 M，如果 X 对自身是共祖演化集，则称映象 M 为 Y 的分支性状(cladistic character)。

下面举例，反映脊椎动物进化过程的两个性状，生殖方式性状 M_1 和肢趾类型性状 M_2，这两个性状的状态集合分别是 X_1 和 X_2，从演化集合 Y(部分脊椎动物)到状态集合 X_1 与 X_2 的映象 M_1 与 M_2 分别表示在图 4-5 的左边和右边，这是两个分支性状。

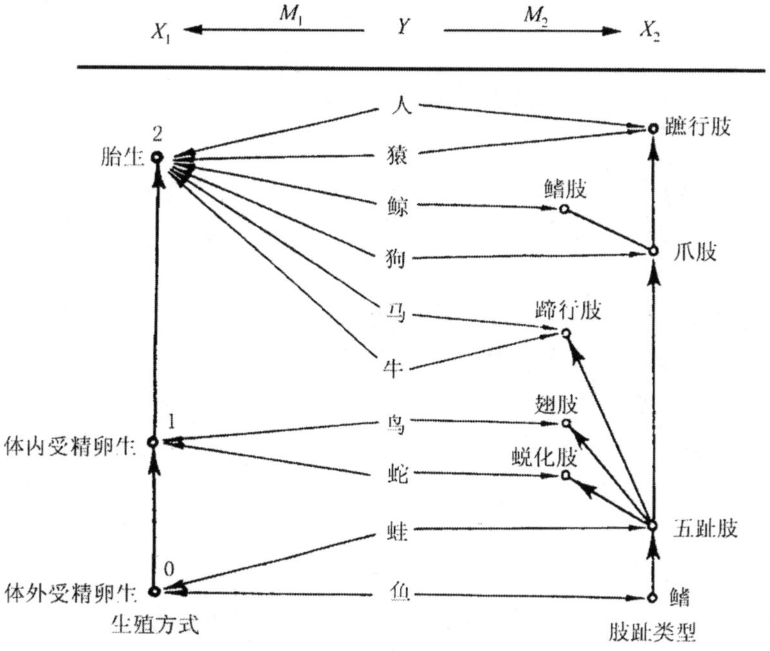

图 4-5　脊椎动物进化过程的两个性状

在此需要声明，脊椎动物关于肢趾的进化关系比较复杂，图中显示的演化结构不一定完全正确。我们举此例不是专门研究肢趾的进化真实过程，而是以此例来解释和说明分支性状的基本概念。

为了阐述演化保序性和演化同构性这两个概念，让我们再利用所举脊椎动物进化的例子进行讨论(见图 4-5)，从演化集合 Y(脊椎动物)到肢趾类型性状状态集合 X_2 上的映象 M_2 和从 Y 到生殖方式性状状态集合 X_1 上的映象 M_1 都表示在图中。图中箭头所指代表映象关系。我们看到演化集合 Y 中的鸟，被性状 M_2 映象到状态集合 X_2 中的翅肢状态；鱼被映象的鳍状态。即：

M_2(鸟)=翅肢

M_2(鱼)=鳍

古生物的化石和动物进化研究都已肯定在演化集合 Y 里，鱼类居鸟类之先。因而在相应的性状状态集 X_2，鳍应在翅肢之先。在性状状态集合中，两个性状状态互相比较，演化关系在先的称为祖先性状状态(ancestral character state)，或者简称祖征；在后的称为衍生性状状态(derived character state)，或者简称衍征。鳍与翅肢比较，鳍是祖先性状状态，翅肢是衍生性状状态。祖征与衍征是相对而言，翅肢是从鱼类的鳍经过两栖与爬行类的五趾肢演化而来，因此五趾肢是翅肢的祖征，又是鳍的衍征。性状状态集合中，状态之间祖先与衍生的次序关系称为演化极性(evolutionary polarity)。

性状状态祖生与衍生的关系取决于生物的演化关系。正如前面所讨论鱼类居鸟类之前，相应地就应该承认鱼类的鳍在鸟类的翅肢之先。它们的关系是：

$$\text{鱼类} \leqslant \text{鸟类} \Rightarrow \text{鳍} \leqslant \text{翅肢}$$

也就是说状态集合应保持与生物演化集合有相同的演化次序。从这个意义引入演化保序的概念。

定义 4.8　从演化集合 Y 到演化集合 X 的映象 M，对于任意两个分支单位 $y_1, y_2 \in Y$ 有 $x_1 = M(y_1)$，$x_2 = M(y_2)$，其中 $x_1, x_2 \in X$，如果能够从 $y_1 \leqslant y_2$ 导出 $x_1 \leqslant x_2$ 则称映象 M 演化保序(evolutionary isotone)。

为了保持性状状态与生物演化关系的一致性，要求性状映象是保序的。映象的保序性是抽象数学中一个基本概念。生物演化性状映象的保序性被当作一条公理而被承认。

公理 2　生物真实演化集合到分支性状状态集合上的分支性状映象是演化保序的。

如果接受公理 2，性状映象是保序的。性状状态集合保持与生物完全一致的演化关系。反过来在解决分支分类问题时，就能够从性状状态的演化次序探寻生物演化关系。公理 2 为我们通过性状状态的关系重构生物演化过程奠定理论依据。因此公理 2 显得十分重要。

映象的保序性是可以传递的。所谓传递性，要理解这个概念必须先说明映象的乘积。如果 M 是一个从 X 到 Y 的映象，N 是另一个从 Y 到 Z 的映象，

$$X \xrightarrow{M} Y \xrightarrow{N} Z \tag{4.10}$$

连续两次映象确定了一个从 X 到 Z 的映象 NM：

$$X \xrightarrow{NM} Z \tag{4.11}$$

该映象称为映象 M 对映象 N 的乘积。也可写成

$$NM(X) = N(M(X)) = N(Y) = Z$$

保序的传递性是指如果映象 M 与 N 是保序的，则映象的乘积 NM 也同样是保序的。

例如前面的例子，M_1 是脊椎动物到生殖方式状态的映象；我们再建立一个映象 M_3 把生殖方式从祖征到衍征三个状态分别映象到 0，1 和 2 三个整数集合{0,1,2}。映象 M_1 和 M_3 是保序的，因而映象 M_1 对 M_3 的乘积确定了一个从演化集合 X_1 到集合{0,1,2}的映象 M_3M_1，该映象也是保序的。

从映象的保序伸引出一个更重要的概念——演化同构。演化同构的定义如下：

定义 4.9　两演化集合 X 与 Y，若存在从 X 到 Y 上的一一对应映象 M，对于任意 x_1，$x_2 \in X$ 如果 $x_1 \leqslant x_2$ 成立的充分必要条件是

$$M(x_1) \leq M(x_2)$$

则称演化集 X 与演化集 Y 演化同构(isomorphism of evolution)。同构关系表示成：

$$X \cong Y \tag{4.12}$$

这里“从 X 到 Y 上的一一对应映象”是指具有下述条件的映象：对任意 $x \in X$ 有唯一的 $M(x) \in Y$；对于任意 $y \in Y$ 存在 $x \in X$，使 $M(x)= y$；且对任意 x_1，$x_2 \in X$，若 $x_1 \neq x_2$ 则 $M(x_1) \neq M(x_2)$。

如果两演化集 X 与 Y 是同构的，这就意味着两演化集不仅分支单位是一一对应，而且还保持着完全一致的演化关系。在两个同构的演化集 X 与 Y 之间，既有从 X 到 Y 的保序映象，也具有从 Y 到 X 的保序映象。这样一来，我们可以通过 Y 的演化关系去了解另一个集合 X 的演化关系。以后当阐述和谐性理论时，利用同构性不仅探求一个生物演化集内部的演化关系，而且还通过与之同构的演化集来构造未知的生物演化关系。本节还要构造与演化集合相对应的有向树，说明有向树与演化集合的同构性关系。有向树成为表示演化关系，研究生物演化规律的工具。在本章讨论分支性状的演化和性状的编码，也需要有向树图的概念。

在讨论有向树和演化集合同构性关系之前，先建立祖集合以及有关集合的一系列定理。

定义 4.10　演化集 X，对于 $x \in X$，集合

$$A(x) = \{ y \mid y \leq x, y \in X \} \tag{4.13}$$

称为分支单位 x 的祖集合(ancestral set of x)。

定理 4.10　演化集 X，对于 $x \in X$，祖集合 $A(x)$存在唯一的祖源，亦是 X 的祖源，存在唯一的终裔，即 x。

定理 4.11　祖集合 $A(x)$中的所有分支单位可排成演化次序：

$$x_0 = x_1 < x_2 < \cdots < x_n = x \tag{4.14}$$

其中 x_0 是 $A(x)$的祖源。

推论　共祖演化集与其祖集合有共同祖源。

有了祖集合以及关于祖集合的一系列定理，我们可以利用同构概念完成两项理论上的工作。一项是建立演化集合与有向树图的同构关系。另一项是利用祖集合将演化集合分解，分支性状被分成单位分支性状，然后建立单位分支性状与整数集合 R 的同构关系，从而解决分支性状的编码问题。

有向树与演化集合的关系，作为一般情形讨论如下，任给一棵有向树 $T(X, L)$，其中 X 代表树的顶点集合，L 表示弧集合。把有向树的顶点作为演化集合的分支单位，对于 X 中的部分顶点，例如 x 与 y，如果从 x 可到达 y，包括 $x=y$ 在内，则规定演化关系

$$x \leqslant y \tag{4.15}$$

在 X 上确立的上述关系，下述定理说明演化关系的四条基本性质都满足，因而树 T 所有顶点作为分支单位是演化集合。

定理 4.12　有向树 $T(X, L)$，在部分顶点间依可到达所确立的关系(4.15)下，顶点集合 X 是演化集合。

对于任一有向树 $T(X, L)$，按照可到达确定的演化关系(4.15)，把顶点集合 X 构成的演化集合称为与有向树 $T(X, L)$对应的演化集合(corresponding evolutionary set with tree)。定理 4.12 的证明过程知下面的推论显然正确。

推论　与有向树对应的演化集合共祖，祖源是树的根。

有了上面的结果，反过来要问怎样的演化集存在相对应的有向树？先解决从演化集构造有向图。然后再讨论有向图成为有向树的条件，以及同构性。

对于演化集合 X，两不同分支单位 x 与 $y \in X$，如果 $x<y$，且于 X 中不存在第三个分支单位 $z(z \neq x, z \neq y)$使得

$$x<z<y \tag{4.16}$$

成立，则把两有序的分支单位确立为有向图的弧 $l=(x, y)$。所有如此构造的弧组成集合 L，把 X 中的分支单位当作顶点，于是集合 X 与集合 L 构成一个由演化集合 X 产生的有向图 $T(X, L)$，称为与演化集合对应的有向图(corresponding directed graph)。

如此构造的有向图是否能成为一棵有向树？又问该有向树是否能与演化集同构？回答是肯定的，下面的定理告诉我们共祖是获得肯定回答的条件。

定理 4.13　共祖演化集合 X，与其对应的有向图是一棵有向树 $T(X,L)$。

共祖演化集 X，其对应的有向图是有向树 $T(X,L)$，该树称为与演化集 X 相对应的有向树(corresponding directed tree)。下面的定理阐明了共祖演化集与相对应的有向树的同构性关系。

定理 4.14　共祖演化集 X，$T(X, L)$为相对应的有向树。对于任意 x 与 $y \in X$，$x \leqslant y$ 成立的充分必要条件是在 $T(X, L)$中从 x 可到达 y。

到现在为止，完成了共祖演化集合与有向树关系的论证。任一有向树存在与之相对应的共祖演化集合，任一共祖演化集合存在与之相对应的有向树；共祖演化集合可以当作一棵有向树，一棵有向树亦可视作共祖演化集合。定理 4.14 所揭示的关系说明， 在演化关系的研究与讨论中，可以把二者看作没有区别。有向树成为分析研究演化集合的重要工具。

分支分类的定量分析，其目的乃是通过多个性状状态所提供的演化关系，复原生物的演化历史过程。至于性状状态的演化关系，无法从数学运算中得到，只能靠生物学家对现存生物性状进行观察、分析、总结而得。依靠可靠的演化趋势进行性状演化分析时，分析方法十分重要。系统学家在长期生物分类系统研究中积累了许多方法方面的经验。诸如内类群比较法、外类群比较法、个体发育法和古生物学法等等。让我们采用 Wayne 的图来说明外类群比较法的一般概念。

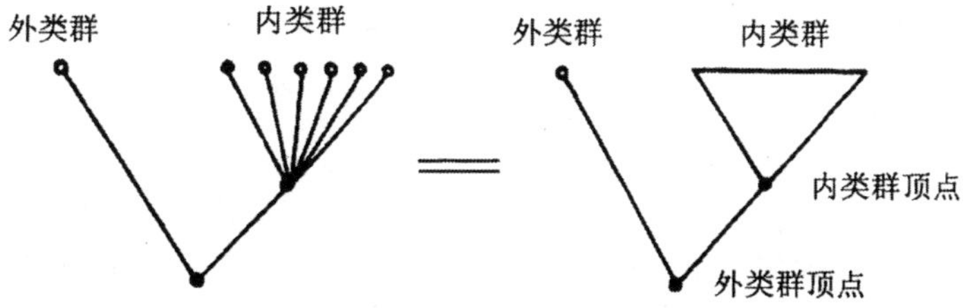

图 4-6　外类群比较方法的表示

图 4-6 中，左边是真实的性状状态演化关系，内类群(taxonomic in-group)是分类指定被研究的生物类群，内类群的演化关系是未知的；外类群(taxonomic out-group)是为了探知内类群演化关系而借助比较的外部类群。图的右边表示外类群比较方法的一般意义，三角形代表未知演化关系的内类群，它需要参考外类群通过比较分析，重构内类群原有的真实演化关系。内类群顶点一般是内类群自身的最近共同祖先，外类群顶点是指外类群和内类群的最近共同祖先。

进行外类群比较之前首先须要选择适当的外类群，哪些类群适于作外类群？确定外类群的原则是选择那些与内类群在演化关系上最接近的类群。因为只有这样，它们的最近共同祖先才能更接近内类群的最近共同祖先，从最近共同祖先的性状状态才能获得更多关于内类群祖征的信息。外类群的选定因而十分重要，外类群的确定实际上是对演化趋势一般规律的认识，它基于已经被证实或者是公认的比较可靠的演化规律。例如研究动物鸟类的演化，鸟是内类群，鸟类由爬行类进化而来，这是已经被证实的演化历史，而且在演化的关系上爬行类是与鸟类最近的分类群。我们可以把爬行类作为研究鸟类演化的外类群。又例如当我们研究植物五加科中人参属(*Panax*)这个小类群的演化课题时，如果我们肯定人参属是从五加科中与其比较接近的楤木属(*Aralia*)分化出来。就可以把该属作为外类群。

外类群分析的一般原则如下：对于二元或多元分支性状，内类群和外类群共有的状态是祖征；仅发生在内类群局部范围的状态是衍征。下面以两态性状说明这个原则，内类群有三个分支单位 a，b 和 c；外类群有 A，B 和 C。性状 1 的一个状态发生在 A，B，C 和 a；另一状态仅发生在内类群的 b 和 c。考虑到内类群的 a 与外类群 A，B 和 C 具有相同的状态，根据外类群分析的原则该状态是祖征，与之相对的另一个状态仅在内类群 b 和 c 中发生该状态属于衍征。祖征与衍征的极性一旦确定，内类群的演化关系就此确立，见图 4-7 的右图。

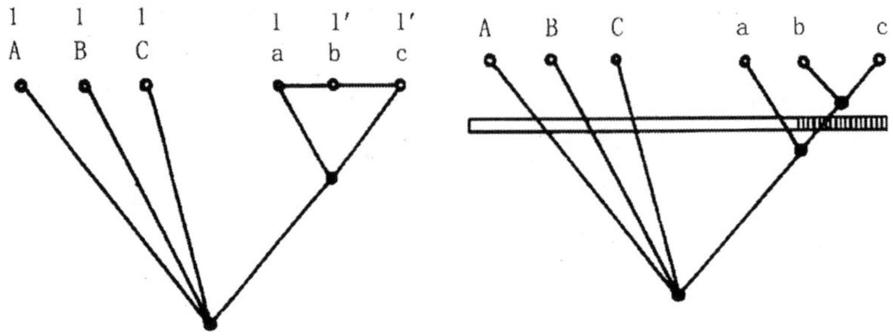

图 4-7 外类群分析的一般原则

仍以鸟的分支演化为例，被研究的内类群包括鸽形目(Columbiformes)，雁形目(Anseriformes)和鸊鷉目(Podicipediformes)等。鸟趾的类型是研究鸟类系统发育的重要性状。趾的类型很多，依趾间具蹼与否，该性状在鸽形目不具蹼，雁形目与鸊鷉目具不同程度的蹼。该性状的极性关系怎样？鸟类在爬行类中的直接祖先是哪一类？至今尚未找到充分的根据，分类学家的观点尚不一致。但是前文已说明，取爬行类动物作为外类群。外类群的分析认为鸟类的直接祖先是陆生趾不具蹼的爬行类动物，在这个前提下，趾不具蹼是祖征，具蹼是衍征。因而内类群中有下面的关系。

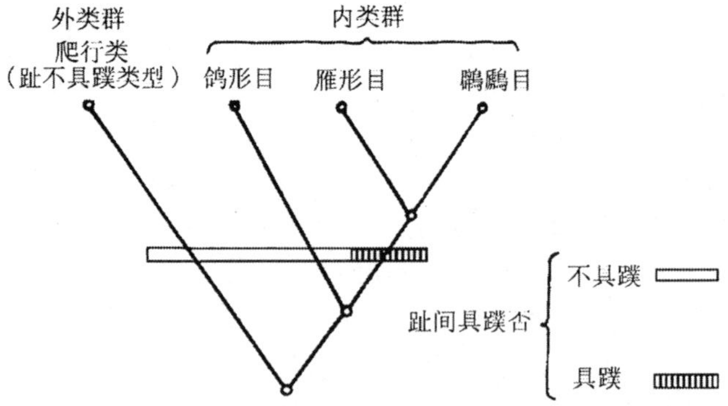

图 4-8 部分鸟类性状演化的分析

以数学方法来解决分支分类问题，面临着另一个首要问题是将性状表示数量化。正如图 4-5 中，可以对生殖方式的三个状态，分别给出三个整数 0，1，2 的编码值。

性状状态集合 Y	$\longleftrightarrow$	整数集合 R
胎　　生	$\longleftrightarrow$	2
体内受精卵生	$\longleftrightarrow$	1
体外受精卵生	$\longleftrightarrow$	0

分支分类对分支性状的代码都要求取这样的整数集合

$$R_n = \{0, 1, 2, \cdots, n\} \tag{4.17}$$

数值从小到大与演化的次序保持一致，并且还规定 0 代表最原始状态，n 代表进化的最高级状态。集合 R_n 依大小的次序是演化集合，称为整数演化集。

分支性状的状态集合是一个共祖的演化集合，如果状态集合能排成下面的演化次序

$$x_0 \leqslant x_1 \cdots \leqslant x_n$$

就可以依状态符号"x_i"的下标 i，建立从 x_i 到整数 $i(i = 0,1,2,\cdots,n)$的映象。该映象构成从性状状态集合到整数演化集合 R_n 的一一对应关系。且容易明白该性状状态集合与整数演化集合 R_n 演化同构。通过这个关系，性状与整数数据建立联系。这里的整数数据按大小反映性状状态之间的演化次序，对这样的数据进行运算才能保持性状的演化关系。分支分类的定量分析应该建立在这样的数据基础之上。

要建立这样的数据基础，必须对所有的性状，正如上面所述，得到性状状态集合到整数演化集合 R_n 的同构关系。然而并不是所有的性状都能这样做。正如前例中肢趾类型性状，呈现出树状的复杂演化关系，这种性状就不可能建立状态集合与 R_n 的同构关系。下面的定理将说明这一点。

定理 4.15　不共祖或者具有两个以上终裔的演化集不可能与整数演化集 $R_n=\{0,1,\cdots,n\}$演化同构。

分支性状的状态集合如果具有多个终裔分支点时，它不可能与整数演化集同构，对这样的性状如何进行性状编码呢？为此引进单位分支性状概念。

如果 x 是演化集 X 的终裔则祖集合 $A(x)$称为演化集 X 关于终裔 x 的单位演化集(unit of evolutionary set)，记作 $I(X, x)$。显然单位演化集与某一整数演化集同构。

如果某一演化集 X 有 l 个终裔 $x_i(i = 1,2,\cdots,l)$，相应地有 l 个单位演化集 $I(X, x_i)(i = 1,2,\cdots,l)$。把这 l 个单位演化集视为演化集 X 的分解。反过来要问分解是否完全，即 l 个如此单位演化集是否把原来演化集 X 的所有分支点包括在内。下面的定理回答了这个问题。

定理 4.16　演化集是其所有单位演化集之并。即

$$\bigcup_{i=1}^{l} I(X, x_i) \tag{4.18}$$

其中 $x_i(i=1,2,\cdots,l)$是 X 的全部 l 个终裔；$I(X,x_i)$是关于 x_i 的单位演化集。

如果把任一分支性状的状态集合视作定理 4.16 中的演化集合 X，该集合可以分解成 l 个单位演化集 $I(X,x_i)$的并，从而分支性状可以分解成 l 个性状，每个性状借助 $I(X,x_i)$ 与整数演化集同构，这样我们找到一个性状编码的途径。下面我们将分支性状进行分解和编码的具体做法阐述清楚，并且说明这一系列的处理方法都具有严谨的逻辑基础。

某被研究的生物分支单位集合记作 Y，依据公理 1 在某一充分大的基本演化集下，Y 是共祖的。如果分支性状 M，把 Y 映象到状态集合 X 上，X 是演化集，按照公理 2 的条件，映象 $Y \xrightarrow{M} X$ 是保序的。如果 X 具有 l 个终裔，得到 l 个单位演化集 $I(X,x_i)(i=1,2,\cdots,l)$。第 i 个单位演化集合表示如下：

$$x_0 < x_{i1} < x_{i2} < \cdots x_{in_i} \quad (i=1,2,\cdots,l) \tag{4.19}$$

分支性状状态集合 X 是共祖演化集，对任意 $x \in X$，$x \wedge x_i \leqslant x_i$，有 $x \wedge x_i \in A(x_i)=I(X,x_i)$ 因而存在某个状态 $x_{ik}=x \wedge x_i$。这样得到一个从 X 到 $I(X,x_i)$的映象 T_i: $T_i(x)=x \wedge x_i=x_{ik}$，$x \in X$。可以证明映象是保序的。假如有分支单位 x' 和 $x'' \in X$，

$$x' \leq x''$$

则有

$$x' \wedge x_i \leq x'' \wedge x_i$$

得保序的结论

$$T_i(x') \leq T_i(x'')$$

最后得映象 $M_i=T_iM$，该映象把生物分支单位集合 Y 映象到 $I(X,x_i)$上。因为 M 和 T_i 都是保序的，M_i 也是保序的。把 M_i 视作性状既符合分支性状的条件，亦满足公理 2 的要求。我们把由单位演化集 $I(X,x_i)$确定的性状 M_i 称为单位分支性状(unit cladistic character)。又注意到单位分支性状的状态集合 $I(X,x_i)$与整数演化集 R_{n_i} 同构，从而利用单位分支性状解决了分支分类中分支性状的合理编码问题。它们的关系如下：

$$Y \xrightarrow{M} X \xrightarrow{T_i} I(X,x_i) \cong R_{n_i}$$

得

$$Y \xrightarrow{M_i=T_iM} I(X,x_i) \cong R_{n_i} \tag{4.20}$$

分支性状的编码实际上与前一章无序多态性状编码的演化分析法完全相同。而本章又以定理 4.16 为基础，按照分支演化的原理给予充分的论证。按此原理设计的编码方法对脊椎动物肢趾类型性状(图 4-5)的编码结果如下(见表 4-1)。

表 4-1　脊椎动物肢趾类型性状编码

分类单位 Y	肢趾类型状态 X	性状编码				
		性状 M_1 $I(X, x_1)$	性状 M_2 $I(X, x_2)$	性状 M_3 $I(X, x_3)$	性状 M_4 $I(X, x_4)$	性状 M_5 $I(X, x_5)$
人	蹠行趾	1	1	1	2	3
猿	蹠行趾	1	1	1	2	3
鲸	鳍肢	1	1	1	3	2
狗	爪肢	1	1	1	2	2
马	蹄行肢	1	1	2	1	1
牛	蹄行肢	1	1	2	1	1
鸟	翅肢	1	2	1	1	1
蛇	蜕化肢	2	1	1	1	1
蛙	五趾肢	1	1	1	1	1
鱼	鳍	0	0	0	0	0

分支性状的编码处理方法总结如下：

分支分类的分类单位集合如果是 $Z = \{z_1, z_2, \cdots, z_t\}$，某一分支性状 M 把 Z 映象到该性状的状态集合 X 上。

$$Z \xrightarrow{M} X \tag{4.21}$$

对于性状状态集合 X，如果有 l 个终裔分支单位 $x_i(i = 1,2,\cdots,l)$，对应于每个终裔有一个单位演化集合 $I(X, x_i)$，该单位演化集合构成一条演化路径：

$$I(X,x_i): \qquad x_0 = x_{i0} < x_{i1} < x_{i2} < \cdots < x_{in_i} = x_i \tag{4.22}$$

对 X 中任一分类单位 x，如果 $x_{ik} = x \wedge x_i$，把 x_{ik} 确定为 x 在单位演化集合 $I(X, x_i)$所确定的单位分支性状下的状态，由此得到保序映象 T_i，使

$$T_i(X) = I(X, x_i) \tag{4.23}$$

即对于 $x \in X$，有 $T_i(x)= x \wedge x_i \in I(X, x_i)$，也就得到分类单位集合 Z 到单位分支性状的映象 $M_i = T_iM$，把 Z 映象到 $I(X, x_i)$，

$$M_i(Y) = T_i(M(Y)) = T_i(X) = I(X, x_i)$$

不失去一般性，从一开始就可以认为所有的性状 M_j 已处理成单位性状，

$$Z \xrightarrow{M_j} I \qquad (j=1,2,\cdots,n) \tag{4.24}$$

其中第 j 个性状具有 m_j+1 个状态：

$$I_j : x_{j0} \le x_{j1} \le x_{j2} \le \cdots \le x_{jm_j} \quad (j=1,2,\cdots,n) \tag{4.25}$$

对任意分类单位 $z_i \in Z$，如果第 j 个性状的映象是 x_{jk}，

$$M_j(z_i) = x_{jk} \tag{4.26}$$

即第 i 分类单位第 j 个性状的编码值 y_{ij} 确定为整数 $k(0 \leqslant k \leqslant m_j)$：

$$y_{ij} = k \tag{4.27}$$

让 i 跑遍所有的分类单位编号($i = 1,2,\cdots,t$)；j 跑遍所有的性状编号($j = 1,2,\cdots,n$)，得到矩阵：

$$Y = \begin{bmatrix} y_{11} & y_{12} & \cdots & y_{1n} \\ y_{21} & y_{22} & \cdots & y_{2n} \\ \cdots & \cdots & \cdots & \cdots \\ y_{t1} & y_{t2} & \cdots & y_{tn} \end{bmatrix} \tag{4.28}$$

该矩阵就是分支分类的原始数值矩阵。行代表分类单位，列代表性状。每个性状的取值介于 0 到 m_j(该性状具有 $m_j + 1$ 个状态)之间的整数，0 值表示该性状最原始的状态，m_j 表示该性状最高演化状态。与表征型分类完全类似，原始数值矩阵是分类性状数量化的结果，它包含有分类所依赖的信息，是分类运算和分析的基础。

表征型分类的运算分析，曾列出一个桔梗科 6 个种的试验数据。为了说明分支分类运算过程，也需要一个较小型的数据，我们把原来桔梗科的试算数据改造成适于分支分类的数据，以双子叶植物形态学性状一般的演化趋势为根据，结合桔梗科的情况把性状的演化次序初步确定如下：

1	茎的类型	直立→缠绕，	
2	株高	短矮型→长高型，	
3	叶序	互生→对生→轮生，	
4	叶缘	全缘或波状→锯齿→重锯齿，	
5	花序	单生→总状或疏圆锥花→复总状或圆锥花序，	(4.29)
6	子房室数	3 室→4 室→5 室，	
7	果开裂方式	侧壁开裂→顶端开裂→室背开裂，	
8	种子	不具翼→具翼。	

上述性状都是单位性状，依前述分支性状编码的方法，得分支分类的原始数值矩阵如表 4-2。

表 4-2　桔梗科 6 个种分支分类试验数据

编号	分类单位名称	性状	茎缠绕否	株高	叶序	叶缘	花序	子房室数	果裂方式	种具翼否
		编号	1	2	3	4	5	6	7	8
1	党参		1	1	1	0	0	1	2	0
2	桔梗		0	0	0	1	0	2	1	0
3	轮叶沙参		0	0	2	1	2	0	0	0
4	荠苨		0	0	0	2	1	0	0	0
5	羊乳		1	1	1	0	0	1	2	1
6	石沙参		0	0	0	1	2	0	0	0

这个数据的安排仅仅为了举例说明的方便，我们并没有对这个植物类群的演化关系做深入研究。因此上面列出的演化次序可能与真实情况不相符合。但从以后几章对这个数据的运算结果看，分支分类的分析结果与经典分类的认识比较接近。它说明对演化关系粗略分析而获得的这个小数据基本上是可靠的。当介绍各种分支分类方法时，本书都以此为计算的例子，由于数据量小，许多复杂的运算不必仰赖计算机，用手工进行也是可能的。这给验证计算结果，为读者掌握数学计算方法带来方便。

除桔梗科 6 个种的数据以外，还安排了一个动物进化试验数据，这是一个与动物真实进化过程比较接近的例子。通过此例有助于读者更好地掌握分支性状的选取以及性状编码处理。以后还以此例说明和谐性分析和各种分支分类运算方法。该动物演化数据包括的分类单位有

1)人，2)猿，3)狗，4)牛，5)马，6)鲸，7)鸟，8)蛇，9)蛙，10)鲤，11)虾，12)蝗虫，13)蚌，14)螺，15)水螅。

总结对性状的演化分析，共得到 24 个单位分支性状。按分支分类对性状的编码原则进行性状编码，最后得分支分类原始数值矩阵(见表 4-3 动物演化数据-2)。

表 4-3　动物演化数据-2

性状 ＼ 分类单位		人	猿	狗	牛	马	鲸	鸟	蛇	蛙	鲤	虾	蝗虫	蚌	螺	水螅
		1	2	3	4	5	6	7	8	9	10	11	12	13	14	15
体对称形式	1	1	1	1	1	1	1	1	1	1	1	1	1	1	2	0
生活方式 1	2	0	0	0	0	0	0	0	0	0	0	0	1	0	0	0
生活方式 2	3	2	2	2	2	2	3	2	2	1	0	0	0	0	0	0
生活方式 3	4	2	2	2	2	2	2	3	2	1	0	0	0	0	0	0
生殖方式 1	5	1	1	1	1	1	1	1	1	1	1	1	2	1	1	0
生殖方式 2	6	3	3	3	3	3	3	2	2	1	1	1	1	1	1	0
脊椎骨动物	7	1	1	1	1	1	1	1	1	1	1	0	0	0	0	0

续表 4-3

性状 \ 分类单位		人 1	猿 2	狗 3	牛 4	马 5	鲸 6	鸟 7	蛇 8	蛙 9	鲤 10	虾 11	蝗虫 12	蚌 13	螺 14	水螅 15
体分节	8	0	0	0	0	0	0	0	0	0	0	1	1	0	0	0
循环方式	9	4	4	4	4	4	4	4	3	3	2	1	1	1	1	0
体恒温	10	1	1	1	1	1	1	1	0	0	0	0	0	0	0	0
呼吸方式 1	11	2	2	2	2	2	2	2	2	2	1	1	1	1	1	0
呼吸方式 2	12	1	1	1	1	1	1	1	1	1	1	1	2	1	1	0
消化器官 1	13	1	1	1	1	1	1	1	1	1	1	2	1	1	1	0
消化器官 2	14	1	1	1	1	1	1	1	1	1	1	1	2	1	1	0
消化器官 3	15	4	4	4	5	4	4	3	3	2	2	1	1	1	1	0
消化器官 4	16	3	3	3	3	3	3	4	3	2	2	1	1	1	1	0
神经器官 1	17	1	1	1	1	1	1	1	1	1	1	2	2	1	1	0
神经器官 2	18	3	3	3	3	3	3	4	3	2	2	1	1	1	1	0
神经器官 3	19	5	4	4	4	4	4	3	3	2	2	1	1	1	1	0
体表类型 1	20	0	0	0	0	0	0	0	0	0	0	0	0	1	1	0
体表类型 2	21	0	0	0	0	0	0	0	0	0	0	1	1	0	0	0
体表类型 3	22	3	3	3	3	3	3	4	3	2	1	0	0	0	0	0
体表类型 4	23	4	4	4	4	4	5	3	3	2	1	0	0	0	0	0
体表类型 5	24	5	4	4	4	4	4	3	3	2	1	0	0	0	0	0

为了对不同观点进行比较，将上述动物演化数据的前三个性状，即体对称形式、生活方式和生殖方式，以一般的进化过程进行编码处理时有意安排了错误，错误分别在螺、鲸、蝗虫和其他分类单位的复杂演化关系上。编码结果见表(表 4-4，动物演化数据-1)。

表 4-4　动物演化数据-1

性状 \ 分类单位		人 1	猿 2	狗 3	牛 4	马 5	鲸 6	鸟 7	蛇 8	蛙 9	鲤 10	虾 11	蝗虫 12	蚌 13	螺 14	水螅 15
体对称形式	1	2	2	2	2	2	2	2	2	2	2	2	2	2	0	1
生活方式	2	2	2	2	2	2	0	3	2	1	0	0	3	0	0	0
生殖方式	3	3	3	3	3	3	3	2	2	1	1	1	2	1	1	0
脊椎骨动物	4	1	1	1	1	1	1	1	1	1	1	0	0	0	0	0
体分节	5	0	0	0	0	0	0	0	0	0	0	1	1	0	0	0
循环方式	6	4	4	4	4	4	4	4	3	3	2	1	1	1	1	0

续表 4-4

性状 \ 分类单位		人 1	猿 2	狗 3	牛 4	马 5	鲸 6	鸟 7	蛇 8	蛙 9	鲤 10	虾 11	蝗虫 12	蚌 13	螺 14	水螅 15
体恒温	7	1	1	1	1	1	1	1	0	0	0	0	0	0	0	0
呼吸方式 1	8	2	2	2	2	2	2	2	2	2	1	1	1	1	1	0
呼吸方式 2	9	1	1	1	1	1	1	1	1	1	1	1	2	1	1	0
消化器官 1	10	1	1	1	1	1	1	1	1	1	1	2	1	1	1	0
消化器官 2	11	1	1	1	1	1	1	1	1	1	1	1	2	1	1	0
消化器官 3	12	4	4	4	5	4	4	3	3	2	2	1	1	1	1	0
消化器官 4	13	3	3	3	3	3	3	4	3	2	2	1	1	1	1	0
神经器官 1	14	1	1	1	1	1	1	1	1	1	1	2	2	1	1	0
神经器官 2	15	3	3	3	3	3	3	4	3	2	2	1	1	1	1	0
神经器官 3	16	5	4	4	4	4	4	3	3	2	2	1	1	1	1	0
体表类型 1	17	0	0	0	0	0	0	0	0	0	0	0	0	1	1	0
体表类型 2	18	0	0	0	0	0	0	0	0	0	0	1	1	0	0	0
体表类型 3	19	3	3	3	3	3	3	4	3	2	1	0	0	0	0	0
体表类型 4	20	4	4	4	4	4	5	3	3	2	1	0	0	0	0	0
体表类型 5	21	5	4	4	4	4	4	3	3	2	1	0	0	0	0	0

第三节　演化的定量表示与俭约性公理

演化关系的定量表示，这是以定量分析方法研究分支分类的前提。前面讨论了性状编码方法，这种编码实际上是分类单位集合到整数的保序映象。编码数值包含着分类单位之间演化关系的信息，其结果乃是为实现演化关系的定量表示做准备。演化关系的数值表示称为演化系数(evolutionary coefficients)。如果以相异性距离系数 $d(x,y)$表示两分支单位 x 与 y 间的演化关系，与表征性相似性系数一样，下面两个要求是必要的：

(1)　　$d(x,y)\geqslant 0$，当且仅当 $x=y$ 时，$d(x,y)=0$

(2)　　$d(x,y)=d(y,x)$

作为距离系数，在纯数学的度量空间中有三角不等式的要求 $d(x,y)\leqslant d(x,z)+d(z,y)$；对于表征分类为了保证分类单位属于同一分类集合的传递性，要求 $d(x,y)\leqslant \max\{d(x,z), d(y,z)\}$。在分支分类中，演化系数还须要怎样的要求呢？

考虑到演化过程中，演化关系的数量大小是靠进化的积累而获得。因此进化的程度应该是可以累加的，这个要求作为生物演化的又一条基本公理而被提出。

公理 3 生物真实演化集合的演化图中，同一演化路径上表示演化关系的演化系数满足可加性。

演化路径上三个分支单位 x，y 与 z，如果 $x \leqslant y \leqslant z$，令 d 表示演化系数，可加性的意思是指下面等式成立：

$$d(x,z)=d(x,y)+d(y,z) \tag{4.30}$$

式(4.30)可以推广到多个分支单位情形，如果有 $n+1$ 个分支单位，它们构成一个演化路径：

$$x=x_0 \leqslant x_1 \leqslant x_2 \leqslant \cdots \leqslant x_n=y \tag{4.31}$$

则

$$d(x,y)=\sum_{i=1}^{n} d(x_{i-1},x_i) \tag{4.32}$$

这里需要注意的是不在同一路径上的分支单位，可加性不一定成立。

搞清楚演化系数所要求的条件以后，下面着手找出具体的系数，并计算之。讨论表征分类时已经列出种种相异系数，其中绝对距离系数满足可加性条件。绝对距离系数具有可加性的证明如下：

如果三个分支单位满足

$$\mathrm{x_i} \leqslant \mathrm{x_h} \leqslant \mathrm{x_j}$$

从性状编码的规定，第 k 性状相应的编码应有不等式 $x_{ik} \leqslant x_{hk} \leqslant x_{jk}$ $(k=1,2,\cdots,n)$，因而有

$$\begin{aligned} |x_{ik}-x_{jk}| &= x_{jk}-x_{hk}+x_{hk}-x_{ik} \\ &= |x_{jk}-x_{hk}|+|x_{hk}-x_{ik}| \end{aligned}$$

最后得

$$\sum_{k=1}^{n}|x_{ik}-x_{jk}|=\sum_{k=1}^{n}|x_{jk}-x_{hk}|+\sum_{k=1}^{n}|x_{hk}-x_{ik}|$$

由于绝对距离系数能满足可加性公理，我们取该系数作为分支分类的演化系数。

定义 4.11 分支分类中的绝对距离系数又称曼哈顿系数(Manhattan coefficient)，因为属于距离系数也称为演化距离(evolutionary distance)。两个分支单位 CTU_i 和 CTU_j，它们的分支单位向量分别是

$$x_i=[x_{i1}\ x_{i2}\cdots x_{in}]$$
$$x_j=[x_{j1}\ x_{j2}\cdots x_{jn}]$$

分支单位 i 与 j 之间曼哈顿演化系数计算公式如下

$$d(i,j)=\sum_{k=1}^{n}|x_{ik}-x_{jk}| \tag{4.33}$$

该系数基于单位性状,每个性状一个性状编码值的差异代表该性状具有一步演化差异，因而演化系数的单位称“步”(step)。

定义 4.12　把演化集合视作有向树图，对于分支线(弧)$l=(x,y)$，可以把距离 $d(x,y)$ 定为分支线的长度(length of evolutionary line)，记作

$$d(l)=d(x,y)$$

把分支线的长度视为分支线的赋权值，该演化图成为赋权图，称为赋权演化图(weighted evolutionary graph)。赋权演化图所有分支线的长度的总和称为该演化图的演化长度(evolutionary length)。

在一条演化路径　L：$x=x_0\leqslant x_1\leqslant x_2\leqslant\cdots\leqslant x_m=y$ 中，所有分支线的长度总和称为该演化路径的长度，由于在同一条演化路径中演化距离是可以相加的，因而演化路径的长度等于起点与终点间的距离，即：

$$d(L)=\sum_{i=1}^{m}|x_{i-1}-x_i|=d(x,y)$$

俭约性原则由 Edward 和 Cavall-Sforza 首次提出。1965 年 Camin 与 Sokal 对分支分类的研究给出了离散性状的俭约性方法，俭约性原则认为代表生物演化关系的图，其长度取一切可能的最小值。俭约性原则的提出，为分支分类的定量分析奠定基础。该原则的正确性我们无须从逻辑上进行论证,实际上它是宇宙中一切物质运动普遍原理之一。现在将俭约性原理作为公理阐述如下：

公理 4 (生物进化俭约性公理)　代表生物演化真实过程的演化图符合俭性原则，即演化图取其长度可能达到的最小者。

俭约性公理是定量分支分类的基础，在解决分支分类具体问题之前，还须要从俭约性公理推导出一系列重要结论。其中 Farris 的中位值定理最为重要。早在 1970 年 J.S.Farris 首次提出该定理，并且从数学上加以证明。之后，该定理成为创立各种分支分类方法的依据。该定理之所以重要，是因为从本质上它体现了俭约性原则，这一点在定理的证明过程中就可以理解。在介绍该定理之前还须要说明两个概念。

定义 4.13　三个数值除去最大、最小值以外剩下的值称为中位值(median value)。

例如 3，2，1 的中位值是 2；3，2，2 的中位值是 2；3.5，3.5，0 的中位值是 3.5；1，1，1 的中位值是 1。作为一般情形，若 m 是 x，y 与 z 的中位值，显然应该满足以下不等式：

$$\min\{x,y,z\}\leqslant m\leqslant\max\{x,y,z\} \tag{4.34}$$

三个分支点 A，B 与 C 关于 n 个性状的向量坐标表示如下：

$$A=[a_1a_2\cdots a_n], B=[b_1b_2\cdots b_n], C=[c_1c_2\cdots c_n]$$

定义 4.14　三个分支点相应性状分量 a_ib_i 和 c_i 的中位值 m_i 为性状分量的分支点 $M=[m_1m_2\cdots m_n]$，称为分支点 A，B 与 C 的中位分支点(median cladistic point)，简称中位点。关于中位点有下面的定理。

定理 4.17　(Farris 中位值定理)：为分支分类问题而构造的演化图，图中三个分支点 A, B 与 C 靠一个分支点 W 与其连接(即在三个分支出点中，从其中之一点经 W 演化到其余两分支点)，则以下两结论成立：

(1) W 取 A，B 与 C 的中位点时，从 W 连向 A，B 与 C 的演化路径总长度达到最小；

(2) A，B 与 C 的中位点 M 到各点的演化距离有以下关系：

$$\left.\begin{aligned}d(A,M)=\frac{1}{2}[d(B,A)+d(C,A)-d(B,C)]\\d(B,M)=\frac{1}{2}[d(C,B)+d(A,B)-d(C,A)]\\d(C,M)=\frac{1}{2}[d(A,C)+d(B,C)-d(A,B)]\end{aligned}\right\}\tag{4.35}$$

推论 1　符合俭约性原则为分支分类问题而构造的演化图中，与三个分支点 A，B 与 C 相邻接的分支点必取 A，B 与 C 的中位点。

在中位值定理及其推论中，三个分支点尚不知何者是祖先，何者是后裔？如果一旦明确其中之一是祖先，不妨设 C 是祖先，分支点 A 与 B 是后裔，这时中位点 M 的性状分量将是 A 与 B 相应性状分量的最小值。

$$m_i=\min\{a_i,b_i\}\ (i=1,2,\cdots,n)\tag{4.36}$$

满足这个关系的分支点 M 称为 A 与 B 的最小值点(minimal value point)。这里中位点取最小值，是因为事先确定 C 为 A 与 B 的祖先，有 $c_i\leqslant a_i$, $c_i\leqslant b_i$，因而有下面的关系。

$$c_i=\min\{a_i,b_i,c_i\}\le\min\{a_i,b_i\}\le\max\{a_i,b_i,c_i\}=\max\{a_i,b_i\}$$

此式说明 A 与 B 的最小值点就是 A，B 与 C 的中位值点。下面的推论正确。

推论 2　在中位值定理及其推论 1 中，当 C 是 A 与 B 的祖先时，将 A，B 与 C 的中位值点改为 A 与 B 的最小值点，结论正确。

注意：这里中位值点取最小值点以后，中位值点只与 A 和 B 有关，与 C 无关。这一点为我们构造演化图寻求假设分类单位提供一个计算方法。推论 2 对解决分支分类实际问题，重构生物演化关系十分重要。

推论 3　为分支分类问题而构造且符合俭约性原则的演化图，任何分支点的性状分量是所有可演化到达分支点相应性状分量的最小值，亦是所有可演化到达的终裔点相应性状分量的最小值。

Farris 的中位值定理和两个推论，从数学关系上完全解决了分类单位的预测。分类单位的所有最近共同祖先，作为假设分类单位都能够逐级地计算出来。

如果两个待结合分支单位(最初时为分类单位)的向量表示是：

$$X_p[x_{p1}\ x_{p2}\ \cdots\ x_{pn}]$$
$$X_q[x_{q1}\ x_{q2}\ \cdots\ x_{qn}]$$

二者的最近共同祖先为假设分类单位 X_r 其个性状分量应该满足：

$$x_{ri}=\min\{x_{pi},x_{qi}\}(i=1,2,\cdots,n) \tag{4.37}$$

从而获得 X_r 的向量表示

$$X_r[x_{r1}\ x_{r2}\ \cdots\ x_{rn}]$$

式(4.37)在以后的分支分类运算中将会多次引用。

定义 4.15　共祖分支单位在相同性状上出现相同性状状态的进化，称为平行进化(parallel evolution)。

如果演化图中没有平行进化，性状的每一阶段进化反映在演化图中能、也只能发生一次，从演化图的长度去理解为演化图增加一个单位步长；具有 m 次进化的单位分支性状在没有平行的演化图中发生 m 次进化，为演化图的长度产生 m 步。由此得到分支分类演化图的一个性质。没有平行进化的演化图，其演化图的长度 L 等于所有被考虑单位分支性状其状态进化次数 $m_i(i=1,2,\cdots,n)$的总和。即

$$L_{\min}=\sum_{i=1}^{n}m_i \tag{4.38}$$

定义 4.16　凡构造的演化图，其演化长度取到 $L_{\min}$ 时，称为最俭约演化图(the most parsimonious evolutionary)，值 $L_{\min}$ 称为最俭约演化长度(the most parsimonious evolutionary length)，简作最俭长度。

前面的讨论已阐明，没有平行进化的演化图必定是最俭约演化图。反过来，最俭约的演化图不可能出现平行进化。因为一旦出现平行进化，产生平行进化的性状在相应的进化阶段上被演化图长度的步长计数两次，因而演化图长度不可能达到最俭长度。于是我们已经证明了下述定理。

定理 4.18　分支分类问题获得最俭约演化图的充分必要条件是演化图无平行进化。

如果让原始数据中的每一个数值都单独发生在演化图的某一进化过程中，演化长度的最大程度的“浪费”莫过于原始数据的所有值都成为演化图长度的一部分，充其量是原始数据的总和，于是我们所构造的演化图其长度 L 应满足：

$$L_{\min} = \sum_{i=1}^{n} m_i \leqslant L \leqslant L_{\max} = \sum_{i=1}^{t} \sum_{j=1}^{n} x_{ij} \tag{4.39}$$

实际构造的演化图未必能达到最俭约目标，为了使构造出来的演化图尽可能反映真实情况，根据生物进化俭约性定理，应该使演化图长度愈小愈好，力图达到最俭长度 $L_{\min}$。于是我们确定一个系数作为演化图俭约性程度的衡量，称为俭约系数(parsimony coefficient)。俭约系数规定如下：

$$C_L = \frac{L - L_{\min}}{L_{\max} - L_{\min}} \tag{4.40}$$

其中 L 代表演化图的长度，$L_{\min}$ 代表最俭长度，$L_{\max}$ 代表最大演化图长度，即原始数据的总和。

俭约系数值 C_L 介于 0 与 1 之间，当 $C_L = 1$ 时，演化图长度呈现最大程度的“浪费”。这种情形的演化图如图 4-9 所示。

这种演化图未经任何定量分析，直接从原始数据可以获得。只要把每个分类单位当作图的终裔，0 向量作为所有分类单位的最近共同祖先亦即祖源。图的分支线之间存在大量平行进化，因而产生最大程度性状进化的重复。该图在反映 OTU 的演化关系上也未能提供任何有意义的信息。

当俭约系数值 $C_L = 0$ 时，演化图达到最大程度的俭约，该图属于最俭约演化图。最俭约图中不出现任何平行进化，完全符合定理 4.18 提出的条件，也就是说完全符合演化的最俭约公理。为了获得最俭约演化图，不仅要求有较好的分支分类运算方法，而且还要求对性状的演化关系估计正确，性状的演化在原始数据矩阵中是完全和谐的。关于性状的和谐性在下一节中还要深入讨论。不和谐的性状数据是不可能获得最俭约演化图。

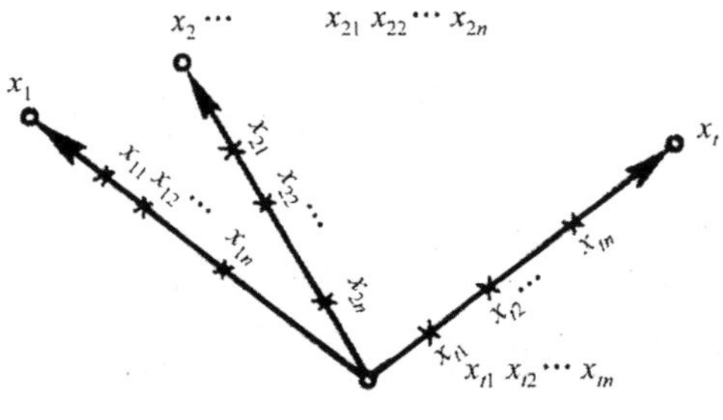

图 4-9　演化长度最“浪费”的演化图($C_L = 1$)

第四节　性状演化的和谐性与和谐性分析方法

为了比较性状之间的和谐性，先对每一性状建立性状演化集。

若有 n 个分支性状 $M_i(i=1,2,\cdots,n)$，把分类单位集合 O 映象到性状状态集合 S_i：

$$O \xrightarrow{M_i} S_i \qquad (i=1,2,\cdots,n)$$

取出任一性状记作 M，状态集合为 S，分支性状的状态集合 S 是一个共祖的演化集合，因而性状 M 对生物的演化关系提供一定的信息。我们先建立起一个 O 的导出演化集，要求该演化集仅仅反映单一性状 M 的演化关系。

这里采用图论的方法构造如此导出演化集。与演化集 S 相应的有向树图 S 中任取一个分支点 s，分以下两种情形进行处理：

若分类单位集合中仅有唯一的分类单位 $y\in O$，使 $s=M(y)$，则规定 $y=s$。若存在两个以上的分类单位 $y_i\in O, s=M(y_i)(i=1,2,\cdots,m)$，则在原有向树图 S 中补充以新的分支点 y_i 和弧 $l_i=(s, y_i)(i=1, 2, \cdots, m)$。

对 S 中每一分支点 s 都做上述处理，最后得 S 扩展图，记作 S^*。该图保持着一棵有向树图。所有的分支点构成演化集合，从 S^*的构造过程知 $O\subseteq S^*$，并且 O 在 S^*上共祖。又把 M 亦看作 O 到 S^*的映象，显然 M 是保序的，说明 S^*当作演化集合符合公理 2 保序性要求。如果把 S^*看作基本演化集合，作出 O 的导出演化集 X。这时我们会发现如此构造的导出演化集 X 与基本演化集 S^*相同。这一点只要按照构造 S^*的两种情形分别考虑，不难理解。最后我们把如此获得的导出演化集称为分类单位集合 O 对性状 M 的性状演化集合(characteristic evolutionary set)。分类单位集合 O 的 n 个不同性状，分别获得 n 个不同的性状演化集合。性状演化集合体现了分类单位之间该性状的演化关系，我们可以从相应性状演化集合的比较中得到性状之间和谐性关系。

定义 4.17　集合的非空子集构成集合类，以集合为元素，集合之间的包含关系 $B\subseteq A$ 确定为演化关系 $A\leqslant B$，在如此演化关系之下，如果该集合类构成演化集，则称为演化类(evolutionary class)。

能够构成演化类的条件是什么呢？当然演化关系的四条性质应该满足。在此，集合之间的包含关系作为演化关系，前三条性质显然保持正确。须要考虑的是性质 4，该性质表现在演化类中可以这样描述：

对于任意两集合 A 与 B，若存在另一非空集合 C，使 $C\subseteq A$ 且 $C\subseteq B$，则要么 $B\subseteq A$ 或者 $A\subseteq B$。在此因为 C 非空，其中 $C\subseteq A$ 且 $C\subseteq B$ 的条件可以改换成 $A\cap B\neq\Phi$。由此引出集合与集合类和谐性定义：

定义 4.18　两集合 A 与 B 若 $A\cap B=\Phi$，或者当 $A\cap B\neq\Phi$ 时，A 与 B 存在包含关系 $A\subseteq B$ 或 $A\supseteq B$，则称两集合 A 与 B 和谐(compatible)。

定义 4.19　集合 X 的两个子集类 G 与 H，对任意集合 $A\in G, B\in H$，A 与 B 是和谐的，则称集合类 G 与 H 是和谐的。特殊情形，若集合类与自身是和谐的，称该集合类自身是和谐的。

集合与集合类的和谐性具有对称性(若 A 与 B 和谐，则 B 与 A 亦和谐)，但不满足传递性，请看下面的例子。

集合 $A=\{a,b,c\}$ 与集合 $C=\{c\}$ 和谐，$B=\{c,d,e,f\}$ 与 C 也和谐，但是 A 与 B 不和谐。

三个集合类，$G=[\{a\},\{b\},\{c\},\{b,c\},\{a,b,c\}]$，$H=[\{a\},\{b\},\{c\},\{a,b,c\}]$ 和 $F=[\{a\},\{b\},\{c\},\{a,b\},\{a,b,c\}]$，容易验证 G 与 H 和谐，H 与 F 和谐，但 G 与 F 不和谐，因为 G 中的集合 $\{b,c\}$ 与 F 中的集合 $\{a,b\}$ 不和谐。

集合类是否为演化类，根据和谐性定义，自然有下面的结论。

定理 4.19　不存在空集的和谐的集合类是演化类。

然而演化类未必都一定是自身和谐的，请看下面的反例。

集合类 $G=[X\{a,b\},Y\{b,c\},Z\{d\},U\{b,c,d\},V\{a,b,c,d\}]$ 按集合包含关系确立的演化关系(即若 $A\subseteq B$ 则 $B\leqslant A$)构成演化类(见图 4-10)。但是该集合类自身非和谐，因为集合 X 与 Y 不和谐。

不含空集的集合类，构成演化类与其和谐性条件在什么情况下才是既充分又必要的呢？下面的定理回答了这个问题。

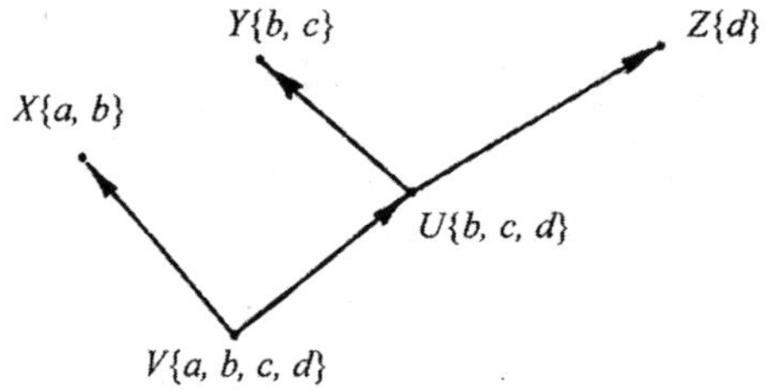

图 4-10　自身不和谐的演化类

定理 4.20　包含所有单个元素的集合，又不含空集的集合类，构成演化类的充分必要条件是自身和谐。

对于一个被研究的分类单位集合 O，根据公理 1，存在使 O 共祖的基本演化集 U，其导出演化集为 X。对于演化集合 X，如何建立一个与之演化同构的集合呢？从前面讨论的结果，我们打算设计一个集合类，使该集合类与被研究的演化集合同构。为了明确如此集合类，先作下面的定义：

定义 4.20　在导出演化集 X 中，对于任意 $x\in X$，先定义与 x 对应的集合：

$$C(x)=\{y\mid x\leqslant y,y\in O\text{(分类单位集合)}\}\tag{4.41}$$

此集合称分支单位 x 的演化对应集(evolutionary corresponding set)，简作对应集。然后引入演化对应类的概念。

$$G(Z)=\{C(x)\mid x\in Z\}\tag{4.42}$$

称为演化集 Z 的演化对应类(evolutionary corresponding class)，简作对应类。

演化对应类 $G(Z)$正是我们需要建立的与演化集合 Z 同构的集合。为了说明对应类 $G(Z)$与 Z 的同构性以及其他重要性质，须要设立下面一系列定理。

定理 4.21　演化对应集非空集。

定理 4.22　在导出演化集 X 中，若分支点 $x_1 \neq x_2$，则相应的演化对应集 $C(x_1) \neq C(x_2)$。

定理 4.23　在导出演化集 X 中，分支点 $x_1 \leqslant x_2$ 的充分必要条件是演化对应集有

$$C(x_1) \supseteq C(x_2)$$

定理 4.24　在导出演化集 X 中，分支点 x_1 与 x_2 不可比较的充分必要条件是相应的演化对应集有 $C(x_1) \cap C(x_2) = \varnothing$。

定理 4.25　演化对应类是和谐的，亦属演化类。

定理 4.26　导出演化集中任意分支点 x 是其演化对应集 $C(x)$的最近共同祖先，即：

$$x = \wedge C(x) \tag{4.43}$$

经过一系列定理，最后得到了本节的基本定理——演化集合与对应类同构性定理。

定理 4.27 (演化同构基本定理)导出演化集合与其演化对应类演化同构。

以上讨论的关于对应集、对应类以及一系列的结论都是从分支分类出发，在导出演化集上进行的。对于任意一个共祖演化集 X，我们只要把 X 的终裔集合 $B(0)$与集合 $B(1)$之并视作分类单位集合 O，X 作为基本演化集，可以证明 X 就是 O 的导出演化集。对于任意 $x \in X$，对应集的表示式(4.41)可以写成下面的形式：

$$C(x) = \{y \mid x \leqslant y, y \in B(0) \cup B(1)\} \tag{4.44}$$

由此可得演化对应类。这样理解，前述对应集、对应类以及一系列有关定理的结论对于任意一个一般的共祖演化集都适用。

我们终于找到了与一个共祖演化集合 X 演化同构的另一个演化集合 $G(X)$。两个演化同构的演化集应该具有完全相同的演化关系，其中一个演化关系被揭示，另一个演化关系也被知晓。演化同构性基本定理与演化对应集的构造对分支分类研究具有重要意义。

导出这一系列有意义的理论是从和谐性的讨论开始的，和谐性仍然是研究的主要问题，在一开始曾经定义了集合与集合类的和谐性，然而至今尚未论及性状与演化集合的和谐性。当建立了演化集与其对联应类的演化同构关系之后，我们可以借对应类为性状的和谐性给出严谨的定义。

定义 4.21　确立在分类单位集合 O 上的两个分支性状 M_1 与 M_2 其性状演化集合分别是 X_1 与 X_2，如果其对应类 $G(X_1)$与 $G(X_2)$和谐，则称性状 M_1 与 M_2 演化和谐(evolution compatible)，或简称和谐(compatible)。

如果某分支分类问题的分类单位集合是 $O=\{y_1, y_2,\cdots, y_t\}$，附有 n 个单位性状，M_j 表示第 j 个性状的映象，I_j是该性状的状态集合，单位性状的状态集合与非负整数集合 $R_{m_j}=\{0,1,2,\cdots,m_j\}$演化同构。为了讨论问题方便，毋宁让性状状态集合就是非负整数集合，也就是状态的编码值集合：

$$I_j: \quad 0,1,2,\cdots,m_j$$

映象 M_j 把导出演化集 X 保序映象到 I_j 上。

讨论分类单位第 j 性状编码值大于等于 i $(0\leqslant i\leqslant m_j)$的集合，给出下面的定义：

$$D(i,j)=\{y\mid M_j(y)\geqslant i,\ y\in O\}\quad(0\leqslant i\leqslant m_j;\ j=1,2,\cdots,n) \tag{4.45}$$

在性状 j 的性状演化集合上让 a_{ij} 表示 $D(i,j)$的最近共同祖先：

$$a_{ij}=\wedge D(i,j) \tag{4.46}$$

作 a_{ij} 的演化对应集 $C(a_{ij})=\{y|a_{ij}\leqslant y, y\in O\}$。下面的定理说明该集合就是 $D(i,j)$。

定理 4.28　分类单位第 j 性状$(1\leqslant j\leqslant n)$编码值大于等于 $i(0\leqslant i\leqslant m_j)$的集合 $D(i,j)$就是对应集 $C(a_{ij})$ $(a_{ij}=\wedge D(i,j))$。即：

$$D(i,j)=C(a_{ij}) \tag{4.47}$$

对固定的 j，根据定理 4.28 获得分支单位集合 $B_j=\{a_{0j}, a_{1j},\cdots, a_{m_j j}\}$，$B_j$ 的对应类 $G(B_j)$实际上就是第 j 性状演化集合 X_j 的对应类 $G(X_j)$。因而为了检验性状之间的和谐性，只需检验 $G(B_j)(j=1,2,\cdots,n)$的和谐性。在检验其和谐性时又会发现，其中集合 $D(0,j)=C(a_{0j})=O$，全体分类单位集合 O 与任何其子集合和谐，因而我们可以从中除 $i=0$ 项，令

$$A_j=\{a_{1j},a_{2j},\cdots,a_{m_j j}\}\quad(j=1,2,\cdots,n) \tag{4.48}$$

得 A_j 的对应类

$$G(A_j)=[C(a_{1j}),C(a_{2j}),\cdots,C(a_{m_j j})]\ (j=1,2,\cdots,n)$$

即

$$G(A_j)=[D(1,j),D(2,j),\cdots,D(m_j,j)]\ (j=1,2,\cdots,n) \tag{4.49}$$

我们只需对 $G(A_j)$检验性状之间的和谐性。这时我们把(4.49)中的 $G(A_j)$称为性状 j 的对应类，集合 $D(1,j)$，$D(2,j)$，…，$D(m_j,j)$称为性状的对应集。

仍然取桔梗科 6 个种的试验数据为例，说明性状对应集和对应类的获取过程。如果以行为分类单位，列为性状，桔梗科 6 个种的分支分类原始数据矩阵表示如下：

$$Y=\begin{bmatrix}1&1&1&0&0&1&2&0\\0&0&0&1&0&2&1&0\\0&0&2&1&2&0&0&0\\0&0&0&2&1&0&0&0\\1&1&1&0&0&1&2&1\\0&0&0&1&2&0&0&0\end{bmatrix}\text{OTU}$$

性状

性状 3 的数据是[1 0 2 0 1 0]，以此性状为例。因为已经规定，以分类单位在数据矩阵中排列的次序码代表分类单位自身，即以 i 代表第 i 个分类单位 OTU_i。按照(4.49)演化对应类 $G(A_3)$中的对应集合有以下两个：

$$i=1,\qquad D(1,3)=\{1,3,5\}$$
$$i=2,\qquad D(2,3)=\{3\}$$

性状 3 的演化对应类 $G(A_3)$是：

$$G(A_3)=[\{1,3,5\},\{3\}]$$

下表把每个性状演化对应类和对应集合都列出。

表 4-5　桔梗科试验数据性状的对应集和对应类

性　状	对　应　类	对　应　集
1	$G(A_1)$	{1,5}
2	$G(A_2)$	{1,5}
3	$G(A_3)$	{1,3,5},{3,}
4	$G(A_4)$	{2,3,4,6},{4}
5	$G(A_5)$	{3,4,6},{3,6}
6	$G(A_6)$	{1,2,5},{2}
7	$G(A_7)$	{1,2,5},{1,5}
8	$G(A_8)$	{5}

Kexue 和谐性分析方法(性状比较)

根据前一章关于演化对应集和对应类的理论以及 Kexue 和谐性的定义，要分析性状 i 和性状 j 的和谐性，根据(4.49)就是要分析两个对应类 $G(A_i)$和 $G(A_j)$的和谐性。待比较对应类如下：

$$\left.\begin{aligned} G(A_i) &= [D(1,i),\ D(2,i),\cdots,D(m_i,\ i)] \\ G(A_j) &= [D(1,j),D(2,j),\cdots,D(m_j,j)] \end{aligned}\right\} \tag{4.50}$$

这两个对应类如果是和谐的，则两性状和谐，否则不和谐。

定义 4.22　为了表示两性状的和谐性程度，我们定义性状 i 与性状 j 的 Kexue 不和谐数(Kexue incompatible number of character)，记作 $K(i,j)$，简称不和谐数：

$$K(i,j)=\begin{cases}1 & \text{当性状 } i \text{ 与性状 } j \text{ 不和谐}\\ 0 & \text{否则}\end{cases} \tag{4.51}$$

然后再定义性状 i 不和谐数(incompatible number of character)：

$$K(i)=\sum_{j=1}^{n}K(i,j) \tag{4.52}$$

以及性状 i 不和谐系数(incompatible coefficient of character)：

$$C(i)=\frac{1}{n-1}K(i) \tag{4.53}$$

对整个数据和谐性的评估值有性状不和谐总数(incompatible total number of characters)：

$$K=\sum_{i=1}^{n}K(i) \tag{4.54}$$

以及性状不和谐总系数(incompatible total coefficient of characters)：

$$C=\frac{K}{n(n-1)} \tag{4.55}$$

性状不和谐数与性状不和谐总数是性状之间不和谐联系的计数，0 值表示完全和谐，值愈大表示和谐性愈差。性状不和谐系数与性状不和谐总系数是不和谐联系占全部性状联系的比率，系数值介于 0 与 1 之间，0 值表示完全和谐，值愈大和谐性愈差。

按照上述定义的概念，列出和谐性分析表进行和谐性分析。桔梗科试验数据的 Kexue

和谐性分析如表 4-6。

表中性状 3 和性状 4，性状不和谐数和性状不和谐系数都比较高，说这两个性状与其他性状和谐性较差，有待重新考虑性状的演化关系。

该分析立足点在于对性状不和谐联系的计数，以及不和谐占全部性状联系的比率。当性状进化步数较长，性状进化状态较多，产生不和谐的机会较高，因而性状不和谐联系的计数也受到干扰，往往较大。这时该分析方法不能十分正确地反映性状之间和谐性程度，也存在一定的缺点，为了谋求分析方法的改进，下面设计立于对应集不和谐计数的分析方法。

表 4-6　桔梗科试验数据 Kexue 和谐性分析(性状比较)

$K(i,j)$ \ j / i		性状 j 1	2	3	4	5	6	7	8	性状 i 不和谐数 $K(i)$	性状 i 不和谐系数 $C(i)$
性状 i	1	0	0	0	0	0	0	0	0	0	0
	2	0	0	0	0	0	0	0	0	0	0
	3	0	0	0	1	1	1	1	0	4	0.571
	4	0	0	1	0	0	1	1	0	3	0.429
	5	0	0	1	0	0	0	0	0	1	0.143
	6	0	0	1	1	0	0	0	0	2	0.286
	7	0	0	1	1	0	0	0	0	2	0.286
	8	0	0	0	0	0	0	0	0	0	0
性状不和谐总数　$K = 12$ 性状不和谐总系数 $C = 0.2143$										12	——

Kexue 和谐性分析方法(对应集比较)

在比较性状 i 和性状 j 的和谐性时，根据 Kexue 和谐性定义，是在演化对应集类 $G(A_i)$ 和 $G(A_j)$之间进行所有对应集 $D(k, i)$与 $D(l, j)(k = 1, 2, \cdots, m_i;\ l = 1, 2, \cdots, m_j)$匹配和谐性的检验。

定义 4.23　如果以值 $N(i, j, k, l)$表示和谐性是与否的结果，可以定义：

$$N(i,j,k,l)=\begin{cases}0 & \text{当 } D(k,i) \text{ 与 } D(l,j) \text{ 和谐} \\ 1 & \text{其他情形}\end{cases} \tag{4.56}$$

这时，可以采取新的计数值表示性状 i 与性状 j 的和谐性程度。该值称为性状 i 与性状 j 之间 Kexue 对应集不和谐计数(Kexue number of incompatible Corresponding set)，表示如下：

$$KN(i,j)=\sum_{k=1}^{m_i}\sum_{l=1}^{m_j}N(i,j,k,l) \tag{4.57}$$

代表性状 i 与其他性状不和谐程度的值是性状 i 的对应集不和谐计数(incompatible number of corresponding set)：

$$KN(i)=\sum_{j=1}^{n}KN(i,j) \tag{4.58}$$

相应地有性状 i 对应集不和谐系数(incompatible coefficients of corresponding set)：

$$CN(i)=\frac{KN(i)}{\sum_{j=1}^{n}m_i m_j - m_i^2} \tag{4.59}$$

对于整个数据和谐性的评估，亦有对应集不和谐总数(incompatible total number of corresponding set)：

$$KN=\sum_{i=1}^{n}KN(i) \tag{4.60}$$

以及对应集不和谐总系数(incompatible total coefficient of corresponding set)：

$$CN=\frac{KN}{\sum_{i=1}^{n}\sum_{j=1}^{n}m_i m_j - \sum_{i=1}^{n}m_i^2} \tag{4.61}$$

以上确立的多个定量值和系数，其意义与和谐分析方法(性状)十分类似，所不同仅在于前一方法对性状，后一方法转向对演化对应集。

以桔梗科试验数据为例，计算结果如表 4-7。

表 4-7　桔梗科试验数据 Kexue 和谐性分析(对应集比较)

$KN(i,j)$ \ j / i		性状 j								性状 i 对应集不和谐数 $KN(i)$	性状 i 对应集不和谐系数 $CN(i)$
		1	2	3	4	5	6	7	8		
性状 i	1	0	0	0	0	0	0	0	0	0	0
	2	0	0	0	0	0	0	0	0	0	0
	3	0	0	0	1	2	1	1	0	5	0.2273
	4	0	0	1	0	0	1	1	0	3	0.1364
	5	0	0	2	0	0	0	0	0	2	0.0909
	6	0	0	1	1	0	0	0	0	2	0.0909
	7	0	0	1	1	0	0	0	0	2	0.0909
	8	0	0	0	0	0	0	0	0	0	0
对应集不和谐总数 $KN=14$ 对应集不和谐总系数 $CN=0.0959$										14	——

表 4-7 分析结果亦同样说明性状 3 对性状 4 与其他性状不和谐数较高，有必要对这两个性状的演化关系进行调整。

为了更进一步说明和谐性分析方法，还取一个比较接近实际的动物演化数据为例进行分析。该例的数据见表 4-4 动物演化数据-1，其中前三个性状，即①体对称形式，②生活方式，③生殖方式，我们有意安排了不和谐的演化关系。

表 4-8　动物演化数据-1 和谐性分析

性状编号	对应集不和谐数 *KN* (*i,j*)																					对应集不和谐数 *KN* (*i*)	对应集不和谐系数 *CN* (*i*)
1	0	0	1	0	0	1	0	1	1	1	1	1	1	1	1	1	2	0	0	0	0	13	0.1140
2	0	0	3	3	3	9	3	3	0	0	0	8	6	3	6	8	0	3	9	11	11	89	0.5298
3	1	3	0	1	1	2	0	1	0	0	0	1	1	1	1	1	0	1	2	2	2	21	0.1250
4	0	3	1	0	0	0	0	0	0	0	0	0	0	0	0	0	0	0	0	0	0	4	0.0690
5	0	3	1	0	0	0	0	0	0	0	0	0	0	0	0	0	0	0	0	0	0	4	0.0690
6	1	9	2	0	0	0	0	0	0	0	0	0	0	0	0	0	0	0	0	0	0	12	0.0545
7	0	3	0	0	0	0	0	0	0	0	0	0	0	0	0	0	0	0	0	0	0	3	0.0517
8	1	3	1	0	0	0	0	0	0	0	0	0	0	0	0	0	0	0	0	0	0	5	0.0439
9	1	0	0	0	0	0	0	0	0	0	0	0	0	0	0	0	0	0	0	0	0	1	0.0088
10	1	0	0	0	0	0	0	0	0	0	0	0	0	0	0	0	0	0	0	0	0	1	0.0088
11	1	0	0	0	0	0	0	0	0	0	0	0	0	0	0	0	0	0	0	0	0	1	0.0088
12	1	8	1	0	0	0	0	0	0	0	0	0	0	0	0	0	0	0	0	0	0	10	0.0370
13	1	6	1	0	0	0	0	0	0	0	0	0	0	0	0	0	0	0	0	0	0	8	0.0364
14	1	3	1	0	0	0	0	0	0	0	0	0	0	0	0	0	0	0	0	0	0	5	0.0439
15	1	6	1	0	0	0	0	0	0	0	0	0	0	0	0	0	0	0	0	0	0	8	0.0364
16	1	8	1	0	0	0	0	0	0	0	0	0	0	0	0	0	0	0	0	0	0	10	0.0370
17	2	0	0	0	0	0	0	0	0	0	0	0	0	0	0	0	0	0	0	0	0	2	0.0345
18	0	3	1	0	0	0	0	0	0	0	0	0	0	0	0	0	0	0	0	0	0	4	0.0690
19	0	9	2	0	0	0	0	0	0	0	0	0	0	0	0	0	0	0	0	0	0	11	0.0500
20	0	11	2	0	0	0	0	0	0	0	0	0	0	0	0	0	0	0	0	0	0	13	0.0481
21	0	11	2	0	0	0	0	0	0	0	0	0	0	0	0	0	0	0	0	0	0	13	0.0481

最大长度 ＝462 步

最小长度 ＝59 步

$KN=238$，$CN=0.0728$

表 4-8 给出 Kexue 和谐性分析结果，这里采用对应集比较方法。在不和谐数 *KN* (*i*, *j*) 矩阵中，出现不和谐的情形都在前三行、前三列，说明不和谐只发生在前三个性状。再看对应集不和谐数 *KN*(*i*)和对应集不和谐系数 *CN*(*i*)，都在前三个性状出现高值。整个分

析十分准确地指出前三个性状的不和谐性。

第五节　生物演化历史的重构

生物演化历史的重新构造也就是分支分类所要解决的问题，现在先把问题的提出再明确如下：

如果被分类研究的 t 个分类单位构成分类单位集合

$$O: \{x_1, x_2, \cdots, x_t\} \tag{4.62}$$

分类的依据是 n 个性状：C_1，C_2，…，C_n。每个性状，其性状状态编码数据取非负整数值，大小与演化方向一致，零表示最原始状态。t 个 OTU，n 个性状给出 t 行 n 列原始数值矩阵：

$$\text{OTU}\overset{\text{性　状}}{\begin{bmatrix} x_{11} & x_{12} & \cdots & x_{1n} \\ x_{21} & x_{22} & \cdots & x_{2n} \\ \cdots & \cdots & \cdots & \cdots \\ x_{t1} & x_{t2} & \cdots & x_{tn} \end{bmatrix}} \tag{4.63}$$

其中第 i 个 OTU 向量 $X_i = [x_{i1} \quad x_{i2} \quad \cdots \quad x_{in}]$。

如果采取聚合的分支分类运算，两个分支单位 CTU_p 与 CTU_q 结合成 CTU_r，依据中位值定理推论 1，分支单位 CTU_r 向量的分量由下式确定：

$$x_{rk} = \min\{x_{pk}, x_{qk}\} \quad (k = 1, 2, \cdots, n) \tag{4.64}$$

第 j 性状状态最大值由 m_j 表示，

$$m_j = \max_{1 \le k \le t} \{x_{kj}\} \tag{4.65}$$

$$L_{\min} = \sum_{j=1}^{n} m_j \tag{4.66}$$

$$L_{\max} = \sum_{i=1}^{t} \sum_{j=1}^{n} x_{ij} \tag{4.67}$$

根据第一节的理论存在导出演化集：

$$X = O \cup H \tag{4.68}$$

其中 H 表示 O 的假设分类单位集合。

从理论上讲，导出演化集 X 就是分支分类问题的解，然而实际上我们需要的是对 X 以加权有向树图形式的表示，即演化图。演化图作为分支分类问题的解，被画成分支树谱图(cladogram)。按照检约性原则，反映真实生物演化过程的演化图，其演化长度 L 应取到可能的最小值，在第三节中关系式(4.39)已经阐明演化长度 L 满足以下不等式：

$$L_{\min} \leqslant L \leqslant L_{\max} \tag{4.69}$$

为了表示演化图对检约性原理符合的程度，引入演化图的检约系数(parsimonius-coefficient)。

$$C_L = \frac{L - L_{\min}}{L_{\max} - L_{\min}} \tag{4.70}$$

对于确定的分支分类问题，演化图作为问题的解，其演化图长度 L 有界，一切解的下确界记作：

$$L\inf = \inf\{L\} \tag{4.71}$$

定义 4.24　分支分类问题解的演化图长度 L 取到 L inf 时，该解称为分支分类问题的最优解(optimal solution)。若演化图长度取到 $L_{\min}$ 时，称为分支分类问题的理想解(reasonable solution)。

对于一个分支分类问题，如果树谱图的演化长度取到最检约长度 $L_{\min}$，那么每一个性状状态的进化，在树谱图中只允许出现一次。因而理想解不得出现平行进化。如何才能达到理想解呢？这个问题涉及到原始数据的和谐性，下面的定理对阐明其间的关系十分重要。为了表述方便，我们把性状完全和谐的分支分类问题称为和谐的分支分类问题(compatible cladistic problem)。

定理 4.29　分支分类问题具有理想解的充分必要条件是原分支分类问题和谐。

从上述定理知道，要达到理想解不是没有条件的。一个不完全和谐的原始数据，再好的分支分类方法也不可能取到理想解。因此评价一个分支分类方法的优劣，要针对不同原始数据并考虑获得的结果而分别论说。为此我们给出下面概念。

定义 4.25　一个分支分类方法，若对于和谐的分支分类问题获得理想解，则称该分支分类方法是合理方法(reasonable method)；反之，不能保证获得理想解，称为不合理方法(unreasonable method)。一个分支分类方法，若对任何分支分类问题均能达到最优解，则称该分支分类方法为最优方法(optimal method)。

一个合理的分支分类方法不一定是最优方法。对于完全和谐的原始数据根据定理 4.29 可达到理想解，此时最优解也就是理想解。因此最优分支分类方法必是合理方法。

这一节介绍两个思路不同，但运算过程十分类似。同属于逆演化次序聚合的分支分类运算方法。

最大同步分支分类法

最大同步法的运算从分支分类原始数值矩阵(4.63)开始，在原始数值矩阵中取出代表分类单位的两个分支点数据 $X_i=[x_{i1}\quad x_{i2}\ \cdots\ x_{in}]$和 $X_j=[x_{j1}\quad x_{j2}\ \cdots\ x_{jn}]$。在此引入同步系数概念。

定义 4.26　由两个分支单位确定的值：

$$S_{ij}=\sum_{k=1}^{n}\min\{x_{ik},x_{jk}\}\quad (i,j=1,2,\cdots,t) \tag{4.72}$$

称为分支单位 X_i 与 X_j 的的同步系数(same step coefficient)。同步系数反映分支单位之间的演化谱系关系，在聚合的分支分类运算中，它能够与表征分类的相似性系数类似，作为决定类群结合的依据。

在构造演化图的运算过程中，将同步系数最大的一对分支点按演化的逆方向优先结合，导出其最近共同祖先。从同步系数(4.72)的定义容易理解，这样的结合将使较多的性状在计算演化长度时，仅计入一次，从而达到节省演化长度的目的。这就是最大同步分支分类运算方法的基本思想。

最大同步法分支分类运算步骤

(1) 首次开始运算把原始数值矩阵(4.63)视作运算的数值矩阵。从数值矩阵取数据，依照公式(4.72)计算所有分支单位间的同步系数 $S_{ij}(i\neq j)$，置同步系数于系数矩阵中。上次循环保留的同步系数可省略计算。

(2) 从系数矩阵中找出同步系数最大值。假如就是 S_{pq}，由此确定把分支单位 X_p 和 X_q 相结合。若有两个以上同步系数达到最大值，可拟定一个按分类单位编号选取的方案(例如先比较大号，大号相同再比较小号，取最小编号执行)选择执行。

(3) 根据性状最小值规定(4.64)求出分支单位 X_p 与 X_q 的最近共同祖先 X_r 的性状状态分量值。从数据矩阵中删除分支单位 X_p 与 X_q数据，补充新的分支单位 X_r，数据矩阵分支单位(行)数比原来减少 1。

(4) 在分支树谱图上作出从分支点 X_r 到 X_p 与 X_q 的分支线，并记下该分支线的演化性状和性状进化步数(小线段数代表步数)。

若数据矩阵的分支单位(行)数≥2，则转向步骤(1)进入下一次循环运算。否则结束运算。

循环运算结束后，检查分支树谱图中是否出现演化长度为 0 的分支线，若有，将完全相同的起点与终点重合，取消演化长度为 0 的分支线。

以桔梗科试算数据为例，运算过程列于表 4-9，并进行说明。

表 4-9　桔梗科试算数据最大同步法分支分类运算过程

循环次数	编　号	系数矩阵	性状	1	2	3	4	5	6	7	8
I	1	×		1	1	1	0	0	1	2	0
	2	2×		0	0	0	1	0	2	1	0
	3	1 1×		0	0	2	1	2	0	0	0
	4	0 1 2×		0	0	0	2	1	0	0	0
	5	6 2 1 0×		1	1	1	0	0	1	2	1
	6	0 1 3 2 0×		0	0	0	1	2	0	0	0
II	2	×		0	0	0	1	0	2	1	0
	3	1×		0	0	2	1	2	0	0	0
	4	1 2×		0	0	0	2	1	0	0	0
	7	2 1 0×		1	1	1	0	0	1	2	0
	6	1 3 2 0×		0	0	0	1	2	0	0	0
III	2	×		0	0	0	1	0	2	1	0
	4	1×		0	0	0	2	1	0	0	0
	7	2 0×		1	1	1	0	0	1	2	0
	8	1 2 0×		0	0	0	1	2	0	0	0
IV	9	×		0	0	0	0	0	1	1	0
	4	0×		0	0	0	2	1	0	0	0
	8	0 2×		0	0	0	1	2	0	0	0
V	9	×		0	0	0	0	0	1	1	0
	10	0×		0	0	0	1	1	0	0	0
VI	11			0	0	0	0	0	0	0	0

运算说明

第 I 次循环运算：

先根据公式(4.72)计算同步系数。例如计算 S_{12}：

X_1 的性状分量	1 1 1 0 0 1 2 0
X_2 的性状分量	0 0 0 1 0 2 1 0
最小值	0 0 0 0 0 1 1 0

$$S_{12}=\sum_{k=1}^{8}\min\{x_{1k},x_{2k}\}=0+0+0+0+0+1+1+0=2$$

然后根据最大同步系数 $S_{51}=6$ 确定 CTU_5 与 CTU_1 相结合，二者的最近共同祖先是 CTU_7。

根据公式(4.64)求得 CTU_7 的性状分量值

X_5 的性状分量	1 1 1 0 0 1 2 1
X_1 的性状分量	1 1 1 0 0 1 2 0
X_7 的性状分量(最小值)	1 1 1 0 0 1 2 0

在分支树谱图上作出分支点 CTU_5，CTU_1 和 CTU_7，以及相应的分支线，表示从 CTU_7 演化到 CTU_5 和 CTU_1。

第 II 次循环运算：

将 CTU_7 的性状分量数据置数据矩阵中，并计算 CTU_7 与其他分支单位同步系数。例如：

$$S_{72}=\sum_{k=1}^{8}\min\{x_{7k},x_{2k}\}=0+0+0+0+0+1+1+0=2$$

$$S_{73}=\sum_{k=1}^{8}\min\{x_{7k},x_{3k}\}=0+0+1+0+0+0+0+0=1$$

其他同步系数值得自循环 I 中的系数矩阵。

依照本次循环最大同步系数值 $S_{63}=3$，确定 CTU_6 与 CTU_3 相结合，二者的最近共同祖先是 CTU_8。

按公式(4.64)求 CTU_8 的性状分量值

X_3 的性状分量	0 0 2 1 2 0 0 0
X_6 的性状分量	0 0 0 1 2 0 0 0
X_8 的性状分量(最小值)	0 0 0 1 2 0 0 0

在分支树谱图中补充相应的分支点和分支线，表示从 CTU_8 分别演化到 CTU_6 和 CTU_3 的过程。

第 III 次循环运算：

将 CTU_8 的性状分量置数据矩阵中，并计算 S_{82}，S_{84} 和 S_{87}。例如

$$S_{82}=\sum_{k=1}^{8}\min\{x_{8k},x_{2k}\}=0+0+0+1+0+0+0+0=1$$

其他同步系数来自第 II 次循环。

本次循环的最大同步系数 $S_{72}=S_{84}=2$，取 CTU 编码小者 S_{72}，由此确定 CTU_7 和 CTU_2 相结合。最近共同祖先是 CTU_9。

计算 CTU_9 的性状分量值

X_2 的性状分量	0 0 0 1 0 2 1 0
X_7 的性状分量	1 1 1 0 0 1 2 0
X_9 的性状分量(最小值)	0 0 0 0 0 1 1 0

在分支树谱图中补入从 CTU_9 到 CTU_7 和 CTU_2 的演化过程。

第 IV 次循环运算：

将 CTU_9 的性状分量值记入数据矩阵，并计算同步系数，

$$S_{94}=S_{98}=0$$

$S_{48}=2$ 得自上次循环。

最大同步系数 $S_{48}=2$，确定 CTU_4 与 CTU_8 相结合，最近共同祖先是 CTU_{10}。

计算 CTU_{10} 的性状分量值：

X_4 的性状分量	0 0 0 2 1 0 0 0
X_8 的性状分量	0 0 0 1 2 0 0 0
X_{10} 的性状分量(最小值)	0 0 0 1 1 0 0 0

在分支树谱图中补入从 CTU_{10} 到 CTU_4 和 CTU_8 的演化过程。

第 V 次循环运算：

数据矩阵只有 CTU_9 和 CTU_{10}，计算 $S_{9\ 10}=0$。将最后两个分支单位结合，产生最近共同祖先 CTU_{11}，即演化图的祖源。

在分支树谱图中补入从 CTU_{11} 和 CTU_9 和 CTU_{10} 的演化过程。

第 VI 次循环运算：

从上次循环运算的两个分支单位性状分量得祖源 CTU_{11} 的性状分量值。数据矩阵保留 CTU 的个数<2，运算结束。

循环运算结束后得分支树谱图，检查该图，在 CTU_8-CTU_6 和 CTU_7-CTU_1 出现演化长度为 0 的分支线，让 $CTU_8=CTU_6$，$CTU_7=CTU_1$，除去该分支线，最后得树谱图(见图 4-11)。

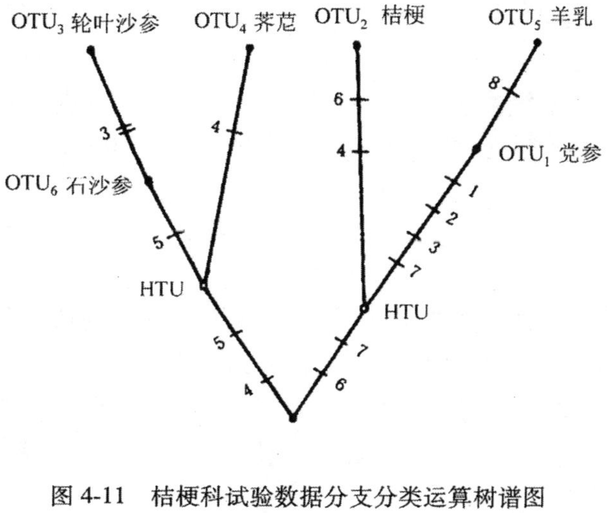

图 4-11　桔梗科试验数据分支分类运算树谱图

$L=15$ 步；$L_{min}=13$ 步；$L_{max}=28$ 步；$C=0.1333$。

如何评价最大同步分支分类运算方法呢？该方法是逆时间聚合的分支分类法，如果能够证实下面定理真确，最大同步分支分类法必是合理的。

定理 4.30　对和谐的分支分类问题，施行最大同步法运算不可能产生超前结合。

最小平行进化分支分类法

最小平行进化分支分类法与最大同步法，在运算过程与步骤方面，形式上十分类似。但思想方法却完全不同，让我们从一组简单的数据来说明这两种俨然不同的思路。下面是一组分支分类数据和最大同步法的分支分类运算结果：

		性状					
		1	2	3	4	5	6
OUT	1	1	2	0	2	0	0
	2	1	2	2	0	0	0
	3	0	0	0	2	0	1
	4	0	0	2	0	1	0

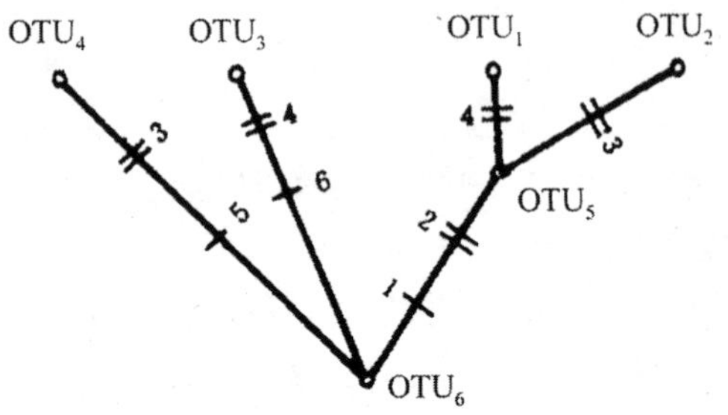

图 4-12　最大同步法的计算结果

$L = 13$；$L_{\min} = 9$；$CL = 0.5714$。

最大同步法虽然一般能得到较好的结果，但是上面的数据得到不甚满意的结果，树谱图出现性状 3 和性状 4 各具有两步进化，重复发生在树谱图的不同分支线中，即产生平行进化。造成平行进化的原因是由于单纯考虑，OTU_1 和 OTU_2 具有较高共同演化步长，虽然对性状 1 和性状 2 的安排符合俭约原则，但是对性状 3 和性状 4 演化步长的利用，产生最大程度地浪费。不得不使我们放弃最大同步法，打算从新的思路去考虑问题。

按照定理 4.18，反映生物真实演化过程的演化图，不可能出现平行进化。因此构造树谱图时，应尽力避免出现平行进化。此外，在构造树谱图时，最俭长度 Lmin 与平行进化长度数量上有着直接的关系。让我们考虑计数树谱图的演化步长时，如果不存在演化的逆转，实际上只有平行进化才可能构成树谱图的不合理安排，因而在一个树谱图中

$$\text{平行进化步长} = L - L_{\min} \tag{4.73}$$

由此看来按俭约性原则构造的树谱图，应该首先考虑避免或尽可能减少平行进化在树谱图中出现。我们以避免和减少平行进化的思路去设计新的分支分类运算方法。

为此，须要计算两个类群结合能产生平行进化的步数有多少？如果在分支分类过程中，考虑两个分支单位 $x_p = [x_{p1} \quad x_{p2} \quad \cdots \quad x_{pn}]$和 $x_q = [x_{q1} \quad x_{q2} \quad \cdots \quad x_{qn}]$相结合，先定义函数：

$$E(p,q,i,j) = \begin{cases} \min\{x_{ij}, x_{pj}\} + \min\{x_{ij}, x_{qj}\} - 2\min\{x_{pj}, x_{qj}\} & \text{当 } x_{ij} > \min\{x_{pj}, x_{qj}\} \\ 0 & \text{其他情形} \end{cases} \tag{4.74}$$

式中 $i(i \neq p,q)$和 $j(j = 1,2,\cdots,n)$分别表示分支单位和性状的标号。容易验证函数 $E(p,q,i,j)$表示性状 j 当 CTU_p 与 CTU_q 结合与 CTU_i 产生平行进化的计数。

定义 4.27　作累计求和：

$$S_{pq}=\sum_{j=1}^{n}\sum_{\substack{i=1\\ i\neq p,q}}^{t}E(p,q,i,j) \tag{4.75}$$

这就是分支单位 CTU_p 与 CTU_q 相结合，由此而产生平行进化的计数总值，称之为分支单位 p 与 q 的平行进化系数(parallel evolutionary coefficient)。对于合理的演化图，分支单位 p 与 q 恰当地结合，显然平行进化系数 $S_{pq}=0$。

以平行进化系数代替同步系数，保留原来最大同步分支分类运算的格局，将获得一个新的分支分类运算方法，即最小平行进化法(method of minimal parallel evolution)。该方法的具体运算步骤如下：

最小平行进化法运算步骤

(1) 首次开始运算把原始数值矩阵(4.63)视作被运算的数值矩阵。从数值矩阵取数据，依照公式(4.74)和(4.75)计算所有分支单位间的平行进化系数 $S_{ij}(i\neq j)$。置平行进化系数于系数矩阵中。

(2) 从系数矩阵中找出平行进化系数最小值，假如就是 S_{pq}，由此确定把分支单位 X_p 与 X_q 相结合。若有两个以上平行进化系数达到最小值，可拟定一个按分类单位编号选取的方案(例如先比较大号，大号相同再比较小号，取最小编号执行)，选择执行。

(3) 根据性状最小值原则(4.64)，求出分支单位 X_p 与 X_q 的最近共同祖先 X_r 的性状分量值。从数值矩阵中删除分支单位 X_p 与 X_q 数据，补充新的分支单位 X_r，数据矩阵中分支单位(行)数比原来减少 1。

(4) 在分支树谱图上作出从分支点 X_r 到 X_p 与 X_q 的分支线，并记下该分支线的演化性状和性状进化步数。

若数据矩阵的分支单位(行)数≥2，则转向步骤(1)，进入下一次循环运算，否则结束运算。

循环运算结束后，检查分支树谱图中是否出现演化长度为 0 的分支线，若有，将完全相同的起点与终点重合，取消演化长度为 0 的分支线。

以桔梗科试验数据为例，运算过程列于表 4-10。

运算说明

第 I 次循环运算：

先根据公式(4.74)和(4.75)，从数据矩阵取得数据，计算平行进化系数。

例如计算 S_{12}：

当 $j=1$ 时，$E(1,2,5,1)=1$，其他 $i(i\neq 1,2)$值 $E(1,2,i,1)$均为 0

当 $j=2$ 时，同前

当 $j=3$ 时，$E(1,2,3,3)=E(1,2,5,3)=1$，其他 $i(i\neq 1,2)$值 $E(1,2,i,3)$均为 0

……

当 $j=8$ 时，$E(1,2,i,8)(i\neq 1,2)$均为 0

因而有 $S_{12}=1+1+2+3+0+0+1+0=8$

表 4-10　桔梗科试验数据最小平行进化法分支分类运算过程

循环次数	编　号	系数据阵	数据矩阵							
			性状：1	2	3	4	5	6	7	8
	1	×	1	1	1	0	0	1	2	0
	2	8 ×	0	0	0	1	0	2	1	0
I	3	13 9 ×	0	0	2	1	2	0	0	0
	4	14 6 3 ×	0	0	0	2	1	0	0	0
	5	0 8 13 14 ×	1	1	1	0	0	1	2	1
	6	15 7 2 1 15 ×	0	0	0	1	2	0	0	0
	7	×	1	1	1	0	0	1	2	0
	2	4 ×	0	0	0	1	0	2	1	0
II	3	8 6 ×	0	0	2	1	2	0	0	0
	4	8 4 2 ×	0	0	0	2	1	0	2	0
	6	9 5 1 1 ×	0	0	0	1	2	0	0	0
	7	×	1	1	1	0	0	1	2	0
III	2	2 ×	0	0	0	1	0	2	1	0
	8	5 3 ×	0	0	0	1	2	0	0	0
	4	5 3 0 ×	0	0	0	2	1	0	0	0
	7	×	1	1	1	0	0	1	2	0
IV	2	1 ×	0	0	0	1	0	2	1	0
	9	3 2 ×	0	0	0	1	1	0	0	0
V	10		0	0	0	0	0	1	1	0
	9		0	0	0	1	1	0	0	0
VI	11		0	0	0	0	0	0	0	0

所有的平行进化系数都计算出来以后，根据最小平行进化系数 $S_{15}=0$，确定 CTU_1 和 CTU_5 相结合。二者的最近共同祖先是 CTU_7，利用(4.64)求出 X_7 的性状分量值。

$$X=[1\ 1\ 1\ 0\ 0\ 1\ 2\ 0]$$

在分支树谱图上作分支点 X_1,X_5 和 X_7,以及相应的分支线,表示从 CTU_7 进化到 CTU_1 和 CTU_5。

第 II 次循环运算：

以 X_7 取代 X_5 和 X_1，置 X_7 的性状分量值于数据矩阵中，得新的数据矩阵。并计算所有分支单位间的平行进化系数，置新系数于系数矩阵中。

最小平行进化系数 $S_{63}=S_{64}=1$，此分支单位编码大号相同，按小编码比较取最小者，即取 S_{63}，决定 CTU_6 与 CTU_3 相结合。最近共同祖先为 CTU_8，按最小性状原则得 CTU_8 的性状分量。

$$X_8=[0\ 0\ 0\ 1\ 2\ 0\ 0\ 0]$$

在分支树谱图中补充相应的分支点和分支线，表示从 CTU_8 分别演化到 CTU_6 和 CTU_3。

第 III 次循环运算：

以 X_8 取代 X_6 和 X_3，置 X_8 的性状分量值于数据矩阵中，计算平行进化系数，得新的系数矩阵。该系数矩阵中最小平行进化系数 $S_{48}=0$，由此确定 CTU_4 与 CTU_8 相结合，最近共同祖先为 CTU_9。求 CTU_9 的性状状态分量值，

$$X_9=[0\ 0\ 0\ 1\ 1\ 0\ 0\ 0]$$

在分支树谱图上作出从分支点 X_9 到 X_4 和 X_8 的演化关系。

第 IV 次循环运算：

以 X_9 取代 X_4 和 X_8，置 X_9 的性状分量值于数据矩阵中，计算 CTU_9 与 CTU_7 和 CTU_2 的平行进化系数，得系数矩阵。该矩阵中，最小平行进化系数是 $S_{72}=1$，由此确定 CTU_7 与 CTU_2 相结合。最近共同祖先为 CTU_{10}，求出性状分量值。

$$X_{10}=[0\ 0\ 0\ 0\ 0\ 1\ 1\ 0]$$

在分支树谱图上作出从分支点 X_{10} 到 X_7 和 X_2 的演化关系。

第 V 次循环运算：

以 X_{10} 取代 X_7 与 X_2，置 X_{10} 的性状分量值于数据矩阵。新数据矩阵仅剩下两个分支单位，无选择余地，将两分支单位 CTU_9 与 CTU_{10} 相结合成 CTU_{11}，求出性状分量值。

$$X_{11}=[0\ 0\ 0\ 0\ 0\ 0\ 0\ 0]$$

在分支树谱图上，作出从分支点 X_{11} 到 X_9 和 X_{10} 的演化关系。

第 VI 次循环运算：

以 X_{11} 取代 X_9 与 X_{10}，数据矩阵剩下待处理的分支单位个数已小于 2，运算结束。

最后将分支树谱图中演化长度为 0 的分支线 $l(X_8, X_6)$ 和 $l(X_7, X_1)$ 取消，让 $X_8=X_6$，$X_7=X_1$，得分支树谱图(见图 4-11)。

与最大同步法一样，下面的定理成立，该定理说明最小平行进化法亦是合理的分支分类法。

定理 4.31　对和谐的分支分类问题，施行最小平行进化法分支分类运算不可能产生超前结合。

第五章　马尔柯夫链数学模型

第一节　马尔柯夫链的基本概念及其表示

世界上一切事物都在随时间而变化，譬如某一地区气候指标气温和湿度的变化；人体血液循环，心脏博动每次的血压和排血量；神经细胞兴奋或抑制的传递；生物世代交替过程中遗传性状的表现……。所有变化着的事物表现状态可能是数值的、非数值的、连续的、离散的。我们把在 t 时刻事物所处的状态记作 $x(t)$，被研究事物 $x(t)$所有可能取到的状态集合称为状态空间，记作 U。事物状态 $x(t)$随时间 t 的变化是确定的，我们建立起确定的数学模型，进行研究。还有一大类客观事物，状态 $x(t)$的出现受到大量随机因素的干扰，以一定的概率取到状态空间 U 中的某一状态，因而 $x(t)$是不确定的，我们把上述依赖于参数 t，以一定概率取值于某一状态的过程称为随机过程(stochastic process)。以随机过程而表现的生命现象我们需要建立起随机的数学模型进行研究。马尔柯夫链是其中十分重要的随机数学模型，本章将要讨论研究这种数学模型。

何谓马尔柯夫链？我们必须讨论一系列与之有关的基本概念。首先是马尔柯夫特性，即无后效性。某一随机过程当时间 t_0，状态 $x(t_0)$取状态 i，之后当时刻 $t_0+t(t\geqslant 0)$，状态 $x(t_0+t)$达到 j 的概率记作 $p_{ij}(t_0,\ t_0+t)$此概率如果与时间 t_0 和当时所处的状态 i 有关，而与 t_0 以前事物所处的状态无关，我们称这样的随机过程是无后效性的，无后效性的随机过程称为马尔柯夫过程(Markov process)。

例如我们讨论农田生态系统中某元素物质的循环，物质存在于土壤中，溶解于水中抑或被植物吸收，物质从当前所处的状态 i 转移到状态 j 的概率与 i 所取的状态有关，而与到达 i 状以前的历史过程没有关系。这是一个无后效的随机过程。再看另一个例子，考虑一个学生的学习成绩，是否能从中等水平进步到优秀的水平，这是一个有后效性的随机过程。因为学习成绩从当前状态转移到优秀状态，不仅与当前状态有关，而且与过去的历史也有联系，一个学习成绩一贯优良，具有较好基础的学员总是以较大的可能性连续取得优秀成绩。反之一个成绩一贯低劣，素质较差的学员，取得优秀成绩的概率要小。自然界许多反映生命活动过程的随机过程都是无后效性的，因而我们都可以建立马尔柯夫过程的数学模型进行研究。

某一随机过程，从 t_0 时刻到 t_0+t，状态从 i 转变到状态 j 的的概率 $p_{ij}(t_0,t_0+t)$，如果此概率与所处的时间 t_0 无关，而只与状态 i，j 和时间间隔 t 有关，则称此随机过程关于时间为齐性，即时齐性，此概率干脆记作 $p_{ij}(t)$。经过时间 t 时齐性的随机过程发生状态从 i 到 j 转变的概率为一定值 $p_{ij}(t)$，因为它与开始发生的时间无关，在任何时刻皆适用。换句话说，时齐性体现了一种随机过程，其变化有普遍的规律可遵循。我们的研究范围将局限在具有时齐性的马尔柯夫过程。

现在我们给出马尔柯夫链的明确定义。

定义 5.1 状态离散，时间离散的马尔柯夫过程称为**马尔柯夫链**(Markov chain)。

对于马尔柯夫链，由于状态的离散性，全部状态可以排成一序列，如果以正整数排序，整个状态空间可记作 $U=\{u_1,u_2,\cdots\}$，其中 $u_i(i=1,2,\cdots)$代表某一状态。实际上我们可以用正整数的下标 i 代表该状态 u_i，于是状态空间可看作是全体正整数。离散的马尔柯夫链又有无限与有限之分，而实际生活中我们遇到的马尔柯夫链绝大多数都属有限，本书的讨论都是有限情形。譬如具有 n 个状态，其状态空间可以记作

$$U=\{u_1,u_2,\cdots,u_n\}$$

也可以记作

$$U=\{1,2,\cdots,n\}$$

马尔柯夫链的转移概率 $p_{ij}(t)$，它表示从 i 状态经过时间 t 转变成 j 状态的概率，这里时间参数 t 可以是年、月、日、…任何一个时间单位，依据实际问题的需要而设定，也可能代表事物运动发展的一个阶段、一个步骤、或者一个周期，我们都称为步(step)。由于时间是离散的就约定时间参数以步为单位，取值 $t=1,2,\cdots$。特殊情形当 $t=1$ 时，对于马尔柯夫链从状态 i 经过 1 步转变成 j 状态的概率 $p_{ij}(1)$称为转移概率(transition probability)，记作 p_{ij}。让 i,j 跑遍所有状态，$p_{ij}(i,j=1,2,\cdots,n)$排成一个矩阵

$$P=\begin{bmatrix} p_{11} & p_{12} & \cdots & p_{1n} \\ p_{21} & p_{22} & \cdots & p_{2n} \\ \cdots & \cdots & \cdots & \cdots \\ p_{n1} & p_{n2} & \cdots & p_{nn} \end{bmatrix} \tag{5.1}$$

称为转移矩阵(transition matrix)。

由于马尔柯夫链是具有时齐性和无后效性的随机过程，转移矩阵完全描述了该过程，转移矩阵成为研究马尔柯夫链的重要工具。

下面将给出几个马尔柯夫链的实际例子。

例 1 某动物群体，患病是唯一的死亡原因，以健康、患病和死亡三个状态考虑，状态空间为 $U=\{1$ 健康，2 患病，3 死亡$\}$，通过观察统计在一日之内健康个体患病的概率是 0.01，患病后康复的概率是 0.9，病死的概率是 0.01。这是一个马尔柯夫链，转移概率列表于下：

状　态		达到状态		
		1 健康	2 患病	3 死亡
开始状态	1 健康	0.99	0.01	0
	2 患病	0.9	0.09	0.01
	3 死亡	0	0	1

其中从健康状态出发根据已知条件 $p_{12} = 0.01$，$p_{13} = 0$，显然有 $p_{11} = 1-p_{12} = 0.99$；又从患病状态出发，已知 $p_{21} = 0.9$，$p_{23} = 0.01$，显然有 $p_{22} = 1-p_{21}-p_{23} = 0.09$；处于死亡状态不可能再返回健康与患病状态，当然有 $p_{33} = 1$。如是马尔柯夫链的转移矩阵如下，旁边是与其相应的转移图，稍后再介绍转移图的表示。

$$\begin{bmatrix} 0.99 & 0.01 & 0 \\ 0.9 & 0.09 & 0.01 \\ 0 & 0 & 1 \end{bmatrix}$$

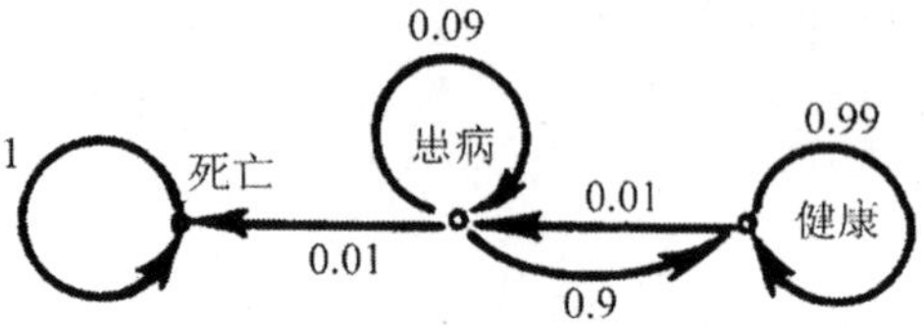

图 5-1

例 2　研究某一草原生态系统中物质磷的循环，考虑土壤中含磷、牧草含磷、羊体内含磷和流失于系统之外四种状态，分别以 u_1,u_2,u_3 和 u_4 表示，基本状态空间为 $U = \{u_1,u_2,u_3,u_4\}$。以年为时间参数，一年内如果土壤中的磷以 0.4 的概率被牧草生长吸收，水土流失于系统外的概率为 0.2；牧草中的含磷以 0.6 的概率被羊吃而转换，0.1 的概率随牧草枯死腐败归还于土壤；羊体中的磷以 0.7 的概率因粪便排泄而还归土壤，又以自身 0.1 的比率屠宰后投放市场。我们可以建立一个马尔柯夫链来研究此生态系统问题，转移概率列表于下：

状　态		到达状态			
		u_1 土壤含磷状态	u_2 牧草含磷状态	u_3 羊体含磷状态	u_4 流失系统外状态
开始状态	u_1 土壤含磷状态	0.4	0.4	0	0.2
	u_2 牧草含磷状态	0.1	0.3	0.6	0
	u_3 羊体含磷状态	0.7	0	0.2	0.1
	u_4 流失系统外状态	0	0	0	1

其中土壤中磷的转移有 $p_{12} = 0.4$，$p_{13} = 0$，$p_{14} = 0.2$，保留于土壤的概率 $p_{11} = 1-p_{12}-p_{14} = 0.4$；牧草含磷的转移有 $p_{21} = 0.1$，$p_{23} = 0.6$，$p_{24} = 0$，因而 $p_{22} = 1-p_{21}-p_{23} = 0.3$；羊体含磷的变化有 $p_{31} = 0.7$，$p_{32} = 0$，$p_{34} = 0.1$，因而 $p_{33} = 1-p_{31}-p_{34} = 0.2$；如果从系数外没有向系统内补充磷，就有 $p_{44} = 1$，$p_{41} = p_{42} = p_{43} = 0$。描述该系统的马尔柯夫链，其中转移矩阵和转移图如下：

$$\begin{bmatrix} 0.4 & 0.4 & 0 & 0.2 \\ 0.1 & 0.3 & 0.6 & 0 \\ 0.7 & 0 & 0.2 & 0.1 \\ 0 & 0 & 0 & 1 \end{bmatrix}$$

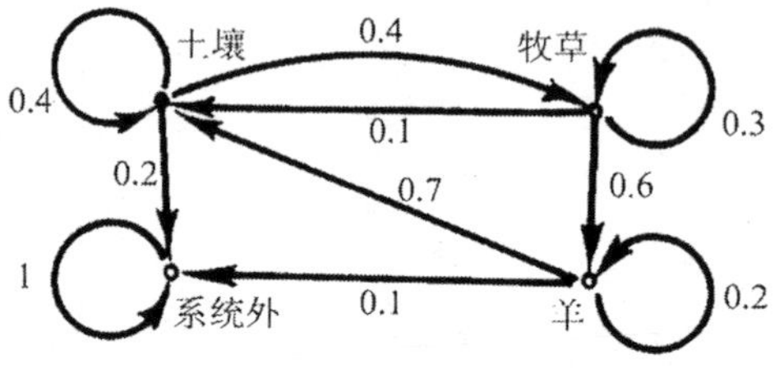

图 5-2

例 3　以孟德尔的豌豆杂交试验为例，考虑豌豆种子呈圆形和皱形的一对等位基因，圆形是显性基因以 A 表示，皱形是隐性以 a 表示，两种基因组成三种基因型，即纯显型 AA，杂交型 Aa 和纯隐型 aa。这三种基因型是杂交后可能形成的三种状态，构成遗传杂交试验随机过程的状态空间 $U=\{AA, Aa, aa\}$ 如果安排的杂交是以 Aa 基因型与之进行杂交，第一代杂交后基因型转移的概率列表于下：

状　态	杂交后代的基因型分配		
	AA	Aa	aa
状态 AA 与 Aa 杂交	$\frac{1}{2}$	$\frac{1}{2}$	0
状态 Aa 与 Aa 杂交	$\frac{1}{4}$	$\frac{1}{2}$	$\frac{1}{4}$
状态 aa 与 Aa 杂交	0	$\frac{1}{2}$	$\frac{1}{2}$

状态空间按 AA，Aa，aa 排序，描述上述杂交试验的马尔柯夫链，其转移矩阵和转移图如下：

$$\begin{bmatrix} \frac{1}{2} & \frac{1}{2} & 0 \\ \frac{1}{4} & \frac{1}{2} & \frac{1}{4} \\ 0 & \frac{1}{2} & \frac{1}{2} \end{bmatrix}$$

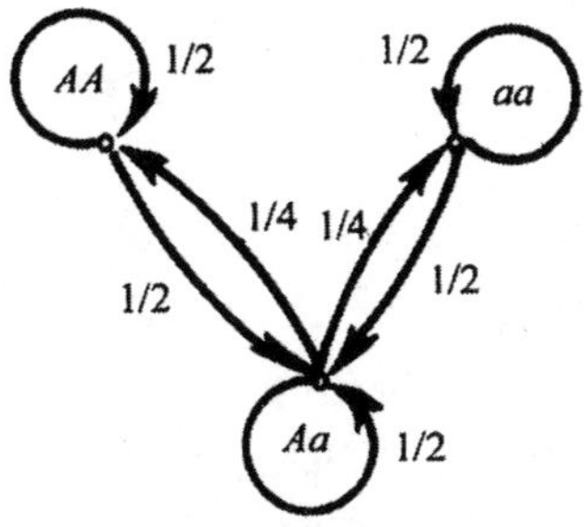

图 5-3

例 4　如果上述杂交试验不是与 Aa 进行，而改换成与纯显性 AA 进行杂交，描述该杂交试验的马尔柯夫链其转移矩阵和转移图成为：

$$\begin{bmatrix} 1 & 0 & 0 \\ \frac{1}{2} & \frac{1}{2} & 0 \\ 0 & 1 & 0 \end{bmatrix}$$

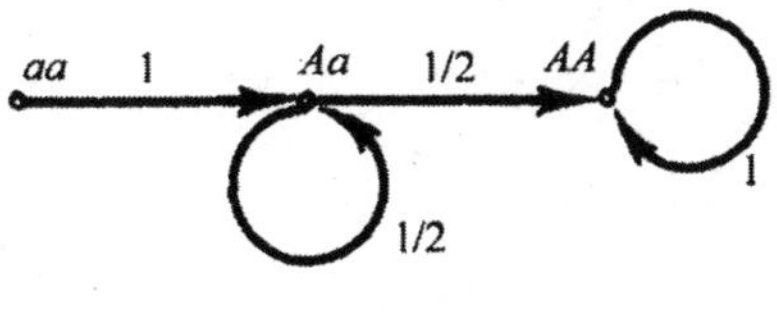

图 5-4

例 5　类似上述情形，与纯隐性 aa 进行杂交，描述该杂交试验的马尔柯夫链，其转移矩阵和转移图又呈现为：

$$\begin{bmatrix} 0 & 1 & 0 \\ 0 & \frac{1}{2} & \frac{1}{2} \\ 0 & 0 & 1 \end{bmatrix}$$

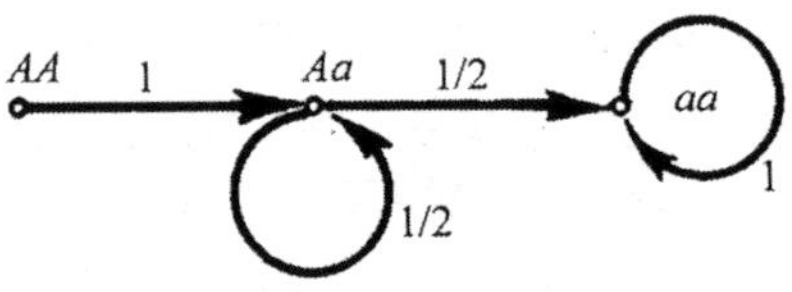

图 5-5

前面所举马尔柯夫链的实例，都给出了相应的转移矩阵。由这些例子看到马尔柯夫链与矩阵的密切联系。由于转移矩阵对研究马尔柯夫链的重要性，我们转向讨论转移矩阵。

根据转移矩阵的定义，转移矩阵的行向量，不妨是第 i 行向量$[p_{i1}\ p_{i2}\ \cdots\ p_{in}]$，向量的分量分别代表从 i 状态经一步达到所有状态的概率，这些概率之和代表必然事件之概率，应等于 1。再考虑到转移矩阵中所有元素值均表示介于 0 与 1 之间的概率，因而转移矩阵具有以下两条性质。

(1) $$p_{ij} \geqslant 0 \qquad (i,j = 1,2,\cdots,n) \tag{5.2}$$

(2) $$\sum_{k=1}^{n} p_{ik} = 1 \qquad (i = 1,2,\cdots,n) \tag{5.3}$$

应马尔柯夫链的需要引进随机向量和随机矩阵的概念。作为一般向量若向量的分量非负，且所有分量值之和为 1，则该向量称为随机向量(stochastic vector)，行向量皆是随机向量的矩阵称为随机矩阵(stochastic matrix)。显然对于马尔柯夫链，转移矩阵的行向量都是随机向量，转移矩阵亦是随机矩阵。

我们不难证明随机向量与随机矩阵之乘积仍然是随机向量。

如果 $X = [x_1\ x_2\ \cdots\ x_n]$代表任意随机向量，$P = [p_{ij}]$代表 n 维随机矩阵，作乘积

$$Y = XP$$

向量 Y 其分量的非负性显然，又所有分量之和为 1 的验证如下：

$$\begin{aligned}\sum_{i=1}^{n} y_i &= \sum_{i=1}^{n}\sum_{k=1}^{n} x_k p_{ki} \\ &= \sum_{k=1}^{n}\left(x_k \sum_{i=1}^{n} p_{ki} \right) \\ &= \sum_{k=1}^{n} x_k \\ &= 1\end{aligned}$$

上面的演算过程中 $\sum_{i=1}^{n} p_{ki}=1$ 和 $\sum_{k=1}^{n} x_k=1$ 是利用了矩阵 P 和向量 X 的的随机性条件。

从前面的结果又不难推出下面一个重要结论，随机矩阵之乘积仍是随机矩阵。这个结论只需再考虑矩阵与矩阵的乘积是矩阵的行向量分别与矩阵乘积的结果。

上述随机向量与随机矩阵，随机矩阵与随机矩阵其乘积的随机性保持不变，这个性质为我们今后利用矩阵研究马尔柯夫链奠定基础。

任何马尔柯夫链，都存在一个随机矩阵作为转移矩阵，对该马尔柯夫链进行描述，矩阵是研究马尔柯夫链的数学工具。除矩阵以外，还可以利用图论来研究马尔柯夫链。图论中的加权有向图符合马尔柯夫链的要求，实际上只要把马尔柯夫链的状态视作图的顶点，顶点之间相应状态转移概率非 0 时，建立与状态转移相一致的加权有向连接弧，就获得了与马尔柯夫链相对应的赋权有向图。

与转移矩阵相同，应马尔柯夫链而建立的赋权有向图，其赋权值就是相应的转移概率，当然也应符合条件(5.2)和(5.3)。我们把满足该条件的赋权有向图又称为马尔柯夫链的转移图(transition digraph)。与随机矩阵相类似，我们把赋权值非负，且从任意顶点到所有其他顶点弧的赋权值之和为 1 的赋权有向图称之为随机图(stochastic digraphs)。转移图亦是随机图。

凡马尔柯夫链都可以把状态视作顶点，以转移概率为赋权值作出相应的转移图。马尔柯夫链获得一个比较形象的描述，图论也成为研究马尔柯夫链的数学工具。

前面所举 5 个马尔柯夫链的实例，其相应的转移图附于其转移矩阵右边。

现在我们以例 3 的杂交试验进一步讨论马尔柯夫链与转移矩阵的关系。如果在杂交试验之前，一个群体按基因型 AA，Aa 和 aa 的分配比率分别是 x_1，x_2 和 x_3，基因型状态分配比率构成的向量 $X=[x_1\ x_2\ x_3]$ 显然是随机向量，经过与基因型为 Aa 的个体进行杂交，第一代杂交后基因型分配将改变成怎样的比率？杂交后基因型分配比率应依据不同状态转移后累计求和而得，列表计算如下：

状　态	AA	Aa	aa
由 AA 状态杂交后得	$x_1\times\frac{1}{2}$	$x_1\times\frac{1}{2}$	$x_1\times 0$
由 Aa 状态杂交后得	$x_2\times\frac{1}{4}$	$x_2\times\frac{1}{2}$	$x_2\times\frac{1}{4}$
由 aa 状态杂交后得	$x_3\times 0$	$x_3\times\frac{1}{2}$	$x_3\times\frac{1}{2}$
杂交后基因型分配比率	$\frac{x_1}{2}+\frac{x_2}{4}$	$\frac{x_1}{2}+\frac{x_2}{2}+\frac{x_3}{2}$	$\frac{x_2}{4}+\frac{x_3}{2}$

$$X^{(1)}=\left[\frac{x_1}{2}+\frac{x_2}{4}\quad \frac{x_1}{2}+\frac{x_2}{2}+\frac{x_3}{2}\quad \frac{x_2}{4}+\frac{x_3}{2}\right]$$

在此向量 $X^{(1)}$ 表示第 1 代杂交基因型分配比率，由上列计算过程可以看出向量 $X^{(1)}$ 是由原分配比率向量与转移矩阵的乘积而获得，即

$$X^{(1)}=XP=[x_1\ x_2\ x_3]\begin{bmatrix}\frac{1}{2} & \frac{1}{2} & 0\\ \frac{1}{4} & \frac{1}{2} & \frac{1}{4}\\ 0 & \frac{1}{2} & \frac{1}{2}\end{bmatrix}$$

让第 1 代杂交后代继续与基因型 Aa 杂交，获得第 2 代杂交后代，其基因型分配比率 $X^{(2)}$应该有

$$\begin{aligned}X^{(2)}&=X^{(1)}P\\&=(XP)P\\&=XP^2\end{aligned}$$

如果令 $X^{(k)}$表示第 k 代与基因型 Aa 杂交获得的基因型分配比率，照此类推将有

$$X^{(k)}=XP^k \tag{5.4}$$

在此因为随机矩阵的乘积仍保持随机性，P^k 仍然是一个随机矩阵。并且随机向量 X 与 P^k 的乘积 $X^{(k)}$亦仍然是一随机向量，它代表 k 代杂交后基因型分配比率。于是我们可以把随机矩阵 P^k 当作一个新的马尔柯夫链的转移矩阵，此马尔柯夫链是由与基因型 Aa 连续作 k 次杂交而获得，它的转移概率将是矩阵 P^k 的元素值。按照上述思路总结出本章的第 1 个定理。

定理 5.1　若 P 是马尔柯夫链的转移矩阵，经 k 步从状态 i 转移到状态 j 的转移概率则是矩阵乘积 P^k 的第 i 行 j 列元素值。

利用归纳法证明本定理。

(1) 当 $k=1$ 时，依转移矩阵的定义，从状态 i 到状态 j 的转移概率就是矩阵 P 的第 i 行 j 列元素值，此命题成立。

(2) 当 $k=m(m\geqslant1)$命题成立，欲推导出 $k=m+1$ 时命题亦成立。令 $p_{ij}^{(m)}$表示经过 m 步从状态 i 转到状态 j 的转移概率，须要阐明 $p_{ij}^{(m+1)}$ 满足命题要求。而 $m+1$ 步的过程可以分两次进行见图 5-6，第一次从 i 状态 1 步分别转移到 k 状态($k=1,2,\cdots,n$)，第二次再从 k 状态各自经 m 步转移到状态 j，第一次的概率是 p_{ik}，第二次的概率依归纳法命题成立的条件，概率 $p_{kj}^{(m)}$ 就是矩阵 P^m 的第 k 行 j 列元素值，n 条路径概率的累计求和有

$$\begin{aligned}p_{ij}^{(m+1)}&=\sum_{k=1}^{n}p_{ik}\cdot p_{kj}^{(m)}\\&=(P\cdot P^m)_{ij}\\&=(P^{m+1})_{ij}\end{aligned}$$

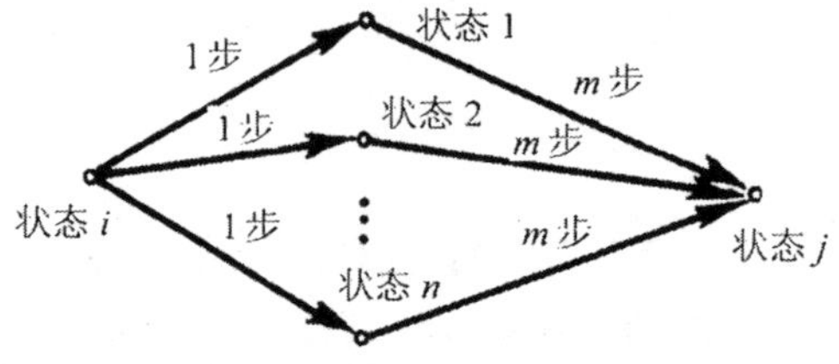

图 5-6　状态转移的路径

其中$(P\cdot P^{m})_{ij}$和$(P^{m+1})_{ij}$分别代表矩阵$P\cdot P^{m}$和矩阵P^{m+1}第i行j列元素值。定理到此证毕。

推论　若P是马尔柯夫链的转移矩阵，状态分配比率为随机向量X的事物，经过k步转移后，新的状态分配比率向量$X^{(k)}=XP^{k}$。

让我们继续讨论例3的具体例子，如果一个群体基因型AA，Aa和aa的个体数分别是40，60和100，个体总数200，基因型分配比率是0.2，0.3和0.5，以随机向量[0.2 0.3 0.5]表示基因型3个状态的分配比率，通过与Aa杂交以后，基因型分配比率向量：

$$X^{(1)}=XP=[0.2\ \ 0.3\ \ 0.5]\begin{bmatrix}0.5 & 0.5 & 0\\ 0.25 & 0.5 & 0.25\\ 0 & 0.5 & 0.5\end{bmatrix}$$
$$=[0.175\ \ 0.5\ \ 0.325]$$

通过与Aa杂交2代以后，按照推论2基因型分配比率向量将成为：

$$X^{(2)}=XP^{2}=[0.2\ \ 0.3\ \ 0.5]\begin{bmatrix}0.375 & 0.5 & 0.125\\ 0.25 & 0.5 & 0.25\\ 0.125 & 0.5 & 0.375\end{bmatrix}$$
$$=[0.2125\ \ 0.5\ \ 0.2875]$$

有趣的是，如此杂交继续下去，基因型分配比率将趋向极限，这是因为矩阵P所代表的马尔柯夫链属于正则马尔柯夫链，下一节讨论正则马尔柯夫链理论之后，对有关遗传学问题还要详细讨论本例。

第二节　正则马尔柯夫链

本书马尔柯夫链的理论被分为两大部分，本节先讨论正则马尔柯夫链。

定义5.2　对于马尔柯夫链，若存在正整数k使其转移矩阵乘幂P^{k}的所有元素值皆大于0，则称该马尔柯夫链是正则的(regul*a*r)。

前一节举出的实例中，例3对杂交型Aa进行杂交的马尔柯夫链，由于转移矩阵的二次乘幂P^{2}已不出现0元素，是正则马尔柯夫链。其他均不符合正则条件。

为了验证马尔柯夫链的正则性，作矩阵乘积的运算是非常繁琐的，特别当幂次k较大时，运算量较大，十分不方便。实际上利用转移图来检验马尔柯夫链的正则性更为方便。对于马尔柯夫链若从转移图的任一状态经有限步终能达到任何其他状态，则该马尔柯夫链是正则的。这也是利用转移图对正则性的定义。我们不难理解这两个正则性的定义完全等价。

利用转移图一望可知，例3与Aa基因型杂交的马尔柯夫链是正则的，因为在该转移图中任一对状态之间都能联系而到达。前一节所举马尔柯夫实例中除例3外，其他的转移图都存在一个状态，到自身的概率为 1，而不可能达到其他状态，因而是非正则的。

为了完成正则马尔柯夫的理论推导，尚需建立下面的引理。

引理：对于随机矩阵 P，若 P 中的最小元素值是$\in(\in>0)$，又对于 n 维向量 X，其最小和最大分量分别是 m_0 和 M_0，向量 PX 的最小和最大分量分别是 m_1 和 M_1，则有

(1) $m_0 \leqslant m_1 \leqslant M_1 \leqslant M_0$

(2) $M_1 - m_1 \leqslant (1-2\in)(M_0 - m_0)$

证明：如果向量 X 的第 j 分量取到最小值，$x_j = m$。

$$X = \begin{bmatrix} x_1 \\ x_2 \\ \vdots \\ x_j = m_0 \\ \vdots \\ x_n \end{bmatrix}$$

将向量 X 中除最小分量 m_0 以外，所有分量都更换以 M_0，得向量

$$Y = \begin{bmatrix} M_0 \\ M_0 \\ \vdots \\ M_0 \\ m_0 \\ M_0 \\ \vdots \\ M_0 \end{bmatrix}$$

显然有不等式

$$X \leqslant Y \tag{5.5}$$

这里凡矩阵或向量的不等式，都是指对应元素或分量的不等式皆成立。

因为随机矩阵 $P \geqslant 0$，与矩阵 P 的乘积关系式(5.5)仍保持不等式关系

$$PX \leqslant PY$$

因 m_0 位于向量 Y 的第 j 分量，p_{ij} 是矩阵 P 中第 i 行 j 列元素，则 PY 的第 i 分量取以下形式，

$$
\begin{aligned}
p_{ij}m_0 + M_0 \sum_{k \neq j} p_{ik} &= p_{ij}m_0 + M_0(1 - p_{ij}) \\
&= M_0 - p_{ij}(M_0 - m_0) \\
&\leq M_0 - \in (M_0 - m_0)
\end{aligned}
$$

因为 PX 的每个分量都小于等于 PY 的相应分量，当然也都小于等于 $M_0-\in(M_0-m_0)$，特别当取到 PX 的最大分量 M_1 时，有不等式

$$
M_1 \leq M_0 - \in (M_0 - m_0) \leq M_0 \tag{5.6}
$$

类似上面的步骤，将向量 X 中除其中一个最大分量 M_0 以外，所有的分量都更换成 m_0，得向量

$$
Z = \begin{bmatrix} m_0 \\ m_0 \\ \vdots \\ m_0 \\ M_0 \\ m_0 \\ \vdots \\ m_0 \end{bmatrix}
$$

与前面相类似的推导过程，可获得不等式

$$
m_1 \geq m_0 + \in (M_0 - m_0) \geq m_0 \tag{5.7}
$$

联合前面两个获得的不等式(5.6)与(5.7)，引理的结论(1)成立。再将两式相减得不等式

$$
M_1 - m_1 \leq M_0 - m_0 - 2\in (M_0 - m_0)
$$

即

$$
M_1 - m_1 \leq (1 - 2\in)(M_0 - m_0)
$$

引理的结论(2)获证。

利用引理将完成下面正则马尔柯夫链基本定理的证明。

定理 5.2　对于正则马尔柯夫链的转移矩阵 P，有以下结论，

(1) 当 $t\to\infty$ 时，$P^t\to W$(随机矩阵)；

(2) W 的每一行向量均相同；

(3) W 的所有分量都大于 0。

证明：根据马尔柯夫链的正则性，存在充分大的 k，使 $P^t(k\leqslant t)$中的所有元素皆大于

0。为了叙述方便，不妨就设从一开始 P 的每个元素都大于 0，若∈(∈>0)是其最小值。再设矩阵 P^t 的第 j 列向量的最小和最大分量分别是 m_t 和 $M_t(t=1,2,\cdots)$。考虑等式

$$P^t = P P^{t-1} \qquad (t\geqslant 2)$$

取其中矩阵 P^t 和 P^{t-1} 的第 j 列向量，多次应用引理可得下面一系列不等式：

$$\begin{array}{l}
M_t - m_t \le (1-2\in)(M_{t-1} - m_{t-1}) \\
M_{t-1} - m_{t-1} \le (1-2\in)(M_{t-2} - m_{t-2}) \\
\cdots\cdots\cdots\cdots\cdots\cdots\cdots\cdots\cdots\cdots\cdots \\
M_2 - m_2 \le (1-2\in)(M_1 - m_1)
\end{array}$$

联合上面多个不等式可得

$$0 \le M_t - m_t \le (1-2\in)^{t-1}(M_1 - m_1) \tag{5.8}$$

考虑到∈是矩阵 P 的最小元素值，又注意到矩阵 P 的随机性，有不等式的如下推导：

$$0 < \in \leqslant \frac{1}{2}$$

$$-1 \leqslant -2\in < 0$$

$$0 \leqslant 1-2\in < 1$$

再看不等式(5.8)的右边，令 $t\to\infty$ 时就得到

$$M_t - m_t \to 0 \qquad \text{当} t \to \infty \tag{5.9}$$

根据引理还应有不等式

$$m_1 \leqslant m_2 \leqslant \cdots \leqslant m_t \leqslant M_t \leqslant \cdots \leqslant M_2 \leqslant M_1 < 1$$

其中 $m_1,m_2,\cdots$ 和 $M_1,M_2,\cdots$ 分别是有界单调递增和递减序列，必存在极限

$$\lim_{t\to\infty} m_t \text{ 和 } \lim_{t\to\infty} M_t$$

再从(5.9)知此两极限应相等，将此极限记作 v_j，得

$$\lim_{t\to\infty} m_t = \lim_{t\to\infty} M_t = v_j$$

这个结果说明 P^t 的第 j 列向量当 $t\to\infty$ 时，所有的分量都趋向同一极限值 v_j。令 $j=1,2,\cdots,n$,就得到

$$P^t \to W \qquad 当\ t\to\infty$$

其中 W 是一个行向量都是 $V=[v_1\ v_2\ \cdots\ v_n]$ 的矩阵。在求极限过程中 P^t 始终是随机矩阵，W 也必是随机矩阵。又注意 m_1 是 P 中的元素，且 $m_k(k=1,2,\cdots)$ 是递增序列，应满足不等式

$$0<\in\leqslant m_1\leqslant v_i \qquad (i=1,2,\ \cdots,n)$$

定理 2 证毕。

从定理 2 导出的矩阵形式是

$$W=\begin{bmatrix} v_1 & v_2 & \cdots & v_n \\ v_1 & v_2 & \cdots & v_n \\ \cdots & \cdots & \cdots & \cdots \\ v_1 & v_2 & \cdots & v_n \end{bmatrix} \tag{5.10}$$

其中行向量相同，记作 $V=[v_1\ v_2\ \cdots\ v_n]$。

推论　若 P 是正则马尔柯夫链的转移矩阵，且 $P^t\to W(t\to\infty)$，$V=[v_1\ v_2\ \cdots\ v_n]$ 是矩阵 W 的行向量，则有

(1) 对于任何随机向量 $X=[x_1\ x_2\ \cdots\ x_n]$，$XP^t\to V(t\to\infty)$；

(2) 存在唯一的随机向量 V 使 $VP=V$，向量 V 亦称为随机矩阵 P 的不动点向量(stationary vector)。

证明：利用定理 2，取 P^t 的极限有

$$XP^t\to XW \qquad (t\to\infty)$$

考虑到向量 X 的随机性条件，XW 的第 i 分量计算如下

$$\begin{aligned} x_1 v_i + x_2 v_i + \cdots + x_n v_i &= (x_1+x_2+\cdots+x_n)v_i \\ &= v_i \end{aligned}$$

得

$$XW=V$$

获极限

$$XP^t\to V \qquad (t\to\infty)$$

推论的结论(1)获证。

利用等式

$$P^{t+1} = P^{t-1} P$$

令 $t\to\infty$，等式两边取极限得矩阵

$$W = WP$$

亦是向量

$$V = VP$$

结论(2)的存在性已证，再证唯一性。若另有随机向量 Z，$ZP = Z$ 成立，由此得

$$\begin{aligned} ZP^{t} &= (ZP)P^{t-1} \\ &= ZP^{t-1} \end{aligned}$$

以此类推可得等式

$$ZP^{t} = ZP^{t-1} = \cdots = ZP^{2} = ZP = Z$$

有极限

$$ZP^{t} \to Z \quad (t\to\infty)$$

但是根据已证结论(1)又有

$$ZP^{t} \to V \quad (t\to\infty)$$

因此 $Z = V$，唯一性得证。

整个推论证毕。

对于正则马尔柯夫链，定理 2 告诉我们随着时间参数的延续，不管初始居于何种状态，最终将以一定的概率分配达到某一状态。定理 2 的推论对联系实际问题具有较大的意义。让我们审视结论(1)的极限过程

$$XP^{t} \to V \tag{5.11}$$

在此，如果把随机向量 X 设置成初始状态的分配比率，XP^{t} 就是经过 t 步以后状态分配的比率，此分配比率将趋向一稳定的向量 V，而且此向量与反映初始状况的向量 X 无关。这一点说明具有正则马尔柯夫链的客观事物，随着时间的推移将趋于稳定，反映稳定状况的不动点向量 V 成为认识客观事物被大家十分关注的焦点。推论还给出计算 V

的依据。

利用等式

$$VP = V \tag{5.12}$$

可写出求解不动点向量的线性代数方程组：

$$\begin{aligned} v_1p_{11} + v_2p_{21} + \cdots + v_np_{n1} &= v_1 \\ v_1p_{12} + v_2p_{22} + \cdots + v_np_{n2} &= v_2 \\ \cdots\cdots&\cdots\cdots \\ v_1p_{1n} + v_2p_{2n} + \cdots + v_np_{nn} &= v_n \end{aligned}$$

其中 $v_1,v_2,\cdots,v_n$ 是方程中的未知变量，该方程尚不能唯一求解，依向量随机性条件再补充一个方程

$$v_1 + v_2 + \cdots + v_n = 1$$

不动点向量可获解。

现在利用正则马尔柯夫链的理论研究有关遗传学问题，先讨论前一节中的例 3 与基因型 Aa 的杂交试验。此马尔科夫链转移矩阵的二次乘幂

$$P^2 = \begin{bmatrix} \frac{3}{8} & \frac{1}{2} & \frac{1}{8} \\ \frac{1}{4} & \frac{1}{2} & \frac{1}{4} \\ \frac{1}{8} & \frac{1}{2} & \frac{3}{8} \end{bmatrix}$$

矩阵 P^2 的所有元素皆大于 0。从转移图也可以判断其正则性，因为在图中最多只需 2 步就可以从任一状态转移到其他任何状态。

对 P 的乘幂 P^t 有下面的演算结果：

$$P^2 = \begin{bmatrix} 0.375 & 0.5 & 0.125 \\ 0.25 & 0.5 & 0.25 \\ 0.125 & 0.5 & 0.375 \end{bmatrix} \qquad P^3 = \begin{bmatrix} 0.3125 & 0.5 & 0.1875 \\ 0.25 & 0.5 & 0.25 \\ 0.1875 & 0.5 & 0.3125 \end{bmatrix}$$

$$P^4 = \begin{bmatrix} 0.28125 & 0.5 & 0.28175 \\ 0.25 & 0.5 & 0.25 \\ 0.28175 & 0.5 & 0.28125 \end{bmatrix} \qquad P^5 = \begin{bmatrix} 0.265625 & 0.5 & 0.234375 \\ 0.25 & 0.5 & 0.25 \\ 0.234375 & 0.5 & 00.265625 \end{bmatrix}$$

$$P^{10} = \begin{bmatrix} 0.250488 & 0.5 & 0.249512 \\ 0.25 & 0.5 & 0.25 \\ 0.249512 & 0.5 & 0.250488 \end{bmatrix} \qquad P^{19} = \begin{bmatrix} 0.250001 & 0.5 & 0.249999 \\ 0.25 & 0.5 & 0.25 \\ 0.249999 & 0.5 & 0.250001 \end{bmatrix}$$

………

实际演算也验证了定理5.2中$P^t \to W$的情况，矩阵W中的行向量就是不动点向量[0.25 0.5 0.25]。当然不动点向量不能靠矩阵的大量乘积逼近而得。

不动点向量$[v_1\ v_2\ v_3]$满足

$$[v_1\ v_2\ v_3]\begin{bmatrix} \frac{1}{2} & \frac{1}{2} & 0 \\ \frac{1}{4} & \frac{1}{2} & \frac{1}{4} \\ 0 & \frac{1}{2} & \frac{1}{2} \end{bmatrix} = [v_1\ v_2\ v_3]$$

列出求解不动点向量的线性方程组

$$\begin{cases} \frac{v_1}{2} + \frac{v_2}{4} = v_1 \\ \frac{v_1}{2} + \frac{v_2}{2} + \frac{v_3}{2} = v_2 \\ \frac{v_2}{4} + \frac{v_3}{2} = v_3 \\ v_1 + v_2 + v_3 = 1 \end{cases}$$

得解

$$v_1 = \frac{1}{4}, v_2 = \frac{1}{2}, v_3 = \frac{1}{4}$$

不动点向量为$V = [\frac{1}{4}\ \frac{1}{2}\ \frac{1}{4}]$。它说明多次与基因型$Aa$杂交，最终基因型$[AA, Aa, aa]$的分配比率将趋向稳定的向量$[\frac{1}{4}\ \frac{1}{2}\ \frac{1}{4}]$。

接着再研究随机近亲杂交试验。仍然考虑由一对等位基因A与a形成的3种基因型状态$[AA, Aa, aa]$。如果某一群体三种基因型AA, Aa与aa的个体数量分别是n_1, n_2和n_3，总数$n = n_1 + n_2 + n_3$，向量$\left[\frac{n_1}{n}\ \frac{n_2}{n}\ \frac{n_3}{n}\right]$是该群体基因型的分配比率，称为基因型频率。理论上一个无穷大的群体如果基因型频率是向量$[d\ \ h\ \ r]$，有限个体统计而得的向量$\left[\frac{n_1}{n}\ \frac{n_2}{n}\ \frac{n_3}{n}\right]$可视为该群体基因型频率的估计值。这些值开列如下：

基因型	AA	Aa	aa
个体数	n_1	n_2	n_3

基因型频率估计值

$$\frac{n_1}{n} \qquad \frac{n_2}{n} \qquad \frac{n_3}{n} \qquad (n=n_1+n_2+n_3)$$

基因型频率 $\quad d \qquad h \qquad r \qquad (d+h+r=1)$

群体中等位基因 A 和 a 的基因频率分别以 p 和 q 表示。所谓基因频率是指等位基因在群体所有基因型中所占的比例，因此上述基因型频率为[$d\ \ h\ \ r$]的群体，基因频率计算如下：

A 的基因频率 $\quad p=d+\dfrac{h}{2}$

a 的基因频率 $\quad q=r+\dfrac{h}{2}$

满足条件 $\quad p+q=1$

现在着手讨论该群体内部的随机交配，我们试图写出随机交配的转移矩阵。

从 AA 状态出发转移到状态 AA 的转移概率 p_{11} 计算如下：

AA
- 与 AA 交配的概率是 d，得到 AA 型的概率为 1 $\qquad d\times 1=d$
- 与 Aa 交配的概率是 h，得到 AA 型的概率为 $\frac{1}{2}$ $\qquad h\times\frac{1}{2}=\frac{h}{2}$
- 与 aa 交配的概率是 r，得到 AA 型的概率为 0 $\qquad r\times 0=0$

在群体内部随机交配，得到 AA 型的概率为 $\quad d+\dfrac{h}{2}$

再计算从 Aa 状态出发转移到状态 Aa 的转移概率 p_{22}：

Aa
- 与 AA 交配的概率是 d，得到 Aa 型的概率为 $\frac{1}{2}$ $\qquad d\times\frac{1}{2}=\frac{d}{2}$
- 与 Aa 交配的概率是 h，得到 Aa 型的概率为 $\frac{1}{2}$ $\qquad h\times\frac{1}{2}=\frac{h}{2}$
- 与 aa 交配的概率是 r，得到 Aa 型的概率为 $\frac{1}{2}$ $\qquad r\times\frac{1}{2}=\frac{r}{2}$

在群体内部随机交配，得到 Aa 型的概率为 $\quad \dfrac{d}{2}+\dfrac{h}{2}+\dfrac{r}{2}$

所有的转移概率都可以类似上述的计算方法而获得，我们不再重复，把转移矩阵结果写出

$$P=\begin{bmatrix} d+\frac{h}{2} & r+\frac{h}{2} & 0 \\ \frac{d}{2}+\frac{h}{4} & \frac{d}{2}+\frac{h}{2}+\frac{r}{2} & \frac{r}{2}+\frac{h}{4} \\ 0 & d+\frac{h}{2} & r+\frac{h}{2} \end{bmatrix}$$

$$=\begin{bmatrix} p & q & 0 \\ \frac{p}{2} & \frac{1}{2} & \frac{q}{2} \\ 0 & p & q \end{bmatrix}$$

相应的转移图

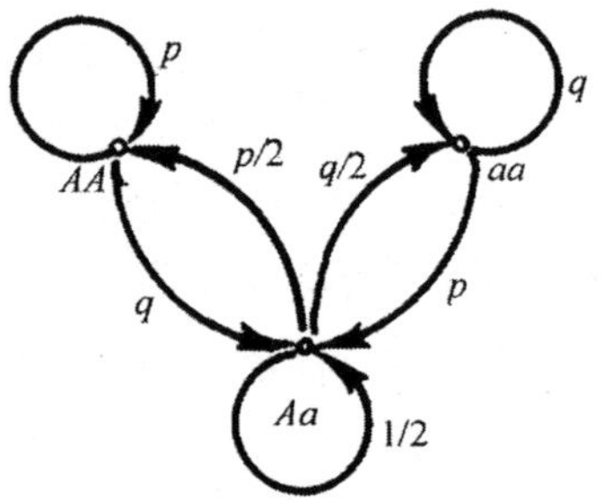

图 5-7

从转移图和转移矩阵知这是一个正则马尔柯夫链，列出求解不动点向量 $V=[v_1\ v_2\ v_3]$的方程

$$\begin{cases} pv_1+\frac{p}{2}v_2=v_1 \\ qv_1+\frac{1}{2}v_2+pv_3=v_2 \\ \frac{q}{2}v_2+qv_3=v_3 \\ v_1+v_2+v_3=1 \end{cases}$$

解得

$$v_1=p^2，\ v_2=2pq，\ v_3=q^2$$

不动点向量是

$$V=[p^2\ \ 2pq\ \ q^2]$$

从正则马尔柯夫链的理论告诉我们，如此交配持续下去基因型频率将趋向于稳定的不动点向量 V。又不动点向量的运算等式 $VP=V$，它说明基因型频率为 $V=[p^2\ \ 2pq\ \ q^2]$ 的群体，经过一代随机交配以后基因型频率依就是 $V=[p^2\ \ 2pq\ \ q^2]$。

还需要指出的是，不动点向量 $V=[p^2\ \ 2pq\ \ q^2]$亦可以从任何一个基因型频率的群体开始经一次交配运算而获得，如果初始基因型频率的分配向量是$[d\ \ h\ \ r]$，经过一次随机交配后基因型频率的向量应该是

$$[d\ h\ r]\begin{bmatrix} p & q & 0 \\ \frac{p}{2} & \frac{1}{2} & \frac{q}{2} \\ 0 & p & q \end{bmatrix}=[dp+\frac{1}{2}ph\ \ dq+\frac{h}{2}+rp\ \ \frac{1}{2}qh+rq]$$

$$=[p^2\ 2pq\ q^2]$$

这个运算结果又表明，原来从任何初始状况经无限次随机交配的逼近过程，在此例经一步就已达到。

现在计算基因型频率按$[p^2 \ \ 2pq \ \ q^2]$分配的基因频率：

A 的基因频率 $$p^2+\frac{1}{2}2pq=p(p+q)=p$$

a 的基因频率 $$q^2+\frac{1}{2}2pq=q(q+p)=q$$

计算结果说明多次如此随机交配下，不仅基因型频率不变，而且基因频率也保持不变。

上述分析与计算验证了群体遗传学中的一个基本概念，即著名的哈的-魏因伯格(Hardy-Weiberg)定理。定理是这样阐述：一个充分大的理想生物交配群体，在没有迁移，没有突变，以及没有选择的随机交配下基因型频率保持不变。1908 年该定理由英国数学家 G. H. Hardy 和德国医生 W. Weinberg 分别提出。这个遗传平衡定律成为群体遗传学的理论基础。当年从大量遗传现象总结出来的遗传规律，在此已能够利用马尔柯夫链的数学模型给出比较严谨的证明。

针对前面讨论的随机交配遗传学问题，下面的例 6 给出具体数值作出演算。

例 6　三种基因型 AA，Aa 和 aa 构成基因型频率分别是 0.3，0.2 和 0.5 的生物群体，在群体内进行随机交配。正如前面已经讨论过的普遍情况有下面的结果：

基因型频率 $$d=0.3,\ h=0.2,\ r=0.5$$

A 的基因频率 $$p=d+\frac{h}{2}=0.4$$

a 的基因频率 $$\mathrm{q}=r+\frac{h}{2}=0.6$$

转移矩阵：

$$P=\begin{bmatrix} p & q & 0 \\ \frac{p}{2} & \frac{1}{2} & \frac{q}{2} \\ 0 & p & q \end{bmatrix}=\begin{bmatrix} 0.4 & 0.6 & 0 \\ 0.2 & 0.5 & 0.3 \\ 0 & 0.4 & 0.6 \end{bmatrix}$$

不动点向量：

$$V=[p^2 \ \ 2pq \ \ q^2]=[0.16 \quad 0.48 \quad 0.36]$$

就上述具体数据可以验证向量 V 是 P 的不动点向量，即

$$VP = V$$

这里把 V 视作状态分配比率向量，经过随机自交后状态分配比率向量不变，说明基因型频率不变，验证了哈的—魏因伯格定律。

P 的多次乘幂 P^t 计算部分结果如下：

$$P^2 = \begin{bmatrix} 0.28 & 0.54 & 0.18 \\ 0.18 & 0.49 & 0.33 \\ 0.08 & 0.44 & 0.48 \end{bmatrix} \qquad P^3 = \begin{bmatrix} 0.22 & 0.51 & 0.27 \\ 0.17 & 0.485 & 0.345 \\ 0.12 & 0.46 & 0.42 \end{bmatrix}$$

$$P^4 = \begin{bmatrix} 0.19 & 0.495 & 0.315 \\ 0.165 & 0.4825 & 0.3525 \\ 0.14 & 0.47 & 0.39 \end{bmatrix} \qquad P^5 = \begin{bmatrix} 0.175 & 0.4875 & 0.3375 \\ 0.1625 & 0.48125 & 0.35625 \\ 0.15 & 0.475 & 0.375 \end{bmatrix}$$

$$P^{10} = \begin{bmatrix} 0.16047 & 0.48023 & 0.35930 \\ 0.16008 & 0.48004 & 0.35988 \\ 0.15969 & 0.47984 & 0.36047 \end{bmatrix} \qquad P^{20} = \begin{bmatrix} 0.16000 & 0.48000 & 0.36000 \\ 0.16000 & 0.48000 & 0.36000 \\ 0.16000 & 0.48000 & 0.36000 \end{bmatrix}$$

得

$$P^t \to W = \begin{bmatrix} 0.16 & 0.48 & 0.36 \\ 0.16 & 0.48 & 0.36 \\ 0.16 & 0.48 & 0.36 \end{bmatrix}$$

基因型频率构成的向量作为初始状态分配比率向量

$$\begin{aligned} X &= [d \ \ h \ \ r] \\ &= [0.3 \ \ 0.2 \ \ 0.5] \end{aligned}$$

一步转移以后，状态分配比率向量已达到不动点向量：

$$\begin{aligned} X^{(1)} = XP &= [0.3 \ \ 0.2 \ \ 0.5] \begin{bmatrix} 0.4 & 0.6 & 0 \\ 0.2 & 0.5 & 0.3 \\ 0 & 0.4 & 0.6 \end{bmatrix} \\ &= [0.16 \ \ 0.48 \ \ 0.36] \\ &= V \end{aligned}$$

随机交配以后基因频率：

A 的基因频率　　$p = 0.16 + \frac{1}{2}0.48 = 0.4$

a 的基因频率　　$q = 0.36 + \frac{1}{2}0.48 = 0.6$

这里基因频率亦保持原值不变。

第三节　吸收马尔柯夫链

前一节已经讨论了有关正则马尔柯夫链的理论和应用，本节将研究另一类更重要的马尔柯夫链，称为吸收马尔柯夫链。我们先明确吸收马尔柯夫链的基本概念，然后证明一系列有关定理，指出这些定理的意义，并结合具体问题讨论各种应用方法。

让我们重温曾经在前一节举出的马尔柯夫链实际例子，除举例 3 中与杂交基因型 Aa 进行杂交试验是正则马尔柯夫链以外，其他的马尔柯夫链转移图都存在这样一种只进不出的状态，一旦进入这种状态，就以 100%的概率留存于此，而不可能再离开。如例 1 中的死亡状态，例 2 中物质磷流失于系统外或羊投放市场而置于系统之外状态，例 4 做生物杂交试验的纯显性基因型 AA 状态，和例 5 的纯隐性基因型 aa 状态。因为生物个体死亡之后不可能再复活，生态系统中规定物质流失于系统外就不再返回，纯显性(或隐性)与纯显性(或隐性)基因型交配的后代，永远保持原有的纯基因型。这种不能离开的状态只能转移进入而不能转移出去，对此总结出吸收状态的定义。

定义 5.3　马尔柯夫链中状态 i 若转移概率满足以下两条件:

(1)　$p_{ii} = 1$

(2)　$p_{ik} = 0$，$k \neq i$。

则称该状态为吸收状态(absorbing state)。或者以通俗的话说，不能离开的状态称为吸收状态。

吸收状态在转移图中表现为该状态顶点有一个到自身赋值为 1 的弧，不存在到其他任何顶点的弧。吸收状态在转移矩阵中出现该状态所在行除到自身的列元素为 1 外皆为 0 值。审视我们举出的马尔柯夫链例子，读者不难从中找出吸收状态，这些例中都仅有一个吸收状态，随后我们还会见到两个以上吸收状态的马尔柯夫链。

下面给出吸收马尔柯夫链的定义：

定义 5.4　满足以下两条件的马尔柯夫链，称为吸收马尔柯夫链(absorbing Markov chain)。

(1) 至少存在一个吸收状态；

(2) 从任何状态经有限步终可到达一个吸收状态。

吸收马尔柯夫链中的非吸收状态称为转移状态(transient state)。

我们列举的马尔柯夫链实例，除例 3 是正则马尔柯夫链以外，其余皆满足以上两条件，故都属于吸收马尔柯夫链。然而下面的图虽然具有吸收状态，但不能构成吸收马尔柯夫链，因为从状态 x, y 和 z 出发不可能到达吸收状态，这里吸收马尔柯夫链定义 5.4

的第 2 个条件不满足。

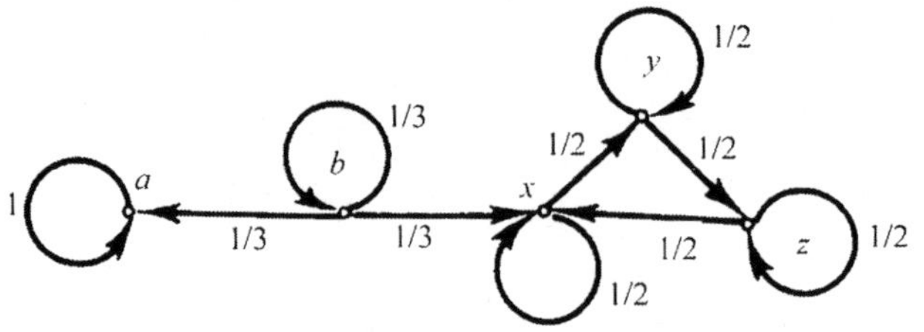

图 5-8

应本节的需要，继续前一节再举出几个马尔柯夫链的例子，分别写出其转移矩阵并画出转移图。不难验证它们都属于吸收马尔柯夫链。

例 7　某动物居群，考虑死亡、非免疫、患病和免疫四种状态，分别以 u_0, u_1, u_2 和 u_3 表示。最初都处于非免疫状态，统计结果如下：每年非免疫个体感染患病率为 0.1，非患病死亡率 0.01；患病个体年死亡率为 0.1，年康复的比率(获免疫)为 0.8；获免疫个体年死亡率 0.01。建立马尔柯夫链数学模型，该马尔柯夫链的转移矩阵和转移图如下：

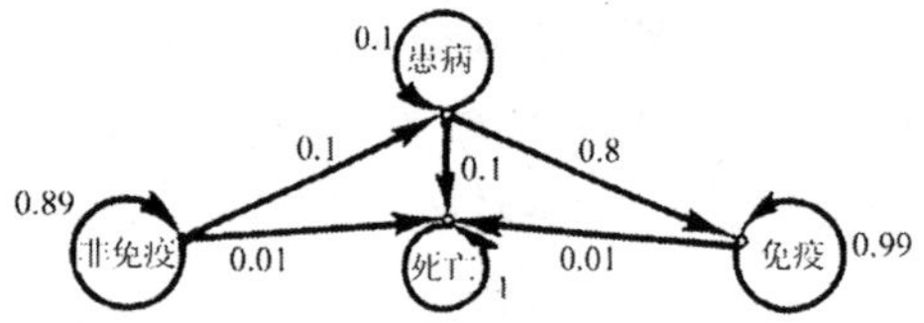

图 5-9

死亡	1	0	0	0
非免疫	0.01	0.89	0.1	0
患病	0.1	0	0.1	0.8
免疫	0.01	0	0	0.99

例 8　某水库一次往水中排放工业废液，其中含有机毒物 3000 克，如果测得平均每个月内的变化：水中毒物 10%被分解，30%被泥土吸收，30%被浮游生物吸收；浮游生物体内毒物 20%又还归水中，50%被浮游生物分解；泥土中毒物 10%返回水中，30%被分解；毒物在浮游生物与泥土之间没有交换。作为环境保护问题，关心的是逐月毒物在不同状态含有多少？毒物能存留多长时间？作马尔柯夫链数学模型进行分析。转移矩阵转移图如下：

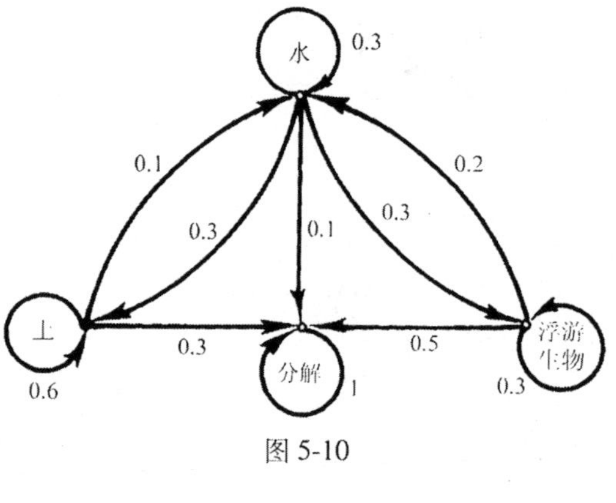

图 5-10

分解	1	0	0	0
水	0.1	0.3	0.3	0.3
浮游生物	0.5	0.2	0.3	0
土	0.3	0.1	0	0.6

例 9　某地区人口调查数据得知一年内的变化统计结果如下：健康个体患循环系统疾病的概率为 0.1，该病年康复率 0.8，死亡率 0.1；健康个体患呼吸系统病的概率 0.01，康复率 0.7，死亡率为 0.2；健康个体其他原因的死亡率为 0.001；如果兼得上述两种疾病和患病者其他原因死亡者极少，均不予考虑，又人口无迁出和迁入。建立马尔柯夫链数学模型，试图进行人口寿命分析、死因分析。转移矩阵和转移图如下：

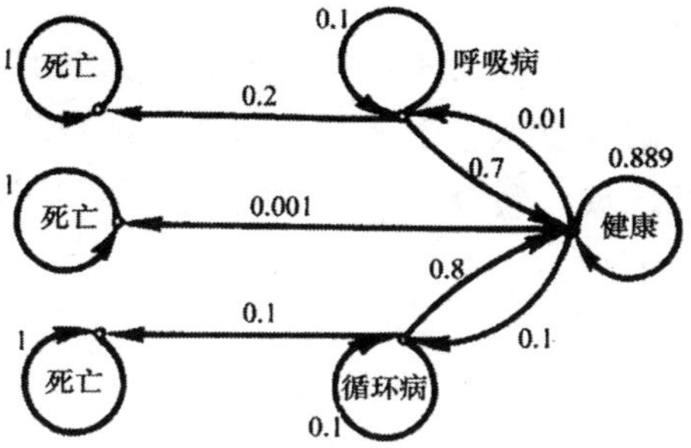

图 5-11

其他死亡	1	0	0	0	0	0
呼吸病死亡	0	1	0	0	0	0
循环病死亡	0	0	1	0	0	0
健康	0.001	0	0	0.889	0.01	0.1
呼吸病	0	0.2	0	0.7	0.1	0
循环病	0	0	0.1	0.8	0	0.1

下面将建立吸收马尔柯夫链的第一个定理。

定理 5.5　对于吸收马尔柯夫链，从任何状态出发最终进入吸收状态的概率为 1。

证明：为了证明本定理，只需考虑开始处于转移状态情形。如果从某一转移状态 u_i 开始，根据吸收马尔柯夫链的定义，存在最少步数，记作 r_i 步，使之达到吸收状态，其概率非 0，记作 $p_i(p_i>0)$。如果转移状态集合记作 T，对 T 中所有转移状态作上述步骤，可获得一系列的转移步数 r_i 与概率值 $p_i(p_i>0)$，取相应的最小值，分别记作：

$$r=\max\{r_i \mid u_i\in T\}$$
$$p=\min\{p_i \mid u_i\in T\}$$

其中整数步数 $r\geqslant 1$，概率值 $p>0$。然后有下列一系列的论断。

首先从 T 中任意状态 u_i 开始，经 r_i 步不能达到吸收状态的概率是 $1-p_i$，如果必要让其继续到 r 步$(r\geqslant r_i)$，其不能达到吸收状态的概率将小于或等于前述概率 $1-p_i$，由于 $p\leqslant p_i$，这些概率值都有 $1-p_i\leqslant 1-p$。于是有

从 T 中状态 u_i 开始，经 r 步不能达到吸收状态的概率$\leqslant 1-p_i\leqslant 1-p$。由于 u_i 在 T 中的任意性又有

从 T 中任意状开始，经 r 步不能达到吸收状态的概率$\leqslant 1-p$。

然后经连续 $2r$ 步，考虑到前 r 步与后 r 步是相互独立事件，将有

从 T 中任意状态开始，经 $2r$ 步不能达到吸收状态的概率$\leqslant(1-p)^2$。如此继续下去，经连续 kr 步(k 是正整数)将有

从 T 中任意状态开始经 kr 步不能达到吸收状态的概率$\leqslant(1-p)^k$。因 $p>0$，由于 $0\leqslant 1-p<1$，当 $k\to\infty$ 时$(1-p)^k\to 0$。也就是对任意$\in>0$，存在充分大的 K 使

$$(1-p)^k < \in ，当\ k \geqslant K$$

因而也完成了这样的论断：

对任意$\in>0$，存在充分大的L(只需取$L=Kr$)使得步数$l>L$都有

从T中任意状态开始经l步不能达到吸收状的概率$\leqslant(1-p)^k<\in$，从而我们证明了，从任意转移状态开始，最终不能进入吸收状态的概率为0，换句话说，最终进入吸收状态的概率为1。定理得证。

在进一步讨论吸收马尔柯夫链的理论时，有必要把吸收马尔柯夫链的转移矩阵写成统一的规范形式。考虑到吸收马尔柯夫链的状态不是吸收状态就是转移状态。如果具有r个吸收状态和k个转移状态，将吸收状态安排在前面，转移状态随之排在后面，吸收马尔柯夫链的转移矩阵将具有下列典范式(canonical form)：

$$P=\left[\begin{array}{c:c} E & O \\ \hdashline R & Q \end{array}\right] \begin{array}{l} r\text{个吸收状态} \\ k\text{个转移状态} \end{array} \tag{5.13}$$

r个吸收状态 k个转移状态

其中E，O，R和Q是矩阵P相应于上述排列的分块矩阵。

E——$r\times r$方阵，因为从吸收状态到自身的转移概率为1，其余为0，故E是单位矩阵。

O——$r\times k$矩阵，因从吸收状态到转移状态的转移概率皆为0，故O是零矩阵。

R——$k\times r$矩阵，表示从转移状态一步就达到吸收状态的概率。

Q——$k\times k$矩阵，表示从一个转移状态转入新的(包括自身)转移状态的概率。

典范式转移矩阵是研究吸收马尔柯夫链的基础，以后凡给出吸收马尔柯夫链的转移矩阵都采取典范式。本节所举吸收马尔柯夫链的例子，考虑到运算分析工作的需要，转移矩阵都已按典范式写出。前面第一节所举的例子，凡吸收马尔柯夫链请读者当作练习，写出它相应的典范式转移矩阵。

典范式转移矩阵的乘幂按矩阵分块运算有以下结果

$$P^t=\begin{bmatrix} E & O \\ R_t & Q^t \end{bmatrix} \tag{5.14}$$

其中$R_t=(E+Q+Q^2+\cdots+Q^{t-1})R$。

我们以归纳法给出式(5.14)的证明。

(1) 当$t=2$时，直接验证如下

$$P^2=\begin{bmatrix}E & O\\ R & Q\end{bmatrix}^2=\begin{bmatrix}E & O\\ R+QR & Q^2\end{bmatrix}$$
$$=\begin{bmatrix}E & O\\ (E+Q)R & Q^2\end{bmatrix}$$

(2) 当 $t=l$ 时(5.14)成立，试图导出当 $t=l+1$ 亦真。先作运算

$$P^{l+1}=P^lP=\begin{bmatrix}E & O\\ R_l & Q^l\end{bmatrix}\begin{bmatrix}E & O\\ R & Q\end{bmatrix}$$
$$=\begin{bmatrix}E & O\\ R_l+Q^lR & Q^{l+1}\end{bmatrix}$$

从 $t=l$ 时(5.14)成立，将有

$$R_l=(E+Q+Q^2+\cdots+Q^{l-1})R$$

代入前式右边

$$\begin{aligned}R_{l+1}&=R_l+Q^lR\\&=(E+Q+Q^2+\cdots+Q^{l-1})R+Q^lR\\&=(E+Q+Q^2+\cdots+Q^{(l+1)-1})R\end{aligned}$$

乘幂结果(5.14)证毕。

随后将以典范式矩阵为基础，讨论一系列吸收马尔柯夫链的定理。第一个定理将说明 $Q^t\to0(t\to\infty)$，并从级数 $E+Q+Q^2+\cdots$ 的收敛引出基本矩阵，为吸收马尔柯夫链奠定矩阵运算分析的基础。

定理 5.4　吸收马尔柯夫链取典范式的转移矩阵 $P=\begin{bmatrix}E & O\\ R & Q\end{bmatrix}$，有以下结论：

(1) 当 $t\to\infty$ 时，$Q^t\to O$

(2) 矩阵 $E-Q$ 可逆

(3) $N=(E-Q)^{-1}=E+Q+Q^2+\cdots$

其中结论(1)中的 O 表示零矩阵；结论(3)中的 N 是 k 阶方阵，称为该吸收马尔柯夫链的基本矩阵(fundamental matrix)。

证明：从 p^t 的乘幂分块表达式(5.14)给出如下

$$P^t=\begin{bmatrix}E & O\\ R_t & Q^t\end{bmatrix}$$

再利用定理 5.3，可知当 $t\to\infty$ 时，$Q^t\to O$。结论(1)获证。

继续讨论定理的其他两条结论，在此考虑矩阵运算有下面的关系：

$$\begin{aligned}(E-Q)(E+Q+Q^2+\cdots+Q^{t-1})&=(E-Q)+(Q-Q^2)+\cdots+(Q^{t-1}-Q^t)\\&=E-Q^t\end{aligned}\tag{5.15}$$

注意相应的行列式运算有等式

$$\det(E-Q)\cdot\det(E+Q+\cdots+Q^{t-1})=\det(E-Q^t)\tag{5.16}$$

令 $t\to\infty$，上述等式的右边考虑到 $Q^t\to O$，存在如下极限

$$\lim_{t\to\infty}\det(E-Q^t)=\det E=1$$

因此存在充分大的 T，使 $t>T$ 以后，$\det(E-Q^t)$的值充分接近 1，不妨认为满足 $\det(E-Q^t)>\frac{1}{2}$ 的要求。再看等式(5.16)，从 $\det(E-Q^t)>\frac{1}{2}$，因而等式(5.16)的左边 $\det(E-Q)\neq 0$。结论(2)矩阵 $E-Q$ 可逆获证。

由于 $E-Q$ 可逆，式(5.15)可改写成

$$E+Q+Q^2+\cdots+Q^{t-1}=(E-Q)^{-1}(E-Q^t)\tag{5.17}$$

令 $t\to\infty$，上等式双方取极限，又考虑到 $Q^t\to O(t\to\infty)$，因而等式右边有极限

$$\begin{aligned}\lim_{t\to\infty}[(E-Q)^{-1}(E-Q^t)]&=(E-Q)^{-1}\lim_{t\to\infty}(E-Q^t)\\&=(E-Q)^{-1}(E-\lim_{t\to\infty}Q^t)\\&=(E-Q)^{-1}\end{aligned}$$

等式(5.17)的左边同时取极限，定理的结论(3)获得。

继续讨论之前，有必要对典范式转移矩阵的书写格式进一步了解清楚。考虑具有 r 个吸收状态，k 个转移状态的吸收马尔柯夫链，典范矩阵如下：

$$\begin{array}{c}1\\2\\\vdots\\r\\r+1\\r+2\\\vdots\\r+k\end{array}\overset{\begin{array}{cc}1\ 2\cdots\ r & r+1\quad r+2\ \cdots\ r+k\end{array}}{\left[\begin{array}{c:c}E & O\\\hdashline R & Q\end{array}\right]}$$

其中 E 是 r 阶单位矩阵，O 是 $r\times k$ 零矩阵，R 是 $k\times r$ 矩阵，Q 是 k 阶方阵。如果在 P 中设第 $i_1=r+i$ 行，第 $j_1=r+j$ 列元素，也就是 Q 矩阵中的第 i 行、第 j 列元素；在 P 中设第 $i_1=r+i$ 行、第 j 列元素，也就是 R 矩阵中的第 i 行、第 j 列元素。

下面讨论新定理

定理 5.5　具有 r 个吸收状态的吸收马尔柯夫链，从转移状态 $i_1=r+i$ 开始，到达吸收状态之前，进入转移状态 $j_1=r+j$ 的次数的数学期望值是基本矩阵 $N=(E-Q)^{-1}$ 的第 i 行、第 j 列元素之值。

证明：本定理须要讨论从转移状态 i_1 开始，到达吸收状态之前进入转移状态 j_1 的次数。我们的讨论过程是这样，先按经过的步数作进入状态 j_1 次数计数，累计求进入状态 j_1 的总次数之和，然后考虑次数之数学期望 s，并论证其值是 N 的第 i,j 元素之值。

为了计数进入转移状态 j_1 的次数，可以按经过的步数 $S(S=0,1,2\cdots)$ 分别计数，为此目的定义计数值，

$$C(S)=\begin{cases}1 & \text{从转移状态}i_1\text{开始，第}S\text{步进入}j_1\text{状态时}\\ 0 & \text{否则}\end{cases}$$

这里当 $S=0$ 时，问一开始状态是否已处于 j_1 状态？如果从一开始状态 i_1 就取在状态 j_1 规定 $C(0)=1$；否则 $C(0)=0$。于是从状态 i_1 开始，到达吸收状态之前进入转移状态 j_1 的总次数应该是

$$\sum_{S=0}^{\infty}C(S)$$

现在考虑其中每一项的数学期望。根据 $C(S)$的定义，$C(S)$取值为 1 的概率就是从状态 i_1 开始，经 S 步进入状态 j_1 的转移概率，即 $p_{i_1j_1}^{(S)}$；$C(S)$取值为 0，相应的概率当然是 $1-p_{i_1j_1}^{(S)}$。于是值 $C(S)$的数学期望 $M[C(S)]$应该是

$$\begin{aligned}M[C(S)]&=p_{i_1j_1}^{(S)}\cdot 1+(1-p_{i_1j_1}^{(S)})\cdot 0\\&=p_{i_1j_1}^{(S)}\end{aligned}$$

这里当 $S=0$ 时，我们根据 $C(0)$的取值规定

$$p_{i_1j_1}^{(S)}=\begin{cases}1 & \text{当}i_1=j_1\\ 0 & \text{否则}\end{cases}$$

为了求得进入状态 j_1 总次数的数学期望，先讨论级数 $\sum_{S=0}^{\infty} p_{i_1 j_1}^{(S)}$ 的收敛问题。

根据定理 5.1，经 S 步从状态 i_1 进入状态 j_1 的概率 $p_{i_1 j_1}^{(S)}$ 就是 P^S 的第 i_1 行、第 j_1 列元素之值，再利用等式(5.14)又依照已阐述过典范矩阵的关系，P^S 的第 $i_1=r+i$ 行、第 $j_1=r+j$ 列的元素也就是 Q^S 矩阵的第 i 行、j 列元素，记作 $q_{ij}^{(S)}$ 有

$$p_{i_1 j_1}^{(S)} = q_{ij}^{(S)} \quad (S=1,2,\cdots)$$

当 $S=0$ 时，我们也相应地规定 $q_{ij}^{(0)} = p_{i_1 j_1}^{(0)}$。再利用定理 5.4 中结论(3)，就知道级数 $E+Q+Q^2+\cdots$ 收敛，其第 i 行、j 列元素，即

$$\sum_{S=0}^{\infty} p_{i_1 j_1}^{(S)} = \sum_{S=0}^{\infty} q_{ij}^{(S)}$$

亦收敛，其收敛值正是基本矩阵 N 的第 i 行、j 列元素之值 n_{ij}。由于级数收敛，最后我们才能够写出从状 i_1 开始，达到吸收状态之前，进入状态 j_1 次数的数学期望：

$$\begin{aligned} M[\sum_{S=0}^{\infty} C(S)] &= \sum_{S=0}^{\infty} M[C(S)] \\ &= \sum_{S=0}^{\infty} p_{i_1 j_1}^{(S)} \\ &= \sum_{S=0}^{\infty} q_{ij}^{(S)} \\ &= n_{ij} \end{aligned}$$

定理证毕。

推论　具有 r 个吸收状态的吸收马尔柯夫链，从转移状态 $i_1=r+i$ 开始，到达吸收状态之前，在所有转移状态之间传递步数的数学期望值是基本矩阵 $N=(E-Q)^{-1}$ 的第 i 行元素值之和。

因为在转移状态之间传递的步数也就是进入每个转移状态步数的总和，从定理 5.5 导出本推论显然。

在第一节我们曾以孟德尔的豌豆杂交试验取种子呈圆形和皱形作为一对等位基因，例 3 设计了与基因型 Aa 的杂交试验，那是一个正则马尔柯夫链。改成与纯显性基因型 AA 杂交就成了例 4，现在我们讨论此例。因为 $AA \times AA$ 交配的后代只能仍然是基因型 AA，显然 AA 是吸收状态。典范式的转移矩阵是

$$P=\begin{bmatrix}1 & 0 & 0\\ \frac{1}{2} & \frac{1}{2} & 0\\ 0 & 1 & 0\end{bmatrix}$$

其中

$$Q=\begin{bmatrix}\frac{1}{2} & 0\\ 1 & 0\end{bmatrix}$$

我们可以得矩阵 P 的乘幂结果：

$$P^2=\begin{bmatrix}1 & 0 & 0\\ 0.75 & 0.25 & 0\\ 0.5 & 0.5 & 0\end{bmatrix} \qquad Q^2=\begin{bmatrix}0.25 & 0\\ 0.5 & 0\end{bmatrix}$$

$$P^3=\begin{bmatrix}1 & 0 & 0\\ 0.875 & 0.125 & 0\\ 0.75 & 0.25 & 0\end{bmatrix} \qquad Q^3=\begin{bmatrix}0.125 & 0\\ 0.25 & 0\end{bmatrix}$$

$$P^4=\begin{bmatrix}1 & 0 & 0\\ 0.9375 & 0.0625 & 0\\ 0.875 & 0.125 & 0\end{bmatrix} \qquad Q^4=\begin{bmatrix}0.0625 & 0\\ 0.125 & 0\end{bmatrix}$$

$$P^5=\begin{bmatrix}1 & 0 & 0\\ 0.96875 & 0.03125 & 0\\ 0.9375 & 0.0625 & 0\end{bmatrix} \qquad Q^5=\begin{bmatrix}0.03125 & 0\\ 0.0625 & 0\end{bmatrix}$$

…… ……

$$P^{10}=\begin{bmatrix}1 & 0 & 0\\ 0.99902 & 0.00098 & 0\\ 0.99805 & 0.00195 & 0\end{bmatrix}$$

从上面的矩阵运算结果可见 Q^t随着 t 增加愈来愈小，这正是定理 5.4 中的结论(1)

$$Q^t \to O \qquad (t\to\infty)$$

典范式转移矩阵乘幂的表达式(5.14)

$$P^t=\begin{bmatrix}E & O\\ R_t & Q^t\end{bmatrix}$$

告诉我们，Q^t 在该矩阵中正处于转移状态到转移状态的区域块中，它说明多次与基因型 AA 杂交，不可能长期保持在转移状态，最后必将落入吸收状态 AA。也就是说，无限制的杂交下去，基因型 AA 是其必然的结果，这也正是定理 5.3 说明的论断。

按照定理 5.4 中的结论(2)和(3)，求矩阵

$$E-Q=\begin{bmatrix}\frac{1}{2} & 0\\ -1 & 1\end{bmatrix}$$

的逆矩阵，即基本矩阵

$$N=(E-Q)^{-1}=\begin{bmatrix}2 & 0\\ 2 & 1\end{bmatrix}$$

基本矩阵行的状态位置与矩阵 Q 在典范式中的位置相同，

状　态	Aa	aa	停留总次数
开始状态 Aa	2	0	2+0=2
开始状态 aa	2	1	2+1=3

利用定理 5.5 及其推论来分析本例，从基本矩阵计算结果告诉我们，从状态 Aa 开始，持续与 AA 杂交，能进入状态 Aa 约 2 次，进入 aa 状态 0 次。进入吸收状态 AA 之前，在转移状态 Aa 与 aa 中可保留 $2+0=2$ 次。再看转移矩阵的乘幂 P^2，它显示出， 从状态 Aa 开始经 2 步，以 75%的概率达到吸收状态 AA，尚余 25%的概率继续停留在 Aa 状态，进入状态 aa 的概率为 0。也就是说，从状态 Aa 出发，2 步以后大多数情形已获得纯显性基因型 AA 结果。在此 p^2 的结果与前述定理 5.5 分析的结论相吻合。

再看从状态 aa 开始，基本矩阵算出的数据说明持续与 AA 杂交，进入状态 Aa 约 2 次，进入状态 aa 约 1 次，在转移状态总共可保留 $2+1=3$ 次。再看转移矩阵的乘幂 P^3，它的数值表示从状态 aa 开始，经 3 步同样以 75%的概率达到吸收状态 AA，25%的概率到达状态 Aa。这个结果表明从 aa 开始，经 3 步大多数情形已获得显性基因型 AA，定理 5.5 与矩阵 P^3 算出的结论一致。

至于例 5，与纯隐性基因型 aa 杂交试验也是吸收马尔柯夫链，本例与例 4 的情形完全相似，留给读者做相应的讨论。

有关马尔柯夫链在遗传学问题中的简单例子讨论到此，更复杂的遗传学问题放在后面进行。现在转向与流行病学有关的问题，先从简单的例 1 入手。

例 1　属于吸收马尔柯夫链，死亡是唯一的吸收状态，典范式转移矩阵如下：

	死亡	健康	患病
死亡	1	0	0
健康	0	0.99	0.01
患病	0.01	0.9	0.09

其中

$$Q=\begin{bmatrix}0.99 & 0.01\\ 0.9 & 0.09\end{bmatrix}$$

$$E-Q=\begin{bmatrix}0.01 & -0.01\\ -0.9 & 0.91\end{bmatrix}$$

基本矩阵

$$N=(E-Q)^{-1}=\begin{bmatrix}9100 & 100\\ 9000 & 100\end{bmatrix}$$

寿命是例 1 中关注的焦点，可以通过定理 5.5 的推论获得解决。实际上在此例，两个转移状态健康与患病滞留的步长总数就是寿命，因此基本矩阵第 1 行之和，就是开始从健康状态出发寿命的估计值 9100 + 1000 = 9200(日)，第 2 行之和，是开始从患病状态出发寿命的估计值 9000 + 100 = 9100(日)。

再讨论例 7，这也是一个流行病学问题，属于吸收马尔柯夫链，利用定理 5.5 的推论可以回答该例的寿命问题。为此，列出典范式转移矩阵的 Q 矩阵，再计算基本矩阵，过程如下：

$$Q=\begin{bmatrix}0.89 & 0.1 & 0\\ 0 & 0.1 & 0.8\\ 0 & 0 & 0.99\end{bmatrix}$$

$$E-Q=\begin{bmatrix}0.11 & -0.1 & 0\\ 0 & 0.9 & -0.8\\ 0 & 0 & 0.01\end{bmatrix}$$

基本矩阵　$N=(E-Q)^{-1}$：

	非免疫	患病	免疫
非免疫	9.0909	1.0101	80.8080
患病	0	1.1111	88.8888
免疫	0	0	100

由于初始动物个体都是从非免疫状态开始，在转移矩阵中非免疫状态位于第 2 行，在基本矩阵中位于第 1 行。将基本矩阵 N 中的第 1 行之和求出

$$\sum_{i=1}^{3} n_{1i} = 90.909$$

定理 5.5 推论中所谓在到达吸收状态之前，在转移状态之间传递步数就是本例中在死亡之前的生存时间。动物的寿命预计在 90.91 岁。

例 9 是一个更复杂的流行病学问题，请看转移图有 3 个吸收状态，该例符合吸收马尔柯夫链。利用马尔柯夫链数学模型不仅可以对寿命进行估计，还可以对群体结构和病因进行分析，不过进一步的分析还须要引入新的理论，留作以后讨论。利用定理 5.5， 对寿命的估计如下：

基本矩阵 $N=(E-Q)^{-1}$

$$\begin{matrix}\text{健康}\\ \text{呼吸病}\\ \text{循环病}\end{matrix}\begin{bmatrix}69.768 & 0.775 & 7.752\\ 54.264 & 1.714 & 6.029\\ 62.016 & 0.689 & 8.002\end{bmatrix}$$

个体都是从健康开始，寿命的估计应计算矩阵第 1 行之和，即 $\sum_{i=1}^{3} n_{1i}=78.295$ 年。

有关生态学和环境科学中物质流动的规律性研究，也可借助马尔柯夫链数学模型。特别是吸收马尔柯夫链，让我们先从最简单的例 2 开始。

例 2 有 1 个吸收状态，即系统外部 u_4，不难检验这是一个吸收马尔柯夫链，为了获得典范式转移矩阵，状态重新排序如下：

{1 系统外，2 土壤，3 牧草，4 羊}

按照新的排序典范式转移矩阵列出。

$$\begin{matrix} & \text{系统外} & \text{土壤} & \text{牧草} & \text{羊} & \\ P= & \left[\begin{array}{c:ccc}1 & 0 & 0 & 0\\ \hdashline 0.2 & 0.4 & 0.4 & 0\\ 0 & 0.1 & 0.3 & 0.6\\ 0.1 & 0.7 & 0 & 0.2\end{array}\right] & \begin{matrix}\text{系统外}\\ \text{土壤}\\ \text{牧草}\\ \text{羊}\end{matrix}\end{matrix}$$

$$Q=\begin{bmatrix}0.4 & 0.4 & 0\\ 0.1 & 0.3 & 0.6\\ 0.7 & 0 & 0.2\end{bmatrix}$$

$$E-Q=\begin{bmatrix}0.6 & -0.4 & 0\\ -0.1 & 0.7 & -0.6\\ -0.7 & 0 & 0.8\end{bmatrix}$$

基本矩阵 $N=(E-Q)^{-1}$：

	土壤	牧草	羊	行向量总和
土壤	4.1176	2.3529	1.7647	8.2353
牧草	3.6765	3.5294	2.6471	9.8529
羊	3.6029	2.0588	2.7941	8.4559

该草原生态系统，如果没有外界的补充，物质磷最终都将转移达到吸收状态，随着长期牧放，物质磷将愈来愈少，最终消耗殆尽。按照定理 5.7 的推论，上列计算结果，说明物质磷从土壤、牧草和羊开始能够在系统中保存的时间分别是 8.2353 年，9.8529 年和 8.4559 年。如果开始时物质磷在 3 个转移状态的分配比率是随机向量 $X=[x_1\ x_2\ x_3]$，按此随机向量的加权值可以给出物质磷在系统中保存的时间 T。

$$T=8.2353\,x_1+9.8529\,x_2+8.4559\,x_3$$

此值 T 可以作为系统中物质磷停留的时间，换句话说，时间 T 以后系统中的物质磷将基本上耗尽。

下面再计算 P^t 的值

$$P^2=\begin{bmatrix}1 & 0 & 0 & 0\\ 0.28 & 0.2 & 0.28 & 0.24\\ 0.08 & 0.49 & 0.13 & 0.3\\ 0.26 & 0.42 & 0.28 & 0.04\end{bmatrix}\quad P^3=\begin{bmatrix}1 & 0 & 0 & 0\\ 0.344 & 0.276 & 0.164 & 0.216\\ 0.208 & 0.419 & 0.235 & 0.138\\ 0.348 & 0.224 & 0.252 & 0.176\end{bmatrix}\cdots\cdots$$

$$P^8=\begin{bmatrix}1 & 0 & 0 & 0\\ 0.644669 & 0.156902 & 0.105762 & 0.092668\\ 0.568621 & 0.188609 & 0.130461 & 0.112309\\ 0.637534 & 0.158055 & 0.108112 & 0.096298\end{bmatrix}$$

$$P^9=\begin{bmatrix}1 & 0 & 0 & 0\\ 0.685316 & 0.138204 & 0.094489 & 0.081991\\ 0.617574 & 0.167106 & 0.114582 & 0.100739\\ 0.678775 & 0.141442 & 0.095656 & 0.084127\end{bmatrix}$$

……

$$P^{20}=\begin{bmatrix}1 & 0 & 0 & 0\\ 0.916805 & 0.036498 & 0.024910 & 0.021785\\ 0.898904 & 0.044352 & 0.030271 & 0.026473\\ 0.915117 & 0.037239 & 0.025416 & 0.022228\end{bmatrix}$$

$$P^{50}=\begin{bmatrix}1 & 0 & 0 & 0\\ 0.997791 & 0.000969 & 0.000661 & 0.000578\\ 0.997316 & 0.001178 & 0.000804 & 0.000703\\ 0.997746 & 0.000988 & 0.000675 & 0.000590\end{bmatrix}$$

……

上面的计算结果表明，当 t 增加 P^t 取极限而收敛，当 $t=50$，将以 99.7%以上的概率转移到吸收状态。Q^t 值已很小，说明能保留在转移状态中的物质磷已很少。再看我们计算的值 T，当 T 取到 9 年以上，P^9 中显示转移到吸收状态的概率已在 60%~70%,即大多数的物质磷移出系统之外。

再讨论例 8，这是一个环境污染问题中有毒物质的流动问题，利用吸收马尔柯夫理论可以对有机毒物的残留时间进行分析。

该例是吸收马尔柯夫链，典范式转移矩阵中的 Q 矩阵如下

$$Q=\begin{bmatrix}0.3 & 0.3 & 0.3\\ 0.2 & 0.3 & 0\\ 0.1 & 0 & 0.6\end{bmatrix}$$

$$E-Q=\begin{bmatrix}0.7 & -0.3 & -0.3\\ -0.2 & 0.7 & 0\\ -0.1 & 0 & 0.4\end{bmatrix}$$

基本矩阵

$$N=(E-Q)^{-1}=\begin{bmatrix}1.854 & 0.795 & 1.391\\ 0.530 & 1.656 & 0.397\\ 0.464 & 0.199 & 2.848\end{bmatrix}$$

因为毒物被排放在水中，从水中开始状态的转移，与前例相类似，按照定理 5.5 的推论，毒物在分解之前存留的时间应该是基本矩阵第一行之和。

$$\sum_{i=1}^{3}n_{1i}=4.039\,(\text{月})$$

然而要注意的是，到此时刻大多数毒物被分解，但并未完全分解，仍有部分毒物在转移状态之间循环传递。如果毒物的清除是一个极限过程，微量的残留毒物也许永远也不能清除。作为环境问题，为了符合环境控制指标，还应做进一步的定量分析，请参看下一节对本例的讨论。

按照吸收马尔柯夫链事物变化的过程，随着时间的持续下去，最终都要达到某一个吸收状态为终结。如果有多个不同的吸收状态，就意味着事物的变化有各种不同的结局。

不同的结局往往是我们所关心的问题，例如遗传学中随机自交的群体，有各种不同的纯基因型为吸收状态，遗传学家就十分关心自交的结果是否能达到那些具有优良性状的纯基因型，达到的可能性有多大？流行病学的研究，在多个死亡原因构成的多个死亡吸收状态中，人们常常要做死亡原因的分析，要问达到不同吸收状态的概率有多大？在生态系统物质和能量的流动中，物质与能量的最终去向往往联系到一定的经济效益，社会效益或者反映生物一定的功能而成为讨论研究的焦点。因而对于吸收马尔柯夫链，需要回答最终达到不同吸收状态的可能性或比率。下面的定理对此类问题给出明确的回答。

定理 5.6　具有 $r(r>1)$个吸收状态的吸收马尔柯夫链，从转移状态 $i_1=r+i$ 开始，最终进入第 j 吸收状态的概率正是矩阵 $B=NR$ 的第 i 行 j 列元素值。

这里吸收马尔柯夫链的典范转移矩阵 $P=\begin{bmatrix} E & O \\ R & Q \end{bmatrix}$，基本矩阵 $N=(E-Q)^{-1}$。本定理的证明，可采取转移矩阵或转移图的两种途径。下面以转移矩阵的方式给出证明。

证明：首先吸收马尔柯夫链的典范式转移矩阵的乘幂依据(5.14)有运算结果

$$P^t=\begin{bmatrix} E & O \\ R_t & Q^t \end{bmatrix}$$

其中

$$R_t=(E+Q+Q^2+\cdots+Q^{t-1})R,$$

根据定理 5.4，当 $t\to\infty$，R_t的极限存在，即

$$R_t\to NR \quad (t\to\infty) \tag{5.18}$$

因而

$$P^t=\begin{bmatrix} E & O \\ R_t & Q^t \end{bmatrix}\to\begin{bmatrix} E & O \\ NR & O \end{bmatrix} \quad (t\to\infty)$$

这里当 $t\to\infty$，从 P^t的极限矩阵说明吸收马尔柯夫链最终都将以吸收状态为结果，并且从转移状态达到吸收状态的转移概率取极限值于矩阵 $B=NR$。也就是说，从转移状态 $i_1=r+i$ 开始到达吸收状态 j 的转移概率 $p_{i_1j}^{(t)}$ 取极限于矩阵 $B=NR$ 的第 i 行、j 列元素值。

$$p_{i_1j}^{(t)}\to b_{ij} \quad (t\to\infty)$$

定理证毕。

本节所举例 9 是一个具有 3 个吸收状态的吸收马尔柯夫链，就以该例讨论定理 5.6

的应用。为了有助于对定理 5.6 的理解，先列出 P^t 的一系列计算结果，依据(5.14) P^t 分为四个子矩阵块：

$$\begin{bmatrix} E & O \\ R_t & Q^t \end{bmatrix}$$

随着 t 的增加，其中矩阵 E 与 O 永不改变，变化只表现在 R_t 与 Q^t 两个子块中，下面对 P^t 计算仅列出 R_t 和 Q^t 部分，也就是全部转移状态行所在的位置。

$$P^2: \begin{bmatrix} 0.001889 & 0.002 & 0.01 & 0.877321 & 0.00989 & 0.0989 \\ 0.0007 & 0.22 & 0 & 0.6923 & 0.017 & 0.07 \\ 0.0008 & 0 & 0.01 & 0.7912 & 0.008 & 0.09 \end{bmatrix}$$

$$P^3: \begin{bmatrix} 0.002766 & 0.003978 & 0.01989 & 0.865981 & 0.009762 & 0.097622 \\ 0.001392 & 0.2234 & 0.007 & 0.683355 & 0.008623 & 0.07623 \\ 0.001591 & 0.0016 & 0.119 & 0.780977 & 0.008712 & 0.08812 \end{bmatrix}$$

$$P^{10}: \begin{bmatrix} 0.008598 & 0.017126 & 0.085632 & 0.790606 & 0.008913 & 0.089125 \\ 0.005994 & 0.233980 & 0.058788 & 0.623875 & 0.007033 & 0.070329 \\ 0.006851 & 0.013437 & 0.178298 & 0.713000 & 0.008038 & 0.080377 \end{bmatrix}$$

$$P^{100}: \begin{bmatrix} 0.050798 & 0.112270 & 0.561352 & 0.245176 & 0.002764 & 0.027639 \\ 0.039295 & 0.309059 & 0.434184 & 0.193471 & 0.002181 & 0.021810 \\ 0.044908 & 0.099241 & 0.607322 & 0.221110 & 0.002493 & 0.024926 \end{bmatrix}$$

$$P^{400}: \begin{bmatrix} 0.069385 & 0.154175 & 0.770877 & 0.004949 & 0.000056 & 0.000558 \\ 0.053961 & 0.342127 & 0.599522 & 0.003906 & 0.000044 & 0.000440 \\ 0.061670 & 0.137034 & 0.796279 & 0.004463 & 0.000050 & 0.000503 \end{bmatrix}$$

$$P^{600}: \begin{bmatrix} 0.069739 & 0.154975 & 0.774874 & 0.000367 & 0.000004 & 0.000041 \\ 0.054241 & 0.342757 & 0.602676 & 0.000290 & 0.000003 & 0.000033 \\ 0.061990 & 0.137755 & 0.799884 & 0.000331 & 0.000004 & 0.000037 \end{bmatrix}$$

从上面的计算过程可以看出，这是一个多步转移矩阵 P^t 极限收敛十分缓慢的例子。10 步以前只见 Q^t 矩阵块值减小，R_t 矩阵块值增加的过程，未见有取极限的迹象。100 步以后 Q^t 矩阵块值大量减小，R_t 矩阵块值开始向稳定值逼近。我们算出 P^{600}，这时 Q^t 矩阵块已接近零矩阵，而 R_t 矩阵已获得比较稳定的转移概率。这些数据能够提供转向不同死亡状态的概率正是死因分析所需要的结果，我们把 R_{600} 的数(仅取小数点后 4 位)以及所显示的关系列于下面：

状态	其他死亡	呼吸病死亡	循环病死亡
健康	0.0697	0.1550	0.7749
呼吸病	0.0542	0.3428	0.6027
循环病	0.0620	0.1378	0.7999

上述概率值已接近准确的极限值，然而它的得来不易。定理 5.6 的价值就在于论证了 R_t 的极限存在，极限就是矩阵 NR。我们无须再做浩繁的数值计算，而直接从矩阵 $B=NR$ 中就可以获得在不同吸收状态概率分配的准确数值。

依据吸收马尔柯夫链的理论，对例 9 的正规分析演算过程如下：

本例典范式转移矩阵 $P=\begin{bmatrix} E & O \\ R & Q \end{bmatrix}$，其中两个子块分别是

$$Q=\begin{bmatrix} 0.889 & 0.01 & 0.1 \\ 0.7 & 0.1 & 0 \\ 0.8 & 0 & 0.1 \end{bmatrix} \qquad R=\begin{bmatrix} 0.001 & 0 & 0 \\ 0 & 0.2 & 0 \\ 0 & 0 & 0.1 \end{bmatrix}$$

$$E-Q=\begin{bmatrix} 0.111 & -0.01 & -0.1 \\ -0.7 & 0.9 & 0 \\ -0.8 & 0 & 0.9 \end{bmatrix}$$

基本矩阵的计算：

$$N=[E-Q]^{-1}=\begin{bmatrix} 69.768 & 0.775 & 7.752 \\ 54.264 & 1.714 & 6.029 \\ 62.016 & 0.689 & 8.002 \end{bmatrix}$$

矩阵 $B=NR$ 的计算

$$B=NR=\begin{bmatrix} 0.0698 & 0.1550 & 0.7752 \\ 0.0543 & 0.3428 & 0.6029 \\ 0.0620 & 0.1378 & 0.8002 \end{bmatrix}$$

该矩阵按原典范式转移矩阵行与列的排列位置，显示矩阵 $B=NR$ 所对应的状态如下

	其他死亡	呼吸病死亡	循环病死亡
健康	0.0698	0.1550	0.7752
呼吸病	0.0543	0.3428	0.6029
循环病	0.0620	0.1378	0.8012

由于健康状态是转移的开始状态($i_1=r+i=3+1=4$)，依照定理 5.6，矩阵 $B=NR$ 的第 i 行($i=1$)

$$[0.0698 \quad 0.1550 \quad 0.7752]$$

该向量的各分量值应该是最终达到各吸收状态的概率值。因而该向量的值也就是本例中对人口死因分析的结果。即死亡原因的分配是

其他死亡	6.98%
呼吸系统疾病死亡	15.5%
循环系统疾病死亡	77.52%

这个数字说明，按例 9 提供的数据，循环系统疾病是造成人口死亡的主要因素。

又根据定理 5.7，从健康状态开始，基本矩阵 N 的第 $i(i=1)$行各元素值之和

$$\sum_{i=1}^{3} n_{1i} = 69.768 + 0.775 + 7.752$$
$$= 78.295\text{年}$$

该值成为人口寿命的分析结果。

该例没有考虑人口自身的生育增长因素，若考虑生育增长，就需要有关带输入的吸收马尔柯夫链的理论。在下一节将继续讨论本例的人口结构问题。

遗传学中生物种的杂交试验研究是马尔柯夫链最重要的应用领域。第一节举出了杂交试验的例子，第二节中还讨论了一对等位基因形成的 3 种基因型状态下，群体的随机自交系，并给出了哈的—魏因伯格定理的证明。我们将进一步深入讨论马尔柯夫链在遗传学中的应用。

一对等位基因 A 与 a 组成的三种基因型$\{AA, Aa, aa\}$，我们曾经讨论过由这三种基因型构成的群体随机交配问题，交配应该由雌雄个体配对而进行，考虑雌雄配对将是更接近客观实际情况的方案，在此方案下作为新例。

例 10 继续研究考虑雌雄配对随机交配群体的遗传学问题。

首先分析三种基因型，雌雄配对能形成的各种状态。如果♂代表雄，♀代表雌，考虑到雌与雄在交配中的对称性，我们规定：

状态 $AA\times Aa$ 包括了 AA(♂)$\times Aa$(♀)和 AA(♀)$\times Aa$(♂)两种雌雄配对情形，

状态 $AA\times aa$ 包括了 AA(♂)$\times aa$(♀)和 AA(♀)$\times aa$(♂)两种雌雄配对情形，

状态 $Aa\times aa$ 包括了 Aa(♂)$\times aa$(♀)和 Aa(♀)$\times aa$(♂)两种雌雄配对情形。

因而三种基因型的个体，雌雄配对将组成 6 种状态：

$$AA\times AA,\quad AA\times Aa,\quad AA\times aa,\quad Aa\times Aa,\quad Aa\times aa,\quad aa\times aa$$

然后对状态进行分析。分析吸收状态的存在性，将吸收状态和转移状态区分出来，再按典范矩阵的要求对状态排序。状态 $AA\times AA$ 的后代只能是纯显性的基因型个体，再次交配只能形成 $AA\times AA$ 的雌雄配对，因而从 $AA\times AA$ 状态出发以概率 1 回到自身，这是吸收状态。同样 $aa\times aa$ 也是吸收状态。再看状态 $AA\times aa$，如此交配的后代也只是唯一杂交基因型 Aa，再次交配只能形成 $Aa\times Aa$ 的雌雄配对，因而从 $AA\times aa$ 状态出发以概率 1 达到状态 $Aa\times Aa$。注意从 $AA\times aa$ 出发并未能回到自身，所以不是吸收状态。其他

的状态，交配后能形成两种以上基因型，故不能是吸收状态。经过以上分析知 $AA\times AA$ 与 $aa\times aa$ 是吸收状态，其余皆是转移状态。为了获得典范式转移矩阵，对六种状态吸收状态在前，转移状态在后，排序如下：

$$1\ AA\times AA,\quad 2\ aa\times aa,\quad 3\ AA\times Aa,\quad 4\ AA\times aa,\quad 5\ Aa\times Aa,\quad 6\ Aa\times aa$$

在新的状态次序下写出转移矩阵，吸收状态不必考虑，仅考虑从转移状态开始， 每个转移状态的分析依次如下：

从状态 3 $AA\times Aa$ 开始，$AA\times Aa$ 交配的后代包括基因型 AA(占$\frac{1}{2}$)和基因型 Aa(占$\frac{1}{2}$)，从如此后代$\{AA$ 占$\frac{1}{2}, Aa$ 占$\frac{1}{2}\}$随机配对获得以下情形：

以概率$\frac{1}{2}\times\frac{1}{2}=\frac{1}{4}$组成状态 1 $AA\times AA$，得转移概率 $p_{31}=\frac{1}{4}$

以概率$\frac{1}{2}\times\frac{1}{2}=\frac{1}{4}$组成状态 5 $Aa\times Aa$，得转移概率 $p_{35}=\frac{1}{4}$

$$\begin{cases}\text{以概率}\frac{1}{2}\times\frac{1}{2}=\frac{1}{4}\text{组成状态 3 的配对 }AA(♂)\times Aa(♀)\\ \text{以概率}\frac{1}{2}\times\frac{1}{2}=\frac{1}{4}\text{组成状态 3 的配对 }AA(♀)\times Aa(♂)\end{cases}$$

合并以上两种情形，组成状态 3 $AA\times Aa$，得转移概率 $p_{33}=\frac{1}{4}+\frac{1}{4}=\frac{1}{2}$

不可能组成状态 2 $aa\times aa$，　　　　得转移概率 $p_{32}=0$

不可能组成状态 4 $AA\times aa$，　　　　得转移概率 $p_{34}=0$

不可能组成状态 6 $Aa\times aa$，　　　　得转移概率 $p_{36}=0$

从状态 4 $AA\times aa$ 开始，只能以概率 1 达到状态 5 $Aa\times Aa$，得转移概率 $p_{45}=1$

从状态 5 $Aa\times Aa$ 开始，$Aa\times Aa$ 交配的后代包括基因型 AA(占$\frac{1}{4}$)，Aa(占$\frac{1}{2}$)和 aa(占$\frac{1}{4}$)，从如此后代$\{AA$ 占$\frac{1}{4}, Aa$ 占$\frac{1}{2}, aa$ 占$\frac{1}{4}\}$随机配对获得以下情形：

以概率$\frac{1}{4}\times\frac{1}{4}=\frac{1}{16}$组成状态 1 $AA\times AA$，得转移概率 $p_{51}=\frac{1}{16}$

以概率$\frac{1}{4}\times\frac{1}{4}=\frac{1}{16}$组成状态 2 $aa\times aa$，得转移概率 $p_{52}=\frac{1}{16}$

以概率$\frac{1}{2}\times\frac{1}{2}=\frac{1}{4}$组成状态 5 $Aa\times Aa$，得转移概率 $p_{55}=\frac{1}{4}$

$$\begin{cases}\text{以概率}\frac{1}{4}\times\frac{1}{2}=\frac{1}{8}\text{组成状态 3 的配对 }AA(♂)\times Aa(♀)\\ \text{以概率}\frac{1}{4}\times\frac{1}{2}=\frac{1}{8}\text{组成状态 3 的配对 }AA(♀)\times Aa(♂)\end{cases}$$

合并以上两种情形，组成状态 3 $AA \times Aa$，得转移概率 $p_{53}=\frac{1}{8}+\frac{1}{8}=\frac{1}{4}$

$$\begin{cases}以概率\frac{1}{4}\times\frac{1}{4}=\frac{1}{16}组成状态 4 的配对 AA(♂)\times aa(♀)\\ 以概率\frac{1}{4}\times\frac{1}{4}=\frac{1}{16}组成状态 4 的配对 AA(♀)\times aa(♂)\end{cases}$$

合并以上两种情形，组成状态 4 $AA \times aa$，得转移概率 $p_{54}=\frac{1}{16}+\frac{1}{16}=\frac{1}{8}$

$$\begin{cases}以概率\frac{1}{2}\times\frac{1}{4}=\frac{1}{8}组成状态 6 的配对 Aa(♂)\times aa(♀)\\ 以概率\frac{1}{2}\times\frac{1}{4}=\frac{1}{8}组成状态 6 的配对 Aa(♀)\times aa(♂)\end{cases}$$

合并以上两种情形，组成状态 6 $Aa \times aa$，得转移概率 $p_{56}=\frac{1}{8}+\frac{1}{8}=\frac{1}{4}$

从状态 6 $Aa \times aa$ 开始，$Aa \times aa$ 交配的后代包括基因型 Aa(占$\frac{1}{2}$)和基因型 aa(占$\frac{1}{2}$)，从如此后代{Aa 占$\frac{1}{2}$，aa 占$\frac{1}{2}$}随机配对获得以下情形：

以概率$\frac{1}{2}\times\frac{1}{2}=\frac{1}{4}$组成状态 5 $Aa \times Aa$，得转移概率 $p_{65}=\frac{1}{4}$

以概率$\frac{1}{2}\times\frac{1}{2}=\frac{1}{4}$组成状态 2 $aa \times aa$，得转移概率 $p_{62}=\frac{1}{4}$

$$\begin{cases}以概率\frac{1}{2}\times\frac{1}{2}=\frac{1}{4}组成状态 6 的配对 Aa(♂)\times aa(♀)\\ 以概率\frac{1}{2}\times\frac{1}{2}=\frac{1}{4}组成状态 6 的配对 Aa(♀)\times aa(♂)\end{cases}$$

合并以上两种情形，组成状态 6 $Aa \times aa$，得转移概率 $p_{66}=\frac{1}{4}+\frac{1}{4}=\frac{1}{2}$

从状态 6 开始不可能组成 1 $AA \times AA$, 3 $AA \times Aa$ 和 4 $AA \times aa$ 状态，故 $p_{61}=p_{63}=p_{64}=0$。

总结以上对状态之间转移概率分析结果，写出转移矩阵，画出转移图(图 5-12)

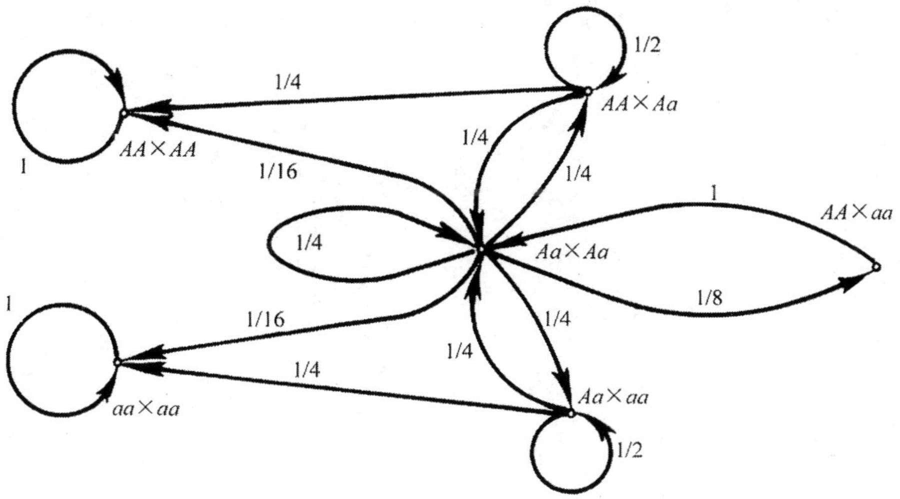

图 5-12

$$
\begin{array}{r}
 \\
1\ AA\times AA \\
2\ aa\times aa \\
3\ AA\times Aa \\
4\ AA\times aa \\
5\ Aa\times Aa \\
6\ Aa\times aa
\end{array}
\begin{array}{c}
\begin{array}{cccccc} 1 & 2 & 3 & 4 & 5 & 6 \end{array} \\
\left[\begin{array}{cc:cccc}
1 & 0 & 0 & 0 & 0 & 0 \\
0 & 1 & 0 & 0 & 0 & 0 \\
\hdashline
\frac{1}{4} & 0 & \frac{1}{2} & 0 & \frac{1}{4} & 0 \\
0 & 0 & 0 & 0 & 1 & 0 \\
\frac{1}{16} & \frac{1}{16} & \frac{1}{4} & \frac{1}{8} & \frac{1}{4} & \frac{1}{4} \\
0 & \frac{1}{4} & 0 & 0 & \frac{1}{4} & \frac{1}{2}
\end{array}\right]
\end{array}
$$

其中作为典范转移矩阵的子块 Q 与 R 分别是：

$$
Q=\begin{bmatrix}
\frac{1}{2} & 0 & \frac{1}{4} & 0 \\
0 & 0 & 1 & 0 \\
\frac{1}{4} & \frac{1}{8} & \frac{1}{4} & \frac{1}{4} \\
0 & 0 & \frac{1}{4} & \frac{1}{2}
\end{bmatrix}
\qquad
R=\begin{bmatrix}
\frac{1}{4} & 0 \\
0 & 0 \\
\frac{1}{16} & \frac{1}{16} \\
0 & \frac{1}{4}
\end{bmatrix}
$$

$$
E-Q=\begin{bmatrix}
\frac{1}{2} & 0 & \frac{-1}{4} & 0 \\
0 & 1 & -1 & 0 \\
\frac{-1}{4} & \frac{-1}{8} & \frac{3}{4} & \frac{-1}{4} \\
0 & 0 & \frac{-1}{4} & \frac{1}{2}
\end{bmatrix}
$$

基本矩阵 $N=(E-Q)^{-1}$ 计算结果安排于下：

$$
\begin{array}{l} \\ 3\ AA\times Aa \\ 4\ AA\times aa \\ 5\ Aa\times Aa \\ 6\ Aa\times aa \end{array}
\begin{array}{c} \begin{array}{cccc} 3 & 4 & 5 & 6 \end{array} \\ \begin{bmatrix} \frac{8}{3} & \frac{1}{6} & \frac{4}{3} & \frac{2}{3} \\ \frac{4}{3} & \frac{4}{3} & \frac{8}{3} & \frac{4}{3} \\ \frac{4}{3} & \frac{1}{3} & \frac{8}{3} & \frac{4}{3} \\ \frac{2}{3} & \frac{1}{6} & \frac{4}{3} & \frac{8}{3} \end{bmatrix} \end{array}
\begin{array}{c} \sum_{j=1}^{4} n_{ij} \\ 4\frac{5}{6} \\ 6\frac{2}{3} \\ 5\frac{2}{3} \\ 4\frac{5}{6} \end{array}
$$

计算矩阵 $B=NR$ 结果安排如下：

$$
\begin{array}{l} \\ 3\ AA\times Aa \\ 4\ AA\times aa \\ 5\ Aa\times Aa \\ 6\ Aa\times aa \end{array}
\begin{array}{c} \begin{array}{cc} 1 & 2 \end{array} \\ \begin{bmatrix} \frac{3}{4} & \frac{1}{4} \\ \frac{1}{2} & \frac{1}{2} \\ \frac{1}{2} & \frac{1}{2} \\ \frac{1}{4} & \frac{3}{4} \end{bmatrix} \end{array}
$$

近交是遗传育种专家们常常采用的手段，通过多代连续近交可以获得纯基因型的个体，从而为培育优良品种而打下基础。然而交配试验是一项十分艰苦的工作，特别是那些发育周期长的生物物种，为了得到一个好的品系，往往耗费数十年成功与否才见分晓。对随机交配系的试验，试验者关心的是预计多少代能获得纯基因型个体？再其次关心的是取得某种纯基因型的概率有多大？马尔柯夫数学模型的分析都能对这两个问题给予预测。

所谓多少代的交配试验能获得纯基因型，对于吸收马尔柯夫链实际上就是进入吸收状态之前在转移状态之间传递的步长。依据定理 5.5 及其推论，前述随机交配过程算出了基本矩阵 N，矩阵的每行元素之和就体现了该值。从状态 $AA\times Aa$, $AA\times aa$, $Aa\times Aa$ 和 $Aa\times aa$ 开始达到吸收状态的时间(代)是基本矩阵相应行之和，即 $4\frac{5}{6},6\frac{2}{3},5\frac{2}{3}$ 和 $4\frac{5}{6}$ 代。譬如开始以 $AA\times Aa$ 进行雌雄配对交配，随机交配 4~5 代($4\frac{5}{6}$)可望获得纯基因型后代。又如果从 $AA\times aa$ 的交配开始，经过 6~7 代($6\frac{2}{3}$)随机交配可望获得纯基因型后代。其他情形类似。

至于达到吸收状态落入不同吸收状态的概率，按照定理 5.6 矩阵 $B=NR$ 体现了从各种转移状态最终进入不同吸收状态的概率。例如从 $AA \times Aa$ 交配开始经过随机交配，最后获得显性纯基因型交配 $AA \times AA$ 的概率是 $\frac{3}{4}$，获得隐性纯基因型交配 $aa \times aa$ 的概率是 $\frac{1}{4}$。从 $AA \times aa$ 交配开始，获得显性与隐性纯基因型交配的概率相等，都是 $\frac{1}{2}$。其他情形类同。

接下去，新的实例继续研究色盲的遗传学问题。

例 11，以 C 代表色盲基因，S 代表非色盲基因，色盲基因的表现特点如下：男性个体只具有一个基因，因此出现 C 与 S 两种情形；女性个体有两个基因，因而出现 CC，CS 和 SS 三种情形。男女结合后代色盲基因的传递规则是这样：男性随机取母体的 1 个基因，女性从母体随机得 1 个基因再加上父亲 1 个基因。一个群体持续进行随机交配，现在以马尔柯夫链数学模型来分析色盲的遗传问题。

男性有两个状态$\{C, S\}$

女性有三个状态$\{CC, CS, SS\}$

男性与女性结合将出现六种不同的结合状态：

$$\{C \times CC, C \times CS, C \times SS, S \times CC, S \times CS, S \times SS\}$$

这 6 种状态构成马尔柯夫链的状态空间，按照上述色盲遗传的规则建立马尔柯夫链。

考虑 $C \times CC$ 的结合只能生成纯色盲基因的后代，因而也只能得 $C \times CC$ 的自交结合，因而 $C \times CC$ 是一个吸收状态；$S \times SS$ 是吸收状态亦然。$C \times SS$ 的结合能产生 ♂S 和 ♀CS 的个体，只能产生 $S \times CS$ 的结合，即以概率 1 达到状态 $S \times CS$；$S \times CC$ 的结合只能产生 $C \times CS$ 的结合，即以概率 1 达到状态 $C \times CS$。但是要注意 $C \times SS$ 和 $S \times CC$ 都不是吸收状态。还剩下 $C \times CS$ 和 $S \times CS$ 两种状态尚未讨论。

对于 $C \times CS$ 状态

$C \times CS$ 的结合能产生男性后代有两种情形：♂C，占 $\frac{1}{2}$ 概率，♂S，占 $\frac{1}{2}$ 概率；

$C \times CS$ 的结合能产生女性后代有两种情形：♀CC，占 $\frac{1}{2}$ 概率，♀CS，占 $\frac{1}{2}$ 概率。

上述后代的交配能形成的结合方式有

$C \times CC$，占 $\frac{1}{2} \times \frac{1}{2} = \frac{1}{4}$ 概率；$C \times CS$，占 $\frac{1}{2} \times \frac{1}{2} = \frac{1}{4}$ 概率；

$S \times CC$，占 $\frac{1}{2} \times \frac{1}{2} = \frac{1}{4}$ 概率；$S \times CS$，占 $\frac{1}{2} \times \frac{1}{2} = \frac{1}{4}$ 概率。

对于 $S \times CS$ 状态

$S \times CS$ 的结合能产生男性后代有两种情形：♂C，占 $\frac{1}{2}$ 概率，♂S，占 $\frac{1}{2}$ 概率；$S \times$

CS 的结合能产生女性后代有两种情形：♀SC，占$\frac{1}{2}$概率，♀SS，占$\frac{1}{2}$概率。上述后代的交配能形成的结合方式有

$C\times SC$，占$\frac{1}{2}\times\frac{1}{2}=\frac{1}{4}$概率；$C\times SS$，占$\frac{1}{2}\times\frac{1}{2}=\frac{1}{4}$概率；

$S\times SC$，占$\frac{1}{2}\times\frac{1}{2}=\frac{1}{4}$概率；$S\times SS$，占$\frac{1}{2}\times\frac{1}{2}=\frac{1}{4}$概率。

将仅有的两个吸收状态放在前面，状态重新排序如下：

$$\{C\times CC,\ S\times SS,\ C\times CS,\ C\times SS,\ S\times CC,\ S\times CS\}$$

根据前面对每一个状态的讨论结果，画出转移图：

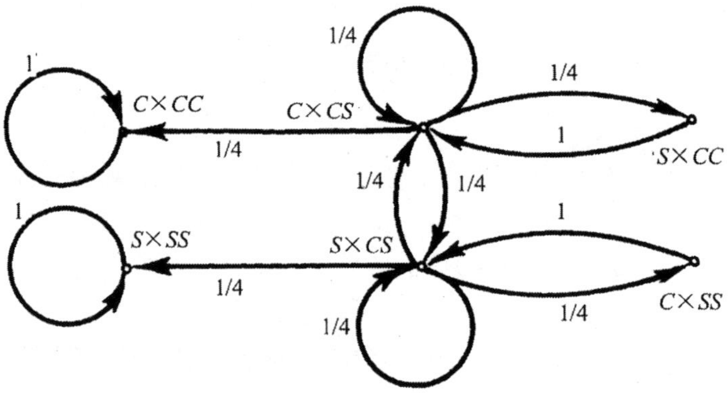

图 5-13

由转移图一望知本过程是吸收马尔柯夫链。写出转移矩阵的典范式：

$$P=\begin{array}{c} \begin{array}{cccccc} C\times CC & S\times SS & C\times CS & C\times SS & S\times CC & S\times CS \end{array} \\ \left[\begin{array}{cc|cccc} 1 & 0 & 0 & 0 & 0 & 0 \\ 0 & 1 & 0 & 0 & 0 & 0 \\ \hline \frac{1}{4} & 0 & \frac{1}{4} & 0 & \frac{1}{4} & \frac{1}{4} \\ 0 & 0 & 0 & 0 & 0 & 1 \\ 0 & 0 & 1 & 0 & 0 & 0 \\ 0 & \frac{1}{4} & \frac{1}{4} & \frac{1}{4} & 0 & \frac{1}{4} \end{array}\right] \end{array} \begin{array}{l} \\ C\times CC \\ S\times SS \\ C\times CS \\ C\times SS \\ S\times CC \\ S\times CS \end{array}$$

$$Q=\begin{bmatrix}\frac{1}{4} & 0 & \frac{1}{4} & \frac{1}{4}\\ 0 & 0 & 0 & 1\\ 1 & 0 & 0 & 0\\ \frac{1}{4} & \frac{1}{4} & 0 & \frac{1}{4}\end{bmatrix}\qquad R=\begin{bmatrix}\frac{1}{4} & 0\\ 0 & 0\\ 0 & 0\\ 0 & \frac{1}{4}\end{bmatrix}$$

$$E-Q=\begin{bmatrix}\frac{3}{4} & 0 & \frac{-1}{4} & \frac{-1}{4}\\ 0 & 1 & 0 & -1\\ -1 & 0 & 1 & 0\\ \frac{-1}{4} & \frac{-1}{4} & 0 & \frac{3}{4}\end{bmatrix}$$

基本矩阵 $N=(E-Q)^{-1}$：

$$\begin{matrix}C\times CS\\ C\times SS\\ S\times CC\\ S\times CS\end{matrix}\begin{bmatrix}\frac{8}{3} & \frac{1}{3} & \frac{2}{3} & \frac{4}{3}\\ \frac{4}{3} & \frac{5}{3} & \frac{1}{3} & \frac{8}{3}\\ \frac{8}{3} & \frac{1}{3} & \frac{5}{3} & \frac{4}{3}\\ \frac{4}{3} & \frac{2}{3} & \frac{1}{3} & \frac{8}{3}\end{bmatrix}\begin{matrix}5\\ 6\\ 6\\ 5\end{matrix}$$

基本矩阵的每一行求和分别是 5, 6, 6 和 5，说明如此随机交配 5~6 代，可望获得纯色盲或纯无色盲后代。至于达到这两者的概率分别在矩阵 $B=NR$ 中

B 矩阵如下：

$$\begin{matrix} & & \text{到达状态}\\ & & \begin{matrix}C\times CC & S\times SS\end{matrix}\\ \text{开始状态} & \left\{\begin{matrix}C\times CS\\ C\times SS\\ S\times CC\\ S\times CS\end{matrix}\right. & \begin{bmatrix}\frac{2}{3} & \frac{1}{3}\\ \frac{1}{3} & \frac{2}{3}\\ \frac{2}{3} & \frac{1}{3}\\ \frac{1}{3} & \frac{2}{3}\end{bmatrix}\end{matrix}$$

左边开始状态表示不同的结合类型，B 矩阵相对应的行值分别表示到达吸收状态 $C\times CC$(色盲)和 $S\times SS$(非色盲)的概率。

第四节　带输入的马尔柯夫状态序列

这一节将在吸收马尔柯夫链的理论基础上进一步讨论一种很有实用价值的方法。为了说明这种方法，先从具体实例入手。

例 12　设有一养鱼池构成的生态系统，研究在该系统内物质氮的循环。鱼靠摄取水中植物藻类获得氮而生存，藻类吸取水中的氮而不断生长，同时鱼的排泄和藻类的生长过程中又把部分氮归还于水中。如果把水、藻和鱼三者的含氮量视作三个状态，并且考虑到鱼被捕捞和藻类溢出池外，氮的流失又增加两个状态。该系统物质氮的流动关系见转移图(5-14)，这是具有 2 个吸收状态的马尔柯夫链。按照吸收马尔柯夫理论，此过程持续下去，所有的状态中的氮都将转移到吸收状态，转移状态将趋向 0 值。这将意味着整个系统的氮消耗殆尽，系统将无法维持下去。如果改变系统与外界的关系，允许从外界不断投入肥料和饲料，给系统输入氮，这时一个养鱼的生态系统将维持下去。那么我们将怎改进现有马尔柯夫链的理论去满足这种带有输入的要求呢？

上述实例具有普遍意义，让我们离开具体例子从一般情形进行讨论。考虑具有 r 个吸收状态，k 个转移状态的吸收马尔柯夫链，典范矩阵如下

$$P=\begin{bmatrix} E & O \\ R & Q \end{bmatrix}$$

其中 E 表示单位矩阵，O 表示零矩阵。假设 $r+k$ 维向量 $Z=[Y\ X]$表示初始时每个状态具有氮的数量，其中 r 维向量 $Y=[y_1\ y_2\ \cdots\ y_r]$代表吸收状态，$k$ 维向量 $X=[x_1\ x_2\ \cdots\ x_k]$代表转移状态。

如此一个服从吸收马尔柯夫链的系统，又假如每单位时间周期地在转移状态上不断给予输入补充，k 维向量 $F=[f_1\ f_2\ \cdots\ f_k]$表示在转移状态上每次输入补充氮的数量。随着时间参数的推移，$t=0, 1, 2,\cdots$状态的数量在变化，又令 $Y^{(t)}$，$X^{(t)}$和 $Z^{(t)}=[Y^{(t)}\ X^{(t)}]$分别表示当时间 t 相应于向量 Y, X 和 Z 所处的数量。到此我们已经能设计一个带有输入的吸收马尔柯夫链数学模型，企图以此来描述上述生态学具体问题。

如果开始时($t=0$)转移状态和吸收状态具有的值分别是向量 X 和 Y，即

$$Y^{(0)}=Y,\quad X^{(0)}=X,\quad Z^{(0)}=[Y^{(0)}\ X^{(0)}]$$

经过一步以后，初始状态具有的数量将按转移矩阵中的转移概率转入到下一次状态数量中去，依照向量与转移矩阵的乘积就是 $Z^{(0)}P$，除此之外还要考虑到在转移状态上输入增加的数量，因而 $Z^{(1)}$应该由 $Z^{(0)}P$ 和$[O\ F\ ]$两部分组成，其中向量$[O\ F\ ]$前 r 个分量属于吸收状态均为 0。类似地 $Z^{(2)}$应该由 $Z^{(1)}P$ 和$[O\ F\ ]$组成，$Z^{(k+1)}$应该由 $Z^{(k)}P$ 和$[O\ F\ ]$组成。状态向量的变化逐步写出如下：

$$
\begin{aligned}
&Z^{(0)} = [Y\ X] \\
&Z^{(1)} = Z^{(0)}P + [O\ F] \\
&Z^{(2)} = Z^{(1)}P + [O\ F] \\
&\cdots\cdots\cdots\cdots \\
&Z^{(k+1)} = Z^{(k)}P + [O\ F] \\
&\cdots\cdots\cdots\cdots
\end{aligned}
\tag{5.19}
$$

由此获得向量序列：

$$Z^{(0)},\ Z^{(1)},\ Z^{(2)},\ \cdots \tag{5.20}$$

到此我们已经建立起一个带输入的吸收马尔柯夫链，(5.20)称为它的状态向量序列，向量 F 称为它的输入向量。

状态向量序列由 r 维吸收部分和 k 维转移部分构成

$$Z^{(k)} = [Y^{(k)}\ X^{(k)}] \qquad (k = 0,1,2,\cdots)$$

很自然我们关心的是其中转移部分向量 $X^{(k)}(k = 0,1,2,\cdots)$的变化情况。下面的定理回答了这个问题。

定理 5.7　带有输入的吸收马尔柯夫链，输入向量为 F，则其状态向量序列的转移向量部分 $X^{(k)}(k = 0,1,2,\cdots)$存在极限 FN，其中 N 是吸收马尔柯夫链的基本矩阵。

证明：若吸收马尔柯夫链转移矩阵的典范式是 $P = \begin{bmatrix} E & O \\ R & Q \end{bmatrix}$，对于转移向量部分的序列 $X^{(k)}(k = 0,1,2,\cdots)$有下面的关系

$$X^{(k)} = XQ^k + F\sum_{i=0}^{k-1} Q^i \tag{5.21}$$

其中当 $i = 0$ 时 Q^0 表示单位矩阵。

采取归纳法证明等式(5.21)。

(1) 当 $k = 1$ 时，根据状态向量序列的概念

$$
\begin{aligned}
Z^{(1)} &= [Y\ X]P + [O\ F] \\
&= [Y + XR\ \ XQ] + [O\ F] \\
&= [Y + XR\ \ XQ + F]
\end{aligned}
$$

得

$$X^{(1)} = XQ + F$$
$$= XQ^1 + FQ^0$$

当 $k = 1$ 时等式(5.21)成立。

(2)如果 $k = l(1 \leqslant l)$ 等式(5.21)成立，下面推出当 $k = l+1$ 时等式(5.21)亦成立。已有

$$X^{(l)} = XQ^l + F\sum_{i=0}^{l-1} Q^i$$

根据状态向量序列的规定

$$Z^{(l+1)} = Z^{(l)}P + [O\ F]$$
$$= [Y^{(l)}\ X^{(l)}]\begin{bmatrix} E & O \\ R & Q \end{bmatrix} + [O\ F]$$
$$= [Y^{(l)} + X^{(l)}R\ \ X^{(l)}Q + F]$$

其中 X^l，依归纳法条件等式(5.21)成立，将其代入推导于下：

$$X^{(l+1)} = X^{(l)}Q + F$$
$$= (XQ^l + F\sum_{i=0}^{l-1} Q^i)Q + F$$
$$= XQ^{l+1} + F\sum_{i=1}^{l} Q^i + FQ^0$$
$$= XQ^{l+1} + F\sum_{i=0}^{l} Q^i$$

关系式(5.21)成立

然后利用关系(5.21)，令 $k \to \infty$ 取极限，又考虑到吸收马尔柯夫链有

$$XQ^k \to O \quad (k \to \infty)$$
$$\sum_{i=0}^{k} Q^i \to N \quad (k \to \infty)$$

最后得极限

$$X^{(k)} \to FN \quad (k \to \infty) \tag{5.22}$$

定理获证。

带输入的吸收马尔柯夫链反映许多实际应用问题，特别在生态学，环境科学等领域。一个系统内部，物质，能量或其他有关数量的流动变化情况，可以借助定理 5.7 进行分析研究。该定理揭示出这样一个客观规律，就是与上述带输入吸收马尔柯夫链有联系的系统，随着时间的无限推移将趋向稳定。而且其最后的稳定状态 FN 与初始状态 X 无关，而仅与输入向量 F 有关。这也说明初始状态是暂时的因素，随时间的延长它对系统的影响将逐渐磨灭而消失；而输入向量却是长期持续的因素，随时间增加，它对系统的影响逐渐增强，直到完全控制系统的稳定状态。

现在利用定理 5.7 研究前面提出的例 12 养鱼生态系统问题。该系统的马尔柯夫链转移矩阵和转移图给出于下：

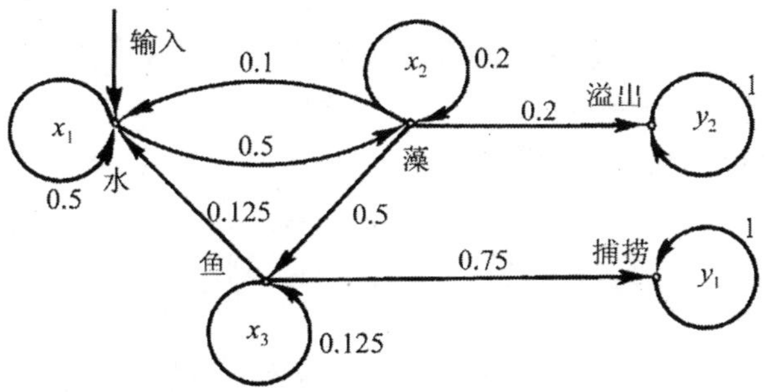

图 5-14

$$P=\left[\begin{array}{cc|ccc} 1 & 0 & 0 & 0 & 0 \\ 0 & 1 & 0 & 0 & 0 \\ \hline 0 & 0 & 0.5 & 0.5 & 0 \\ 0 & 0.2 & 0.1 & 0.2 & 0.5 \\ 0.75 & 0 & 0.125 & 0 & 0.125 \end{array}\right]\begin{array}{ll} y_1 & 捕捞 \\ y_2 & 溢出 \\ x_1 & 水 \\ x_2 & 藻 \\ x_3 & 鱼 \end{array}$$

$$Q=\begin{bmatrix} 0.5 & 0.5 & 0 \\ 0.1 & 0.2 & 0.5 \\ 0.125 & 0 & 0.125 \end{bmatrix}$$

基本矩阵

$$N=(E-Q)^{-1}=\begin{bmatrix} 0.5 & -0.5 & 0 \\ -0.1 & 0.8 & -0.5 \\ -0.125 & 0 & 0.875 \end{bmatrix}^{-1}$$

$$=\begin{bmatrix} 2.5455 & 1.5909 & 0.9091 \\ 0.5455 & 1.5909 & 0.9091 \\ 0.3636 & 0.2273 & 1.2727 \end{bmatrix}$$

如果每年向水中投放有效氮肥 80 公斤，输入向量 $F=[80\ \ 0\ \ 0]$
状态的稳定向量将是

$$FN=[203.6363\quad 127.2727\quad 72.7273]$$

换句话说水、藻和鱼三种状态的含氮分别稳定在 203.6363 公斤、127.2727 公斤和 72.7273 公斤。

$$\text{计算矩阵}\quad NR=\begin{bmatrix}0.6818 & 0.3182\\0.6818 & 0.3182\\0.9545 & 0.0455\end{bmatrix}$$

根据吸收马尔柯夫链的定理 5.6，在稳定状态下，往水中投放的氮，转移到被利用状态(y_1)和浪费状态(y_2)的比率分别是 68.18%和 31.82%。

我们已经建立起带输入的吸收马尔柯夫链，以及相应的定理 5.7。它不仅可以解决前面提出的养鱼生态学问题，还可以应用于其他方面，从而把吸收马尔柯夫链的应用拓宽到许多实际问题中去。下面继续讨论曾经举出过的实例，以说明带输入吸收马尔柯夫链方法的广泛应用。

例 2 的草原生态系统是一个与上述养鱼生态系统类似的问题，如果对草原中的土壤每年施入 M 公斤氮肥(有效氮)，例 2 就成为带输入的吸收马尔柯夫链，3 个转移状态土壤、牧草和羊，其中土壤分量给予输入，输入向量应该是

$$F=[M\ \ 0\ \ 0]$$

已算出该吸收马尔柯夫链的基本矩阵

$$N=\begin{bmatrix}4.1176 & 2.3529 & 1.7647\\3.6765 & 3.5294 & 2.6471\\3.6029 & 2.0588 & 2.7941\end{bmatrix}$$

按照定理 5.7，该系统将趋于稳定，转移状态构成的向量取极限

$$FN=[4.1176M\quad 2.3529M\quad 1.7647M]$$

其中包含在羊体中的总氮量是 $1.7647M$，如果每头羊平均氮的占有量是 m，就可以给出该草原系统羊的承载数量

$$\text{承载量}=\frac{1.7647M}{m}$$

承载量的计算对草原生态系统的研究和实际应用具有重要意义。

再看我们曾经讨论过的流行病学问题例 9。前面我们建立的吸收马尔柯夫链，没考虑地区人口生育增长，当然不切合实际情况。如果该地人口生育增长每年 12 000 人，考虑这一情况也成为一个带输入的吸收马尔柯夫链。这时前面基于吸收马尔柯夫链所做的寿命分析，死亡原因分析仍然有效，除此以外还可以就流行病学的要求对人口结构状况进行分析。

该吸收马尔柯夫链的 3 个转移状态是健康、呼吸病和循环病，如果初生的幼儿都是健康的，输入只在健康状态上产生，输入向量如下

$$F = [12000 \quad 0 \quad 0]$$

又该吸收马尔柯夫链的基本矩阵已经算出如下

$$N = \begin{bmatrix} 69.768 & 0.775 & 7.752 \\ 54.264 & 1.714 & 6.029 \\ 62.016 & 0.689 & 8.002 \end{bmatrix}$$

与例 9 相应的一个带输入的吸收马尔柯夫链已确立，定理 5.7 告诉我们人口的数量将稳定于向量 FN,

$$FN = [837209.302 \quad 9302.326 \quad 93023.256]$$

也就是说相应于健康、患呼吸病和循环病的人口将分别稳定在 837 209，9302 和 93 023。总人口为 939534，健康人占 89.11%，患病人占 10.89%，其中循环病为 9.9%，呼吸病为 0.99%。循环病是主要疾病。这就是人口结构分析给出的基本状况。

作为本章的结束，再讨论一个有关环境污染问题。环境污染问题的焦点是对有害物质的监测与控制，理论方面的研究就是要揭示有害物质转移变化的规律，从而达到监控的目的。马尔柯夫链自然是一个很有效的数学模型，特别是本章的最后一个定理。

如果我们对某一有害物质进行定量分析，考虑具有 n 个状态的环境系统，状态空间 $U = \{u_1, u_2, \cdots, u_n\}$，在单位时间内毒物从第 i 状态转移到第 j 状态的概率为 $p_{ij}(i, j = 1,2,\cdots,n)$，转移矩阵如下

$$P = \begin{bmatrix} p_{11} & p_{12} & \cdots & p_{1n} \\ p_{21} & p_{22} & \cdots & p_{2n} \\ \cdots & \cdots & \cdots & \cdots \\ p_{n1} & p_{n2} & \cdots & p_{nn} \end{bmatrix}$$

下面分两种情形进行讨论：

(1)如果系统封闭，即有毒物质没有流入和流出，又有毒物质不能自然分解而消失。对于这种情形我们还要假设在转移图中，任意两状态之间都可经有限步而彼此到达。也就是说这是一个正则马尔柯夫链。

按照正则马尔柯夫链的理论存在不动点向量 $V=[v_1\ v_2\ \cdots\ v_n]$，该不动点向量可以从下面的方程得解

$$
\begin{aligned}
&p_{11}v_1+p_{21}v_2+\cdots+p_{n1}v_n=v_1\\
&p_{12}v_1+p_{22}v_2+\cdots+p_{n2}v_n=v_2\\
&\cdots\cdots\cdots\cdots\cdots\cdots\cdots\cdots\cdots\cdots\cdots\cdots\\
&p_{1n}v_1+p_{2n}v_2+\cdots+p_{nn}v_n=v_n\\
&v_1+v_2+\cdots+v_n=1
\end{aligned}
$$

又如果初始时各状态的毒物数量是向量 $X=[x_1\ x_2\ \cdots\ x_n]$，系统中毒物的总量

$$m=x_1+x_2+\cdots+x_n$$

由于系统中毒物与外界没有交流，且毒物不能分解，毒物总量 m 保持不变。而初始时毒物在各状态的分配比率是随机向量 $\frac{1}{m}X$，又根据正则马尔柯夫链的理论有

$$\frac{1}{m}XP^t\to V\quad(t\to\infty)$$

不动点向量正是毒物在系统内分配的稳定比率，mV 也就是毒物在系统内各状态的稳定的分配数量。如果向量 $G=[g_1\ g_2\ \cdots\ g_n]$表示毒物在各状态的控制指标，也就是说在状态 i 毒物的数量 mv_i 必须控制小于 g_i，即满足不等式：

$$mv_i<g_i\quad(i=1,2,\cdots,n)$$

毒物的控制写成向量不等式，必需满足控制条件：

$$mV<G\tag{5.23}$$

(2) 如果系统存在污染源，且毒物能够被分解。

对于这种情形污染源以输入向量 $F=[f_1 f_2\ \cdots\ f_n]$的形式表示，即单位时间在状态 $i(i=1,2,\cdots,n)$向系统输入数量为 $f_i(i=1,2,\cdots,n)$的毒物。能够分解的毒物常常是一些有机化

学物质，如某些工业生产排放的有机毒物，或某些有机农药，对这一因素的分析可增加一个毒物分解状态 u_0，显然，这是一个不可转移的吸收状态。描述该系统的马尔柯夫链成为具有一个吸收状态的吸收马尔柯夫链，该过程的典范式转移矩阵成为

$$\begin{bmatrix} 1 & 0 & 0 & \cdots & 0 \\ d_1 & p_{11} & p_{12} & \cdots & p_{1n} \\ d_2 & p_{21} & p_{22} & \cdots & p_{2n} \\ \cdots & \cdots & \cdots & \cdots & \cdots \\ d_n & p_{n1} & p_{n2} & \cdots & p_{nn} \end{bmatrix} \tag{5.24}$$

其中 $d_i(i = 1,2,\cdots,n)$表示在状态 i 毒物被分解的概率，因为毒物被分解，这里与前面正则马尔柯夫链不同，因为向量$[d_i \quad p_{i1} \quad p_{i2} \cdots \ p_{in}]$是随机向量，必需满足条件

$$d_i + \sum_{k=1}^{n} p_{ik} = 1 \quad (i = 1,2,\cdots,n)$$

这是一个带输入的吸收马尔柯夫链，引用定理 5.7，知毒物最后的稳定状态将是向量 FN，如果向量 $G = [g_1\, g_2 \ \cdots \ g_n]$代表控制指标，对环境的控制条件将是不等式

$$FN < G \tag{5.25}$$

其中向量 FN 表示环境污染的最终稳定状况，它与初始污染状况无关，而由 F 和 N 决定，从这个分析结果说明调整降低污染源是控制环境污染的最根本措施。

现在就上述理论对例 8 所提出的环境分析问题做进一步的分析。

如果按例 8 所提出的情况，又假设每月往水中排放 m 克毒物，水库的库容量 5 万立方米。下面进一步讨论毒物的分布状况，按事先规定的含毒量指标分析如何控制排放毒物量？

例 8 中典范式转移矩阵 $P = \begin{bmatrix} E & O \\ R & Q \end{bmatrix}$，其中 Q 矩阵

$$Q = \begin{bmatrix} 0.3 & 0.3 & 0.3 \\ 0.2 & 0.3 & 0 \\ 0.1 & 0 & 0.6 \end{bmatrix}$$

前一节已经就此例计算其基本矩阵如下

$$N=\begin{bmatrix}1.854 & 0.795 & 1.391\\0.530 & 1.656 & 0.397\\0.464 & 0.199 & 2.848\end{bmatrix}$$

把每月排放的毒物视作输入，输入向量是

$$F=[m \quad o \quad o]$$
$$FN=[1.854m \quad 0.795m \quad 1.391m]$$

根据定理 5.7，在每月往水中排放 m 克毒物的输入条件下，毒物在各状态中的分布将趋于稳定，在水、泥土和浮游生物中含有的毒物数量将分别是

$1.854m$ 克(水)，$0.795m$ 克(浮游生物)，$1.391m$ 克(泥土)

如果环境控制要求水中的含毒量每升水不得超过 g 克，水库全充满时，水中含毒量为

$$\frac{1.854m}{5\times10^4\times10^3}=3.708\times10^{-8}m \text{ 克/升}$$

控制要求 $3.708\times10^{-8}m<g$

即 $m<2.697\times10^{7}g$ 克

第六章　微分方程数学模型

微分方程模型在生物数学中是一类十分重要的模型，其中包括一些为人们熟知的重要方程，如 Malthusian 方程、Logistic 方程和 Lotka-Volterra 方程，这些方程对研究种群增长的生态关系十分重要；属于偏微分方程的 H–H 方程和扩散方程，它们对神经生理学，某些流行病学和生态学的研究很有价值。本章将这些典型的方程及其派生类型进行详细的讨论。同时还对微生物学、酶动力学、药用动力学等领域的微分方程模型进行简单介绍。

第一节　单一种群生态数学模型

种群增长研究中人口增长是最古老的课题之一，我们就以这个题目开始讨论。美国的人口调查记录是世界上比较完整的记录之一，表 6-1 给出了美国人口增长的部分记录。从最早的记录中知 1790 年有 3.929×10^6 人。在随后 10 年中

$$人口平均增长率=\frac{5.308-3.929}{1800-1790}\times10^6=0.1379\times10^6\ 人/年,$$

$$人口平均相对增长率=\frac{5.308-3.929}{3.929(1800-1790)}=0.03510\ /年。$$

表 6-1　美国人口调查数据

年	人口(千)	年	人口(千)
1790	3929	1900	75995
1800	5308	1910	91972
1810	7240	1920	105711
1820	9638	1930	122775
1830	12866	1940	131669
1840	17069	1950	150697
1850	23192	1960	179323
1860	31443	1970	203185
1870	38558	1980	226500
1880	50156		
1890	62948		

增长率以单位时间(年)人口的增加来描述人口增长的速率，此值与人口的基数有关。而相对增长率以单位时间人口增长比率来表示人口增长速率，此值与基数无关，在

一定的时间范围一定的条件下相对增长率是一个稳定的常数。

现在我们就一般的种群增长来讨论。如果某一种群的数量以连续函数 $N(t)$表示，其中 t 代表时间，从时间 t 到 $t+\Delta t$，在这段时间的间隔中有

$$\text{平均种群增长速率} = \frac{N(t+\Delta t)-N(t)}{\Delta t} = \frac{\Delta N}{\Delta t}$$

$$\text{平均种群相对增长速率} = \frac{N(t+\Delta t)-N(t)}{N(t)\Delta t} = \frac{\Delta N}{N\Delta t}$$

令$\Delta t \to 0$，取极限就得到在时间 t 的

$$\text{种群增长速率} = \lim_{\Delta t\to 0}\frac{\Delta N}{\Delta t} = \frac{dN}{dt}$$

$$\text{种群相对增长速率} = \lim_{\Delta t\to 0}\frac{\Delta N}{N\Delta t} = \frac{1}{N}\frac{dN}{dt}$$

在一定的条件下，种群相对增长速率与种群大小无关，是一个正常数 r，它代表种群自然增长的能力，也称为自然增长率。于是我们就获得一个描述种群增长规律的数学模型

$$\frac{1}{N}\frac{dN}{dt} = r \tag{6.1}$$

这个数学模型第一次被 Malthus 在研究人口增长规律时提出，因此被称为 Malthusian 方程。这个方程可以作为一般的种群生态数学模型，若 $r>0$，方程描述了种群增长的过程；若 $r<0$，方程描述种群消亡的过程。通常都假设 $r>0$，研究种群的增长过程。

方程(6.1)是最简单的微分方程，积分这个方程可以得解。

$$\int\frac{dN}{N} = \int r dt$$

$$\ln N = rt + C$$

其中 C 是积分常数，由初始条件决定。如果当 $t = t_0$ 时种群 $N = N_0$，有

$$\ln N_0 = rt_0 + C$$

联合前面两个等式消去积分常数 C，得方程的解：

$$r(t-t_0)=\ln\frac{N}{N_0} \tag{6.2}$$

或

$$N=N_0e^{r(t-t_0)} \tag{6.3}$$

前面所举美国人口的增长，从 1790 年到 1800 年的相对增长速率可以通过更合理的方式计算出来，此值是 $r=0.031$，然后写出相应于(6.3)的方程

$$N(t)=3.929\times 10^6\cdot e^{0.031(t-1790)}$$

这个方程所表示的结果与 1790~1860 年的实际调查人口数据十分吻合，但是从 1860 年以后出现较大的误差。实际人口数比计算的数字小；随着时间推移，误差愈大。它说明人口的相对增长速率不可能一直保持在原有的水平。

按照 Malthusian 方程，随着时间的推移，种群无限增大。实际生活中种群不可能无限增大，当种群达到一定大小，种群的增长受到种种约束，种群的生活空间有限，生存条件有限。如植物生活所需的水分、阳光、土壤中的营养物质有限，动物摄取的食物有限。因此方程(6.1)中的种群相对增长率不可能一直维持原有的水平。Malthusian 模型未能完全真实地表达生物种群实际增长的过程。它的应用受到一定的限制。

现在考虑如何对 Malthusian 方程做适当的修改。如果在有限生存资源条件下，能够维持种群生存的最大数量记作 $\overline{N}$，此值也称作饱和种群量。种群未饱和程度可以用比值 $(\overline{N}-N)/\overline{N}$ 表示。很自然地想到以 $r\dfrac{(\overline{N}-N)}{\overline{N}}$ 来替换 r 表示种群相对增长速率是比较合适的。当 $N=0$ 时，未饱程度为 1，相对增长率为 r；随着 N 增加，未饱和程度减小，相对增长率减少；当 $N=\overline{N}$ 时，未饱和程度为 0，相对增长速率为 0。改进之后描述种群增长的方程如下：

$$\frac{1}{N}\frac{dN}{dt}=r(1-\frac{N}{\overline{N}}) \tag{6.4}$$

这就是著名的 Logistic 方程。

求解方程的演算过程如下：

将(6.4)中的变量 N 置于等式的右边，做分项分式，

$$rdt=\frac{\overline{N}dN}{N(\overline{N}-N)}$$

$$=(\frac{1}{N}+\frac{1}{\overline{N}-N})dN$$

积分前式，

$$rt + C = \int \left(\frac{1}{N} + \frac{1}{\overline{N} - N}\right) dN$$

$$= \ln N - \ln(\overline{N} - N) \tag{6.5}$$

$$= \ln \frac{N}{\overline{N} - N}$$

初值条件 $t = t_0$ 时　$N = N_0$，代入得

$$rt_0 + C = \ln \frac{N_0}{\overline{N} - N_0}$$

与(6.5)两式相减消去积分常数 C 得

$$r(t - t_0) = \ln \frac{N}{\overline{N} - N} / \frac{N_0}{\overline{N} - N_0}$$

$$= \ln\left(\frac{N}{N_0} \cdot \frac{\overline{N} - N_0}{\overline{N} - N}\right)$$

最后得 Logistic 方程的解：

$$r(t - t_0) = \ln \frac{N}{N_0} - \ln \frac{\overline{N} - N}{\overline{N} - N_0} \tag{6.6}$$

从(6.6)解出 N，得 $N(t)$的表达式

$$N(t) = \frac{\overline{N}}{[1 + (\overline{N} / N_0 - 1)e^{-r(t - t_0)}]} \tag{6.7}$$

将 Logistic 方程的解(6.7)画出图形如图 6-1：

图 6-1 中的曲线称为 Logistic 曲线，它反映种群的增长过程已考虑到生存资源的限制，比 Malthusian 方程更符合真实情况。下面对 Logistic 曲线做详细的讨论。

如果种群的增长从初始点 $A_0(t_0, N_0)$开始，随着时间的增加种群数量 $N(t)$不断增长，当 $t \to \infty$，$N(t)$以饱和种群量 $\overline{N}$ 为极限。为了更进一步了解变化的性质，求 N 的二阶导数。

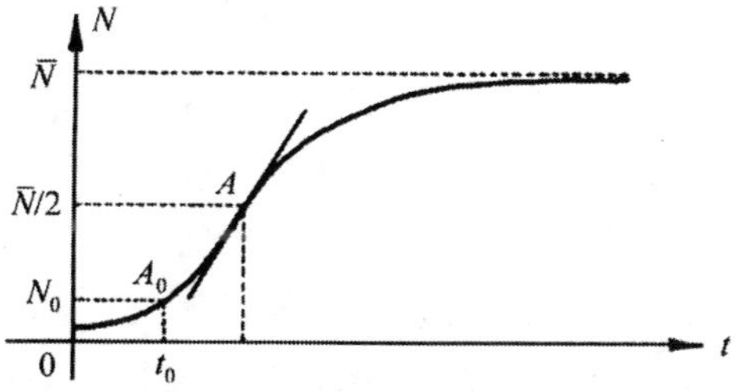

图 6-1 Logistic 方程解的图形

$$\frac{d^2N}{dt^2}=r^2N(1-\frac{2N}{\bar{N}})(1-\frac{N}{\bar{N}})$$

二阶导数为 0 的条件是 $N=0$，$N=\bar{N}$ 或者 $N=\frac{\bar{N}}{2}$。$N=0$ 无意义，$N=\bar{N}$ 属于种群增长的极限情形，没有讨论价值。当 $N=\frac{\bar{N}}{2}$ 时，方程曲线出现拐点(图中点 A)

$$N=\frac{\bar{N}}{2} \tag{6.8}$$

在曲线的拐点意味着种群的增长出现转折点。在拐点 A 之前，种群增长速率增加，在此之后增长速率减少。在该点种群增长速率达到极大值 $\frac{dN}{dt}=\frac{1}{4}r\bar{N}$。如果把初始条件选在该点，即 $t=t_0$ 时，$N_0=\frac{\bar{N}}{2}$，有趣的是这时 Logistic 方程的解成为简单的形式，

$$N(t)=\frac{\bar{N}}{1+e^{-r(t-t_0)}} \tag{6.9}$$

这就是所谓 Logistic 方程解的 Bartlett 形式。在它的原始文献中取 $r=a$，$\bar{N}=\frac{a}{b}$，Logistic 方程和它的解分别可写成

$$\frac{dN}{dt}=aN-bN^2 \tag{6.10}$$

解

$$N(t)=\frac{a/b}{1+e^{-a(t-t_0)}} \tag{6.11}$$

这就是许多著作和文献中常常采取的表达方式。

Logistic 模型能够比较正确地描述生物种群增长过程，因而得到广泛应用。它的应用不仅用来表示种群的增长，还可描述生物个体的生长；不仅应用于生态学，还可用以研究生理学，医学等领域；不仅具有理论研究的意义，而且还广泛应用于生产实践；更有甚者超出生物学范围，有人把 Logistic 模型用来刻画社会经济发展和工、农业的生产。

Logistic 曲线有两个基本参数，即饱和种群量 $\overline{N}$ 和相对增长速率 r。参数一旦给定，Logistic 方程的解就被确定。对 Logistic 模型的应用，常常需要根据种群增长的具体数据来估计这两个基本参数。计算的方法很多，下面我们先导出等时间间隔四点法，然后再得出等时间间隔三点法。

如果有时间间隔 t_0, t_1, t_2 和 t_3，要求 $t_3 - t_2 = t_1 - t_0$，相应的种群大小已得知分别是 A, B, C 和 D。即 $N(t_0)=A, N(t_1)= B, N(t_2)= C, N(t_3)= D$。试图从这一组数据估算饱和种群量 $\overline{N}$，和相对增长速率 r。

首先从等式(6.6)可以得到

$$r(t-t_0)=\ln\left[(\frac{N}{\overline{N}-N})(\frac{\overline{N}-N_0}{N_0})\right]$$

将 t_0, t_1 和 t_2, t_3 两组数据分别代入前式，得

$$r(t_1-t_0)=\ln\left[\frac{B}{\overline{N}-B}\cdot\frac{\overline{N}-A}{A}\right]$$

$$r(t_3-t_2)=\ln\left[\frac{D}{\overline{N}-D}\cdot\frac{\overline{N}-C}{C}\right]$$

因为 $t_3 - t_2 = t_1 - t_0$，得

$$\frac{B}{\overline{N}-B}\cdot\frac{\overline{N}-A}{A}=\frac{D}{\overline{N}-D}\cdot\frac{\overline{N}-C}{C}$$

然后把 $\overline{N}$ 看作未知变量，求解可得 $\overline{N}=0$(无意义不讨论)和

$$\overline{N}=\frac{AD(B+C)-BC(A+D)}{AD-BC} \tag{6.12}$$

这正是我们需要的结果。

如果让 $t_1 = t_2$，前面的四点就成为等时间间隔三点，这时种群大小 $B = C$，(6.12)的计算公式改换成

$$\overline{N}=\frac{B[2AD-B(A+D)]}{AD-B^2} \tag{6.13}$$

公式(6.12)和(6.13)给出两种不同的方法计算饱和种群量 $\overline{N}$ 。如果数据较多，为了充分发挥每一个数提供的信息，应将所有可能组合的数据都进行计算，然后取平均值作为饱和种量的估计值。

有了饱和种群量 $\overline{N}$ ，再计算相对增长率 r。如果有 $m+1$ 个数据，对应的时间为 $t_0, t_1, t_2,\cdots, t_m$。先计算

$$y_i=\ln\frac{N(t_i)}{\overline{N}-N(t_i)} \qquad (i=0,1,\cdots,m)$$

根据 Logistic 方程的积分结果 $rt+C=\ln\frac{N}{\overline{N}-N}$ ，知 y_i 和 t_i 呈线性关系 $y_i=rt_i+C$。然后从 y_i 与 $t_i(i=0,1,\cdots,m)$的 $m+1$ 组数据，参看第二章第二节建立线性回归方程，从回归系数的计算公式(2.17)可得 r 值：

$$r=\frac{\sum_{i=0}^{m}y_it_i-\frac{1}{m+1}\sum_{i=0}^{m}y_i\sum_{i=0}^{m}t_i}{\sum_{i=0}^{m}t_i^2-\frac{1}{m+1}(\sum_{i=0}^{m}t_i)^2}$$

以美国人口统计 1790~1910 年的数据，计算得到饱和种群量 $\overline{N}=197.274\times10^6$ ，相对增长率 $r=0.031$。获得 Logistic 函数如下

$$N(t)=\frac{197.274\times10^6}{1+(\frac{197.274}{3.929}-1)e^{-0.031(t-1790)}}$$

这个人口增长计算公式由于考虑了生存资源的限制，它比 Malthusian 模型获得的增长公式要好，在更长的时间范围(1790 ~ 1950 年)，它与实际人口数据吻合得很好。但是自 20 世纪 60 年代以后，实际人口调查数据大于模型预期的数值，Logistic 模型亦未能完全符合实际人口增长情形。实际上随着时间的推移，饱和种群量亦在变化。公式中的饱和人口量 $\overline{N}=197.274\times10^6$，而实际调查人口数据在 1970 年已达到 203.185×10^6，80 年代美国人口又已超过 220×10^6。实际人口增长数据告诉我们，饱和种群量在不断地上升。 人与其他生物不同，不是被动地生存，随着科学技术的进步，生产力在发展，不断开发出新的生存资源，因而饱和人口量不断地增加。

如何对 Logistic 模型做进一步的改进？中国学者崔启武等以化学动力学的吸附理论为基础，导出了 Logistic 方程的一种扩展形式，数学模型如下

$$\frac{1}{N}\frac{dN}{dt}=r(1-\frac{N}{\bar{N}})/(1-\frac{N}{\bar{\bar{N}}}) \tag{6.14}$$

此模型在 Logistic 方程的基础上增加一项$(1-\frac{N}{\bar{\bar{N}}})$，并引入新的常数$\bar{\bar{N}}$。为解此方程，先分离变量得

$$\begin{aligned} rdt &= (1-\frac{N}{\bar{\bar{N}}})\frac{\bar{N}}{N(\bar{N}-N)}dN \\ &= (\frac{1}{N}+\frac{1}{\bar{N}-N}-\frac{\bar{N}}{\bar{\bar{N}}}\frac{1}{\bar{N}-N})dN \end{aligned}$$

然后积分，得通解

$$rt+C=\ln N-\ln(\bar{N}-N)+\frac{\bar{N}}{\bar{\bar{N}}}\ln(\bar{N}-N)$$

代入初始值 t_0 和 N_0，消去积分常数 C，得方程的解

$$r(t-t_0)=\ln\frac{N}{N_0}-\ln\frac{\bar{N}-N}{\bar{N}-N_0}+\frac{\bar{N}}{\bar{\bar{N}}}\ln\frac{\bar{N}-N}{\bar{N}-N_0} \tag{6.15}$$

将此式与 Malthusian 方程的解(6.2)和 Logistic 方程的解(6.6)进行比较。有趣的是：等式(6.15)右边第一项属于 Malthusian 方程的解，前两项属于 Logistic 方程的解，新方程的解又补充了最后一项。而等式(6.15)的左边 $r(t-t_0)$可以看作在时间 t_0 与 t 的间隔内，种群的相对增长量，此值由右边的三项所组成，第一项代表种群自身的自然增长量，第二项表示种群的相对增长受有限生存资源的限制量，最后一项的意义如何理解呢？

等式(6.15)右边的最后一项与第二项仅差一个比例参数$\frac{\bar{N}}{\bar{\bar{N}}}$，此参数在 0 与 1 之间，表示生存资源对种群影响的程度，或者指种群对环境利用的程度。如果$\frac{\bar{N}}{\bar{\bar{N}}}=0$，表示生存资源对种群的影响最大，等式(6.15)体现为 Logistic 方程的解；当$\frac{\bar{N}}{\bar{\bar{N}}}=1$时，表示生存资源对种群的影响最小，又回到 Malthusian 模型。扩展后的新模型成为介于 Malthusian 与 Logistic 的中间类型。有时它适合于某些更广泛的生物学研究课题。

这里须要说明，把$\bar{N}/\bar{\bar{N}}$作为比例参数，令$\bar{N}/\bar{\bar{N}}=0$对于方程(6.14)是作不到的，其值也未必都介于 0 与 1 之间。因此严格地说，模型(6.14)并未把 Logistic 模型包括在内，也并不完全处于 Malthusian 与 Logistic 两模型之间。作为 Logistic 模型的改进，崔启武的模型（6.14）并没有把饱合种群量的变化考虑在内。因此，我们应用数学模型(6.14)时，既要看到(6.15)的关系，也要注意上述特点。

第二节　Lotka-Volterra 生态数学模型

两个种群以上的生态学关系要比单一种群复杂得多。先讨论捕食与被捕食两个种群的简单情形。

假定一个包括捕食与被捕食两个种群的生态系统，捕食者靠被捕食者而生存，系统与外界没有种群交换关系。为了建立描述该系统的数学模型，将被捕食与捕食种群量视为基本变量，分别以 $N_1(t)$和 $N_2(t)$表示。先考虑被捕食种群的变化速率 $\frac{dN_1}{dt}$，该种群的自然增殖与自身的多少成正比，如果比例常数为 $a_1>0$，因而有 a_1N_1 项；如果被捕食种群的死亡率与两个种群个体相遇的机率成比例，因而有 $-b_1N_1N_2$ 项，其中比例常数 $b_1>0$。将以上考虑的两个方面联合在一起，获得被捕食种群的微分方程 $\frac{dN_1}{dt}=a_1N_1-b_1N_1N_2$。再讨论捕食种群的变化速率 $\frac{dN_2}{dt}$，捕食种群的增殖不仅与自身的种群大小有关，还与被捕食种群能够提供食饵的多少也有关系。如果这些关系都以正比例的形式出现，比例常数为 $b_2>0$，捕食种群的增殖速率应该是 $b_2N_1N_2$；捕食种群的死亡速率如果与自身的多少成正比，比例常数为 $a_2>0$，种群的变化应包括 $-a_2N_2$ 项。联合这两项得到捕食种群的方程 $\frac{dN_2}{dt}=-a_2N_2+b_2N_1N_2$。最后获得描述捕食与被捕食两个种群生态系统的数学模型：

$$\left.\begin{aligned}\frac{dN_1}{dt}&=a_1N_1-b_1N_1N_2\\ \frac{dN_2}{dt}&=-a_2N_2+b_2N_1N_2\end{aligned}\right\}\quad \text{常数 } a_1, a_2, b_1 \text{ 和 } b_2>0 \tag{6.16}$$

此方程就是著名的 Lotka-Volterra 方程。现在准备求方程的解。该方程的求解不难，首先根据方程有

$$\frac{dN_1}{dN_2}=\frac{(a_1-b_1N_2)N_1}{(-a_2+b_2N_1)N_2}$$

进行分离变量，将变量 N_1 都置等式左边，变量 N_2 都置等式右边。

$$\frac{-a_2+b_2N_1}{N_1}dN_1=\frac{a_1-b_1N_2}{N_2}dN_2$$

等式两边分别积分得

$$-a_2\ln N_1+b_2N_1+C=a_1\ln N_2-b_1N_2$$

最后得方程的通解，

$$a_1 \ln N_2 + a_2 \ln N_1 - b_1 N_2 - b_2 N_1 = C \tag{6.17}$$

其中 C 是积分常数，由初始条件确定。对每一个 C 值有一条曲线，两个种群的变化遵从该曲线的规律。不同的 C 值获得一组曲线簇。

靠(6.17)形式的解来分析两个种群的变化比较困难。我们撇开通解，先从定性分析入手。对于一个复杂的数学模型，在尚未得出解析答案，亦未进行大量数值计算之前，凭借一定的数学关系分析模型中变量变化的过程，从中总结出一定的规律，对认识事物很有益处。定性分析是研究数学模型的一种重要方法。

如果以 N_1 和 N_2 变量为直角坐标的两坐标轴，在该坐标系统之下，任何时刻种群量 N_1，N_2 代表该坐标系统下一点 $P(N_1, N_2)$。随着时间的推移，种群量的变化将描出一定的轨迹。可以从轨迹构成的图形分析种群变化的规律性。定性分析将利用直观的图形来进行。

为此，对方程(6.16)的分析先从平衡条件入手，所谓平衡即变化的速率为 0，两个种群达到平衡的条件是 $\frac{dN_1}{dt} = 0$ 和 $\frac{dN_2}{dt} = 0$，考察方程(6.16)的右端，令其等于 0。又注意到一般情况下种群量不为 0，因为一旦为 0，种群恒为 0，失去讨论的意义。因为 $N_1, N_2 > 0$，为了满足平衡条件，方程右端除去 N_1 和 N_2 以后，剩下一个因子必须为 0，得两个直线方程。

$$\begin{aligned} L_1: &\quad a_1 - b_1 N_2 = 0 \\ L_2: &\quad -a_2 + b_2 N_1 = 0 \end{aligned} \tag{6.18}$$

在坐标系统下作这个方程的图形(见图 6-2)。图中直线 L_1 代表方程 $a_1 - b_1N_2 = 0$，直线 L_2 代表方程 $-a_2 + b_2N_1 = 0$。两直线的交点($\frac{a_2}{b_2}, \frac{a_1}{b_1}$)满足平衡条件 $\frac{dN_1}{dt} = \frac{dN_2}{dt} = 0$，种群的大小取在该位置时，两种群将永远维持均势而不变，该点称为平衡点。

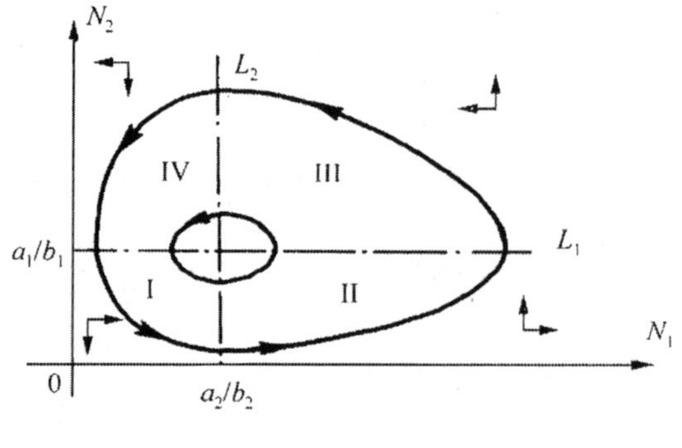

图 6-2　Lotka-Volterra 数学模型的图形

因 $N_1, N_2>0$，讨论仅局限于坐标图的第一象限。直线 L_1 和 L_2 把讨论的区域划分为四个部分 I、II、III 和 IV。先看直线 L_1，以直线为界把整个平面分为两部分，除直线上直线方程的值为 0 外，一部分方程的值大于 0，另一部分小于 0。在直线 L_1 的下半部分，直线方程 $a_1 - b_1N_2>0$(因为在下半部分原点的方程值 $a_1>0$)，因而有 $\frac{dN_1}{dt}>0$；直线 L_1 的上半部分，直线方程 $a_1-b_1N_2<0$，有 $\frac{dN_1}{dt}<0$。以向右或左的箭头分别表示导数 $\frac{dN_1}{dt}>0$ 或 <0，说明 N_1 的变化分别是增加或减少。完全类似的方式对直线 L_2 进行讨论。L_2 把坐标平面分左右两部分，右边 $\frac{dN_2}{dt}>0$，左边 $\frac{dN_2}{dt}<0$，以向上或下的箭头分别表示导数 $\frac{dN_2}{dt}>0$ 或 <0，说明 N_2 的变化分别是增加或减小。

于是在每个区域从 $\frac{dN_1}{dt}$ 和 $\frac{dN_2}{dt}$ 所呈现的符号，确定了该区域种群变化的倾向性。种群的变化方向在区域 I、II、III 和 IV 分别是右下、右上、左上和左下。从一个区域转移到另一个区域时，其中一个种群的变化从增大到减少(或从减小到增大)在分界线上增长率为 0，并且取到最大(或最小)值。综合四个区域的变化情况，可知种群的移动轨迹是一条逆时针方向沿平衡点转动的曲线，实际上这条曲线还是封闭的。这就意味着种群量的变化此起彼伏循环不止。

Lotka-Volterra 模型由两位数学生态学的先驱者 A. J. Lotka 与意大利数学家 V. Volterra 各自建立，模型由此而命名。该模型所代表的生态学现象，在自然界中常常可以见到。除捕食与被捕食这种形式外，寄生现象的寄生物与被寄生的寄主也可以用该模型描述。一般地说，在自然界，几乎没有一个生物种类不被其他种类所侵害，也没有一个生物种类的存在不威胁其他生物的生存。在一定的范围内只要有两类生物群体，它们具有如此制约的矛盾，并且这种矛盾占主导地位，我们都可以考虑采取 Lotka-Volterra 模型来加以描述。因而由 Lotka-Volterra 模型所揭示的两个种群此起彼伏，周期性循环的现象在自然界中常常可以见到。病虫灾害的周期性暴发，某些生物产品的丰年与低产年的周期性循环，都有可能是 Lotka-Volterra 模型种群变化规律的体现。

能够为 Lotka-Volterra 模型描述的最好实际例子莫过于美洲的山猫与野兔。这是一个十分有趣的生态学研究工作。山猫和野兔是生活在北美洲的野生动物，由于该野生动物提供优质毛皮，它的毛皮被人们收购来加工成外衣、皮帽、手套。这项买卖曾经被哈德逊海湾捕猎公司所独揽，该公司保存了 200 多年的山猫皮毛收购记录，成为研究山猫数量变化最宝贵的材料。生态学家把大量资料整理出来画出逐年经营毛皮数量变化的曲线(见图 6-3)，周期性的变化十分明显。何以所致？生态学家进一步研究又发现，山猫与野兔，两者数量上的变化此起彼落，有密切的关联性。经过调查研究才明白，原来山猫在野外以野兔为主要食饵而生存，山猫与野兔之间正是 Lotka-Volterra 模型中所描述的捕食与被捕食生态学关系。在此，数学模型阐明了生物群体何以呈现周期性变化的基本原理。

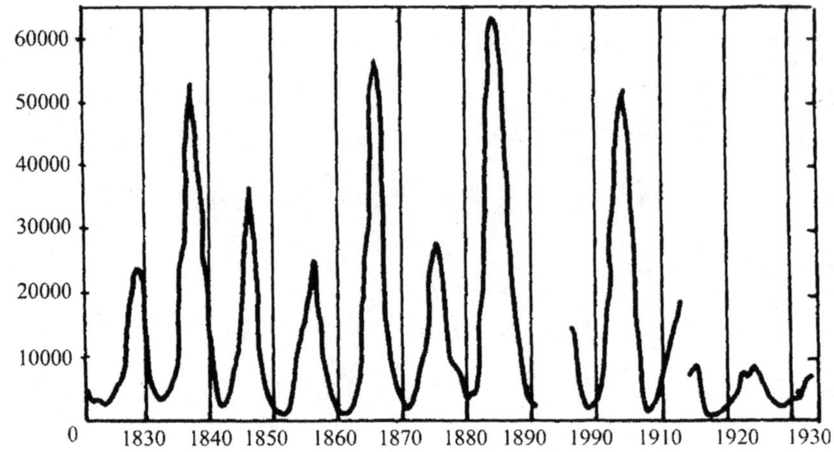

图 6-3 加拿大哈德逊公司山猫与野兔毛皮收购统计图

Lotka-Volterra 模型能如此成功地描述两个种群的捕食与被捕食关系，值得我们进一步进行讨论。下面做定量分析。

为了分析研究的方便，把坐标原点移到平衡点$(\frac{a_2}{b_2},\frac{a_1}{b_1})$，并引入新的变量$N_1'$和$N_2'$，作坐标变换，

$$\begin{cases} N_1' = N_1 - \dfrac{a_2}{b_2} \\ N_2' = N_2 - \dfrac{a_1}{b_1} \end{cases} \tag{6.19}$$

即

$$\begin{cases} N_1 = N_1' + \dfrac{a_2}{b_2} \\ N_2 = N_2' + \dfrac{a_1}{b_1} \end{cases}$$

将后一个变换代入(6.16)整理后得方程

$$\begin{cases} \dfrac{dN_1'}{dt} = -\dfrac{b_1 a_2}{b_2} N_2' - b_1 N_1' N_2' \\ \dfrac{dN_2'}{dt} = \dfrac{b_2 a_1}{b_1} N_1' + b_2 N_1' N_2' \end{cases} \tag{6.20}$$

这个方程比较复杂，难于分析。不得不把分析局限在平衡点附近，这时N_1'和N_2'都

比较小，具有 $N_1'N_2'$ 的项可以当作高级无穷小量被略去。得

$$\begin{cases}\dfrac{dN_1'}{dt}=-\dfrac{b_1a_2}{b_2}N_2' \\ \dfrac{dN_2'}{dt}=\dfrac{b_2a_1}{b_1}N_1'\end{cases} \tag{6.21}$$

$$\frac{dN_1'}{dN_2'}=\frac{dN_1'}{dt}\Big/\frac{dN_2'}{dt}$$

$$=-\frac{b_1^2a_2}{b_2^2a_1}\cdot\frac{N_2'}{N_1'}$$

有方程

$$b_2^2a_1N_1'dN_1'+a_2b_1^2N_2'dN_2'=0$$

积分上式得方程

$$b_2^2a_1N_1'^2+a_2b_1^2N_2'^2=C \tag{6.22}$$

其中 C 是积分常数。等式(6.22)是椭圆方程。它说明在平衡点附近种群的变化呈近似的椭圆轨道。

作变换将坐标改换成极坐标

$$\begin{cases}N_1'=b_1\sqrt{a_2}\,r\cos\theta \\ N_2'=b_2\sqrt{a_1}\,r\sin\theta\end{cases} \tag{6.23}$$

代入方程(6.22)得

$$a_1a_2b_1^2b_2^2r^2=C$$

$$r=\frac{\sqrt{C}}{b_1b_2\sqrt{a_1a_2}}$$

一方面从(6.23)求导数

$$\frac{dN_1'}{dt}=-b_1\sqrt{a_2}\,r\sin\theta\frac{d\theta}{dt}$$

另一方面从(6.21)直接有

$$\frac{dN_1'}{dt} = -b_1 a_2 \sqrt{a_1} r \sin\theta$$

联合以上两等式

$$\frac{d\theta}{dt} = \sqrt{a_1 a_2}$$

$$\theta = \theta_0 + \sqrt{a_1 a_2} t$$

将 r 与 θ 的结果代入(6.23)，得参数方程

$$\begin{aligned} N_1' &= \frac{1}{b_2}\sqrt{\frac{C}{a_1}} \cos(\theta_0 + \sqrt{a_1 a_2} t) \\ N_2' &= \frac{1}{b_1}\sqrt{\frac{C}{a_2}} \sin(\theta_0 + \sqrt{a_1 a_2} t) \end{aligned} \tag{6.24}$$

其中常数 C 和 θ_0 由初始条件决定。

由此可以看出种群呈周期性变化，周期 T 为 $T=\frac{2\pi}{\sqrt{a_1 a_2}}$，振幅从参数方程也立即可得。现在计算一个周期内种群的平均大小，先计算变量 N_1' 的平均大小，

$$\frac{1}{T}\int_{t_0}^{t_0+T} N_1' dt = \frac{1}{Tb_2}\sqrt{\frac{C}{a_1}} \int_{t_0}^{t_0+T} \cos(\theta_0 + \sqrt{a_1 a_2} t) = 0 ,$$

N_1' 的平均值为 0。再回到原来的变量 $N_1 = N_1' + \frac{a_2}{b_2}$，知被捕食种群量的平均大小为 $\frac{a_2}{b_2}$。类似的推导施于 N_2' 和 N_2，可以知捕食种群 N_2的平均大小为 $\frac{a_1}{b_1}$。平均种群量恰好取在平衡点上。

现在将全部定量计算的结果做出总结。

满足 Lotka-Volterra 方程的种群在平衡点附近具有以下性质：

种群呈周期性的变化，变化周期

$$T = \frac{2\pi}{\sqrt{a_1 a_2}} ;$$

以种群变量为坐标轴的直角坐标系中，种群的变化按逆时针方向描绘出以平衡点为中心的椭圆形轨道；

种群变化的振幅，

被捕食种群

$$N_1=\frac{2}{b_2}\sqrt{\frac{C}{a_1}}$$

捕食种群

$$N_2=\frac{2}{b_1}\sqrt{\frac{C}{a_2}}$$

种群的平均大小与平衡点的坐标相同，即

被捕食种群

$$N_1=\frac{a_2}{b_2}$$

捕食种群

$$N_2=\frac{a_1}{b_1}$$

到此，你已经看到定量分析对一个复杂的生态学问题能给出周密而精确的分析结果，能够做出如此精湛的分析，靠的是数学模型。数学模型能够把一个复杂的生物学现象转变成一个数学问题，在数学模型的基础上才能充分利用各种数学工具，达到精确分析的目的。

Lotka-Volterra 模型能够成功地应用于捕食与被捕食生态学问题，还有一段历史趣闻。追溯到第一次世界大战，意大利生物学家 D. Ancona 对海洋捕捞鱼类的调查发现，战时捕鱼业的下降导致非肉食性鱼类的减少而肉食性鱼类却明显增加。生物学家无法解释这一现象，求教于意大利数学家 V. Volterra，他构造了如此数学模型成功地解释了战时捕鱼比列的变化。对这个问题的分析可以假设海洋鱼类捕捞率为 c，考虑捕捞的影响，Lotka-Volterra 方程中只须增加 cN_1 和 cN_2 项。得新的方程

$$\begin{aligned}\frac{dN_1}{dt}&=(a_1-c-b_1N_2)N_1\\ \frac{dN_2}{dt}&=(-a_2-c+b_2N_1)N_2\end{aligned}\tag{6.25}$$

根据前面做过的分析，方程(6.25)中，N_1 和 N_2 的平均大小应分别是

$$\overline{N}_1=\frac{a_2+c}{b_2}\text{ 和 }\overline{N}_2=\frac{a_1-c}{b_1}$$

消去 c 得 $\overline{N}_1$ 和 $\overline{N}_2$ 满足的直线方程称为平衡直线，

$$\overline{N}_1 b_2 + \overline{N}_2 b_1 = a_1 + a_2$$

战时捕捞率 $c(0 < c \leqslant a_1)$ 的下降，将使平衡点在平衡直线从右向左移动(见图 6-4)。结果 $\overline{N}_1$ 减少，而 $\overline{N}_2$ 增加。也就是说非肉食性鱼类减少，肉食性鱼类增加。战时海洋鱼类比例的变化，利用 Lotka-Volterra 模型得到合理的解释。

不限于此，Lotka-Volterra 模型也可应用于农业防治病虫害的研究。当今农业杀虫药物的广泛使用，在杀死害虫的同时也杀死害虫的天敌。这里害虫相当于被捕食种群， 害虫的天敌相当于捕食种群。杀虫农药的使用将使平衡点在平衡直线上自左向右移动。捕食种群减小，被捕食种群增加，其结果导致害虫更猖獗地发生。当 b_1 值较大，b_2 值较小时，平衡直线比较平缓，这种情况表现尤甚。换句话说，当害虫的天敌杀死害虫的能力较强，而自身增殖的能力又较弱时，农药的使用导致害虫更猖獗的表现尤为突出。对如此害虫与天敌的生态学关系，农药的使用需要特别谨慎。从 Lotka-Volterra 数学模型的分析，不仅有助于我们认识复杂的生态学关系，而且成为指导人们合理安排农业生产活动的依据。

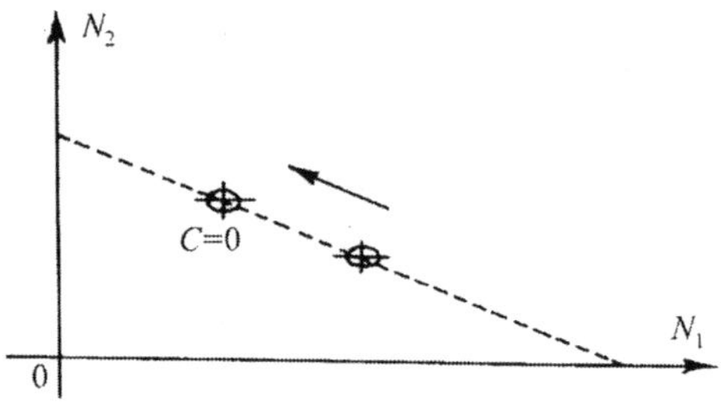

图 6-4　Lotka-Volterra 模型的平衡直线

第三节　其他生态数学模型的讨论

Lotka-Volterra 模型在研究种群关系上的成功，受到生态学家的青睐。有关数学模型的研究受到重视，大量的研究从 Lotka-Volterra 方程派生出许多其他数学模型，适应于各种不同类型的两个种群生态学问题。下面列出了几种被研究过的重要类型。篇幅的限制本书不能对这些数学模型一一讨论，有兴趣的读者可以参考相应的文献。

先从 Lotka-Volterra 模型的简单改变开始，如果考虑被捕食种群 N_1 与外界有迁入或迁出，这时原方程可以保持，仅在被捕食种群的方程中增补一个常数γ 项。

$$\frac{dN_1}{dt} = a_1 N_1 - b_1 N_1 N_2 + \gamma$$

$$\frac{dN_2}{dt} = -a_2 N_2 + b_2 N_1 N_2$$

其中常数γ表示迁移系数，当$\gamma > 0$ 时说明有被捕食种群自外界迁入，当$\gamma < 0$ 时表明有迁出发生。这一类型的方程曾经被 G. R. Walsh(1978)研究过。

对 Lotka-Volterra 模型，如果考虑被捕食种群具有生存资源限制，类似于 Logistic 方程，出现 $\frac{r}{N}N^2$，实际上只须在方程中增加一个种群变量的负平方项。这一项的产生也可以看作种群自身内部生存竞争带来的自我干扰。G. Bojadziev 曾经研究了下面的方程

$$\frac{dN_1}{dt} = a_1 N_1 - b_1 N_1 N_2 - \frac{a_1}{\theta} N_1^2$$

$$\frac{dN_2}{dt} = -a_2 N_2 + b_2 N_1 N_2$$

Lotka-Volterra 模型中如果捕食与被捕食种群都考虑到自身内部生存竞争带来的干扰，方程取下面的形式

$$\frac{dN_1}{dt} = a_1 N_1 - b_1 N_1 N_2 - c_1 N_1^2$$

$$\frac{dN_2}{dt} = -a_2 N_2 + b_2 N_1 N_2 - c_2 N_2^2$$

张锦炎(1979)曾经做过该方程的定性分析。

E. C. Pielou 举出了捕食者另有食物来源，并且考虑捕食与被捕食双方都存在自身竞争干扰的方程模型

$$\frac{dN_1}{dt} = (a_1 - b_1 N_2 - c_1 N_1) N_1$$

$$\frac{dN_2}{dt} = (a_2 + b_2 N_1 - c_2 N_2) N_2$$

考虑捕食者另有食物来源，而由被捕食种群作为生存资源的限制使捕食种群增长的增长率包含有 $\frac{N_2}{N_1}$ 的负比例项时，有模型方程

$$\frac{dN_1}{dt} = (a_1 - b_1 N_2) N_1$$

$$\frac{dN_2}{dt} = (a_2 - b_2 \frac{N_2}{N_1}) N_2$$

这个方程其中项 $-b_2 \frac{N_2}{N_1}$ 增加了被捕食种群对捕食种群的影响。当被捕食种群充足，$\frac{N_2}{N_1}$ 小，捕食种群增长速度快；当被捕食种群不足，$\frac{N_2}{N_1}$ 大，捕食种群的增长受到抑制，

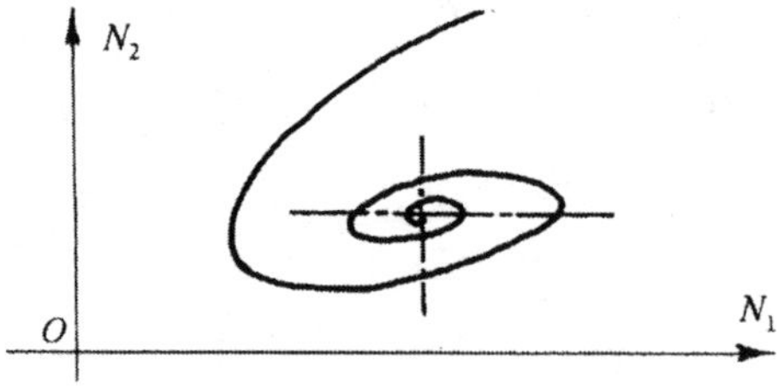

图 6-5　呈螺旋线收敛于平衡点的数学模型

速度慢。然而这个方程种群变化过程(见图 6-5)与 Lotka-Volterra 方程大不相同。它不论初始条件怎样，种群的循环往复随着时间无限推移振幅逐渐变小，最终收敛于平衡点。

以上所举都是捕食与被捕食关系的各种数学模型，现在再讨论两个种群互相竞争的数学模型。两个种群如果没有捕食与被捕食的关系，但它们依靠同一生存资源而生活，如生活在同一地理空间，摄取相同食物或营养物质的群体。在相同生存资源条件下，它们相互排拆，展开激烈的生存斗争。

两个生物种群分别以变量 N_1 和 N_2 表示，它们的自然增长率分别是 a_1 和 a_2，考虑到生存资源的限制，饱和种群量分别为 $\overline{N}_1, \overline{N}_2$。以 Logistic 方程描述，各自有方程 $\frac{dN_1}{dt} = a_1 N_1 (1 - \frac{N_1}{\overline{N}_1})$ 和 $\frac{dN_2}{dt} = a_2 N_2 (1 - \frac{N_2}{\overline{N}_2})$。再考虑两个种群之间的相互竞争，$N_2$ 的存在将占有 N_1 的部分生存资源，因而影响到 N_1 的增长，群体 N_1 的不饱合率从原来的 $\frac{\overline{N}_1 - N_1}{\overline{N}_1}$ 改变成 $1 - \frac{N_1}{\overline{N}_1} - \alpha \frac{N_2}{\overline{N}_1}$，其中 α 表示单位群体 N_2 按占有生存资源相当于群体 N_1 的比率。对种群 N_2 作相类似的分析，β 表示单位群体 N_1，按占有生存资源相当于群体 N_2 的比率。因而描述种群变化的数学模型应该是

$$\begin{aligned} \frac{dN_1}{dt} &= a_1 N_1 (1 - \frac{N_1}{\overline{N}_1} - \alpha \frac{N_2}{\overline{N}_1}) \\ \frac{dN_2}{dt} &= a_2 N_2 (1 - \frac{N_2}{\overline{N}_2} - \beta \frac{N_1}{\overline{N}_2}) \end{aligned} \tag{6.26}$$

以 N_1 和 N_2 为坐标轴，在直角坐标系下，可以用平面图形进行分析。先从平衡条件引出两条直线，

$$L_1:\ \frac{N_1}{\overline{N}_1} + \frac{N_2}{\overline{N}_1 / \alpha} = 1$$

$$L_2:\ \frac{N_1}{\overline{N}_2 / \beta} + \frac{N_2}{\overline{N}_2} = 1$$

方程是截距式，$\overline{N}_1, \overline{N}_1 / \alpha, \overline{N}_2 / \beta$ 和 $\overline{N}_2$ 分别是两条直线在坐标轴上的截距。根据截距之间相互的关系，可以分为以下 4 种情形，

$$\text{情形 1}\quad \frac{\overline{N}_1}{\alpha} > \overline{N}_2 \quad \frac{\overline{N}_2}{\beta} < \overline{N}_1$$

情形 2 $\quad \dfrac{\overline{N}_1}{\alpha} < \overline{N}_2 \quad \dfrac{\overline{N}_2}{\beta} > \overline{N}_1$

情形 3 $\quad \dfrac{\overline{N}_1}{\alpha} > \overline{N}_2 \quad \dfrac{\overline{N}_2}{\beta} > \overline{N}_1$

情形 4 $\quad \dfrac{\overline{N}_1}{\alpha} < \overline{N}_2 \quad \dfrac{\overline{N}_2}{\beta} < \overline{N}_1$

M. Braun 对方程(6.26)引出的这 4 种情形，作出比较严谨的定性分析。对 4 种情形作出图形(图 6-6)，并将 4 种情形的分析结论写在下面：

情形 1，若初始条件 $N_1(t_0)>0$，方程的解有 $N_2(t)\to 0$，$N_1(t)\to \overline{N}_1$（当 $t\to\infty$）

情形 2，若初始条件 $N_2(t_0)>0$，方程的解有 $N_1(t)\to 0$，$N_2(t)\to \overline{N}_2$（当 $t\to\infty$）

情形 3，若初始条件 $N_1(t_0)>0$，$N_2(t_0)>0$，方程的解有极限

$$N_1(t) \to N_1^0 = \frac{\overline{N}_1 - \alpha\overline{N}_2}{1-\alpha\beta} \qquad (t\to\infty)$$

$$N_2(t) \to N_2^0 = \frac{\overline{N}_2 - \beta\overline{N}1}{1-\alpha\beta} \qquad (t\to\infty)$$

情形 4，平衡直线将平面分为四个区域 I、II、III 和 IV，情况分别如下：

初始值在区域 III，方程的解有极限，

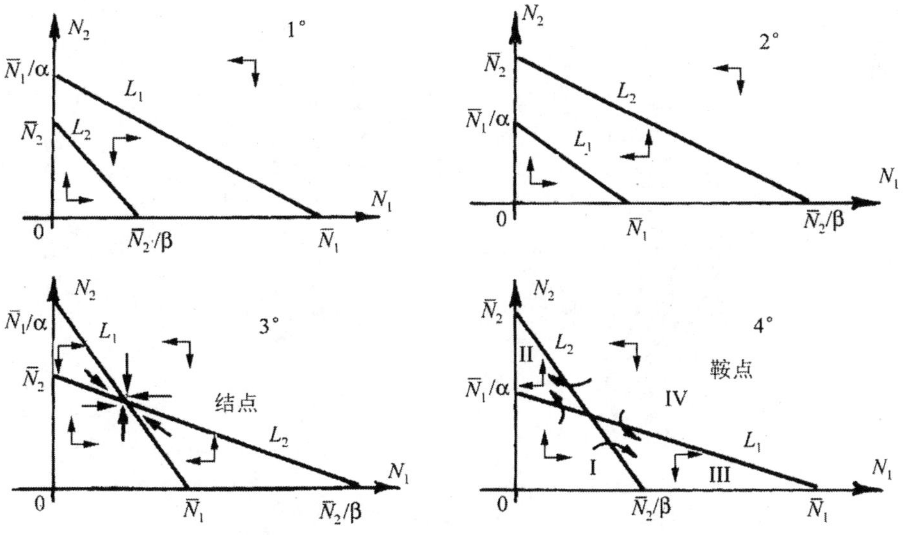

图 6-6 种群竞争数学模型定性分析图

$$N_1(t) \to \overline{N}_1, N_2(t) \to 0 \qquad (t\to\infty)$$

初始值在区域 II，方程的解有极限，

$$N_1(t) \to 0, N_2(t) \to \overline{N}_2 \qquad (t \to \infty)$$

初始值在区域 I 或 IV，若方程的解达到平衡点值(N_1^0, N_2^0)，这是不稳定点，否则方程的解必进入区域 II 或 III，分别归于初始条件在区域 II 或 III 的情形。

从二个种群生态学关系引导出来的数学模型，提出了许多有关微分方程的理论问题。数学家对这个问题的讨论往往从最一般的形式入手。如果变量 $x(t)$，$y(t)$都是 t 的函数，给出方程，

$$\begin{aligned} \frac{dx}{dt} &= F(x, y) \\ \frac{dy}{dt} &= G(x, y) \end{aligned} \tag{6.27}$$

满足方程(6.27)的解是一条曲线 $x = x(t)$，$y = y(t)$，这个解在变量 x, y 为坐标构成的坐标平面上描绘出一条轨线。方程的解析解通常不易求得，但是可以根据方程直接获得有关解或轨线的性质。对方程的解或轨线的形状和性质是数学家需要研究的问题。函数 $F(x, y)$和 $G(x, y)$在定义的区域上一般都是连续可微的，如果在某些点连续性与可微性不满足，或者 $F(x, y)= 0$，$G(x, y)= 0$，就有可能是奇点。生命活动的本质现象常常在奇点及其邻近区域表现出来。因而生物学家十分关心对奇点性质的研究。图 6-7 给出了 4 种不同类型的奇点。这些奇点在前面微分方程数学模型的讨论中都已经遇到。

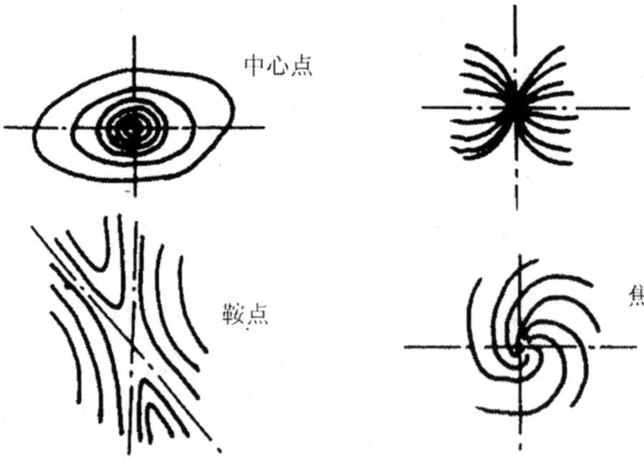

图 6-7　微分方程模型的各种奇点类型

Lotka-Volterra 方程的平衡点就是中心点。方程(6.26)的情形 3，两平衡线的交点属于结点。在结点附近通过结点的解的轨线如果是向结点集中，生物种群变化在结点附近的表现存在稳定的极限；如果解的轨线是从结点向外，生物种群变化的表现是不稳定的，发散的。焦点与结点的区别在于焦点邻域，解的轨线无限旋转，因而轨线在焦点不存在

切线。在鞍点附近解的运动先向鞍点靠扰，然后离开鞍点向其他方向散开。生物种群在鞍点附近的行为是十分有趣的，如果种群量取在鞍点，将维持平衡，然而一旦有一个极小的偏离，种群将远离鞍点而运动。方程(6.26)的情形 4，两平衡直线的交点属于鞍点。该鞍点的邻域分为两部分，落在一部分种群 N_1 将死亡，同时 $N_2 \to \overline{N}_2$；落在另一部分种群 N_2 将死亡，同时 $N_1 \to \overline{N}_1$。在鞍点附近，微小的差异将可能导致绝然不同的后果。这里构成一个最简单的突变论模型。

当 $t \to \infty$，研究方程(6.27)解的性质也是数学家十分关心的课题。这里涉及古典的数学命题。

方程的周期解在 Lotka-Volterra 模型的讨论中已经遇到。它也称为环。环的定义是这样：

方程(6.27)的一个非常数解 $x=x(t)$，$y=y(t)$，若存在一个正数 T 对任何 t 都有 $x(t+T)=x(t)$，$y(t+T)=y(t)$，则称该方程的解是一个环(或周期解)。如此最小的值 T 称为周期。

捕食与被捕食数学模型的一种普遍形式是

$$\frac{dx}{dt} = xF(x,y)$$
$$\frac{dy}{dt} = yG(x,y) \tag{6.28}$$

Kolmogorov 曾经研究过这一类型的方程，并给出了 Kolmogorov 环定理。该定理指出方程(6.28)在满足一定的条件下，环是存在的。

下面我们将给出一个具体的，具有环的方程，方程以极坐标的形式写出如下：

$$\begin{cases} \dfrac{dr}{dt} = r(1-r^2) \qquad r \geq 0 \\ \dfrac{d\theta}{dt} = 1 \end{cases} \tag{6.29}$$

方程可以改换成直角坐标，它的等价形式是

$$\begin{cases} \dfrac{dx}{dt} = (1-x^2-y^2)x - y \\ \dfrac{dy}{dt} = (1-x^2-y^2)y + x \end{cases} \tag{6.30}$$

该方程直角坐标形式十分难解。极坐标的形式容易求解如下：

$$r(t)=\frac{r_0}{[r_0^2+(1-r_0^2)e^{-2t}]^{\frac{1}{2}}} \tag{6.31}$$

$$\theta(t)=t+\theta_0$$

逆时针方向的单位圆 $r=1$ 显然是方程的解，该解是一个环，记作Γ 。

有趣的是下面的事实。如果初始条件取在单位圆内，随着时间 $t\to\infty$ ，解按逆时针方向旋转，并且 $r(t)\to 1$，也就是说以环Γ 为极限。初始条件取在单位圆外，也同样存在解，当 $t\to\infty$ 时以环Γ 为极限。这就是所谓的极限环。这个环与前面 Lotka-Volterra 方程的环不一样。下面引进孤立环的概念。

方程(6.27)的一个环Γ ，若存在充分小的值 $a(a>0)$，集合 $A=\{(x, y)|$从(x, y)到Γ 的距离小于 $a\}$中不存在其他环，则称环Γ 是孤立的。

前面所举方程(6.31)的环是孤立的，因取 $a(0<a<1)$，存在着一个在单位圆内外开拓出去的，宽为 $2a$ 的圆环区域，在该区域内不存在其他环。而 Lotka-Volterra 方程的环是不孤立的。

数学理论对环的讨论引起数学家的注意，因为它涉及古典的数学难题。1900 年大数学家 D. Hilbert 曾经提出过如下命题：

方程

$$\frac{dy}{dx}=\frac{F(x,y)}{G(x,y)}$$

其中 $F(x, y)$和 $G(x, y)$是 n 阶有理整函数。试问方程孤立环的个数？

环的个数涉及阶数 n，以及函数 $F(x, y)$和 $G(x, y)$。问的是当 n 固定，最大可能环的个数。可以把问题表达为所谓 Hilbert 数，记作 $H(n)$

$$H(n)=\underset{\substack{F,\,G\text{属于 } n \text{ 阶}\\ \text{有理整函数}}}{\text{Super}}\{\text{方程(6.27)的孤立环个数}\} \tag{6.32}$$

Hilbert 问题成为求 Hilbert 数，即问 $H(n)=$ ？ 。

容易理解 $H(0)=H(1)=0$。但是 $H(2)=$ ？有简单的例子说明 $H(2)\geqslant 1$，1939 Bautin 宣布 $H(2)\geqslant 3$。有人曾经试图证明 $H(2)=3$，但未能成功。事隔 30 多年，我国数学家举出了 $H(2)\geqslant 4$ 的例子，但是 $H(2)$究竟多少？至今仍是悬而未获解决的数学之谜。

有关这方面的数学理论问题，对于生物学的实际应用相距太远，我们不能把注意力转向那毫无应用价值的纯数学问题上去。让我们再回到多种群的生态数学模型上来。

三个种群以上的数学模型比较复杂，这方面已经做过的工作比较少，本书不准备过多讨论，仅举例说明模型的建立。

Lotka 在他的原著《数学生物学导论》一书中曾举出过三个种群的数学模型。他考虑了两个被捕种群(N_1 和 N_3)一个捕食种群(N_2)，捕食种群的增长率应该与两个被捕食种群有关，因而方程表示成$\frac{dN_2}{dt}=kN_1N_2+hN_3N_2-cN_2^2$；其中 k, h 和 c 是正常数。对被捕食种群的增长率与 Lotka-Volterra 方程的考虑完全相同。最后得数学模型如下：

$$\left.\begin{aligned}\frac{dN_1}{dt}&=a_1N_1-b_1N_1N_2\\ \frac{dN_2}{dt}&=kN_1N_2+hN_3N_2-cN_2^2\\ \frac{dN_3}{dt}&=a_3N_3-b_3N_2N_3\end{aligned}\right\}\tag{6.33}$$

其中 a_1, a_3, b_1, b_3, c, k 和 h 都是正常数。

至于一般的 n 个种群生态数学模型可以写成矩阵乘积的形式比较方便

$$\frac{d}{dt}\begin{bmatrix}N_1\\N_2\\ \vdots\\N_m\end{bmatrix}=\begin{bmatrix}N_1 & & & \\ & N_2 & & \\ & & \ddots & \\ & & & N_m\end{bmatrix}\left\{\begin{bmatrix}k_1\\k_2\\ \vdots\\k_m\end{bmatrix}+\begin{bmatrix}a_{11}\ a_{12}\ \cdots\ a_{1m}\\a_{21}\ a_{22}\ \cdots\ a_{2m}\\ \cdots\cdots\cdots\cdots\cdots\cdots\\a_{m1}\ a_{m2}\ \cdots\ a_{mm}\end{bmatrix}\begin{bmatrix}N_1\\N_2\\ \vdots\\N_m\end{bmatrix}\right\}+\begin{bmatrix}v_1\\v_2\\ \vdots\\v_m\end{bmatrix}\tag{6.34}$$

其中 $k_i>0$ 表示第 i 个种群的自然增长率。v_i 表示第 i 个种群与外界的迁移率，大于 0 是迁入，小于 0 是迁出。a_{ij} 表示第 j 个种群对第 i 个种群的干扰系数。当 $a_{ij}>0$ 体现 N_j 相当于被捕食，N_i 相当于捕食的关系；当 $a_{ij}<0$ 体现 N_i 相当于被捕食者，N_j 相当于捕食者的关系或二者没有捕食关系，但具有竞争关系；$a_{ij}=0$ 表示 N_i 与 N_j 无关。

第四节　生物化学和微生物学中的数学模型

生命活动过程中生物体内各种物质的化学变化是生命活动的重要组成部分。许多生命现象，特别是许多生理现象常常表现为某一生物化学反应过程，或者是在某化学物质控制下进行。为了认识这些现象的机理，驱使人们去了解生命现象的化学过程。在物理化学中以数学模型来描述和研究化学反应过程称为化学动力学，它成为研究化学的重要手段，把这一手段引用于研究生命现象中的生物化学过程，对认识生命现象具有重要意义。以数学方式研究具有酶参与的化学过程称为酶动力学，对生命现象的研究更具有直接的意义，以致酶动力学亦成为生物数学的一个分支领域。让我们先讨论酶动力学中最基本的数学方法。

在描述化学物质的变化过程中，化学物质的数量是基本变量，常常以溶液中的浓度来表示。我们规定以大写字母表示参与反应的化学物质，该物质在溶液中的浓度以相应的小写字母表示。考虑最简单的化学反应，物质 A 与物质 B 结合成物质 C，同时物质 C 又被分解还原成物质 A 与 B，这一反应过程表示如下：

$$A+B \underset{k_+}{\overset{k_-}{\rightleftharpoons}} C \tag{6.35}$$

这里 A 与 B 结合成 C 是正反应，C 分解为 A 与 B 是负反应，两种反应分别以箭头表示。其中 k_+和 k_- 是大于 0 的常数，分别代表正反应和负反应的反应速率。以后规定凡表示化学反应速率常数都取如此格式的符号。当反应达到平衡时，我们可以建立数学模型来描述此化学反应过程。

如果 a、b 和 c 分别表示物质 A, B 和 C 的浓度。考虑物质 A 的变化速率 $\frac{da}{dt}$ ，它与正、负两种反应有关。正反应的进行与物质 A 和物质 B 分子相遇的机率成正比例，因而物质 A 的变化速率中有$-k_+ ab$ 项，这里 k_+是正反应速率，正反应使物质 A 减少因而该项是负值。负反应的速率是 k_- ，代表物质 A 变化速率的量还有 $k_- c$ 项，该反应使 A 增加，符号取正值。正负两种反应速率都考虑在内得物质 A 的变化速率的方程。

$$\frac{da}{dt}=-k_+ab+k_-c$$

物质 B 的变化速率与物质 A 完全相同，因而有方程

$$\frac{db}{dt}=-k_+ab+k_-c$$

完全类似地考虑，物质 C 的变化速率有方程

$$\frac{dc}{dt}=k_+ab-k_-c$$

综合上述三方面的结果，得到描述化学反应(6.35)的动力学方程组

$$\begin{aligned}\frac{da}{dt}&=-k_+ab+k_-c\\ \frac{db}{dt}&=-k_+ab+k_-c\\ \frac{dc}{dt}&=k_+ab-k_-c\end{aligned} \tag{6.36}$$

其中 k_+，$k_->0$。如果当时间 $t = t_0$ 时，物质 A, B 和 C 的浓度分别是 a_0, b_0 和 c_0，这一初始条件将给此方程确定了一个解。该解描述此化学反应过程。

生命物质的化学反应几乎都在酶的参与下进行，酶在反应过程中起催化作用，成为

某种生化反应的必要条件，下面表示有酶参与的一种化学反应过程，

$$
\begin{aligned}
&E+S \underset{k_{+1}}{\overset{k_{-1}}{\rightleftarrows}} C \\
&C \xrightarrow{k_{+2}} E+P
\end{aligned}
\tag{6.37}
$$

这是生物化学反应最普遍的一种格式。这里包括两个反应同时在进行。反应物 E 代表酶，S 是在酶的催化作用下进行反应的物质，该物质称为底物。底物在酶的作用下第一个反应生成复合体 C，由第二个反应再分解而产生 P。酶在反应中周而复始地被利用没有消失，在酶的参与下将底物 S 不断地转换成生成物 P。如果四种物质 S、C、E 和 P 的浓度分别是 s, c, e 和 p；第一个反应的正负反应速率常数分别是 k_{+1}、k_{-1}；第二个反应速率是 k_{+2}。反应速率常数都是非负常数。

描述如此生物化学过程的数学模型是下面的微分方程组：

$$
\left.\begin{aligned}
\frac{ds}{dt} &= -k_{+1}es + k_{-1}c \\
\frac{dc}{dt} &= k_{+1}es - k_{-1}c - k_{+2}c \\
\frac{de}{dt} &= -k_{+1}es + k_{-1}c + k_{+2}c \\
\frac{dp}{dt} &= k_{+2}c
\end{aligned}\right\}
\tag{6.38}
$$

方程的建立与前述方程(6.36)的建立过程完全类似。所区别的地方，在这里把两个反应过程都考虑进去。我们假设反应之初只有酶与底物，因而当时间 $t = t_0$ 时，有初始条件

$$s = s_0,\ c = 0,\ e = e_0,\ p = 0$$

考虑到方程(6.38)中有下面的关系

$$\frac{dc}{dt} + \frac{de}{dt} = 0$$

因而 $c+e$ 是常量，应等于初始值得

$$c+e = e_0(\text{常量})$$

将 $e = e_0 - c$ 代入原方程(6.38)，消去变量 e 可得方程组

$$\left.\begin{aligned}\frac{ds}{dt}&=-k_{+1}se_0+(k_{+1}s+k_{-1})c\\ \frac{dc}{dt}&=k_{+1}se_0-(k_{+1}s+k_{-1}+k_{+2})c\\ \frac{dp}{dt}&=k_{+2}c\end{aligned}\right\}\tag{6.39}$$

解这个方程仍然十分困难。但是当反应持续下去可以假定复合体 C 的变化十分微小，换句话说 C 维持常量，因而 $\frac{dc}{dt}=0$。方程(6.39)的第二个等式可解出 c

$$c=\frac{k_{+1}se_0}{k_{+1}s+k_{-1}+k_{+2}}$$

方程(6.38)中的第一个等式将进一步简化成

$$\frac{ds}{dt}=\frac{-k_{+1}k_{+2}se_0}{k_{+1}s+k_{-1}+k_{+2}}\tag{6.40}$$

分离变量后积分这个方程得

$$s+\frac{k_{-1}+k_{+2}}{k_{+1}}\ln s=-k_{+2}te_0+C'$$

其中 C' 是积分常数，由初始值 $s=s_0$ 确定之后可得方程的解

$$s-s_0+\frac{k_{-1}+k_{+2}}{k_{+1}}\ln\frac{s}{s_0}=-k_{+2}e_0(t-t_0)\tag{6.41}$$

这里人们关心的是反应速度，一般可假定底物 S 消失和生成物 P 出现的速度近似相同。把底物消失的速度当作变化的速度，根据(6.40)求得初始时 $t=t_0$ 的 $\frac{ds}{dt}$ 值，不计符号得反应速度

$$v_0=\frac{s_0e_0k_{+2}}{s_0+\frac{k_{-1}+k_{+2}}{k_{+1}}}$$

令

$$V=e_0k_{+2},\quad k_m=\frac{k_{-1}+k_{+2}}{k_{+1}}$$

得

$$v_0 = \frac{Vs_0}{s_0 + k_m} \tag{6.42}$$

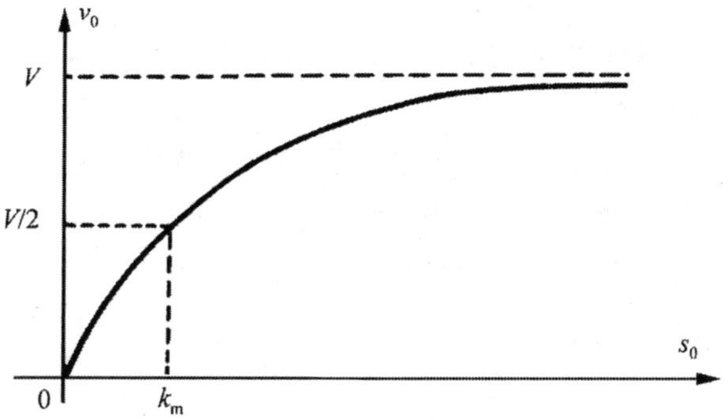

图 6-8　Michaelis-Menten 公式中反应速率与底物的关系图

这就是我们需要获得的重要结果，称为 Michaelis-Menten 公式，或者称为双 M 公式。式中 k_m 称为 Michaels 常数。将公式中 s_0 与 v_0 的变化作出图形(图 6-8)。从图中可以看出，当 $s_0 = k_m$ 时，$v_0 = \frac{V}{2}$，然后随着 s_0 的增加 v_0 也增加，当 s_0 远远大于 k_m 时，v_0 趋向极限值 V_0, 即反应速度逼近一个最大反应速度。此速度与底物的浓度无关。

上述反应速度 v_0 与底物 s_0 的关系也可采取 Lineweaver-Burk 的表示方法，先将(6.42)写成 V 与 Vs_0 的倒数形式

$$\frac{1}{v_0} = \frac{1}{V} + \frac{k_m}{Vs_0}$$

这时 $\frac{1}{v_0}$ 与 $\frac{1}{s_0}$ 构成线性函数，可以作直线表示两者之间的关系，在实际应用中，此图更易于作出。

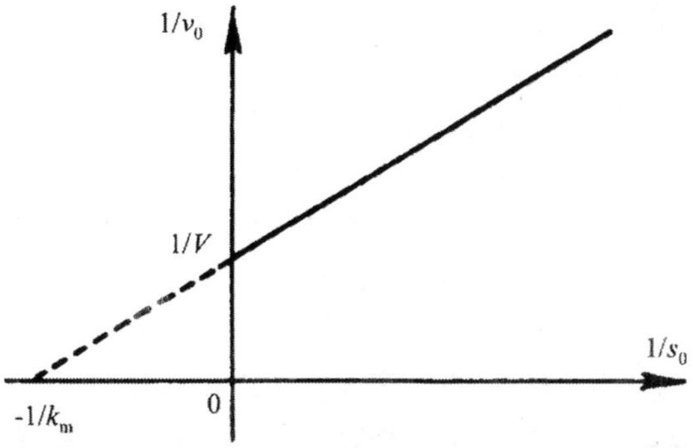

图 6-9　Michaelis-Menten 公式中反应速率与底物的双倒数作图

与化学动力学比较接近的是微生物动力学，在微生物动力学模型中代表微生物的量取单位物质中包含微生物数量，与化学动力学中的物质浓度相似，有时也就称为浓度。微生物的生长需要一定的化学物质，某些物质成为某种微生物增殖的重要条件，在描述微生物生长的动物学模型中，微生物与化学物质的关系与化学反应中不同物质的关系相类似。

研究微生物的增长与其他生物的增长不同，比如在实验室内培养细菌，菌种被接种到培养基上，在一定温度条件下进行繁殖，人工创造的微生物生长条件致使微生物的增殖十分迅速。特别在增殖的初期，菌量十分稀释的培养液和充足的营养物质，微生物的生长几乎未受到什么生态资源的限制。这一增长过程符合 Malthusian 指数增长的规律，因而 Malthusian 方程至今仍被微生物学家所应用。

如果以 x 表示微生物的浓度，常数 μ_m 表示自然增长率。与 Malthusian 方程(6.1)相类似有方程

$$\frac{dx}{dt}=\mu_m x$$

方程的解

$$\mu_m(t_0-t)=\ln\frac{x}{x_0}$$

或者

$$x=x_0e^{\mu_m(t-t_0)}$$

其中 x_0 是初始时 $t=t_0$ 的微生物浓度，μ_m 代表微生物自然增长率。

另一个反映增殖速度的量是倍增时间，所谓倍增时间，就是指微生物浓度增加一倍所需要的时间。如果初始时间为 t_0，微生物数量为 x_0，取 $x=2x$。代入方程的解

$$\mu_m(t-t_0)=\ln\frac{2x_0}{x_0}=\ln 2$$

得倍增时间

$$T=\frac{\ln 2}{\mu_m}=\frac{0.69315}{\mu_m} \tag{6.43}$$

Logistic 方程考虑到资源的限制，应用于微生物当然更为合理，这也是微生物学家十分熟知的数学模型。但是在生产实践中，常常需要考虑连续生长的过程，这时描述如此过程的数学模型稍有改变。

微生物的培养常采取连续的生产过程(见图 6-10)，特别在工业生产中，微生物被置于发酵罐中进行生长，罐的一端不断流入供培养用的液体，另一端不断将带有一定浓度的微生物液体流出。这种供连续生长用的容器设备称为恒化器，以 V 代表其容积，单位时间流入恒化器的培养液体积(即流区)为 Q，为了保持物质的平衡，流出量的速度也应是 Q。令 x 代表单位体积培养液具有微生物的数量，考虑恒化器中微生物数量的变化有下式

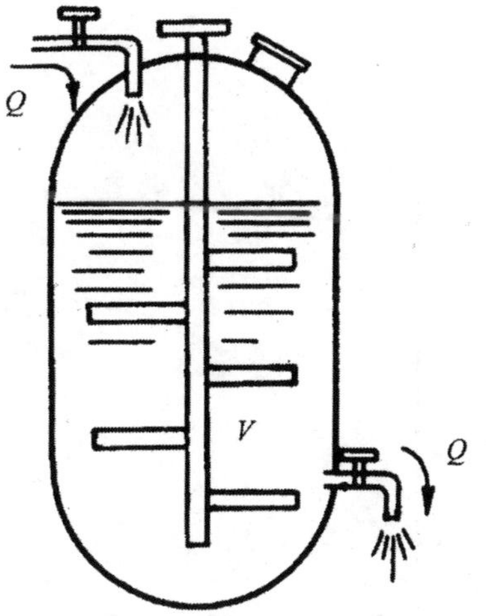

图 6-10　微生物发酵生产

$$V\frac{dx}{dt}=\mu xV-Qx$$

得数学模型

$$\frac{dx}{dt}=\mu x-Dx \tag{6.44}$$

其中μ表示微生物自然增长速率，$D=\frac{Q}{V}$称为稀释率。当 $D>\mu$时，培养液中的微生物含量随时间逐渐减少，直到完全消失；当 $D<\mu$时，微生含量逐渐增加。为了维持连续的生产过程，必须使稀释率取 $D=\mu$。

在微生物生长过程中，如果在培养液中增添了某些促进微生物生长的物质或者微生物生长繁殖过程所需要的微量化学成分。由于这些物质的添加大大影响微生物的增长速度。方程(6.44)中的增长率μ将与添加物的多少有关，这时类似于 Michaelis-Menten 的公式，增长率可表示成下面的关系，

$$\mu=\frac{\mu_m c}{K_c+c} \tag{6.45}$$

此式称为 Monod 公式。式中μ_m表示相对最大增长率，c 代表促进微生物生长的某物质浓度，K_c为常数，称为 Monod 系数。引进 Monod 公式之后，微生物生长的数学模型可写成

$$\frac{dx}{dt}=\frac{c\mu_m}{K_c+c}x-Dx \tag{6.46}$$

这时维持微生物连续生产的条件将是

$$D = \frac{c\mu_m}{K_c + c} \tag{6.47}$$

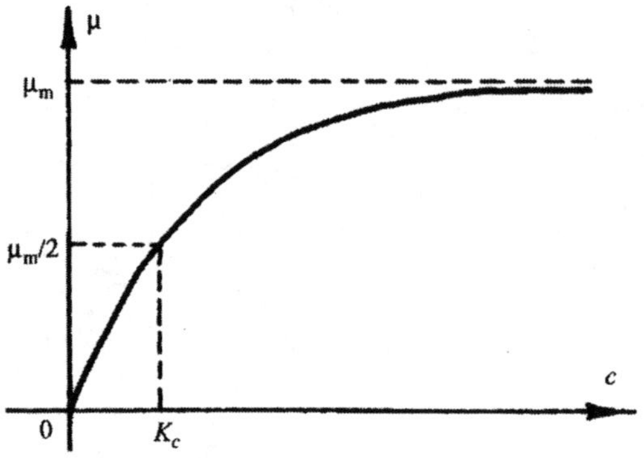

图 6-11　Monod 公式中 μ 与 c 的关系

对于 Monod 公式所显示的 c 与 μ 的关系，可作图 6-11：

从图中可见微生物增长速率 μ 随 c 的浓度增加而增快，当 $c = K_c$ 时，增长速率取 $\frac{\mu_m}{2}$，当 $c >> K_c$ 时，随着 c 的增加 μ 的增长缓慢，并以 μ_m 为极限。

如果除 c 所表示的物质外，还有另一种也能促进微生物生长的物质，设其浓度为 e，相应于 Monod 公式，两种物质的共同作用下有新的增长率公式。

$$\mu = \frac{\mu_m ce}{(K_c + c)(K_e + e)} \tag{6.48}$$

其中 K_c 和 K_e 分别是物质 C 和 E 的 Monod 系数。

前述方程(6.44)，作为微生物工业生产过程的数学模型是以 Malthusian 增长模型为基础而建立，如果考虑到资源的限制，以 Logistic 模型为基础，描述微生物生产过程的方程应是

$$\frac{dx}{dt} = \mu x(1 - \frac{x}{k}) - Dx \tag{6.49}$$

其中 μ 表示微生物的自然增长率，k 代表微生物能达到的饱和密度，D 是稀释率，此时应如何控制稀释率，使之维持高效率的持续生产过程是我们须要讨论的问题。

从方程(6.49)中将反映微生物的增长率的部分取出，建立函数关系，如图 6-12。

$$y = \mu x(1 - \frac{x}{k})$$

将该函数作图，以一阶导数取 0 值，求得该函数的极大值点 $x = \frac{k}{2}$，获得极大值 $y = \frac{\mu k}{4}$，这也是微生物最大增长速率，在该点维持持续生产的条件是等式(6.49)取 0 值，得

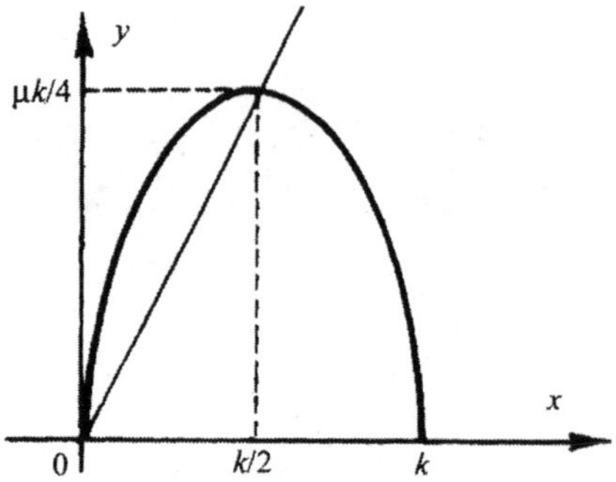

图 6-12　增长率函数曲线

$$D=\mu(1-\frac{x}{k})=\frac{\mu}{2}$$

因此稀释率 D 取值于范围

$$0<D\leqslant\frac{\mu}{2} \tag{6.50}$$

是维持生产的条件。当取到 $\frac{\mu}{2}$ 时，达到最高生产效率 $\frac{\mu k}{4}$；当超过 $\frac{\mu}{2}$ 时，$\frac{dx}{dt}<0$，微生物浓度稀至 0，生产不能持续下去。

第五节　电神经生理数学模型——Hodgkin-Huxley 方程

Hodgkin-Huxley 电神经生理数学模型，简称 H-H 数学模型，由著名神经生理学家 Hodgkin 首先提出，该模型对神经生理现象的描述高度精确而获得成功，是神经生理学研究中一项具有里程碑意义的成果。它开创了从电物理学的观点去研究神经生理过程，也是应用数学方法研究生理学获得成功的典例，它所建立的数学模型属于抛物型偏微分方程。如何从复杂的神经现象导出一个微分方程数学模型呢？我们将在本节详细讨论 H-H 方程的建立。选择这个模型将给我们提供一个从物理学引导出生物数学模型的典型例子，也是一个偏微分方程数学模型的例子。

一切复杂的神经现象都可以归于神经细胞的兴奋和兴奋信息从一个细胞传递给另一个细胞。图 6-13 表示一个神经细胞，称为细胞元。如果把神经细胞兴奋程度与时间表示在直角坐标下(图 6-14)，细胞兴奋的过程呈现为一个个间断的起伏，有如脉冲电流。每一个兴奋的脉冲通过轴突，经过突触传递给另一个神经细胞。神经兴奋通过时，它的传递受到阈值的限制，只有兴奋程度超过阈值的界限时才能传递给下一细胞。

神经细胞兴奋的传递速度是十分惊人的。据测量，猫神经纤维细胞兴奋传递速度可达 100 米/秒，这种信息传递的媒介是什么呢？靠物质的流动将信息传播不可能达到如此之高速。机械力的传播存在许多难于解释的问题，也难于达到如此速度。考虑到多种信息传播方式，唯有电流的传播比较切合神经兴奋的传播。神经细胞质内充满了种种电离子，在细胞膜上离子的牵移就形成电流，通过电流传递神经兴奋的信息。这个物理模型比较符合神经生理现象。

以物理学中电的概念来研究和解释神经现象形成电神经生理学。20 世纪无论在理论方面或者实验方面，电神经生理学获得很大发展，神经兴奋的传播与电的直接联系，已经得到许多神经生理学家的承认。H-H 方程的建立是电神经生理学开创性的一举。

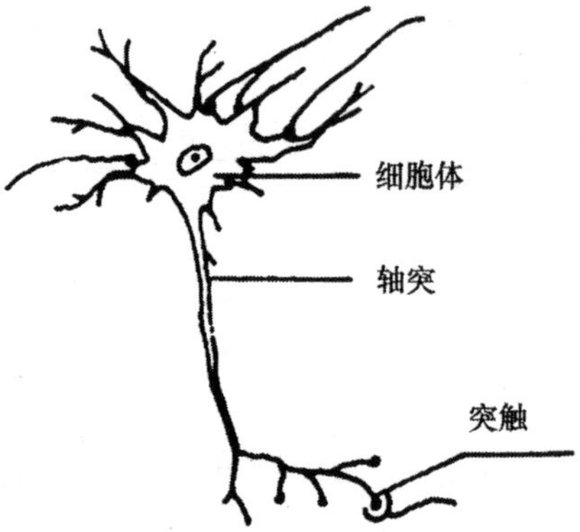

图 6-13　神经细胞元

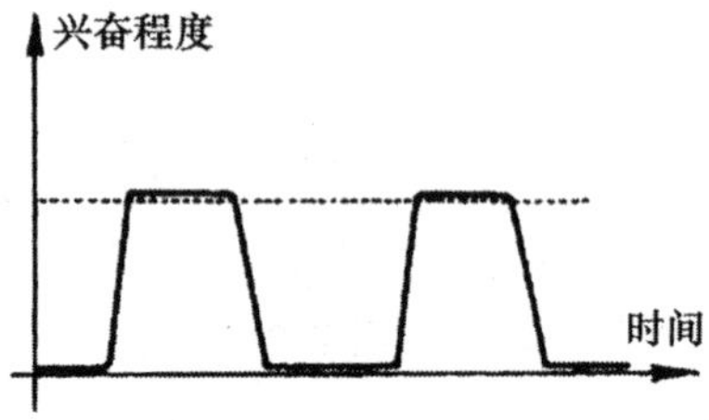

图 6-14　神经兴奋的脉冲

现在让我们以电神经生理学的观点来讨论神经兴奋的传播，最后建立起描述神经兴奋传递的数学模型。假定神经纤维是管状的结构，如图 6-15 图中 O-X 表示神经纤维轴，如果以电位的波动表示神经兴奋波，为了表示神经纤维上不同位置电位的大小，沿神经纤维建立一维坐标$\{0; X\}$。因为神经纤维的直径相对于神经纤维的长度十分微小， 神经纤维上的各种有关物理量可以仅仅用一维的 X 坐标位置来表示。电位的大小可以表示成 x 的函数，电位又与时间有关，因此神经纤维上电位可表示成 $v(x, t)$。如果神经纤维的直径为 d，截面积 $A=\frac{\pi d^2}{4}$，假设神经纤维内部导电的物理系数都是均匀一致的，电阻系数为 R。

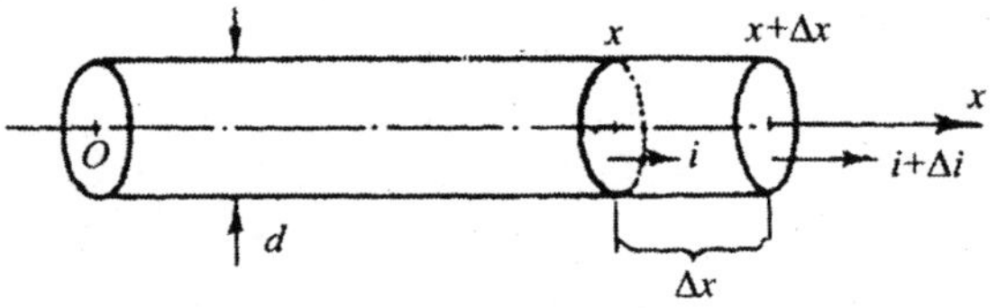

图 6-15　被研究的神经纤维

在神经纤维 x 点上，考虑从 x 到 $x+\Delta x$ 这一段神经纤维。这段纤维的电阻应该是 $\frac{R\Delta x}{A}=\frac{4R}{\pi d^2}\Delta x$，从 x 到 $x+\Delta x$ 之间的电位差为 $\Delta v = v(x+\Delta x, t) - v(x, t)$。假设通过横截面的电流平均值为 $\bar{i}$，并规定沿 X 轴方向为正，否则为负，依照电流的欧姆定律有关系

$$\Delta v=-\frac{4R}{\pi d^2}\bar{i}\Delta x$$

即

$$\bar{i}=-\frac{\pi d^2}{4R}\cdot\frac{\Delta v}{\Delta x}$$

取极限$\Delta x\to 0$，得到通过 x 点神经纤维截面的电流为

$$i=-\frac{\pi d^2}{4R}\frac{\partial v}{\partial x} \tag{6.51}$$

在 x 和 $x+\Delta x$ 位置上，通过纤维横截面的电流如果分别是 i 和 $i+\Delta i$，电流增量 Δi 是由于从 x 到 $x+\Delta x$ 这一段神经纤维表面的生物膜上，穿过膜表面有电流而产生。穿过膜表面单位面积元上的电流称膜电流，记作 I_m，此电流应以流入为负，流出为正。圆柱形膜表面面积为 $\pi d\Delta x$，$\bar{I}_m$ 为平均膜电流，电流的关系应该有

$$\Delta i = -\bar{I}_m \pi d \Delta x$$

$$\frac{\Delta i}{\Delta x} = -\bar{I}_m \pi d$$

取极限 $\Delta x \to 0$，并将(6.51)代入得

$$I_m \pi d = -\frac{\partial i}{\partial x} = \frac{\pi d^2}{4R}\frac{\partial^2 v}{\partial x^2}$$

$$I_m = \frac{d}{4R}\frac{\partial^2 v}{\partial x^2} \tag{6.52}$$

另一方面考虑穿过膜表面的膜电流 I_m 应由三个部分组成，即膜电容电流 I_c，离子牵移电流 I_{ion} 和由突触接受传导而来的神经兴奋脉冲电流 I_{syn}，称为传导电流。即

$$I_m = I_c + I_{\text{ion}} + I_{\text{syn}} \tag{6.53}$$

其中膜表面电容电流与膜电容量 Q 的变化有关，若 C_m 表示膜电容系数(单位面积单位电位差的电容量)，如果神经纤维外的电位为 0，膜内外的电位差就是 $v(x, t)$，在神经纤维膜上单位面积元的电容量与电位有关系

$$Q = C_m v$$

膜电容电流 I_c 由该膜电容量 Q 的改变而产生，得

$$I_c = \frac{\partial Q}{\partial t} = C_m \frac{\partial v}{\partial t}$$

代入(6.53)得

$$I_m = C_m \frac{\partial v}{\partial t} + I_{\text{ion}} + I_{\text{syn}}$$

移项后再将(6.52)代入得

$$C_m \frac{\partial v}{\partial t} = \frac{d}{4R} \frac{\partial^2 v}{\partial x^2} - I_{\text{ion}} - I_{\text{agn}} \tag{6.54}$$

现在分析离子的电导电流 I_{ion}。I_{ion} 由钾离子电导，钠离子电导和其他离子通过漏电电导而组成。离子导电与离子在膜上的行为十分关切，问题在于离子如何穿过膜。离子通道的假说认为离子通道入口处周围有偶极子。当偶极子是正电荷面对入口处时，阻止离子通过；当负电荷转向面对入口时，离子允许通过。离子通道有多个偶极子，离子穿过膜需要每个偶极子都开放时才允许离子穿过，因而离子穿过膜需要经历多次独立的过程。对于钾离子有四个偶极子，每个过程开放的概率为 n 时，穿越的概率为 n^4，钾离子导电为 $\bar{g}_{\text{K}} n^4$。其中 $\bar{g}_{\text{K}}$ 表示概率为 1 的最大钾离子导电。钠离子稍有不同，钠离子通道的 4 个偶极子其中 3 个各带一对电荷，另一个带 3 对电荷。钠离子导电只有当 3 个概率为 m 的过程呈开放，另一个开放概率为 $1-h$ 呈现关闭时，钠离子方能穿过膜，因而钠导电为 $\bar{g}_{\text{Na}} m^3 h$，其中 $\bar{g}_{\text{Na}}$ 为最大钠离子导电。其他离子的最大导电为 $\bar{g}_L$。因此离子牵移电流 I_{ion}可表示为

$$I_{\text{ion}} = (v - v_{\text{K}})\bar{g}_{\text{K}} n^4 + (v - v_{\text{Na}})\bar{g}_{\text{Na}} m^3 h + (v - v_L)\bar{g}_L$$

其中 $v_{\text{K}}, v_{\text{Na}}$ 和 v_L 分别表示钾、钠和其他离子在实验条件下的平衡电位。将这些结果代入(6.54)，同时列出 n, m 和 h 满足的方程得

$$C_m \frac{\partial v}{\partial t} = \frac{d}{4R} \frac{\partial^2 v}{\partial x^2} - (v - v_{\text{K}})\bar{g}_{\text{K}} n^4 - (v - v_{\text{Na}})\bar{g}_{\text{Na}} m^3 h - (v - v_L)\bar{g}_L - I_{\text{syn}}$$

$$\begin{aligned} \frac{dn}{dt} &= \alpha_n (t - n) - \beta_n n \\ \frac{dm}{dt} &= \alpha_m (t - m) - \beta_m m \\ \frac{dh}{dt} &= \alpha_h (t - h) - \beta_h h \end{aligned} \tag{6.55}$$

其中α_n，β_n，α_m，，β_m，α_h 和β_h 都是与温度、离子浓度和膜电位有关的量。上述方程就是著名的 Hodgkin-Huxley 方程，在实验条件下如果不存在神经兴奋脉冲传导电流，可让 $I_{\text{syn}} = 0$。

从理论上总结得到的 H-H 方程已经获得实验的证实。有关神经生理学的发展曾经有过这样一段历史，1902 年 Berstein 曾经给出神经生理活动的一种理论，50 年代 Hodgkin 等以枪乌贼的巨型神经纤维为实验材料，实验结果出现了初始膜电位倒置的现象，这个现象与 Berstein 的理论不相符合，然而实验得到的数据却与 H-H 方程计算出来的曲线吻合得很好。H-H 模型经过实验的检验，被神经生理学家而公认，从而在神经生理学上推翻了维持半个世纪的 Berstein 理论。H-H 模型的建立意义十分重大，它第一次从物理学

导出描述神经兴奋传递的数学模型，为电神经生理学的发展奠定基础。H-H 模型的发表是一件具有重要学术意义的大事。Hodgkin 为这一研究成果而获得诺贝尔奖金。

第七章　生物信息论

生物信息论是生物数学中应用信息理论研究生命现象的分支领域。信息论最初是从电子通信工程中发展起来，随着信息概念和理论的不断深化，当今的信息论早已超出狭义的电信工程范畴，而成为一门新兴的数学分支学科。在自然科学和社会科学中都得到广泛的应用，日益显示其重要性。当这门学科从非生命转向生命学科，又展现出前所未有的发展前景。这是因为生命活动出现的信息要比非生命现象更丰富、更复杂、更重要。生物信息与物质和能量一样成为构成生命活动的三大要素。有关生物信息理论的研究成为生物学科的重要内容。

庞大的生物世界，种类繁多、生物性状表现之复杂，生物本身就是一个巨大的信息源。当你环顾周围生命世界，形态各异的生物个体，显现的颜色，散发的气味，发出的声音，表现的动作，……，生命活动时时都在显示其信息的复杂性。生物体内新陈代谢，也在不断地产生各种信息，并且在信息的控制与调节下实现其正常的生理活动。在动物世界，神经系统由信息的传递和控制主宰了整个个体的活动。以至在高级的脊椎动物，围绕大脑为中心的神经系统成为生物传递、加工和处理信息的专有器官。神经系统信息的传递一直是生物学研究的重要课题，至于具有第二信号系统功能的人类大脑，思维作为信息处理最复杂的形式，当今仍被列为尚待彻底探索的奥秘。遗传信息以 DNA 中核苷酸为代码的信息传递，其信息量以天文数字之大，比人类任何通讯传输都更庞大、更复杂。生物群落的结构也包含信息的发展演化。当今生态环境学科中提出的生物多样性保护，按照信息观点去理解，其实质也是生物信息多样性的保护。以至信息生态学的名词已被提出来。总之，无论是从微观到宏观，从个体到群体，从生理到生态，……，生命现象到处都向我们展示出生物信息具有丰富而广阔的研究前景。

鉴于生物信息具有广阔的发展前景，本书在此专辟一章，对生物信息理论的基本原理进行系统地总结和介绍，以利促进这个领域的发展。

第一节　信息与信息的度量

在讨论研究信息理论与方法之前，必须先了解有关信息和信息的度量这个最基本的概念。

人们在日常生活中经常使用信息这个术语，比如当你接到一封信、阅读一份文献、采集一份标本、做一番调查、……，人们常说获得了信息。信息这个概念人们容易理解。但是为了使用数学工具来研究信息，要对信息的多少给予度量，从而引进信息量的概念。为此对信息这个概念还须要进行深入的理解。

信息体现在事物的各种表现状态中，这些表现状态称为信息符号，譬如文字的各种字母符号、生物的各种不同种类、生物体表现性状的各种不同类型、组成蛋白质的多种氨基酸、组成核酸的核苷酸，……。信息符号常用一个字母来表示，体现信息的全体信息符号集合称为状态空间。一般说来符号愈多体现的信息量愈大。正如你收到一份电报，电报很长，大量的文字符号传递了大量的信息。但是信息的度量却不能完全建立在出现信息符号的多少来决定。如果我们接到一份电报完全由同一个文字符号组成，这样的电报符号再多，也不可能为你带来许多信息。

让我们从植物调查的例子进一步讨论信息的度量。如果某一地区的低山阔叶林区和高山草甸区的植被构成如表 7-1：

表 7-1

种类 / 地区	草　本	灌　木	乔　木	共计种类
低山阔叶林区：(比率)	120 $\left(\frac{1}{2}\right)$	80 $\left(\frac{1}{3}\right)$	40 $\left(\frac{1}{6}\right)$	240
高山草甸区：(比率)	36 $\left(\frac{4}{5}\right)$	9 $\left(\frac{1}{5}\right)$	0 (0)	45

把表 7-1 中 3 种植物类型草本、灌木和乔木视作信息符号，讨论信息的度量。每当提供一份标本的符号，从该标本的类型就得知一定的信息。当我们仔细体会，就会发现，同样采集一份标本，从低山阔叶林区采集标本获得的消息比从高山草甸区获得的消息意义要大。这是因为高山草甸植物大多数是草本，不存在乔木，因此在尚未知道采得标本是何种类型之前，我们对出现的可能性已有所估计，因此每一份标本提供的信息小。而低山阔叶林区信息符号出现的不确定性较大，比较难于估计，因此每一份标本提供的信息大。从以上讨论知信息的度量可以看作是信息符号出现何种状态的一种不确定性程度，信息的获得就是对不确定性的一种否定，否定的程度愈多，获得的信息量愈高。每种信息符号出现的可能性愈大，不确定性就愈低，体现的信息量就少；相反，其出现的可能性小，不确定性高，体现的信息量就多。因此要获得信息的度量就需要给出各种不同信息符号出现的概率。附有信息符号出现概率的状态空间，称为信源(information source)，就前面的例子，可以给出两个信源如下：

$$\begin{array}{cc} \text{低山阔叶林区信源} & \text{高山草甸区信源} \\ \begin{bmatrix} \text{草本} & \text{灌木} & \text{乔木} \\ \frac{1}{2} & \frac{1}{3} & \frac{1}{6} \end{bmatrix} & \begin{bmatrix} \text{草本} & \text{灌木} & \text{乔木} \\ \frac{4}{5} & \frac{1}{5} & 0 \end{bmatrix} \end{array}$$

对于状态空间 $X=\{x_1, x_2, \cdots, x_n\}$，相应的信息符号 x_i 出现的概率为 $p_i(i=1, 2, \cdots, n)$，即概率向量 $P=[p_1\ p_2\ \cdots\ p_n]$。信源的一般表示如下：

$$[X, P] \qquad 或 \qquad X:\begin{bmatrix} x_1 & x_2 & \cdots & x_n \\ p_1 & p_2 & \cdots & p_n \end{bmatrix} \tag{7.1}$$

由于 $p_i \geqslant 0$ 且，信源中的概率向量 $P = [p_1, p_2, \cdots, p_n]$是随机向量。现在讨论对于信息符号 x，出现的概率为 p。信息的度量假如是 p 的单调递减函数 $f(p)$。如何选取确定信息量的函数 $f(p)$? 若另有符号 y 出现的概率为 q，信息量为 $f(q)$。考虑到信息量的定义应该满足可加性。即如果出现两个符号 xy，其信息量应该是 $f(p)$与 $f(q)$之和。另一方面，两个符号相继出现的概率是 pq，在状态空间到自身的乘积空间上建立信源，出现信息符号 xy 的概率是 pq，信息量应该是 $f(pq)$。两方面的考虑应该一致，得函数 $f(p)$应满足条件：

$$f(pq)=f(p)+f(q)$$

现在证明满足该条件的连续可导函数只能是对数函数。

令 $u=pq$，有

$$f(\mathrm{u})=f(p)+f(q)$$

将 p 固定视为常数，等式两边对 q 求导数，得

$$\frac{df(u)}{du}\frac{du}{dq}=\frac{df(q)}{dq}$$

即

$$f'(u)\,p=f'(q)$$

若 $q=1$ 时 $u=p$，代入前式得

$$f'(p)\,p=f'(1)$$

根据 $f(p)$的单调递减性，可以设

$$f'(1)=d\leqslant 0。$$

解方程：

$$f'(p)=\frac{d}{p}$$

得

$$f(p)=d\ln p+c$$

其中 c 是积分常数。若 $p=1$ 时，必然出现的信息符号不确定性为 0，信息量亦为 0，得

$f(1)=0$。由此可确定积分常数 $c=0$，且 $d\neq 0$。得解

$$f(p)=d\ln p \qquad (d<0)$$

取对数的底为，$b=e^{\frac{-1}{d}}$，$d=-1/\ln b$，最后得信息度量的函数

$$f(p)=-\log_b p$$

其中底 $b>0$ 是待定参数。

再回到植物调查的例子，采集一份标本属草本、灌木和乔木的信息量对于低山阔叶林区分别是 $-\log_b\frac{1}{2}$, $-\log_b\frac{1}{3}$ 和 $-\log_b\frac{1}{6}$。作为整个信源的信息量，取加权平均得信源的信息量(对数底取 $e=2.71828$ 进行计算)。

$$\begin{aligned}H&=-\frac{1}{2}\log_b\frac{1}{2}-\frac{1}{3}\log_b\frac{1}{3}-\frac{1}{6}\log_b\frac{1}{6}\\&=1.0114\end{aligned}$$

高山草甸信息量的计算类似，其中不可能出现的乔木，信息量显然不予考虑，得

$$\begin{aligned}H&=-\frac{4}{5}\log_b\frac{4}{5}-\frac{1}{5}\log_b\frac{1}{5}\\&=0.5004\end{aligned}$$

低山阔叶林区的信息量显然大于高山草甸区的信息量，这个计算结果与前面的讨论相吻合。

定义 7.1　对于信源(7.1)每出现一个信息符号，其信息量记作 $H(X)$或 $H(p_1, p_2, \cdots, p_n)$，由下面的表达式确定：

$$\begin{aligned}H(X)&=H(p_1,p_2,\cdots,p_n)\\&=-\sum_{i=1}^{n}p_i\log_b p_i\end{aligned} \tag{7.2}$$

当 $p_i=0$ 时，对数值无意义，为了保证形式上的一致，规定 $\log_b 0=0$。其中对数的底 b 取 2 时，称信息的度量单位为比特(bit, binary unit 的缩写)；取自然对数，以 $e=2.71828\cdots$ 为底，信息量的单位为奈特(nat, nature unit 的缩写)；取常用对数，以 10 为底，信息量的单位为哈特(Hart, Hartley 的缩写)。

本书中的计算除特别声称外，都采用奈特为单位，因此 p 的对数可表示成 $\ln p$。不同度量单位的关系可以由对数换底得到：

$$\left.\begin{aligned}\log_e y &= \log_e 2\times\log_2 y = 0.6931\ \log_2 y\\ \log_2 y &= \log_2 10\times\log_{10} y = 3.3219\ \log_{10} y\\ \log_{10} y &= \log_{10} e\times\log_e y = 0.4343\ \log_e y\end{aligned}\right\} \tag{7.3}$$

关于信息量的表示式，为了能体现信源，采用 $H(p_1, p_2, \cdots, p_n)$，有时为了能表示信源具有 n 个信息符号也可写成 $H_n(p_1, p_2, \cdots, p_n)$。信息量中对数的底通常不明确表示，而未写出。又如果 $p_i \neq 0$ 亦可将 $-p_i \log p_i$ 写成 $p_i \log \frac{1}{p_i}$。因而有下面的表示式：

$$\begin{aligned} H(p_1, p_2, \cdots, p_n) &= H_n(p_1, p_2, \cdots, p_n) \\ &= \sum_{i=1}^{n} p_i \log \frac{1}{p_i} \end{aligned} \tag{7.4}$$

至于信息量表示式(7.4)，要维持它的普遍性，只需对于 $p_i = 0$，定义 $p_i \log \frac{1}{p_i} = 0$，此定义并不影响信息量的连续性，这是因为 $\lim\limits_{x\to 0} x\log x = 0$。

关于维持表示式(7.4)成立，除去上面的考虑外，我们也可以认为信源中凡概率为 0 的状态，该状态不可能发生，这样的状态与我们的研究不发生任何数值的联系，因而可以从中删除。今后再引用信息量表示式，通常都认为 $p_i > 0$，因而表示式(7.4)也可作为信息量的普遍表示法。

Shannon 意义的信息量具有下述基本性质：

(1) 连续非负性　$H(p_1, p_2, \cdots, p_n)$是 $p_1, p_2, \cdots, p_n$ 的连续函数，且 $H(p_1, p_2, \cdots, p_n) \geqslant 0$。

(2) 对称性　对于 $p_1, p_2, \cdots, p_n$ 其中任意两项互换时，信息量值不变。如果 p_{i_1} 和 p_{i_2} 是其中的任意两项，对称性就是指

$$H(p_1, p_2, \cdots, p_{i_1}, \cdots, p_{i_2}, \cdots, p_n) = H(p_1, p_2, \cdots, p_{i_2}, \cdots, p_{i_1}, \cdots, p_n)$$

以上两条性质，从信息量的定义一望而知，无须证明。

(3) 扩展性　即

$$\lim_{\varepsilon\to 0} H_{n+1}(p_1, p_2, \cdots, p_{n-1}, p_n - \varepsilon, \varepsilon) = H_n(p_1, p_2, \cdots, p_n)$$

上述等式的右边是原具有 n 个信息符号的信息量，左边是原信息增加一个信息符号，构成一个具有 $n+1$ 个信息符号的信息量再取极限。

扩展性的推导要利用函数 $y = x\log x$ 在[0, ∞)上的连续性，且取

$$\lim_{x\to 0} x\log x = 0$$

将扩展性等式的左边以信息量定义展开后，逐项求极限得 $H_{n+1}(p_1, p_2, \cdots, p_n, 0)$，此信息量按定义展开后最后一项为 0，显然也就是 $H_n(p_1, p_2, \cdots, p_n)$。

(4) 可加性　对于信源

$$X:\begin{bmatrix} x_{11} & x_{12} & \cdots & x_{1n} & x_{21} & x_{22} & \cdots & x_{2n} & \cdots & x_{m1} & x_{m2} & \cdots & x_{mn} \\ p_{11} & p_{12} & \cdots & p_{1n} & p_{21} & p_{22} & \cdots & p_{2n} & \cdots & p_{m1} & p_{m2} & \cdots & p_{mn} \end{bmatrix}$$

假设

$$p_k = \sum_{i=1}^{n} p_{ki} \qquad (k = 1,2,\cdots,m)$$

满足信源的条件

$$\sum_{k=1}^{m} p_k = \sum_{k=1}^{m}\sum_{i=1}^{n} p_{ki} = 1$$

可加性指下式成立

$$\begin{aligned} H(X) &= H_{mn}(p_{11}, p_{12}, \cdots, p_{mn}) \\ &= \sum_{k=1}^{m} p_k H_n(\frac{p_{k1}}{p_k}, \frac{p_{k2}}{p_k}, \cdots, \frac{p_{kn}}{p_k}) + H_m(p_1, p_2, \cdots, p_m) \end{aligned} \tag{7.5}$$

可加性的结果从下面的推导可获得

$$\begin{aligned} \sum_{k=1}^{m} p_k H_n(\frac{p_{k1}}{p_k}, \frac{p_{k2}}{p_k}, \cdots, \frac{p_{kn}}{p_k}) &= \sum_{k=1}^{m} p_k \sum_{i=1}^{n} \frac{p_{ki}}{p_k} \log \frac{p_k}{p_{ki}} \\ &= \sum_{k=1}^{m}\left[\left(\sum_{i=1}^{n} p_{ki}\right)\log p_k\right] - \sum_{k=1}^{m}\sum_{i=1}^{n} p_{ki}\log p_{ki} \\ &= \sum_{k=1}^{m} p_k \log p_k - \sum_{k=1}^{m}\sum_{i=1}^{n} p_{ki}\log p_{ki} \\ &= -H_m(p_1, p_2, \cdots, p_m) + H_{mn}(p_{11}, p_{12}, \cdots, p_{mn}) \end{aligned}$$

上述推导的最后，经过移项获可加性结果。

(5) 极值性　即不等式

$$H(p_1, p_2, \cdots, p_n) \le H_n(\frac{1}{n}, \frac{1}{n}, \cdots, \frac{1}{n}) = \log n \tag{7.6}$$

极值性的证明须要引用 Jensen 不等式，为此我们建立以下两个辅助定理。该定理获得 Jensen 不等式，以后还会用到。

辅助定理 1　函数 $f(x)$在(a, b)上若 $f''(x)>0$(或<0)，则有不等式

$$f(\lambda_1 x_1 + \lambda_2 x_2) \leqslant (\text{或} \geqslant)\ \lambda_1 f(x_1) + \lambda_2 f(x_2) \tag{7.7}$$

其中$\lambda_1,\lambda_2>0$，$\lambda_1+\lambda_2=1$；x_1 和 $x_2 \in (a, b)$。不等式(7.7)被满足，亦说明函数 $f(x)$是∪(或∩)型凸函数。

证明：若 $a<x_1<x_2<b$，取 $t=\lambda_1 x_1+\lambda_2 x_2$，显然有 $x_1<t<x_2$。依台劳展开函数 $f(x)$，有

$$f(x_1)=f(t)+(x_1-t)f'(t)+\frac{1}{2!}(x_1-t)^2 f''(\xi_1) \qquad x_1<\xi_1<t$$

$$f(x_2)=f(t)+(x_2-t)f'(t)+\frac{1}{2!}(x_2-t)^2 f''(\xi_2) \qquad t<\xi_2<x_2$$

上两式分别乘以λ_1和λ_2再相加得

$$\lambda_1 f(x_1)+\lambda_2 f(x_2)=(\lambda_1+\lambda_2)f(t)+(\lambda_1 x_1+\lambda_2 x_2)f'(t)$$

$$-(\lambda_1+\lambda_2)\,t\,f'(t)+\frac{\lambda_1}{2!}(x_1-t)2f''(\xi_1)+\frac{\lambda_2}{2!}(x_2-t)^2 f''(\xi_2)$$

注意到

$$\lambda_1 x_1+\lambda_2 x_2=t \text{ 和 } \lambda_1+\lambda_2=1,$$

因而上式简化为

$$\lambda_1 f(x_1)+\lambda_2 f(x_2)=f(t)+\frac{\lambda_1}{2!}(x_1-t)^2 f''(\xi_1)+\frac{\lambda_2}{2!}(x_2-t)^2 f''(\xi_2)$$

其中最后两项均非负值，因而有不等式，即(7.7)式

$$\lambda_1 f(x_1)+\lambda_n f(x_2) \geqslant f(t)=f(\lambda_1 x_1+\lambda_2 x_2)$$

对于$f''<0$ 的情形，不等式(7.7)的另一情况，完全类似的方法可证。

本定理的不等式(7.7)成立，说明函数 $f(x)$属于∪型(或∩型)凸函数，它的几何意义见图 7-1。

辅助定理 2　函数 $f(x)$在(a, b)上若$f''(x)>0$(或<0)，则有不等式(Jensen 不等式)：

$$f(\sum_{i=1}^{n} p_i x_i) \leqslant (\text{或} \geqslant) \sum_{i=1}^{n} p_i f(x_i) \tag{7.8}$$

其中 $n \geqslant 2$；$x_i \in (a, b)(i = 1, 2, \cdots, n)$；$p_i > 0$，$\sum_{i=1}^{n} p_i = 1$。不等式(7.8)被满足，亦说明函数 $f(x)$是∪(或∩)型凸函数。

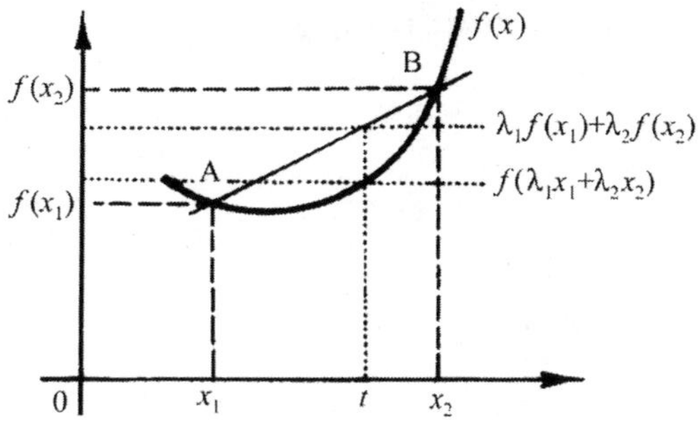

图 7-1

证明：归纳法证明本定理。当 $n = 2$ 时，辅助定理 2 已经完成证明。现在从 $n = k$ 时命题成立，推导出 $n = k + 1$ 时亦成立。令

$$q = \sum_{i=1}^{k} p_i$$

$$\sum_{i=1}^{k+1} p_i f(x_i) = q \sum_{i=1}^{k} \frac{p_i}{q} f(x_i) + p_{k+1} f(x_{k+1})$$

利用 $n = k$ 时命题成立有

$$\sum_{i=1}^{k} \frac{p_i}{q} f(x_i) \geq f(\sum_{i=1}^{k} \frac{p_i}{q} x_i)$$

再看

$$\sum_{i=1}^{k+1} p_i f(x_i) \geq q f(\sum_{i=1}^{k} \frac{p_i}{q} x_i) + p_{k+1} f(x_{k+1}) \tag{7.9}$$

其中 $\sum_{i=1}^{k} \frac{p_i}{q} = 1$，而 $x_i \in (a, b)(i = 1, 2, \cdots, k)$，必有 $\sum_{i=1}^{k} \frac{p_i}{q} x_i \in (a,b)$。$q + p_{k+1} = \sum_{i=1}^{k+1} p_i = 1$，把 q 和 p_{k+1} 分别视作辅助定理 2 中的λ_1和λ_2；又把 $\sum_{i=1}^{k} \frac{p_i}{q} x_i$ 和 x_{k+1} 分别当作辅助定理 2 中的 x_1 与 x_2，引用辅助定理 2 中的结论得

$$q f(\sum_{i=1}^{k} \frac{p_i}{q} x_i) + p_{k+1} f(x_{k+1}) \geq f(q \sum_{i=1}^{k} \frac{p_i}{q} x_i + p_{k+1} x_{k+1}) = f(\sum_{i=1}^{k} p_i x_i)$$

再引入不等式(7.9)中，得

$$\sum_{i=1}^{k+1} p_i f(x_i) \geq f(\sum_{i=1}^{k+1} p_i x_i)$$

归纳法证明完成。辅助定理 2 中的不等式

$$f(\sum_{i=1}^{n} p_i x_i) \le \sum_{i=1}^{n} p_i f(x_i)$$

获证。该定理的 $f''(x) < 0$ 情形同理可证。

最后让我们完成极值性的证明。

函数 $f(x)=\log_b x$; $f'(x)=\dfrac{1}{x\ln b}$, $f''(x)=\dfrac{-1}{x^2\ln b}$ (b 是对数 $\log x$ 的底)在(0, ∞)上，函数 $f''(x)<0$。又 $\sum_{i=1}^{n} p_i=1$，若 $p_i>0(i=1, 2, \cdots, n)$，令 $x_i=\dfrac{1}{p_i}$ 对于点集 $x_1, x_2, \cdots, x_n$ 应用辅助定理 2 有不等式：

$$\sum_{i=1}^{n} p_i f(x_i)=\sum_{i=1}^{n} p_i \log\frac{1}{p_i} \le \log(\sum_{i=1}^{n} p_i x_i)=\log n$$

即

$$H(p_1,p_2,\cdots,p_n) \le \log n = H_n(\frac{1}{n},\frac{1}{n},\cdots,\frac{1}{n})$$

如果出现部分 $p_i=0$，不妨设 $p_i>0(i=1, 2, \cdots, m)$；$p_i=0(i=m+1, \cdots, n)$。有以下结果，说明极值性不等式(7.6)形式上仍保持成立。

$$H(p_1, p_2, \cdots, p_n)= H_m(p_1, p_2, \cdots, p_m)\leqslant\log m<\log n = H_n(\frac{1}{n},\frac{1}{n},\cdots,\frac{1}{n})。$$

由于信息量的极值性，对于具有相同符号概率的信源具有最大信息量 $\log n$。因而可以定义相对率

$$\eta=\frac{H_n(X)}{\log n} \tag{7.10}$$

与相对率相对应的概念是信源剩余度

$$r=1-\eta=1-\frac{H_n(X)}{\log n} \tag{7.11}$$

信源的相对率和剩余度是对信源的一种描述。当信源的每一种符号出现概率都相同时信息量达到最大，相对率为 1，剩余度为 0；当信源仅有一个符号出现时信息量为 0,

相对率为 0，剩余度取 1。

信息量、相对率和剩余度的一个简单应用是作为食物营养价值衡量的一个指标。例如食物中蛋白质的氨基酸含量，蛋白质氨基酸的种类多，组成复杂，对动物的发育有利，我们可以对不同的蛋白质，依据氨基酸的组成比率计算信息量和相对率作为对其营养价值评估的指标。这个指标也可应用于农业饲料生产。

也有生物学家把相对率作为生物蛋白质具有生物活性的一个指标，从许多生物酶测定氨基酸的组成，计算信息量和相对率，并提出相对率指标μ_0。指出只有达到并超过该指标的蛋白质才具有一定的生物活性。

第二节　平均互信息与事物的关联性

生物学研究常常须要比较两个具有多种表现状态事物，衡量它们之间的关联性。比如植物的花冠类型与植株生长的类型，有没有联系？昆虫翅的类型与翅的颜色，是否有联系？心理学家要问学生的学习成绩以及兴趣爱好与性别是否有一定的关联性？经典统计学曾经讨论过简单事物之间的联系，例如猪的体重与体长，我们可以建立相关系数或者多种多样的相似性系数来描述它们之间的相关性程度，甚至建立回归方程可以进行估值预测。这些方法对待表现为多种非数值状态的事物无能为力。如前面提到器官的颜色，可以是红、黄、白等，器官的类型，个体的类型也是表现多种多样，性别至少表现为两种状态。表现为多种非数值状态的事物之间的联系比简单事物如体重与体长的联系要复杂得多。

这里我们给出了中国豆科植物花冠类型与植株类型的统计数据，试问花冠类型与植株类型的关联性？数据列表如下：

表 7-2　中国豆科植物花冠类型与植株类型的分配比率

占有率 ＼ 植株类型 花冠类型	草　本 y_1	灌　木 y_2	乔木或木质藤本 y_3	小　计
辐射对称花　x_1	$p_{11}=0.0025$	$p_{12}=0.0101$	$p_{13}=0.0707$	$p(x_1)=0.0833$
左右对称复瓦状花　x_2	$p_{21}=0.0076$	$p_{22}=0.0202$	$p_{23}=0.0530$	$p(x_2)=0.0808$
蝶　形　花　x_3	$p_{31}=0.3839$	$p_{32}=0.3409$	$p_{33}=0.1111$	$p(x_3)=0.8359$
小　计	$p(y_1)=0.3940$	$p(y_2)=0.3712$	$p(y_3)=0.2348$	总计 $=1.0000$

表中花冠的类型有三种状态，分别以 x_1, x_2和 x_3 表示，出现的概率分别是 $p(x_1)$，$p(x_2)$和 $p(x_3)$；植物类型分三种状态，分别以 y_1，y_2和 y_3 表示，出现概率分别以 $p(y_1)$，$p(y_2)$和 $p(y_3)$表示。它们分别构成两个信源

$$\text{花冠类型构成的信源 } X\text{：}\begin{bmatrix} x_1 & x_2 & x_3 \\ p(x_1) & p(x_2) & p(x_3) \end{bmatrix}$$

$$\text{植株类型构成的信源 } Y\text{：}\begin{bmatrix} y_1 & y_2 & y_3 \\ p(y_1) & p(y_2) & p(y_3) \end{bmatrix}$$

上述两个信源按照信息量的定义计算如下

$$H(X) = H\big(p(x_1), p(x_2), p(x_3)\big) = \sum_{i=1}^{3} p(x_i) \log \frac{1}{p(x_i)} = 0.5601$$

$$H(Y) = H\big(p(y_1), p(y_2), p(y_3)\big) = \sum_{i=1}^{3} p(y_i) \log \frac{1}{p(y_i)} = 1.07507$$

上述花冠类型和植株类型多个不同状态之间的组合(3× 3 = 9 种)，构成花冠类型 3 种状态和植株类型 3 种状态的乘积空间$\{x_1y_1, x_1y_2, x_1y_3, x_2y_1, x_2y_2, x_2y_3, x_3y_1, x_3y_2, x_3y_3\}$，它们出现的概率满足条件

$$\sum_{i=1}^{3}\sum_{j=1}^{3} p_{ij} = 1$$

由此建立 X 与 Y 的联合信源。

X 与 Y 的联合信源 XY：

$$\begin{bmatrix} x_1y_1 & x_1y_2 & x_1y_3 & x_2y_1 & x_2y_2 & x_2y_3 & x_3y_1 & x_3y_2 & x_3y_3 \\ p_{11} & p_{12} & p_{13} & p_{21} & p_{22} & p_{23} & p_{31} & p_{32} & p_{33} \end{bmatrix}$$

相应地有联合信息量

$$H(XY) = H(p_{11}, p_{12}, \cdots, p_{33}) = \sum_{j=1}^{3}\sum_{i=1}^{3} p_{ij} \log \frac{1}{p_{ij}} = 1.4988$$

为了讨论它们之间的关系，再引进条件信息的概念。让我们先考虑花冠类型 X，它按植株类型又被分为 3 个部分。其中草本部分的占有率 p_{11}，p_{21}，p_{31}，它们不构成随机向量，如果被 $p(y_1)$除，则有

$$\sum_{k=1}^{3} \frac{p_{k1}}{p(y_1)} = 1$$

这是在植株类型为草本的前提下出现不同花冠类型的条件概率，它们是随机向量，亦构成信源

条件信源　X/y_1：

$$\begin{bmatrix} x_1/y_1 & x_2/y_1 & x_3/y_1 \\ \dfrac{p_{11}}{p(y_1)} & \dfrac{p_{21}}{p(y_1)} & \dfrac{p_{31}}{p(y_1)} \end{bmatrix}$$

同样有条件信源 X/y_2 和 X/y_3。也有 3 个相应的信息量

$$H(X/y_1)=\sum_{k=1}^{3}\frac{p_{k1}}{p(y_1)}\log\frac{p(y_1)}{p_{k1}}=0.133645$$

$$H(X/y_2)=\sum_{k=1}^{3}\frac{p_{k2}}{p(y_2)}\log\frac{p(y_2)}{p_{k2}}=0.334710$$

$$H(X/y_3)=\sum_{k=1}^{3}\frac{p_{k3}}{p(y_3)}\log\frac{p(y_3)}{p_{k3}}=1.051730$$

这样一来我们取得了从不同植株类型的条件概率来恒量花冠类型的信息量。为此将上述三个信息量相加，当然为了更合理的相加，应该分别乘以其出现的概率 $p(y_1)$, $p(y_2)$ 和 $p(y_3)$。如此确定的信息量是信源 X 在 Y 之下的条件信息量，记作 $H(X/Y)$。

$$\begin{aligned} H(X/Y) &= \sum_{j=1}^{3}p(y_j)H(X/y_j) \\ &= \sum_{j=1}^{3}\sum_{k=1}^{3}p_{kj}\log\frac{p(y_j)}{p_{kj}}=0.42374 \end{aligned}$$

类似上面的思路，也应该能确立信源 Y 在 X 之下的条件信息量，记作 $H(Y/X)$。有

$$\begin{aligned} H(Y/X) &= \sum_{i=1}^{3}p(x_i)H(Y/x_i) \\ &= \sum_{i=1}^{3}\sum_{k=1}^{3}p_{ik}\log\frac{p(x_i)}{p_{ik}}=0.93868 \end{aligned}$$

上面的计算结果我们发现 $H(X)\neq H(X/Y)$，且 $H(X)>H(X/Y)$。$H(X)$比 $H(X/Y)$多出的那一部分是由于原花冠类型的信源按植株类型被划分之后而出现，说明植株类型对花冠类型在信息量方面产生一定影响，换句话说二者有一定的关联性。进一步还会想到信息量的差即 $H(X)$-$H(X/Y)$是否可以作为 Y 对 X 关联性程度的一种度量呢?

如果 Y 对 X 没有关联性，也就是说条件信源 X/y_1, X/y_2 和 X/y_3 保持原信源 X 的比例。不妨设

$$\begin{bmatrix} p_{11} \\ p_{21} \\ p_{31} \end{bmatrix} = 0.2 \begin{bmatrix} p(x_1) \\ p(x_2) \\ p(x_3) \end{bmatrix} \quad \begin{bmatrix} p_{12} \\ p_{22} \\ p_{32} \end{bmatrix} = 0.3 \begin{bmatrix} p(x_1) \\ p(x_2) \\ p(x_3) \end{bmatrix} \quad \begin{bmatrix} p_{13} \\ p_{23} \\ p_{33} \end{bmatrix} = 0.5 \begin{bmatrix} p(x_1) \\ p(x_2) \\ p(x_3) \end{bmatrix}$$

这时 $p(y_1)= 0.2(p(x_1) + p(x_2) + p(x_3))= 0.2$，同理 $p(y_2)= 0.3$，$p(y_3)= 0.5$。X 对 Y 的条件概率计算结果 $H(X/Y)= 0.56013$，说明 $H(X)= H(X/Y)$，X 的原信息量与条件信息量之差为 0，Y 对 X 的关联性为 0。计算结果与我们的设想完全一致。

现在让我们抛开具体的例子，从普遍的情形按上面的设想建立起严谨的数学理论。如果有两个事物 X 与 Y，分别表现为 n 和 m 个状态，即状态 X：$\{x_1\ x_2\ \cdots\ x_n\}$和状态 Y：$\{y_1\ y_2\ \cdots\ y_m\}$。又假设事物 X 出现为状态 x_i 的概率为 $p(x_i)$；事物 Y 出现为状态 y_j 的概率为 $p(y_j)$。因为事物的所有状态是必然事件，故有

$$\sum_{i=1}^{n} p(x_i) = \sum_{j=1}^{m} p(y_j) = 1$$

因而事物 X 和 Y 以其状态发生的概率分别构成两个信源，两信源分别记作 X 和 Y，表示如下：

信源 X：

$$\begin{bmatrix} x_1 & x_2 & \cdots & x_n \\ p(x_1) & p(x_2) & \cdots & p(x_n) \end{bmatrix}$$

信源 Y：

$$\begin{bmatrix} y_1 & y_2 & \cdots & y_m \\ p(y_1) & p(y_2) & \cdots & p(y_m) \end{bmatrix}$$

又假设事物 X 出现为状态 x_i 同时事物 Y 出现为状态 y_j 的概率记作

$$p(x_iy_j)$$

两个事物共同发生产生联合事物 XY，联合事物 XY 具有 nm 个状态，即 X 的状态集合与 Y 的状态集合的乘积空间

$$XY：\{x_1y_1\quad x_1y_2\quad \cdots\quad x_1y_m\quad x_2y_1\quad x_2y_2\quad \cdots\quad x_2y_m\quad \cdots\quad x_ny_1\quad x_ny_2\quad \cdots\quad x_ny_m\}$$

又假设事物 X 出现为状态 x_i，同时事物 Y 出现为状态 y_j 的概率记作 $p(x_iy_j)$，也就是联合事物 XY 出现状态 x_iy_j 的概率。现在把事物 X, Y 和 XY 以及它们相应的状态表现概率 $p(x_i)(i = 1, 2, \cdots, n)$，$p(y_j)(j = 1, 2, \cdots, m)$和 $p(x_iy_j)(i = 1, 2, \cdots, n; j = 1, 2, \cdots, m)$列表于下：

表 7-3

Y \ X		状态 y_1	y_2	$\cdots$	y_m	$\sum_{j=1}^{m} p(x_i y_j)$
状态	x_1	$p(x_1 y_1)$	$p(x_1 y_2)$	$\cdots$	$p(x_1 y_m)$	$p(x_1)$
	x_2	$p(x_2 y_1)$	$p(x_2 y_2)$	$\cdots$	$p(x_2 y_m)$	$p(x_2)$
	$\vdots$	$\cdots$	$\cdots$	$\cdots$	$\cdots$	$\vdots$
	x_n	$p(x_n y_1)$	$p(x_n y_2)$	$\cdots$	$p(x_n y_m)$	$p(x_n)$
$\sum_{i=1}^{n} p(x_i y_j)$		$p(y_1)$	$p(y_2)$	$\cdots$	$p(y_m)$	1

表中事物 X 和事物 Y 通常都认为不存在 0 概率状态，因为概率为 0 的状态表中所在行或列的数值皆为 0，该状态无意义可以从中删除。于是事物 X 和 Y 的信息量表示如下：

$$H(X)=H\big(p(x_1),p(x_2),\cdots,p(x_n)\big)=\sum_{i=1}^{n} p(x_i)\log\frac{1}{p(x_i)}$$

$$H(Y)=H\big(p(y_1),p(y_2),\cdots,p(y_m)\big)=\sum_{j=1}^{m} p(y_j)\log\frac{1}{p(y_j)}$$

对于联合事物显然有

$$\sum_{i=1}^{n}\sum_{j=1}^{m} p(x_i y_j)=1$$

XY 构成的信源称为 X 与 Y 的联合信源，记作 XY，表示如下

$$XY:\begin{bmatrix} x_1 y_1 & x_1 y_2 & \cdots & x_n y_m \\ p(x_1 y_1) & p(x_1 y_2) & \cdots & p(x_n y_m) \end{bmatrix} \tag{7.12}$$

XY 的信息量 $H(XY)$ 称为两个事物 X 与 Y 的联合信息量，表示如下

$$\begin{aligned} H(XY) &= H_{nm}\big(p(x_1 y_1),p(x_1 y_2),\cdots,p(x_n y_m)\big) \\ &= -\sum_{i=1}^{n}\sum_{j=1}^{m} p(x_i y_j)\log p(x_i y_j) \end{aligned} \tag{7.13}$$

由于

$$\sum_{i=1}^{n}\frac{p(x_i y_j)}{p(y_j)}=\frac{1}{p(y_j)}\sum_{i=1}^{n} p(x_i y_j)=\frac{p(y_j)}{p(y_j)}=1 \quad (j=1,2,\cdots,m)$$

$$\sum_{j=1}^{m}\frac{p(x_i y_j)}{p(x_i)}=\frac{1}{p(x_i)}\sum_{j=1}^{m} p(x_i y_j)=\frac{p(x_i)}{p(x_i)}=1 \quad (i=1,2,\cdots,n)$$

因而概率

$$\frac{p(x_1y_j)}{p(y_j)},\frac{p(x_2y_j)}{p(y_j)},\cdots,\frac{p(x_ny_j)}{p(y_j)}$$

构成随机向量，可以定义 X 对于状态 y_j 的条件信息量

$$H(X/y_j)=-\sum_{i=1}^{n}\frac{p(x_iy_j)}{p(y_j)}\log\frac{p(x_iy_j)}{p(y_j)} \qquad (j=1,2,\cdots,m)$$

作为 $H(X/y_j)$ 的加权求和，得 X 对于 Y 的条件信息量，记作 $H(X/Y)$，表示式如下

$$\begin{aligned}H(X/Y)&=\sum_{j=1}^{m}p(y_j)H(X/y_j)\\&=-\sum_{j=1}^{m}\sum_{i=1}^{n}p(y_j)\frac{p(x_iy_j)}{p(y_j)}\log\frac{p(x_iy_j)}{p(y_j)}\\&=-\sum_{i=1}^{n}\sum_{j=1}^{m}p(x_iy_j)\log\frac{p(x_iy_j)}{p(y_j)}\end{aligned} \tag{7.14}$$

上述关于条件信息量的讨论，如将 X 与 Y 互换，可以有相应的结果。

Y 对于状态 x_i 的条件信息量

$$H(Y/x_i)=-\sum_{j=1}^{m}\frac{p(x_iy_j)}{p(x_i)}\log\frac{p(x_iy_j)}{p(x_i)} \qquad (i=1,2,\cdots,n)$$

Y 对于 X 的条件信息量

$$H(Y/X)=-\sum_{i=1}^{n}\sum_{j=1}^{m}p(x_iy_j)\log\frac{p(x_iy_j)}{p(x_i)} \tag{7.15}$$

为了表示事物 X 与 Y 的关联性，在此定义 X 与 Y 的平均互信息，表示如下

$$\left.\begin{aligned}I(X,Y)=H(X)-H(X/Y)\\I(Y,X)=H(Y)-H(Y/X)\end{aligned}\right\} \tag{7.16}$$

试图说明如此定义的平均互信息，能够作为两事物 X 与 Y 之间的关联性度量，尚需完成下面一系列的论证。

定理 7.1　$I(X, Y)$ 的对称性，即 $I(X, Y)= I(Y, X)$，且另有对称性的表示

$$I(X,Y)=H(X)+H(Y)-H(XY) \tag{7.17}$$

证明：利用信息量的可加性知下式成立

$$H(XY)=H(X)+H(Y/X) \tag{7.18}$$

同理有

$$H(XY)=H(Y)+H(X/Y)$$

两式相减得

$$H(X)-H(X/Y)-H(Y)+H(Y/X)=0$$

移项后有

$$H(X)-H(X/Y)=H(Y)-H(Y/X)$$

即

$$I(X,Y)=I(Y,X)$$

对称性获证。

然后考虑关系式(7.17)的右边，将式(7.18)代入有

$$\begin{aligned} H(X)+H(Y)-H(XY) &= H(X)+H(Y)-H(X)-H(Y/X) \\ &= H(Y)-H(Y/X) \\ &= I(Y,X) \end{aligned}$$

式(7.17)亦获证。

定理 7.2　$I(X, Y)$的非负性，即

$$I(X,Y)\geq 0 \tag{7.19}$$

证明：非负性的证明也就是要证明

$$H(X/Y)\leq H(X) \tag{7.20}$$

考虑函数 $f(x)=x\log_b x$，在(0, ∞)上 $f''(x)=\dfrac{1}{x\ln b}>0$，按照辅助引理 2 的要求，对固定的下标 i，取 $\dfrac{p(x_i y_j)}{p(y_j)}\,(j=1,2,\cdots,m)$ 相当于引理中的 x_1, x_2, …, x_n，又取 $p(y_1)$, $p(y_2)$, …, $p(y_m)$相当于 p_1, p_2, …, p_n，验证 $\sum_{i=1}^{n}p_i=1$，即 $\sum_{j=1}^{m}p(y_j)=1$，因而辅助引理 2 的条件全部满足，有不等式

$$\sum_{j=1}^{m} p(y_j) f\left(\frac{p(x_i y_j)}{p(y_j)}\right) \ge f\left(\sum_{j=1}^{m} p(y_j)\frac{p(x_i y_j)}{p(y_j)}\right)$$

在此 $\sum_{j=1}^{m} p(y_j)\frac{p(x_i y_j)}{p(y_j)} = \sum_{j=1}^{m} p(x_i y_j) = p(x_i)$，引入前述不等式，并将函数 $f(x)= x \log x$ 代入，得新的不等式

$$\sum_{j=1}^{m} p(y_j)\frac{p(x_i y_j)}{p(y_j)}\log\frac{p(x_i y_j)}{p(y_j)} \ge f\left(p(x_i)\right) = p(x_i)\log p(x_i)$$

令 i 跑遍 $i = 1, 2, \cdots, n$，上式均成立。作累加求和得不等式

$$\sum_{i=1}^{n}\sum_{j=1}^{m} p(y_j)\frac{p(x_i y_j)}{p(y_j)}\log\frac{p(x_i y_j)}{p(y_j)} \ge \sum_{i=1}^{n} p(x_i)\log p(x_i)$$

即

$$\sum_{j=1}^{m} p(y_j)\sum_{i=1}^{n}\frac{p(x_i y_j)}{p(y_j)}\log\frac{p(x_i y_j)}{p(y_j)} \ge \sum_{i=1}^{n} p(x_i)\log p(x_i)$$

注意到上式左边出现 $H(X/y_j)$，右边出现 $H(X)$，不等式可写成

$$-\sum_{j=1}^{m} p(y_j) H(X / y_j) \ge -H(X)$$

上式乘以-1，并改变不等式符号，又注意左边实际上已是 X 对于 Y 的条件信息，需要证明的不等式已获得

$$H(X/Y) \leqslant H(X)$$

定理 7.3　事物 X 与 Y 相互独立，则

(1) $$I(X,Y)=0 \tag{7.21}$$

(2) $$H(XY) = H(X) + H(Y) \tag{7.22}$$

(3) $$H(X) = H(X / Y), H(Y) = H(Y / X) \tag{7.23}$$

证明：如果结果(2)获证，通过等式(7.17)可得结果(1)，再由平均互信息的定义(7.16)得结果(3)。因此只需证明结果(2)。

依据 X 与 Y 独立，$p(x_iy_j)= p(x_i)p(y_j)(i = 1, 2, \cdots, n; j = 1, 2, \cdots, m)$，据此作下面的推导

$$\begin{aligned}H(XY) &= -\sum_{i=1}^{n}\sum_{j=1}^{m} p(x_i y_j)\log p(x_i y_j) \\ &= -\sum_{i=1}^{n}\sum_{j=1}^{m} p(x_i y_j)\log p(x_i) - \sum_{i=1}^{n}\sum_{j=1}^{m} p(x_i y_j)\log p(y_j) \\ &= -\left(\sum_{j=1}^{m} p(y_j)\right)\sum_{i=1}^{n}\left[p(x_i)\log p(x_i)\right] - \left(\sum_{i=1}^{n} p(x_i)\right)\sum_{j=1}^{m}\left[p(y_j)\log p(y_j)\right]\end{aligned}$$

考虑到 $\sum_{i=1}^{n} p(x_i) = 1$，$\sum_{j=1}^{m} p(y_j) = 1$，继续前面的推导

$$\begin{aligned}P(XY) &= -\sum_{i=1}^{n}\left(p(x_i)\log p(x_i)\right) - \sum_{j=1}^{m} p(y_j)\log(y_j) \\ &= H(X) + H(Y)\end{aligned}$$

证毕。

到此我们已经把联合信息量、条件信息量和平均互信息它们自身的性质以及相互之间的联系都阐述清楚。它们的复杂关系可形象地表示在图中(见图 7-2)。当 X 与 Y 相互独立时，图中的 $H(X)$与 $H(Y)$互不相交，此时 $I(X, Y)= 0$。X 与 Y 不独立时，$H(X)$与 $H(Y)$的交集体现 $I(X, Y)$的大小，表示 X 与 Y 相互关联的程度。

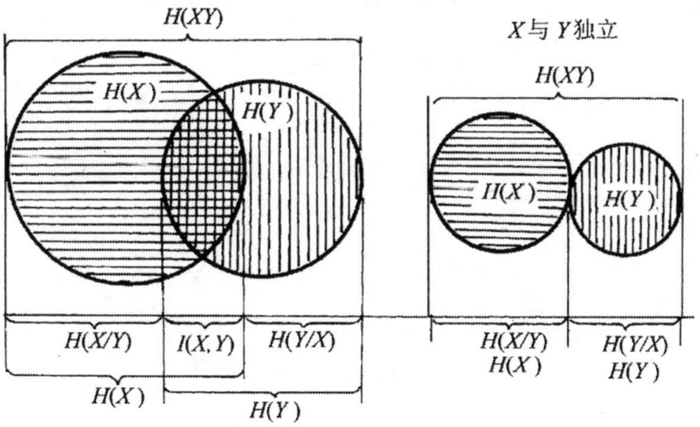

图 7-2

回到我们当初提出的问题，对中国豆科植物统计结果的分析，通过计算

$$I(X, Y)= 0.13639$$

它说明花冠的类型与植株的类型有一定程度的关联性。

从信息理论提出平均互信息 $I(X, Y)$的意义很大，它再一次给出描述事物互相关联程

度的定量方法。在数量分类和经典的统计理论中曾经有各种各样的相似性系数，这些系数只能体现一对以数值表现的因素之间的联系。而平均互信息却能在具有多种状态的事物之间体现多种因素之间的复杂联系，并且这些因素自身可以是数值的也可能是非数值的。因此它更能满足生物学广泛的需要。

第三节　离散信道与生物遗传信息的传递

定量的信息理论和概念建立以后，本节将要讨论信息传递的数学模型，并对遗传信息的传递进行初步讨论，生物遗传信息的传递主要指分子水平上包括 DNA, RNA 和蛋白质的复制、转录和翻译。

与电子通信有联系的信道理论十分丰富，我们这里仅讨论具有一个输入端一个输出端、无记忆的离散信道。由于分子生物学有关遗传进化在信息方面的原理尚未揭示得很深入，研究是很初级的。

我们要建立的离散信道数学模型如下图所示，

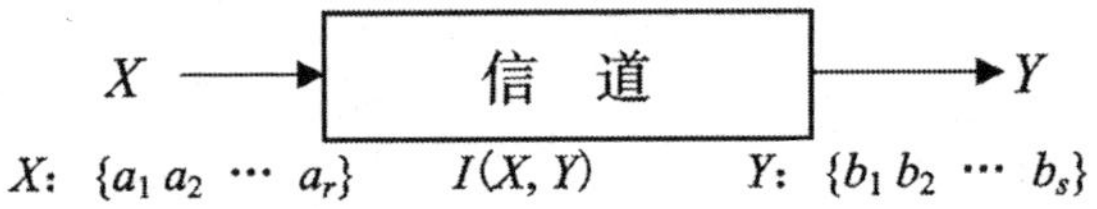

左边是信息输入端，输入信号 X 取值于符号集合 X：$\{a_1\, a_2\ \cdots\ a_r\}$；
右边是信息输出端，输出信号 Y 取值于符号集合 Y：$\{b_1\, b_2\ \cdots\ b_s\}$。
平均互信息 $I(X, Y)$代表该信道所具有的传递信息的特征。
输入信息的符号以其出现的概率 $p(a_i)(i = 1, 2, \cdots, r)$为信源，有信息量 $H(X)=-\sum_{i=1}^{r}p(a_i)\log p(a_i)$；输出信息的符号以其出现的概率 $p(b_i)$为信源，有信息量 $H(Y)=-\sum_{i=1}^{s}p(b_i)\log p(b_i)$。

如果 $p(a_ib_j)$表示输入取符号 a_i 输出符号为 b_j，两个符号联合产生的概率，让 i 与 j 分别跑遍所有输入和输出符号集，可列出如下表，此表与表 7-3 完全类同。

表 7-4

X \ Y		输出符号 Y b_1	b_2	$\cdots$	b_s	$\sum_j p(a_i\, b_j)$
输入符号	a_1	$p(a_1b_1)$	$p(a_1b_2)$	$\cdots$	$p(a_1b_s)$	$p(a_1)$
	a_2	$p(a_2b_1)$	$p(a_2b_2)$	$\cdots$	$p(a_2b_s)$	$p(a_2)$
	$\vdots$	$\cdots\cdots$				$\vdots$
	a_r	$p(a_rb_1)$	$p(a_rb_2)$	$\cdots$	$p(a_rb_s)$	$p(a_r)$
$\sum_i p(a_i\, b_j)$		$p(b_1)$	$p(b_2)$	$\cdots$	$p(b_s)$	1

输入符号$\{a_1\ a_2\ \cdots\ a_r\}$以其出现的概率$p(a_i)(i=1, 2, \cdots, r)$构成的信源，

$$X:\begin{bmatrix} a_1 & a_2 & \cdots & a_r \\ p(a_1) & p(a_2) & \cdots & p(a_r) \end{bmatrix}$$

输出符号$\{b_1\ b_2\ \cdots\ b_s\}$以其出现的概率$p(b_j)(j=1, 2, \cdots, s)$构成信源

$$Y:\begin{bmatrix} b_1 & b_2 & \cdots & b_s \\ p(b_1) & p(b_2) & \cdots & p(b_s) \end{bmatrix}$$

在此$p(a_ib_j)(i=1, 2, \cdots, r; j=1, 2, \cdots, s)$实际上是两个信源$X$与$Y$的联合概率。与前面完全类似有

$$\left.\begin{aligned} H(X) &= -\sum_{i=1}^{r} p(a_i)\log p(a_i) \\ H(Y) &= -\sum_{i=1}^{s} p(b_i)\log p(b_i) \\ H(XY) &= -\sum_{i=1}^{r}\sum_{j=1}^{s} p(a_ib_j)\log p(a_ib_j) \\ H(X/Y) &= -\sum_{i=1}^{r}\sum_{j=1}^{s} p(a_ib_j)\log p(a_i/b_j) \\ H(Y/X) &= -\sum_{i=1}^{r}\sum_{j=1}^{s} p(a_ib_j)\log p(b_j/a_i) \end{aligned}\right\} \tag{7.24}$$

其中$p(a_i/b_j)$表示输出为b_j的前提下，输入为a_i的条件概率，即$p(a_ib_j)/p(b_j)$；而$p(b_j/a_i)$表示输入为a_i的前提下，输出为b_j的条件概率，即$p(a_ib_j)/p(a_i)$。

最后有平均互信息

$$I(X,Y)=H(X)-H(X/Y), I(Y,X)=H(Y)-H(Y/X)$$

有关上述信息量的定理 7.1~7.3 都适用于此。

信息理论作为数学模型，前面用于对事物关联性的分析。这里仍然是同样的数学模型用于对信息传输的分析，被分析的实际事物对象不同，因而各种数量和概念赋予的意义就不同。事实上，这一套信息理论当初就是从电子通讯中信息的传输中提出来，今日用来分析生物信息的传输，才又恢复了它原有的真正含意。比如平均互信息这里才真正能领会到这个名称之贴切。现在让我们重新理解每一个有关信息概念的意义。

信息量$H(X)$表示输入信息每个符号的不确定性，也就是输入每个符号的信息量；信息量 $H(Y)$表示输出信息每个符号的不确定性，即输出每个符号的信息量。当输入给出

一个符号，输出端接收到 b_j 符号后，如果信道没有噪声干扰通过 b_j 就完全确定输入符号，不确定性被否定获得全部 $H(X)$信息。如果信道有干扰，输入的不确定性没有完全被否定，根据接收的符号 b_j，输入状态的分布将改变成相当于表(7.4)中的第 j 列，即 X 在出现 b_j 下的条件分布，其信息量将是 $H(X/b_j)$。如此做它的数学期望就是 X 对 Y 的条件信息。

$$H(X/Y)=\sum_{j=1}^{s}p(b_j)H(X/b_j)$$

因此条件信息量 $H(X/Y)$就是接收端得到一个信息符号之后，因信道的干扰，对输入端仍然存在的部分不确定性，条件信息量也被称为信道疑义度。当然这是整个输入不确定性 $H(X)$的部分，定理 7.2 说明了这个关系。而差 $H(X)-H(X/Y)$，正是接收端在收到一个信息符号，信道对输入端不确定性的否定信息量，也就是通过信道传输的那部分信息量。

这样的分析也是对称的。从输出端考虑，$H(Y)$是原输出符号的不确定性，当从输入端给出符号输出端接受一个信息符号后，通过信道接受到信息量 $I(X, Y)$，而由于信道的干扰，接受端的不确定性未被完全否定，仍保留了一部分信息就是 Y 对 X 的条件信息量 $H(Y/X)$，也称为信道的噪声信息量。$H(Y)$与 $H(Y/X)$之差，即 $I(X, Y)$就是在信道传送一个信息符号，对输出不确定性的否定信息量。$I(X, Y)$成为衡量信道传输信息量的表示,被称为平均互信息是十分贴切的。在前面分析两个事物的关联性时，把 $I(X, Y)$作为两事物 X 与 Y 关联性程度的度量，在信道的信息传输过程中，$I(X, Y)$也可以看作输出与输入两个事物关联性的度量。关联性大，表示传输的信息量多；否则传输的信息量小。

现在让我们继续讨论信息的传输问题，有关这方面的理论十分丰富。从讨论分子生物学遗传信息的传递考虑，我们仅考虑无记忆离散的简单信道。如果在输入端给出一个输入符号，输出端取得符号 b_1, b_2, …, b_s 的概率将分别是条件概率 $p(b_1/a_i)$, $p(b_2/a_i)$, …, $p(b_s/a_i)$，亦称为传递概率或转移概率。因为取得所有输出符号的概率为 1，因而 $\sum_{j=1}^{s}p(b_j/a_i)=1$，向量$[p(b_1/a_i)\ p(b_2/a_i)\ \cdots\ p(b_s/a_i)]$是随机向量。将所有与输入 $a_i(i=1, 2, \cdots, r)$相应的随机向量列出得矩阵

$$P=\begin{bmatrix} p(b_1/a_1) & p(b_2/a_1) & \cdots & p(b_s/a_1) \\ p(b_1/a_2) & p(b_2/a_2) & \cdots & p(b_s/a_2) \\ \cdots & \cdots & \cdots & \cdots \\ p(b_1/a_r) & p(b_2/a_r) & \cdots & p(b_s/a_r) \end{bmatrix} \tag{7.25}$$

该矩阵称为信道矩阵，信道矩阵与马尔柯夫链中的转移矩阵相类似，其行向量都是随机向量，但是信道矩阵未必都是方阵。

现在让我们以信道的数学模型来模拟遗传信息在分子水平上的传输。先讨论 DNA 的复制。

作为遗传物质的 DNA，即脱氧核糖核酸，20 世纪 50 年代 Watson-Crick 揭示了它的双螺旋结构模型，其核苷酸就是腺嘌呤(A)、胸腺嘧啶(T)、鸟嘌呤(G)和胞嘧啶(C),每个核苷酸由上述四种碱基配对联结，然后组成长链。碱基的互补配对是腺嘌呤(A)与胸腺嘧啶(T)，鸟嘌呤(G)与胞嘧啶(C)。以字母 A, T, G 和 C 所代表的 4 种核苷酸成为遗传物 DNA 携带信息的基本信息符号。这样的分子结构为我们利用信息理论来研究生物遗传信息保存，传递和变化提供极大的方便。

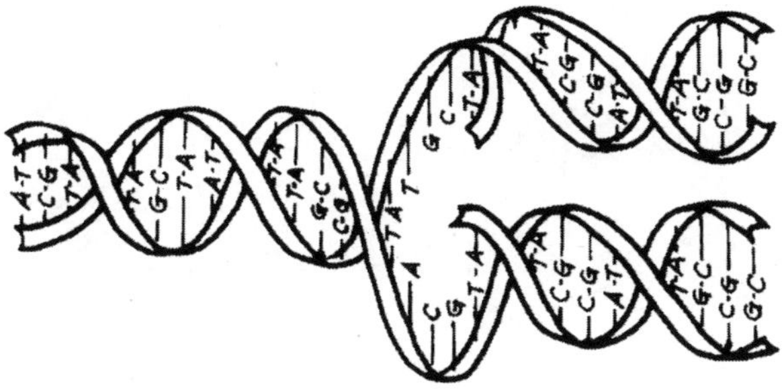

图 7-3　DNA 的复制

DNA 的复制是生物生长和繁殖过程中经常发生的现象，信息快速准确地传递，才能保证生物性状的继承和再现。DNA 的复制过程如图(7-3)所示，亲代 DNA 的两条长链被打开，每一条核苷酸链作为模板，在周围充满与四种核苷酸相对应的三磷酸底物中，不断提供核苷酸与模板中的核苷酸按互补原则配对形成新的 DNA 链。这一信息的传递过程，亲本的 DNA 核苷酸模板是信息的输入，以 X 表示，X 能取到的信息符号 a_1, a_2, a_3 和 a_4 就是四种核苷酸，分别以 T, C, A 和 G 表示。被复制的 DNA 链作为信息的输出，记作 Y，Y 能取到的信息符号 b_1, b_2, b_3 和 b_4 也分别是 T, C, A, G。输入和输出的信息符号确定如下：

$$\text{输入}\quad X=\begin{bmatrix}\mathrm{T}\\\mathrm{C}\\\mathrm{A}\\\mathrm{G}\end{bmatrix}\qquad\qquad \text{输出}\quad Y=\begin{bmatrix}\mathrm{T}\\\mathrm{C}\\\mathrm{A}\\\mathrm{G}\end{bmatrix}$$

信道矩阵可以作为对信道的完全描述，每给一个信道矩阵就确定了一个按此规律传输信息的信道。如果 X 表示输入符号，取值于$\{a_1\ a_2\ \cdots\ a_r\}$；$Y$ 表示输出符号，取值于$\{b_1\ b_2\ \cdots\ b_s\}$；传递概率 $p(b_j/a_i)$表示输入取 a_i 的前提下输出取 b_j 的条件概率，信道矩阵为 $P=[p(b_j/a_i)]$。输入 X，输出 Y 和信道矩阵将构成一个信道完整的表示如下：

$$\lfloor X, P=[p(b_j/a_i)], Y\rfloor \tag{7.26}$$

信道矩阵的传递概率与表(7-4)中的联合概率有下面的关系

$$p(b_j/a_i)=p(a_ib_j)/p(a_i) \tag{7.27}$$

$$\begin{aligned} p(a_ib_j) &= p(a_i)p(b_j/a_i) \\ &= p(b_j)p(a_i/b_j) \end{aligned} \tag{7.28}$$

又因为

$$\begin{aligned} p(b_j) &= \sum_{i=1}^{r} p(a_ib_j) \\ &= \sum_{i=1}^{r} p(a_i)p(b_j/a_i) \quad (j=1,2,\cdots,s) \end{aligned}$$

有关系

$$\begin{bmatrix} p(b_1) \\ p(b_2) \\ \vdots \\ p(b_s) \end{bmatrix} = \begin{bmatrix} p(b_1/a_1) & p(b_1/a_2) & \cdots & p(b_1/a_r) \\ p(b_2/a_1) & p(b_2/a_2) & \cdots & p(b_2/a_r) \\ \cdots & \cdots & \cdots & \cdots \\ p(b_s/a_1) & p(b_s/a_2) & \cdots & p(b_s/a_r) \end{bmatrix} \begin{bmatrix} p(a_1) \\ p(a_2) \\ \vdots \\ p(a_r) \end{bmatrix} \tag{7.29}$$

要注意的是这里的矩阵是信道矩阵 P 的转置 P^T。

再给出信道矩阵，考虑到核苷酸的互补原则在信道矩阵中除 $p(b_3/a_1)=p(b_4/a_2)=p(b_1/a_3)=p(b_2/a_4)=1$ 外，其余皆为 0。

输入 X			输出 Y	传递概率
1	T		T	$p(b_3/a_1)=1$
2	C	→ 信道 P →	C	$p(b_4/a_2)=1$
3	A		A	$p(b_1/a_3)=1$
4	G		G	$p(b_2/a_4)=1$

信道矩阵

$$P=\begin{bmatrix} 0 & 0 & 1 & 0 \\ 0 & 0 & 0 & 1 \\ 1 & 0 & 0 & 0 \\ 0 & 1 & 0 & 0 \end{bmatrix}$$

于是由 X, Y 和 P 确立的 DNA 生物复制信道是

$$[X,P,Y]$$

下面我们再来讨论关于蛋白质生物合成的信道。

蛋白质在生物体内的合成经转录和翻译两个阶段。转录是按照 DNA 的模板生成带有遗传信息的单链核糖核酸，称为信使核糖核酸，记作 *m*RNA，它的基本结构也是 4 种核苷酸的长链，但是与 DNA 不同的是以尿嘧啶(U)替代胸腺嘧啶(T)。转录过程输入是 DNA 模板上代表 4 种核苷酸的信息符号$\{T\ C\ A\ G\}$，以 X 表示；输出是转录形成的信使核苷酸 *m*RNA 链，以 Z 表示，信息符号取值于$\{U\ C\ A\ G\}$。它们的互补原则是 $A\to U$，$T\to A$ 和 $G\leftrightarrow C$。与 DNA 的复制信道相类似，信道矩阵 P 相同，描述从 DNA 到 *m*RNA 的转录信道矩阵如下

$$[X,P,Z]$$

其中转录信道矩阵

$$P=\begin{bmatrix}0&0&1&0\\0&0&0&1\\1&0&0&0\\0&1&0&0\end{bmatrix}$$

该信道详细表示如下：

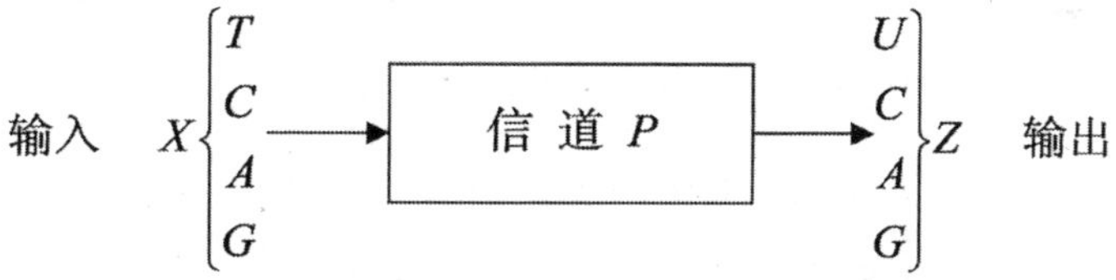

蛋白质生物合成的翻译是以信使核糖核酸 *m*RNA 长链为模板，该模板携带有蛋白质氨基酸肽链的组成信息，在合成过程中，靠转移核糖核酸 *t*RNA 将各种需要合成的氨基酸带入核糖体，在核糖体内按照 *m*RNA 模板提供的信息将确定的氨基酸逐个加在合成的肽链上。合成的蛋白质肽链是信息的输出，输出符号以 S 表示，S 取值于 20 种氨基酸和一个终止符。输入显然在信使核糖核酸的模板上，但输入仅有四种核苷酸信息符号。

这里产生了一个问题，输入信息符号是什么？4 种核苷酸，每次取 1 个不可能确定 21 种氨基酸符号。经过科学家的实验论证，已经探明是由三个核苷酸组成的所谓“三联密码”作为输入信息符号，对应于一个氨基酸。三联密码包含了 3 个核苷酸，每个密码位置有 4 种核苷酸的选择，可获得 $4^3=64$ 种排列，这里出现了多个密码对应于一个氨基酸的情形。三联密码解决了翻译信道的输入问题。我们以 C 表示蛋白质生物合成翻译信道的输入，输入信息符号取值于 3 个代表核苷酸符号(A, U, G, C)的 64 种排列。当今核苷酸密码到氨基酸的对应关系已经探明(见表 7-5)，利用这种关系就可以确定翻译

信道的信道矩阵，如果以 Q 表示蛋白质生物合成翻译信道的信道矩阵，该矩阵以表格的形式已列在表 7-6 中。输入 C，输出 S 和信道矩阵确立起蛋白质生物合成翻译信道

$$[C, Q, S]$$

这里输入的信源是转录信道的输出 Z，Z 由 4 种核苷酸{U, C, A, G}构成，作为翻译信道输出的由这四种核苷酸组成的三联密码，实际上也就是连续 3 个核苷酸代码的组合，这样的信源称为是原来信源 Z 的 3 次扩展信源，以 Z^3 表示。这样转录信道$[X, P, Z]$把 DNA 上核苷酸的信息 X 传输给 mRNA 上的核苷酸信息 Z；翻译信道以 Z 的 3 次扩展 Z^3 为信源把信息传输到合成的蛋白质肽链。

表 7-5　三联密码表

5′ 端核苷酸	中间核苷酸				3′ 端核苷酸
	U	C	A	G	
U	苯丙氨酸 Fhe 9	丝氨酸 Ser 7	酪氨酸 Tyr 10	半胱氨酸 Gys 19	U
	苯丙氨酸 Fhe 9	丝氨酸 Ser 7	酪氨酸 Tyr 10	半胱氨酸 Gys 19	C
	亮氨酸 Leu 4	丝氨酸 Ser 7	终止 End 21	终止 End 21	A
	亮氨酸 Leu 4	丝氨酸 Ser 7	终止 End 21	色氨酸 Trp 11	G
C	亮氨酸 Leu 4	脯氨酸 Pro 6	组氨酸 His 14	精氨酸 Arg 13	U
	亮氨酸 Leu 4	脯氨酸 Pro 6	组氨酸 His 14	精氨酸 Arg 13	C
	亮氨酸 Leu 4	脯氨酸 Pro 6	谷氨酰胺 Gln 18	精氨酸 Arg 13	A
	亮氨酸 Leu 4	脯氨酸 Pro 6	谷氨酰胺 Gln 18	精氨酸 Arg 13	G
A	异亮氨酸 Ile 5	苏氨酸 Thr 8	天冬酰胺 Asn 17	丝氨酸 Ser 7	U
	异亮氨酸 Ile 5	苏氨酸 Thr 8	天冬酰胺 Asn 17	丝氨酸 Ser 7	C
	异亮氨酸 Ile 5	苏氨酸 Thr 8	赖氨酸 Lys 12	精氨酸 Arg 13	A
	甲硫氨酸 Met 20	苏氨酸 Thr 8	赖氨酸 Lys 12	精氨酸 Arg 13	G
G	缬氨酸 Val 3	丙氨酸 Ala 2	天冬氨酸 Asp 15	甘氨酸 Gly 1	U
	缬氨酸 Val 3	丙氨酸 Ala 2	天冬氨酸 Asp 15	甘氨酸 Gly 1	C
	缬氨酸 Val 3	丙氨酸 Ala 2	谷氨酸 Glu 16	甘氨酸 Gly 1	A
	缬氨酸 Val 3	丙氨酸 Ala 2	谷氨酸 Glu 16	甘氨酸 Gly 1	G

注：表中对应的氨基酸给出中文名、英文名三字母缩写和排序代码。

表 7-6　蛋白质生物合成翻译信道矩阵

三联密码　序号	氨	基	酸																		
	1	2	3	4	5	6	7	8	9	10	11	12	13	14	15	16	17	18	19	20	21
UUU,UUC　1,2									1												
UUA,UUG　3,4				1																	
UCU,UCC,UCA,UCG　5-8							1														
UAU,UAC　9,10										1											
UAA,UAG　11,12																					1
UGU,UGC　13,14																			1		
UGA　15																					1
UGG　16											1										
CUU,CUC,CUA,CUG　17-20				1																	
CCU,CCC,CCA,CCG　21-24						1															
CAU,CAC　25,26														1							
CAA,CAG　27,28																		1			
CGU,CGC,CGA,CGG　29-32													1								
AUU,AUC,AUA　33-35					1															1	
AUG　36																					
ACU,ACC,ACA,ACG　37-40								1													
AAU,AAC　41,42																	1				
AAA,AAG　43,44												1									
AGU,AGC　45,46							1														
AGA,AGG　47,48													1								
GUU,GUC,GUA,GUG 49-52			1																		
GCU,GCC,GCA,GCG　53-56		1																			
GAU,GAC　57,58															1						
GAA,GAG　59,60																1					
GGU,GGC,GGA,GGG 61-64	1																				
n_{yj}	4	4	4	6	3	4	6	4	2	2	1	2	6	2	2	2	2	2	2	1	3

表中给出 $p(b_j/a_i)(i = 1, 2, \cdots, 64; j = 1, 2, \cdots, 21)$值，空格为 0 值。

最后蛋白质生物合成翻译信道应该是$[Z^3, Q, S]$表示如下：

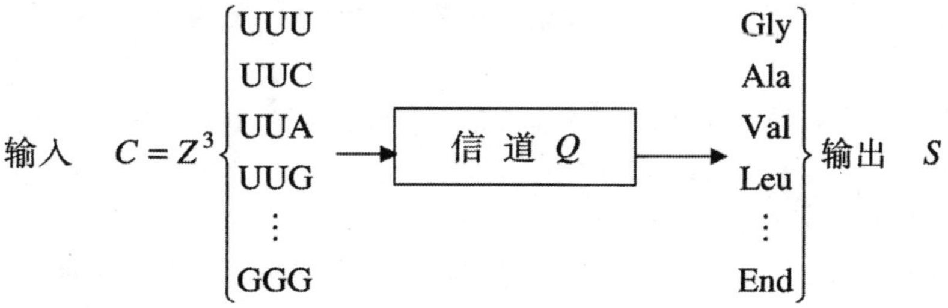

如果自然界在分子水平上遗传信息是按照上述信道传输信息，我们可以根据信息理论计算转录和翻译两个信道的平均互信息，这是两个信道的串联，我们也可以计算串联以后的平均互信息。到此我们已经把信息理论的数学模型建立起来，由于本书篇幅的限制，我们不能作更多的具体分析和运算，留给有兴趣的读者作为研究的课题去进行深入研究。应该指出，我们的研究已经达到当前该领域的前沿阵地。进一步深入研究的方向下面略作估计。

首先对于平均互信息有下面的推导

$$
\begin{aligned}
I(X,Y) &= H(X) - H(X/Y) \\
&= \sum_{i=1}^{r} p(a_i)\log\frac{1}{p(a_i)} - \sum_{i=1}^{r}\sum_{j=1}^{s} p(a_i b_j)\log\frac{1}{p(a_i/b_j)} \\
&= \sum_{i=1}^{r}\sum_{j=1}^{s} p(a_i b_j)\log\frac{1}{p(a_i)} - \sum_{i=1}^{r}\sum_{j=1}^{s} p(a_i b_j)\log\frac{1}{p(a_i/b_j)} \\
&= \sum_{i=1}^{r}\sum_{j=1}^{s} p(a_i b_j)\log\frac{p(a_i/b_j)}{p(a_i)} \\
&= \sum_{i=1}^{r}\sum_{j=1}^{s} p(a_i b_j)\log\frac{p(a_i b_j)}{p(a_i)p(b_j)} \\
&= \sum_{i=1}^{r}\sum_{j=1}^{s} p(a_i b_j)\log\frac{p(b_j/a_i)}{p(b_j)}
\end{aligned} \tag{7.30}
$$

其中 $p(a_ib_j)=p(a_i)p(b_j/a_i)$， $p(b_j)=\sum_{i=1}^{r} p(a_i)p(b_j/a_i)$。

注意到前面的推导结果，说明 $I(X, Y)$可由输入 $p(a_i)$和传递概率 $p(b_j/a_i)$确定。换句话说平均互信息只与输入信源的概率分布和信道矩阵的传递概率有关。信息理论又可以证明平均互信息 $I(X, Y)$是输入信源概率分布的∩型凸函数。对于我们建立的遗传信息传输的信道，当信道固定，可以寻找在此信道下什么样的信源分布，使平均互信息达到最大，这里有信道容量的概念，即

信道容量

$$
C = \max_{p(a_i)}\{I(X,Y)\} \tag{7.31}
$$

以信道容量的概念分析遗传信息的传递，在信道固定的条件下，问何种核苷酸的概率分布使 DNA 的复制和转录其信息的传输率达到最大。自然界的选择必定造就了生物遗传信息传输的最佳状态。利用信息理论有可能对生命遗传现象的某些机理给出正确的解释。

另一方面请注意我们在前面设计的遗传信息传输信道都是无噪声的，信息绝对无干扰的传输，保证了子代个体与亲本的遗传相似性。但是另一方面绝对无噪声的传输， 那也就没有自然界生物的多样性，生物也就没有进化。信息理论还告诉我们，平均互信息也是信道传递概率的∪型凸函数。因此当输入信源固定，我们可以选择某一信道使干扰噪声达到最大。在自然界生物遗传信息的传输信道噪声应控制在怎样的水平，或者说在不同的发育阶段噪声的水平是不同的。诸如此类问题都值得应用信息理论进行探索。

最后一点值得我们注意的是生命现象遗传信息传输的高度复杂，对它的研究远非前述简单的信息理论所能胜任，我们不能停留在当前电子通讯的概念和理论上去看待生命现象，例如在电子通讯中，建立的信道在信息的传输过程中是不变的，遗传信息的传输中，信道可能时时在变，以满足信息对生命现象的调节与控制的需要。在遗传信息的传递中，生物学家普遍认为转录的调节与控制是基因表达调节控制中的一个重要环节，而前面我们所建立的转录信道太简单了。进一步的深入研究不是纯数学理论问题，我们要

不断地了解分子生物学在这方面的研究进展，要与生物实验相结合，才能不断改进我们的数学模型。然而当前生物学对真核细胞基因转录的调节控制所知甚少，进入高等生物所知更少。要知道同种高等生物的个体细胞都有全套相同的基因信息，只是在发育过程中，基因信息表达的调节控制不同，才发育成各种不同的组织和器官。包括癌基因的表现也与转录翻译中信息的调控有关。一旦生物学的研究将这些现象揭示清楚，利用信息理论建立适当的数学模型必将对生命现象的认识提高到又一个新的阶段。

第四节　离散量及其基本性质

与 Shannon 意义下信息量相平行的另一个概念是对离散性(diversity，亦称多样性)的度量，称为离散量(measure of diversity)。离散量对生物学的研究具有重要意义，许多重要的生物学概念和应用都基于离散量。这方面发展得最突出的是生物地理学研究和生物信息分类。在生物地理中，生物物种地理分布的调查数据就是典型的离散源，这些数据就可以直接引入离散量的概念并直接运算获得分析结果。数量分类学中信息分类作为它的分支领域，一直就是以离散量作为信息分类的理论基础。在分支系统的研究中，生物演化关于信息量不可逆原理，它与俭约性原理一样成为重构生物演化关系的依据，在此信息的概念是以离散量来体现。生物信息分支分类的演算也都是以离散量参予分析运算。此外在生物群落结构，生物多样性的指标和生物关联性分析等都需要引入离散量的概念。

鉴于离散量在生物信息论中的重要性，以后几节专门讨论离散量的理论，方法及其应用。本节先引入基本概念并讨论其基本性质。

为了能直观地理解离散性和离散量概念，还是让我们再回到第一节植被调查的例子，低山阔叶林区由三种植物类型组成，数量分别是 120(草木)，80(灌木)和 40(乔木)。植物的总数 $N = 120 + 80 + 40 = 240$。我们称低山阔叶林区构成了一个如下的离散源：

$$X\text{：}[120 \quad 80 \quad 40]$$

如果每一种植物类型出现的概率分别是 $p_1 = \dfrac{120}{240}$(草本)，$p_2 = \dfrac{80}{240}$(灌木)和 $p_3 = \dfrac{40}{240}$(乔木)，根据第一节信息量函数的讨论，它们信息量分别是$-\log_b p_1$(草本)，$-\log_b p_2$(灌木)和$-\log_b p_3$(乔木)。构成该离散源所有植物的信息量总和称为离散量，记作 $D(X)$，

$$\begin{aligned} D(X) &= -120\log_b p_1 - 80\log_b p_2 - 40\log_b p_3 \\ &= -120\log_b \frac{120}{240} - 80\log_b \frac{80}{240} - 40\log_b \frac{40}{240} \\ &= 240\log_b 240 - 120\log_b 120 - 80\log_b 80 - 40\log_b 40 \end{aligned}$$

离散量的单位与信息量完全相同。如果以 e 为底，可算出低山阔叶林区植物类型离散源的离散量，

$$D(X)=242.737\text{nat}(\text{奈特})$$

类似地，有高山草甸区植物类型的离散源和离散量的计算：

$$Y\text{：}[36\quad 9\quad 40]$$

$$\begin{aligned}D(Y)&=45\log_b 45-36\log_b 36-9\log_b 9-40\log_b 40\\&=22.5181\text{ nat}\end{aligned}$$

前述讨论推广到一般情形，对于状态空间 $X\{x_1, x_2, \cdots, x_s\}$每一个信息符号的数量分别是 $n_1, n_2, \cdots, n_s$，总数 $N=\sum_{i=1}^{s}n_i$ 。我们说状态空间构成一个离散源，表示如下

$$X:[n_1\ n_2\cdots n_s] \tag{7.32}$$

该离散源所有符号 $x_i(i=1, 2, \cdots, s)$不确定性度量的总和，即离散量应该是

$$\begin{aligned}D(X)&=\sum_{i=1}^{s}-n_i\log_b\frac{n_i}{N}=-\sum_{i=1}^{s}n_i\log_b n_i+\sum_{i=1}^{s}n_i\log_b N\\&=N\log_b N-\sum_{i=1}^{s}n_i\log_b n_i\end{aligned} \tag{7.33}$$

离散源(7.32)的离散量也可表示成 $D(n_1, n_2, \cdots, n_s)$或 $D_s(n_1, n_2, \cdots, n_s)$。离散量的单位与信息量的单位相同，有比特、奈特和哈特三种。它们的转换也与信息量相同，在此不赘述。

离散量和信息量都是从信息的角度对状态空间的一种描述，度量的基础都是根据信息量度的对数函数。但是二者概念的意义不同，信息量是对一个信息符号不确定性的度量，也是对状态不确定性或紊乱性的一种描述，而离散量是对整体不确定性多少的度量，也是离散多少的度量。信息量大，表示不确定性的程度大，但具有的离散量并不一定多；反过来，离散量多并不意味着紊乱性的程度大。

由于离散量对生物分类的应用有较大的意义，D. R. Margalef(1958)提出使用 Brillouin 函数来表示离散量，称为离散量的 Brillouin 定义，计算公式如下：

$$D(n_1,n_2,\cdots,n_s)=\log_b\frac{N!}{n_1!n_2!\cdots n_s!} \tag{7.34}$$

其中 $N=\sum_{i=1}^{s}n_i$ ，对数的底数和度量单位也与信息量和离散量相同。

Laxton(1978)在 5 个条件之下，还证明了离散性表示式(7.34)的唯一性，可是在实际应用中公式(7.34)尚不普及。这是因数值 $n!$随着 n 的加大增长十分迅速，很快就达到电子计算机溢出的界限，此外公式(7.34)的计算量也比较大。可能由于计算技术上的困难，公式(7.34)未能广泛采用。

我们仍然采用前面已引入的离散性(diversity)和离散量(measure of diversity)概念，现将离散量的定义总结于下：

定义 7.2　对于 s 个信息符号的状态空间 X，n_i 表示第 i 状态出现的个数，如此离散源

$$X:[n_1 n_2 \cdots n_s]$$

的离散量给出如下：

$$D(X)=D(n_1,n_2,\cdots,n_s)=N\log_b N-\sum_{i=1}^{s}n_i\log_b n_i$$

其中 $N=\sum_{i=1}^{s}n_i$ 。

如此确立的离散量具有以下性质；

(1) 非负性　$D(n_1, n_2, \cdots, n_s)\geqslant 0$

(2) 对称性　$D(n_1, n_2, \cdots, n_i, \cdots, n_j, \cdots, n_s)= D(n_1, n_2, \cdots, n_i^*, \cdots, n_j^*, \cdots, n_s)$

其中 $n_i^*=n_j, n_j^*=n_i\ (i\neq j)$。这里表示离散量的任意两个变量 n_i 和 n_j 变换位置以后离散量不变。

(3) 扩展性　$D(n_1, n_2, \cdots, n_s)= D(n_1, n_2, \cdots, n_s, 0)$。

性质(1)~(3)的正确性，根据离散量的定义容易明了。

(4) 可加性

$$\begin{aligned}&D(n_{11}, n_{12}, \cdots, n_{1s}, n_{21}, n_{22}, \cdots, n_{2s}, \cdots, n_{r1}, n_{r2}, \cdots, n_{rs})\\&=D(m_1, m_2, \cdots, m_r)+\sum_{i=1}^{r}D(n_{i1}, n_{i2}, \cdots, n_{is})\end{aligned}\tag{7.35}$$

其中

$$m_i=\sum_{k=1}^{s}n_{ik}\quad(i=1,2,\cdots,r),\quad N=\sum_{i=1}^{r}m_i$$

证明：

$$\begin{aligned}\sum_{i=1}^{r}D(n_{i1},n_{i2},\cdots,n_{is})&=\sum_{i=1}^{r}\left[m_i\log m_i-\sum_{j=1}^{s}n_{ij}\log n_{ij}\right]\\&=N\log N-\sum_{i=1}^{r}\sum_{j=1}^{s}n_{ij}\log n_{ij}-N\log N+\sum_{i=1}^{r}m_i\log m_i\\&=D(n_{11},n_{12},\cdots,n_{1s},\cdots,n_{r1},n_{r2},\cdots,n_{rs})-D(m_1,m_2,\cdots,m_r)\end{aligned}$$

最后一项推导结果经移项后可加性等式可得。

(5) 极值性　如果 $n\cdot s=N=\sum_{i=1}^{s}n_i$ ，离散源的 s 个数量 n_i 相等时，离散量达到极大值，即下述不等式成立

$$D(n_1,n_2,\cdots,n_s)\le D_s(n,n,\cdots,n)=sn\log s \tag{7.36}$$

证明：函数 $f(x)=\log x$(对数的底为 b，以下同)，$f''(x)=\dfrac{1}{-x^2\ln b}$，在区域(0, ∞)上 $f''(x)<0$。又 $p_i=\dfrac{n_i}{N}(i=1,2,\cdots,s)$，$\sum_{j=1}^{s}p_i=1$，令 $x_i=\dfrac{N}{n_i}(i=1,2,\cdots,s)$，补助引理 2 得到满足，有不等式

$$\sum_{i=1}^{s}p_i f(x_i)\le f(\sum_{i=1}^{s}p_i x_i)$$

$$\sum_{i=1}^{s}\frac{n_i}{N}\log\frac{N}{n_i}\le\log s$$

两边都乘以 N，左边进一步推导可得不等式

$$\sum_{i=1}^{s}n_i(\log N-\log n_i)\le N\log s$$

$$N\log N-\sum_{i=1}^{s}n_i\log n_i\le sn\log s$$

$$D(n_1,n_2,\ \cdots,n_s)\leqslant sn\log s=D_s(n,n,\ \cdots,n)$$

极值性得证。

(6) 等倍增性　离散量与离散源以相同的倍数增长，即

$$D(kn_1,kn_2,\cdots,kn_s)=kD(n_1,n_2,\cdots,n_s) \tag{7.37}$$

也可写成

$$D(kX)=kD(X)$$

其中 k 是非负整数。

等倍增性的推导并不困难。根据离散量的公式展开，并注意到 $N=\sum_{i=1}^{s}n_i$ ，有下面推导：

$$
\begin{aligned}
D(kn_1,kn_2,\cdots,kn_s) &= kN\log(kN) - \sum_{i=1}^{s} kn_i \log(kn_i) \\
&= kN\log k + kN\log N - k\sum_{i=1}^{s} n_i \log k - k\sum_{i=1}^{s} n_i \log n_i \\
&= kN\log N - k\sum_{i=1}^{s} n_i \log n_i \\
&= k\left(N\log N - \sum_{i=1}^{s} n_i \log n_i \right) \\
&= kD(n_1,n_2,\cdots,n_s)
\end{aligned}
$$

等式(7.37)获证。

第五节　离散增量与相似性信息系数

我们继续前一节关于离散量等倍增长的讨论，等式(7.37)说明离散源增至 k 倍离散量也随着增至 k 倍。特殊情形，当 $k = 2$ 时就会导出下面的结果

$$D(X + X)= D(2X)= 2D(X)$$

由此引出两个离散源相加的概念，上式说明离散源与自己相加，离散量也随之相加。对于一般情形，两离散源 X 与 Y 如何建立相加？相加以后离散量是否也能保持随之相加？新的概念和有关性质涉及两个离散源的关联性，此问题很有意义值得深入讨论。下面开始讨论并由此引出离散增量等重要概念。

如果有两个离散源

$$X:[n_1\ n_2\ \cdots\ n_s]$$

$$Y:[m_1\ m_2\ \cdots\ m_s]$$

定义两离散源 X 与 Y 的和或相加：

$$X + Y:\ [n_1 + m_1 \quad n_2 + m_2 \quad \cdots \quad n_s + m_s]$$

此时是否还有离散量的运算关系 $D(X + Y)= D(X)+ D(Y)$呢？该等式的成立需附加条件，看下面的结论：

两个离散源 X：$[n_1\, n_2\, \cdots\ n_s]$和 Y：$[m_1\, m_2\, \cdots\ m_s]$，如果 $Y = kX$(k 是正整数)，即 $m_i = kn_i$($i = 1, 2, \cdots, s$)，

则

$$D(X + Y) = D(X) + D(Y) \tag{7.38}$$

这个等式的推导十分简单，多次引用等式(7.37)可得如下：

$$
\begin{aligned}
D(X+Y) &= D(X+kX) = D\big((k+1)X\big) \\
&= (k+1)D(X) = kD(X) + D(X) \\
&= D(kX) + D(X) = D(Y) + D(X)
\end{aligned}
$$

对于一般情形，等式(7.38)不一定成立，举出一个实际计算结果，足以说明此等式不能普遍成立。下面列出一个实际调查数据。

表 7-7 部分地理区域植物成分的记录[①]

记录种数＼地区 科 属	黄山、西天目山、庐山 X	浙南、闽北 Y	广东 Z
1. 樟 科	23	36	103
2. 壳斗科(常绿)	13	29	90
3. 茶 科	14	26	96
4. 柃 属	6	8	32
5. 茶 属	4	9	24
6. 桑 科	14	25	57
7. 桃金娘科	1	3	28
总数 Σ	75	136	430

①本表数据引自徐炳声(1965)。

表 7-7 中三个不同地区植物科属的记录数据构成了 3 个离散源如下：

黄山、西天目山、庐山 X：[23 13 14 6 4 14 1]
浙南、闽北 Y：[36 29 26 8 9 25 3]
广东 Z：[103 90 96 32 24 57 28]

根据公式(7.33)分别计算其离散量

$D(X)$=75log75–23log23–13log13–14log14–6log6–4log4–14log14–1log1=128.1616

$D(Y)$=136log136–36log36–29log29–16log26–8log8–9log9–25log25–3log3=236.5740

$D(Z)$=430log430–103log103–90log90–96log96–32log32–24log24–57log57–28log28
=775.9578

再计算离散源相加以后的离散量，

$$\begin{aligned}
X+Y&:\ [59\quad 42\quad 40\quad 14\quad 13\quad 39\quad 4]\\
Y+Z&:\ [139\quad 119\quad 122\quad 40\quad 33\quad 82\quad 31]\\
Z+X&:\ [126\quad 103\quad 110\quad 38\quad 28\quad 71\quad 29]
\end{aligned}$$

计算方法类似，仅列出计算结果如下：

$$\begin{aligned}
&D(X+Y)=365.4148, &&D(X)+D(Y)=364.7356\\
&D(Y+Z)=1016.2016, &&D(Y)+D(Z)=1012.5318\\
&D(Z+X)=907.7687, &&D(Z)+D(X)=904.1194
\end{aligned}$$

从以上计算结果看，等式(7.38)一般不一定成立。不仅如此，还可以看出两个离散源相加以后，和的离散量总是大于原来离散量之和。这是离散量的一个重要定理。

定理 7.4

$$D(X+Y)\geq D(X)+D(Y) \tag{7.39}$$

为了阐明这个定理的正确性，首先考虑函数 $f(x)=x\log x$(对数的底为 b，以下同)。因为 $f''(x)=\dfrac{1}{x\ln b}>0$(当 $x>0$)。

若两离散源 X, Y 分别是

$$X:[n_1\quad n_2\quad \cdots\quad n_s]\quad N=\sum_{i=1}^{s}n_i$$

$$Y:[m_1\quad m_2\quad \cdots\quad m_s]\quad N=\sum_{i=1}^{s}m_i$$

令 $\lambda_1=N/(M+N)$，$\lambda_2=M/(M+N)$。对于固定的下标 $j(j=1, 2, \cdots, s)$，不妨假设 $n_j\leqslant m_j$，这时令 $x_1=\dfrac{n_j}{N}, x_2=\dfrac{m_j}{M}$。对于函数 $f(x)=x\log x$，引用辅助引理 1 的 Jensen 不等式得

$$[x_1\lambda_1+x_2\lambda_2]\log[x_1\lambda_1+x_2\lambda_2]\leqslant \lambda_1x_1\log x_1+\lambda_2x_2\log x_2$$

即

$$\left(\frac{n_j}{N}\cdot\frac{N}{M+N}+\frac{m_j}{M}\cdot\frac{M}{M+N}\right)\log\left(\frac{n_j}{N}\cdot\frac{N}{M+N}+\frac{m_j}{M}\cdot\frac{M}{M+N}\right)$$

$$\leqslant\frac{N}{M+N}\cdot\frac{n_j}{N}\log\frac{n_j}{N}+\frac{M}{M+N}\cdot\frac{m_j}{M}\log\frac{m_j}{M}$$

化简后得不等式：

$$(n_j+m_j)\log\frac{n_j+m_j}{M+N}\le n_j\log\frac{n_j}{N}+m_j\log\frac{m_j}{M}$$

对 j 累积求和得

$$\sum_{j=1}^{s}(n_j+m_j)\log(n_j+m_j)-(M+N)\log(M+N)$$

$$\le\sum_{j=1}^{s}n_j\log n_j-N\log N+\sum_{j=1}^{s}m_j\log m_j-M\log M$$

不等式双方乘以–1，改变不等式方向有

$$(M+N)\log(M+N)-\sum_{j=1}^{s}(n_j+m_j)\log(n_j+m_j)$$

$$\ge N\log N-\sum_{j=1}^{s}n_j\log n_j+M\log M-\sum_{j=1}^{s}m_j\log m_j$$

上式就是不等式(7.39)，定理获证。

从前面的结果，引入一个十分重要的量，

$$\Delta(X,Y)=D(X+Y)-D(X)-D(Y) \tag{7.40}$$

称为离散增量(increment of diversity)。根据不等式(7.39)，立即得离散增量的非负性

$$\Delta(X,Y)\ge 0 \tag{7.41}$$

因此离散增量满足相似性关系的两个基本条件：

(1) $\Delta(X, Y)\geqslant 0$　当 X 与 Y 差一个比例常数 k 时(即 $X=kY, k>0$)，达到极小值 $\Delta(X, Y)=0$。

(2) $\Delta(X, Y)=\Delta(Y, X)$

这样一来，$\Delta(X, Y)$也可以当作一个生物相似性关系的定量表示。至此，除距离系数、相关系数和联合系数之外，又获得一种基于信息理论的系数，称为信息系数(information coefficient)。离散增量是信息系数之一，以后还要介绍其他形式的信息系数，并把信息系数应用于解决事物关联性分析以及分类问题。

对于离散源 $X=[n_1,n_2\cdots n_s]$和 $Y=[m_1,m_2\cdots m_s]$，离散增量(7.40)的另一个数学表达式如下：

$$\Delta(X,Y)=D(M,N)-\sum_{i=1}^{s}D(m_i,n_i) \tag{7.42}$$

其中 $M=\sum_{i=1}^{s}m_i, N=\sum_{i=1}^{s}n_i$

这个表达式的数学推导不困难，请看下面一系列的等式：

$$
\begin{aligned}
\Delta(X,Y) &= D(X+Y)-D(X)-D(Y) \\
&= (M+N)\log(M+N)-\sum_{i=1}^{s}(m_i+n_i)\log(m_i+n_i) \\
&\quad -M\log M+\sum_{i=1}^{s}m_i\log m_i-N\log N+\sum_{i=1}^{s}n_i\log n_i \\
&= (M+N)\log(M+N)-M\log M-N\log N \\
&\quad -\sum_{i=1}^{s}\left[(m_i+n_i)\log(m_i+n_i)-m_i\log m_i-n_i\log n_i\right] \\
&= D(M,N)-\sum_{i=1}^{s}D(m_i,n_i)
\end{aligned}
$$

表达式(7.42)得证。

利用该表达式可以估计离散增量的最大值，当 M 与 N 一定时，第二项中的 $D(m_j,n_i)=0(i=1, 2, \cdots, s)$时，增量达到极大值 $D(M, N)$。而 $D(m_i, n_i)=0$ 的可能性是存在的，只需 m_i 与 n_i 其中之一为 0。因此离散增量的取值范围是

$$
0 \le \Delta(X,Y) \le D(M,N) \tag{7.43}
$$

又根据不等式(7.39)中等式成立的条件，知离散增量$\Delta(X, Y)$当 $Y=kX$ 时取到 0 值，因而离散增量在区间[0, $D(M, N)$]上变化。离散增量从 0 增加到 $D(M, N)$，体现了两组数据 X 与 Y 之间的相似性关系从完全相似到完全不相似。这里的相似性是从信息量的角度去衡量的，它与距离系数不同，与相关系数也不完全相同。利用不等式(7.43)我们可以定义各种各样的信息系数：

$$
\left.
\begin{array}{llll}
\text{类型 1} & \text{相亲有限系数，} & I(1)=\sum_{i=1}^{s}D(m_i,n_i)/D(M,N) & [0,1] \\
\text{类型 2} & \text{相亲无限系数，} & I(2)=\sum_{i=1}^{s}D(m_i,n_i)/[D(M,N)-\sum_{i=1}^{s}D(m_i,n_i)] & [0,\infty) \\
\text{类型 3} & \text{相亲相关系数，} & I(3)=2\sum_{i=1}^{s}D(m_i,n_i)/D(M,N)-1 & [-1,1] \\
\text{类型 4} & \text{相异有限系数，} & I(4)=1-\sum_{i=1}^{s}D(m_i,n_i)/D(M,N) & [0,1] \\
\text{类型 5} & \text{相异无限系数，} & I(5)=[D(M,N)-\sum_{i=1}^{s}D(m_i,n_i)]/\sum_{i=1}^{s}D(m_i,n_i) & [0,\infty) \\
\text{类型 6} & \text{相异相关系数，} & I(6)=1-2\sum_{i=1}^{s}D(m_i,n_i)/D(M,N) & [-1,1]
\end{array}
\right\} \tag{7.44}
$$

这里列出了各种类型信息系数的计算公式，最后一列给出系数取值的范围。

上述信息系数中，类型 4 是分类中常用的信息系数之一。它也常常表示成如下形式：

$$I(X,Y)=\frac{\Delta(X,Y)}{D(M,N)} \tag{7.45}$$

现在我们以这个信息系数来讨论前面已经提出的植物地理分布问题(表 7-7 中的数据)，信息系数计算结果如下：

X(黄山、西天目山、庐山)与 Y(浙南、闽北)：

$$\Delta\ (X, Y)=0.6793, I(X, Y)=0.0049$$

Y(浙南、闽北)与 Z(广东)：

$$\Delta\ (Y, Z)=3.6698, I(Y, Z)=0.0118$$

Z(广东)与 X(黄山、西天目山、庐山)：

$$\Delta\ (Z, X)=3.6494, I(Z, X)=0.0172$$

信息系数的计算结果对植物地理区系的研究很有意义。针对上述地区的植物分布，许多植物学家注意到黄山、西天目山和庐山等植物区系与浙南、闽北区系有明显的区别，在这些地区的交界处芸香科、杜英科、茶科、野牡丹科、紫金牛科、山矾科、马鞭草科、桑科、木兰科等热带和亚热带种类大大增加。闽北、浙南地区与华南区系相接近。但是这种接近的倾向性是否大到足以把浙南、闽北区系与华南区系合并而与北方区系分开的程度，这是需要深入讨论的问题。根据信息系数的计算结果，$\Delta(X, Y)$明显小于$\Delta(Y, Z)$和$\Delta(Z, X)$。因而表 7-7 的数据说明浙南、闽北植物区系仍与黄山、西天目山、庐山区系比较接近，尚不足以把它们与北方植物区系分开归于华南植物区系。

第六节　信 息 分 类

有了前一节的准备，现在可以应用信息理论解决分类问题了。本节介绍的信息分类法，利用离散增量建立相似性比较时，全部性状被联合在一起进行考虑，因而本节的信息分类也称为联合性状法(joint characters method)。为了叙述方便仍从一个具体例子着手。

表 7-8 是一个已处理好的原始数据，分类单位是桔梗科 6 个种的试验数据。为了适合信息分类的要求，将所有的性状都按有序多态性状编码。

表 7-8 桔梗科信息分类数据

分类单位＼性状	茎缠绕否	株高	叶序	叶缘	花序	子房室数	果裂方式	种具翼否
党参	2	2	1	0	0	1	2	0
桔梗	0	0	0	1	0	2	1	0
轮叶沙参	0	0	2	1	2	0	0	0
荠苨	0	0	0	2	1	0	0	0
羊乳	2	2	1	0	0	1	2	2
石沙参	0	0	0	1	2	0	0	0

为了计算方便，采用离散增量为相似性系数，现在着手计算。利用离散性的概念，把类群和分类单位都看作离散源，运算结果列在表 7-9 中。

表 7-9 桔梗科试验数据离散增量系数计算结果

	1	2	3	4	5	6
1	12.4766	3.8191	6.7521	6.4456	1.2750	6.4456
2	20.4546	4.1589	4.7963	2.8708	4.5566	3.3941
3	24.5033	14.2298	5.2746	1.4735	7.6381	1.1337
4	20.8317	8.9392	8.6576	1.9095	7.0227	0.3399
5	31.2323	26.1962	30.3934	26.4129	17.4807	7.0227
6	20.8317	9.4625	8.3178	4.1589	26.4129	1.9095

表 7-9 中，规定主对角线上是被分类类群的离散量。如果 $x_{ij}(i=1, 2, \cdots, t; j=1, 2, \cdots, n)$表示第 i 分类单位第 j 性状数据，又 $M_i=\sum_{k=1}^{n} x_{ik}$，则第 i 分类单位离散量表示如下：

$$D_i = M_i \log M_i - \sum_{k=1}^{n} x_{ik} \log x_{ik} \quad (i=1,2,\cdots,t) \tag{7.46}$$

数据 D_i 置表 7-9 相当于矩阵的第 i 行 i 列中。

表 7-9 左下角放置两类群 i 与 j 合并以后的离散量，计算如下：

$$D_{i+j} = (M_i + M_j)\log(M_i + M_j) - \sum_{k=1}^{n}(x_{ik} + x_{jk})\log(x_{ik} + x_{jk})$$

$$(i=2, \cdots, t; i>j\geqslant 1) \tag{7.47}$$

数据 D_{i+j} 置表 7-9 相当于矩阵的第 i 行 j 列中。

表 7-9 右上角表示相应两类群合并的离散增量：

$$\Delta_{ij} = D_{i+j} - D_i - D_j \quad (i = 2, \cdots, t;\ i > j \geqslant 1) \tag{7.48}$$

数据 Δ_{ij} 置表 7-9 矩阵中，与 D_{i+j} 相对称的位置，即第 j 行第 i 列。

举一个具体数值计算如下：

$$\begin{aligned} D_1 &= 8\log 8 - 2\log 2 - 2\log 2 - 1\log 1 \\ &\quad - 0\log 0 - 0\log 0 - 1\log 1 - 2\log 2 - 0\log 0 \\ &= 12.4766 \\ D_2 &= 4\log 4 - 0\log 0 - 0\log 0 - 0\log 0 - 1\log 1 \\ &\quad - 0\log 0 - 2\log 2 - 1\log 1 - 0\log 0 \\ &= 4.1589 \\ D_{1+2} &= 12\log 12 - 2\log 2 - 2\log 2 - 1\log 1 - 1\log 1 - 0\log 0 \\ &\quad - 3\log 3 - 3\log 3 - 0\log 0 \\ &= 20.4546 \end{aligned}$$

得离散增量

$$\Delta_{12} = \Delta_{1+2} - D_1 - D_2 = 3.8191$$

在表 7-9 的矩阵中，D_1 与 D_2 置矩阵的主对角线第 1, 2 位置上；D_{1+2} 置第 2 行、1 列位置；离散增量 Δ_{12} 置第 1 行, 2 列位置。其他数据的计算处理方法类似。

整个表 7-9 的数值计算出来以后，在该矩阵上开始分类循环运算。矩阵的右上角是离散增量，以离散增量为相似性系数，这些数据代表分类单位之间的相似性程度。离散增量属于相异系数，数值愈小相似性关系愈近。找出其最小值 $\Delta_{46} = 0.3399$，说明 OTU_4 与 OTU_6 关系最亲近，将二者合并为一个类群，记作类群 7。新类群与其他类群之间的系数需要计算。

如果 p 和 q 表示两个合并类群的编号，合并以后新的类群为 r，需要计算类群 r 与其他待聚合类群 i 的信息系数。新的离散量与离散增量计算如下：

$$D_{r+i} = (M_r + M_i)\log(M_r + M_i) - \sum_{k=1}^{n}(x_{rk} + x_{ik})\log(x_{rk} + x_{ik}) \tag{7.49}$$

其中 $x_{rk} = x_{pk} + x_{qk}(k = 1, 2, \cdots, n)$表示类群 p 与类群 q 合并以后的新数据，$M_r = \sum_{k=1}^{n} x_{rk}$

$$= M_p + M_q = \sum_{k=1}^{n} x_{pk} + \sum_{k=1}^{n} x_{qk};\ M_i = \sum_{k=1}^{n} x_{ik}$$ 。

$D_r = D_{p+q}$ 和 D_i 在上次循环步骤中已经具有。最后求新类群 r 与其他类群 i 合并的离散增量

$$\Delta_{ri} = D_{r+i} - D_r - D_i$$

回到原来分类运算过程，$r = 7$，试取 $i = 1$，新系数 Δ_{7i} 计算如下：

$$D_{7+1}=14\log14-2\log2-2\log2-1\log1-3\log3-3\log3-1\log1-2\log2-0\log0=26.1962$$

$$\Delta_{71}= D_{7+1} - D_7 - D_1 = D_{7+1} - D_{4+6} - D_1 = 9.5607$$

最后将运算结果列成类似于表 7-9 的新的矩阵，准备下一次运算。接下去第二次循环运算，被分类群是 1, 2, 3, 5 和 7。其中离散增量 $\Delta_{15} = 1.2750$ 最小，第二次循环轮到第 1 和 5 两个类群结合。以后的循环运算与前述步骤完全相同，见表 7-10，分类结果见图 7-4。从图中看到沙参属的三个种(3, 4 和 6)和党参属的二个种(5 和 1)密切结合。信息分类的结果与经典分类计算结果进行比较，分类系统关系十分一致。

表 7-10　联合性状信息分类过程

	1	2	3	5	7
1	12.4766	3.8191	6.7521	1.2750	9.5607
2	20.4546	4.1589	4.7963	4.5566	4.4807
3	24.5033	1.42298	5.2746	7.6381	1.9647
5	31.2323	26.1962	30.3934	17.4807	10.5850
7	26.1962	12.7985	11.3982	32.2246	4.1589

G7 = {4, 6}

Δ46 = 0.3399

	8	2	3	7
8	31.2323	5.1564	9.2699	13.4960
2	40.5476	4.1589	4.7963	4.4807
3	45.7768	14.2298	5.2746	1.9647
7	48.8872	12.7985	11.3982	4.1589

G8 = {1, 5}

Δ15 = 1.2750

	8	2	9
8	31.2323	5.1564	16.4754
2	40.5476	4.1589	6.1967
9	59.1059	21.7538	11.3982

G9 = {3, 7}

Δ37 = 1.9647

续表 7-10

	10	9
10	40.5476	15.7304
9	67.6762	11.3982

G10 = {8, 2}
$\Delta 82 = 5.1564$
$\Delta 910 = 15.7304$

将分类结果作出树谱图，见图 7-4。

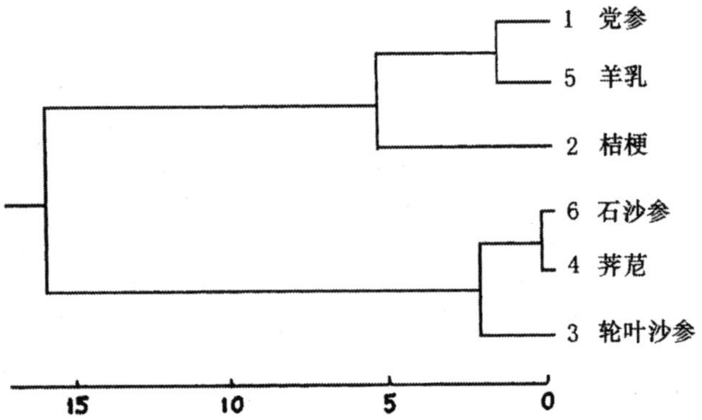

图 7-4 桔梗科试验数据联合性状的信息分类结果

第七节 离散量与事物的关联性

在第二节曾经列出豆科植物花冠类型与植株类型的分配比率表，今将此表的原统计计数列出于下

表 7-11 中国豆科植物花冠类型与植株类型计数表

Y \ X	草 本 y_1	灌 木 y_2	乔木或木质藤本 y_3	小 计
辐射对称花 x_1	$n_{11}=1$	$n_{12}=4$	$n_{13}=28$	$n_{x1}=33$
左右对称复瓦状花 x_2	$n_{21}=3$	$n_{22}=8$	$n_{23}=21$	$n_{x2}=32$
蝶 形 花 x_3	$n_{31}=152$	$n_{32}=135$	$n_{33}=44$	$n_{x3}=331$
小 计	$n_{y1}=156$	$n_{y2}=147$	$n_{y3}=93$	$N=396$

此表是中国豆科植物 396 种就其花冠类型和植株类型的统计计数。生物学家关心植株类型与花冠类型的关联性。我们曾经以 Shannon 意义下的信息理论讨论过此类问题。现在取出其原始数据，试图以离散量的观点分析此问题。

从花冠类型的角度对此总数为 396 种植物计量它们的离散性，有两个途径，一个途径是以其简单计数为离散源计算如下：

$$X\text{：}[33 \quad 32 \quad 331] \qquad D(X)=221.85056$$

另一个途径是按草本、灌木和乔木分别为离散源计算如下：

$$X/y_1\text{：}[1 \quad 3 \quad 152] \qquad D(X/y_1)=20.85186$$
$$X/y_2\text{：}[4 \quad 8 \quad 135] \qquad D(X/y_2)=49.20079$$
$$X/y_3\text{：}[28 \quad 21 \quad 44] \qquad D(X/y_3)=97.79071$$
$$D(X/Y)=167.84336$$

两个途径计算结果不相同，对此，我们不会感到奇怪，这是因为离散源有相加的关系

$$X=X/y_1+X/y_2+X/y_3$$

在前二节我们曾经研究过两个离散源相加，并得出离散增量的概念。如果把离散增量推广到多个离散源的相加，自然就是下面的计算结果，得离散增量

$$D(X)-D(X/y_1)-D(X/y_2)-D(X/y_3)=54.00719$$

这样的计算分析也可以从植株类型的角度进行，结果如下

$$Y\text{：}[156 \quad 147 \quad 93] \qquad D(Y)=425.73715$$

按花冠类型分别是 x_1, x_2 和 x_3 计算

$$Y/x_1\text{：}[1 \quad 4 \quad 28] \qquad D(Y/x_1)=16.53785$$
$$Y/x_2\text{：}[3 \quad 8 \quad 21] \qquad D(Y/x_2)=27.03721$$
$$Y/x_3\text{：}[152 \quad 135 \quad 44] \qquad D(Y/x_3)=328.15490$$
$$D(Y/X)=371.72996$$

按植株类型计算离散增加

$$D(Y)-D(Y/x_1)-D(Y/x_2)-D(Y/x_3)=54.00719$$

令人感到惊呀的是分别从花冠类型和植株类型计算的离散增量完全相同，计算数值之精确绝非偶然。如果这两个量确实应相等，我们获得一个新的离散增量，它是前两节关于两个离散源离散增量的推广，并由此获得新的相似性系数；另一方面我们还可把 Shannon 意义下有关信息量的理论移植于离散性理论中来，丰富离散性理论内容。

让我们从最一般的情形进行讨论。考虑两个事物 X 和 Y，事物 X 表现为 r 个状态 x_1,

$x_2, \cdots, x_r$，在此 r 状态上的计数分别是 $n_{x1}, n_{x2}, \cdots, n_{xr}$；事物 Y 表现为 s 个状态 $y_1, y_2, \cdots, y_s$，在此 s 状态上的计数分别是 $n_{y1}, n_{y2}, \cdots, n_{ys}$。于是产生两个离散源，分别以 X 和 Y 表示：

$$\begin{aligned} X &: [n_{x1} \quad n_{x2} \quad \cdots \quad n_{xr}] \\ Y &: [n_{y1} \quad n_{y2} \quad \cdots \quad n_{ys}] \end{aligned} \tag{7.50}$$

以 n_{ij} 表示事物 X 的状态 x_i 与事物 Y 的状态 y_j 同时发生的计数。让下标 i 与 j 分别跑遍所有可能的状态，n_{ij} 产生 $r \cdot s$ 个状态的离散源，称为 X 与 Y 的联合离散源，记作 XY，表示如下

联合离散源

$$XY: [n_{11} \quad n_{12} \quad \cdots \quad n_{1s} \quad n_{21} \quad n_{22} \quad \cdots \quad n_{2s} \quad \cdots \quad n_{r1} \quad n_{r2} \quad \cdots \quad n_{rs}] \tag{7.51}$$

事物 X 与 Y 的离散源及其联合离散源列表于下

表 7-12 事物 X 与 Y 状态计数表

Y \ X		状态				$\sum_k n_{ik}$
		y_1	y_2	$\cdots$	y_s	
状态	x_1	n_{11}	n_{12}	$\cdots$	n_{1s}	n_{x1}
	x_2	n_{21}	n_{22}	$\cdots$	n_{2s}	n_{x2}
	$\vdots$	……	……	……	……	$\vdots$
	x_r	n_{r1}	n_{r2}	$\cdots$	n_{rs}	n_{xr}
$\sum_k n_{kj}$		n_{y1}	n_{y2}	$\cdots$	n_{ys}	$N=\sum_i \sum_j n_{ij}$

此表 7-12 与表 7-3 格式相同，但内容不同。对联合状态的计数 $n_{ij}(i = 1, 2, \cdots, r; j = 1, 2, \cdots, s)$ 按事物 X 在不同的 y_j 状态下考虑，可分解成 s 个离散源。X 在状态 y_j 下的离散源记作 X/y_j，表示如下

$$X / y_j : [n_{1j} \quad n_{2j} \quad \cdots \quad n_{rj}] \quad (j = 1, 2, \cdots, s) \tag{7.52}$$

离散源 X/y_j 实际上就是表 7-12 按列的方向取出的第 j 列联合状态计数。将这 s 个离散源的离散量相加引出条件离散量的概念。X 在 Y 下的条件离散量记作 $D(X/Y)$，定义如下

$$D(X/Y) = \sum_{j=1}^{s} D(X/y_j) \tag{7.53}$$

再确立 X 在 Y 下的离散增量，记作 $\Delta(X, Y)$，定义如下

$$\Delta(X,Y)=D(X)-D(X/Y) \tag{7.54}$$

与此相对称地考虑事物 Y，Y 在状态 x_i 下的离散源，记作 Y/x_i，表示如下

$$Y/x_i:\begin{bmatrix}n_{i1} & n_{i2} & \cdots & n_{is}\end{bmatrix} \quad (i=1,2,\cdots,r) \tag{7.55}$$

Y 在 X 下的条件离散量记作 $D(Y/X)$，定义如下

$$D(Y/X)=\sum_{i=1}^{r}D(Y/x_i) \tag{7.56}$$

Y 在 X 下的离散增量记作 $\Delta(Y, X)$，定义如下

$$\Delta(Y,X)=D(Y)-D(Y/X) \tag{7.57}$$

下面建立一系列有关定理，说明离散增量 $\Delta(X, Y)$ 具有的性质，同时也把离散量的理论完善化。

定理 7.5　离散增量的对称性，即 $\Delta(X, Y)=\Delta(Y, X)$，并且另有对称性的表示：

$$\Delta(X,Y)=D(X)+D(Y)-D(XY) \tag{7.58}$$

证明：考虑离散量的可加性，等式(7.35)给出了联合离散量 $D(XY)$，其中 $D(m_1, m_2, \cdots m_r)$ 可视作 $D(X)$ 或 $D(Y)$，$D(n_{i1}, n_{i2}, \cdots, n_{is})$ 中的离散源 $[n_{i1}\ n_{i2}\ \cdots\ n_{is}]$ 可当作 Y 在 x_i 下的离散源或者当作 X 在 y_j 下的离散源。因而有结果

$$D(XY)=D(X)+D(Y/X)$$

或者

$$D(XY)=D(Y)+D(X/Y) \tag{7.59}$$

两式相等

$$D(X)+D(Y/X)=D(Y)+D(X/Y)$$

移项可得

$$D(X)-D(X/Y)=D(Y)-D(Y/X)$$

即

$$\Delta(X, Y)=\Delta(Y, X)$$

对称性获证。至于表达式(7.58)推导如下：

$$D(X)+D(Y)-D(XY)=D(X)+D(Y)-D(X)-D(Y/X)$$
$$=D(Y)-D(Y/X)$$
$$=\Delta(Y,X)$$

定理 7.6 离散增量的非负性，即

$$\Delta(X,Y)\geq 0 \tag{7.60}$$

证明：只需证明 $D(X)\geqslant D(X/Y)$

采用归纳法。对于事物 Y 的状态数 s，若 $s=2$

$$X=X/y_1+X/y_2，而 D(X/Y)=D(X/y_1)+D(X/y_2)$$

考虑到定理 7.4 有

$$D(X)=D(X/y_1+X/y_2)\geqslant D(X/y_1)+\mathrm{D}(X/y_2)=D(X/Y)$$

$s=2$ 的命题已证明。

现在考虑 $s=t$ 时命题成立，由此推导出 $s=t+1$ 时命题也成立。

建立离散源

$$X'=X/y_1+X/y_2+\cdots+X/y_t$$

考虑 X' 与 Y 的关系命题成立，有

$$D(X')\geqslant \mathrm{D}(X'/Y)$$

又

$$X=\sum_{j=1}^{t+1}X/y_j$$
$$=X'+X/y_{t+1}$$

利用定理 7.4 得

$$\begin{aligned}D(X)&=D(X'+X/y_{t+1})\\&\geq D(X')+D(X/y_{t+1})\\&\geq D(X'/Y)+D(X/y_{t+1})\\&\geq\sum_{j=1}^{t}D(X/y_j)+D(X/y_{t+1})\\&\geq\sum_{j=1}^{t+1}D(X/y_j)=D(X/Y)\end{aligned}$$

定理 7.6 证毕。

定理 7.7　若事物 X 与 Y 相互独立，则

(1)
$$\Delta(X,Y)=0 \tag{7.61}$$

(2)
$$D(XY)=D(X)+D(Y) \tag{7.62}$$

(3)
$$D(X)=D(X/Y),\ D(Y)=D(Y/X) \tag{7.63}$$

证明：这里 X 与 Y 独立的概念是指 X 的状态与 Y 的状态无关，换句话说，如果 X 的离散源已经确立，X/y_j 离散源将保持与 X 离散源的比例关系，即存在实数 α_j

$$X/y_j=\alpha_j X \quad (j=1,2,\ \cdots,s)$$

另一方面

$$\begin{aligned}X&=X/y_1+X/y_2+\cdots+X/y_s\\&=\alpha_1 X+\alpha_2 X+\cdots+\alpha_s X\\&=\sum_{j=1}^{s}\alpha_j X\end{aligned}$$

因而

$$\sum_{j=1}^{s}\alpha_j=1$$

现在先证明定理的结论(1)，利用前面的讨论，又利用离散量的等倍增性有如下推导：

$$\begin{aligned}D(X/Y)&=\sum_{j=1}^{s}D(X/y_j)\\&=\sum_{j=1}^{s}D(\alpha_j X)\\&=\sum_{j=1}^{s}\alpha_j D(X)\\&=D(X)\end{aligned}$$

即

$$\Delta(X,Y)=0$$

利用定理 7.5 的对称性表示，又考虑到 $\Delta(X,Y)=0$，结果(2)可证。

至于结果(3)，直接从$\Delta(X, Y)$的定义立即可得。

通过前面三个定理的论证，离散增量$\Delta(X, Y)$确实可以作为两个事物 X 与 Y 关联性程度的数值表征。它为信息论应用于生物学有关问题奠定基础。

到此已经把本书有关离散量的理论全部论述完毕，这些理论部分与 Shannon 意义下的信息量相类似。定理 7.5~7.7 与定理 7.1~7.3 形式上相同。描述不同信息量关系的图 7-2，对于离散量也适用，这时只须把信息量改换成相应的离散量，书写的符号“H”改换成“D”，“I”改换成“Δ”。

第八章　生物系统论与控制论

作为本书的最后一章讨论生物系统论与控制论。系统与控制理论是最具综合分析能力的一种数学手段，由于生物学应用的需要，特别在生理学和生态学，各种新技术方法的广泛应用使得生物系统论与控制论已成为生物数学的重要内容之一。本章内容涉及的数学较广，主要是微分方程、线性代数，还引用变分法。虽然数学理论比较抽象，但是由于现代生物学的发展日益显示其重要性，我们不得不把它列为生物数学学习的重要内容之一。

系统理论经历了从经典系统论到现代系统论的发展过程，本书完全构筑在状态空间的现代系统理论基础之上。由于篇幅的限制，经典理论有关传递函数等内容被删除，实为可惜。为了适应生物学工作者在短时期掌握系统与控制的理论和方法，在此发展和形成了本书的一套理论体系，内容简练、好学易懂，但并不失去内容的系统性和逻辑的严谨性。

本书把理论的主要部分放在发展成熟的线性系统理论上，通过线性系统理论，掌握系统的可控性、可观测性和稳定性等最基本的概念。同时还讨论了系统的变换、系统的分解和系统的求解。最后把所学的理论都落实到具有实际意义的最优控制方法，即庞特里雅金最小值原理。为了有助于读者的学习，补充了少量必需的数学基础知识内容。

第一节　理论准备和线性系统的建立

依照系统论的整体性观点，系统论、控制论再加上信息论是一个完整的理论体系。系统是研究的对象，控制是研究的目的，信息是实现整体性联系和调节的重要环节。鉴于上述关系，我们也应以整体性的观点去认识和学习生物数学的这三个分支领域。

何谓系统？相互联系，相互作用，具有一定组织结构，具有一定功能的事物有机整体称为系统(system)。把系统视为一个整体，在这样的观点下，研究系统运动和变化规律的理论称为系统论(system theory)。

一个生物个体是最典型的系统，高等动植物生物个体的体肢、器官，直到细胞，它们构成一个生物整体是相互联系、相互作用的。这种联系与作用不是简单的连接，而是具有一定组织与结构的复杂运动，其中包括物质的变化与流动、能量的传输与转变、信息的产生、传输与调节控制。比如生物的新陈代谢，营养物质在体内的分解、重组、分配与流动，动物的消化器官、呼吸器官，组成这些器官的每一个细胞都在完成特定物质与能量变化的需求下进行活动；植物叶片上的光合作用，这是能量转变的典例；动物神经细胞这是实现信息传输与信息处理的基本单元。由于系统内部在相互联系上的高度组织性与结构性，使得按一定组织与结构产生一定的功能。譬如动物的消化器官具有消化食物功能，呼吸器官具有氧与二氧化碳交换的功能。植物的根茎具有支持与传输营养物质的功能。叶片具有光合作用功能。花与果是高等植物的生殖器官，具有繁衍后代的功能。生物的每一个组成部分在上述情况下组成一个有机的整体，这就构成了我们所要研究的对象——系统(system)。

把系统视为一个整体进行研究，首先必须建立起对系统的数学描述。系统在某一个方面所表现的数量、特征、属性或指标，我们称为状态(state)。如果这些状态都用数值描述，我们就用一个变量譬如 x 表示该状态的数值。此变量称为状态变量(state variable)。按照运动发展的观点，状态随着时间不断地改变，因而状态变量是一个以时间为参数的函数 $x(t)$。复杂的系统包括多种状态，遵照整体性的观点应该把全部有关的状态囊括在内，因此对系统整体性地描述应该是多状态，$x_1, x_2, \cdots, x_n$。我们用向量表示，就称为状态向量(state vector)，记作

$$X(t)=\begin{bmatrix} x_1(t) \\ x_2(t) \\ \vdots \\ x_n(t) \end{bmatrix} \tag{8.1}$$

一个系统与外界的联系表现在输入和输出，二者分别以 r 维和 m 维向量表示：

输入向量(input vector)
$$U(t)=\begin{bmatrix} u_1(t) \\ u_2(t) \\ \vdots \\ u_r(t) \end{bmatrix} \tag{8.2}$$

输出向量(output vector)
$$Y(t)=\begin{bmatrix} y_1(t) \\ y_2(t) \\ \vdots \\ y_m(t) \end{bmatrix} \tag{8.3}$$

描述系统的数学模型称为系统方程(system equation)，表示如下

$$\begin{aligned} \dot{X}(t) &= F[X(t),U(t),t] \\ Y(t) &= G[X(t),U(t),t] \end{aligned} \tag{8.4}$$

前者是状态方程(state equation)，后者是输出方程(output equation)。方程中 $\dot{X}(t)$ 是 X 对变量 t 作导数运算的简单表示，状态方程中 F 是 n 维函数向量，输出方程中 G 是 m 维函数向量。

本书对向量和矩阵都以大写字母表示，相应的小写字母表示其分量或矩阵的元素。对系统有关的矩阵、向量及其维数的各种符号表示也力争与第一次定义引用保持一致。本

章凡引用向量都以列向(多行×1 列)为准，如(8.1~8.3)中的各向量 $X(t)$、$U(t)$和 $Y(t)$，横向(1 行×多列)取其转置的符号表示，$X^T(t), U^T(t)$ 和 $Y^T(t)$。

描述系统的数学模型也可作框图，表示如下：

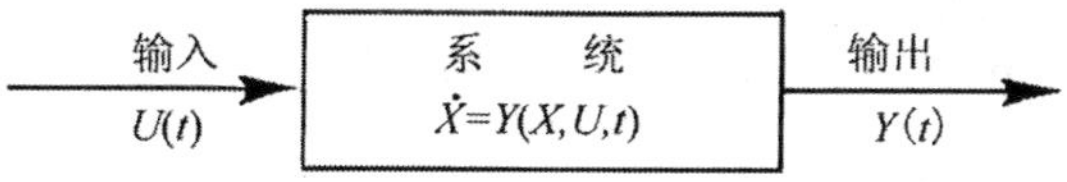

图 8-1 系统框图

为了对系统和描述系统的数学模型获得具体理解，举例如下：

例 1 林区树木的繁殖生长看作是一个生物学系统，种子、幼苗和成材树木的数量分别作为该系统的状态变量 $x_1(t)$, $x_2(t)$和 $x_3(t)$。单位时间人工播入种子量为 $u(t)$，种子萌发为幼苗的数量为 $a_1x_1(t)$，幼苗生长为成材树木的量为 $a_2x_2(t)$，成材树木散落的种子量为 $a_3x_3(t)$，成材树木的砍伐量为 $cx_3(t)$，其中 a_1, a_2, a_3 和 c 都是非负常数。

如果把整个系统的变化都看作是连续的过程，可以建立微分方程描述该系统如下：

状态方程
$$\dot{x}_1(t) = -a_1x_1(t) + a_3x_3(t) + u(t)$$
$$\dot{x}_2(t) = a_1x_1(t) - a_2x_2(t)$$
$$\dot{x}_3(t) = a_2x_2(t) - cx_3(t)$$

输出方程
$$y(t) = cx_3(t)$$

系统内部状态之间的联系以及输入和输出的关系作图如图 8-2。

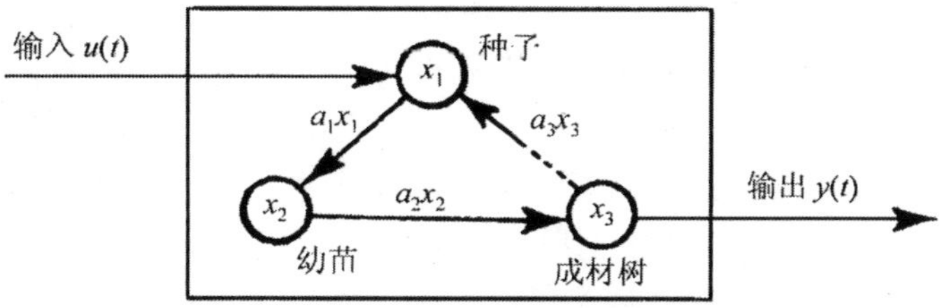

图 8-2 林木生长经营系统框图

例 2 一个水生生物的生态系统，包括水、水生植物和草食性动物，研究物质磷在系统中的变化过程。水、水生植物和草食性动物含有磷的数量分别以状态变量 $x_1(t)$, $x_2(t)$和 $x_3(t)$表示。以 $u(t)$表示磷从流水中进入系统的速率，$y_1(t)$和 $y_2(t)$分别表示磷从水中流失和草食动物带出系统的速率。系统内部磷的变化以及输入、输出关系见图 8-3。

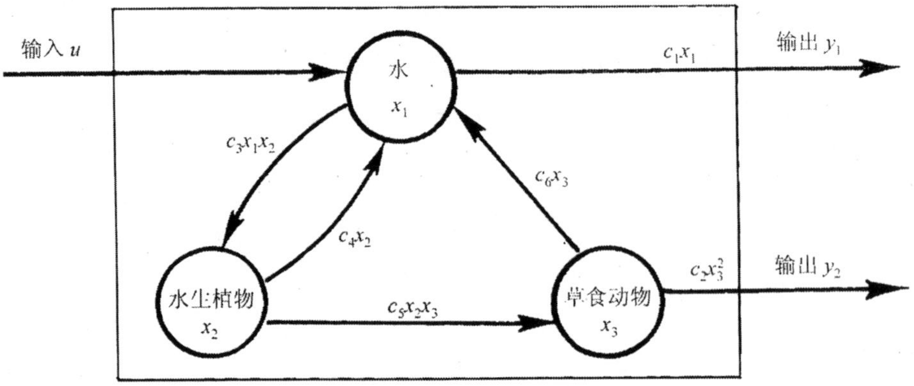

图 8-3　描述物质磷循环的水生生态系统

根据图示的关系写出描述该系统的方程如下：

状态方程

$$\dot{x}_1(t) = -c_1x_1(t) + (c_4 - c_3x_1(t))x_2(t) + c_6x_3(t) + u(t)$$

$$\dot{x}_2(t) = c_3x_1(t)x_2(t) - c_4x_2(t) - c_5x_2(t)x_3(t)$$

$$\dot{x}_3(t) = c_5x_2(t)x_3(t) - c_6x_3(t) - c_2x_3^2(t)$$

输出方程

$$y_1(t) = c_1x_1(t)$$

$$y_2(t) = c_2x_3^2(t)$$

本例状态方程中出现了状态变量的二次项如 $c_3x_1x_2$ 和 $c_2x_3^2$，因此这是非线性系统。关于线性系统的数学描述见定义 8.2。

例 3　碘是人体许多生理活动不可缺少的重要元素，碘在人体内以无机化合物或者有机化合物两种形式存在。摄入的碘无机与有机两种形式都有。甲状腺是存贮碘的器官，存贮于甲状腺中的是有机碘。为了研究碘在人体内变化的规律，把人体中的碘分为三个存在形式：无机碘、甲状腺中存贮的碘和各种组织中参与生物活动的有机碘，它们的数量作为状态分别以 x_1, x_2 和 x_3 表示。在人体正常生理活动下，碘从一个状态转入另一个状态的速率，如果与原状态的数量成简单的比例，它们之间的转移关系如图 8-4 所示：

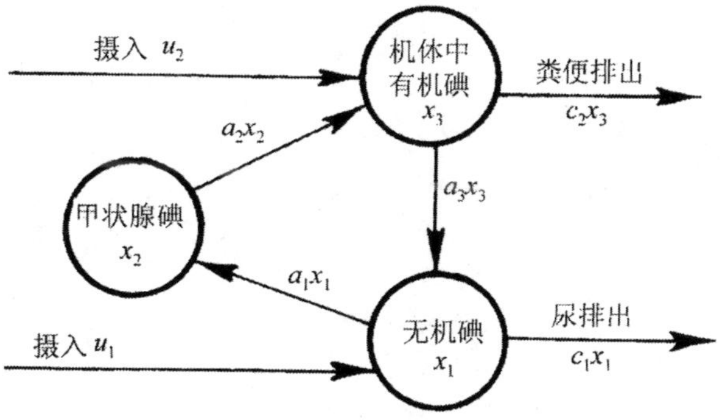

图 8-4　碘在人体内代谢过程的生理系统

其中 a_1, a_2, a_3, c_1 和 c_2 都是非负常量。下面建立描述此系统的方程：

状态方程

$$\dot{x}_1(t) = -(a_1 + c_1)x_1(t) + a_3x_3(t) + u_1(t)$$

$$\dot{x}_2(t) = a_1x_1(t) - a_2x_2(t)$$

$$\dot{x}_3(t) = a_2x_2(\hat{t}) - (a_3 + c_2)x_3(\hat{t}) + u_2(t)$$

输出方程

$$y_1(t) = c_1x_1(t)$$

$$y_2(t) = c_2x_3(t)$$

以矩阵与向量写成下面形式：

$$\frac{d}{dt}\begin{bmatrix} x_1(t) \\ x_2(t) \\ x_3(t) \end{bmatrix} = \begin{bmatrix} -a_1 - c_1 & 0 & a_3 \\ a_1 & -a_2 & 0 \\ 0 & a_2 & -a_3 - c_2 \end{bmatrix}\begin{bmatrix} x_1(t) \\ x_2(t) \\ x_3(t) \end{bmatrix} + \begin{bmatrix} 1 & 0 \\ 0 & 0 \\ 0 & 1 \end{bmatrix}\begin{bmatrix} u_1(t) \\ u_2(t) \end{bmatrix}$$

$$\begin{bmatrix} y_1(t) \\ y_2(t) \end{bmatrix} = \begin{bmatrix} c_1 & 0 & 0 \\ 0 & 0 & c_2 \end{bmatrix}\begin{bmatrix} x_1(t) \\ x_2(t) \\ x_3(t) \end{bmatrix}$$

例 4　建立数学模型描述鼠疫病的流行，假如某地区鼠疫病流行，$x_1(t), x_2(t), x_3(t)$和$x_4(t)$分别表示该地区对疫病敏感人数、感染患病人数、已免疫人数和病死人数。又时间以天计，每天敏感者受免疫的概率为α，被感染的概率为β，感染者被治愈而获免疫的概率为δ，染病者死亡的概率为γ。又新的敏感者和病者分别以 $u_1(t)$和 $u_2(t)$的比率出生或从外界进入本地区。为了解疫情随时调查免疫人数和死亡人数。

状态方程

$$
\frac{d}{dt}\begin{bmatrix} x_1(t) \\ x_2(t) \\ x_3(t) \\ x_4(t) \end{bmatrix} = \begin{bmatrix} -(\alpha+\beta) & 0 & 0 & 0 \\ \beta & -(\gamma+\delta) & 0 & 0 \\ \alpha & \delta & 0 & 0 \\ 0 & \gamma & 0 & 0 \end{bmatrix} \begin{bmatrix} x_1(t) \\ x_2(t) \\ x_3(t) \\ x_4(t) \end{bmatrix} + \begin{bmatrix} 1 & 0 \\ 0 & 1 \\ 0 & 0 \\ 0 & 0 \end{bmatrix} \begin{bmatrix} u_1(t) \\ u_2(t) \end{bmatrix}
$$

输出方程

$$
\begin{bmatrix} y_1(t) \\ y_2(t) \end{bmatrix} = \begin{bmatrix} 0 & 0 & 1 & 0 \\ 0 & 0 & 0 & 1 \end{bmatrix} \begin{bmatrix} x_1(t) \\ x_2(t) \\ x_3(t) \\ x_4(t) \end{bmatrix}
$$

系统的输出并不意味实在的物质或能量输出于系统之外。本例的输出完全是人为地对系统的观察与了解，它代表了信息的输出(图 8-5)。

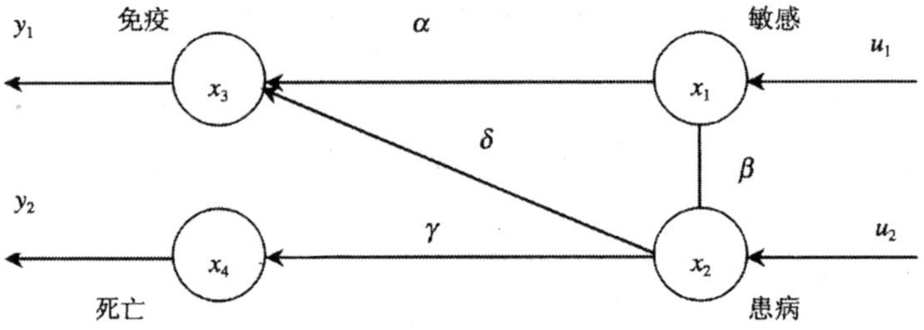

图 8-5　鼠疫病的流行病系统

接触过前面许多例子之后，我们要引进一系列重要的概念。首先看前面的例子，所有的状态方程中变量 t 是稳含在其他变量中，而没有直接或以系统的参数显现在方程中，如 $x_i(t)$, $u_i(t)$出现在方程中。这样的系统随着时间的改变系统状态方程没有改变，从而引进时变系统的概念。

定义 8.1　系统的系统方程中显含时间变量 t，或系统的参数含时间变量，则称该系统为时变系统(time-varing system)，否则称时不变系统(time-invariant system)。

时不变系统的系统方程可表示如下

$$
\begin{aligned} \dot{X}(t) &= F[X(t),U(t)] \\ Y(t) &= G[X(t),U(t)] \end{aligned} \tag{8.5}
$$

前面所举例，系统方程中不显含变量 t，系统的参数又都是常数，换句话说系统不随时间而改变，故都称之为时不变系统。如果这些系统中将某个系统参数改变成带时间的变量，譬如 $a_1(t)$代替常系数 a_1，例 1 和例 3 将成为时变系统。

再看系统输入和输出的关系。对于一个系统不同的输入具有不同的输出，产生这样的问题：输入增至α (不一定是整数)倍，输出是否也同样增至α倍；又两个输入量叠加在一起是否也能获得输出叠加的效果。由此将引入线性系统的重要概念。

定义 8.2　一个系统 $Y(t)$是对应于输入 $U(t)$的输出，对于任意数值α，如果输入$\alpha U(t)$的相应输出是$\alpha Y(t)$，则称该系统是齐次性的。$Y_1(t)$和 $Y_2(t)$分别是对应于输入 $U_1(t)$和 $U_2(t)$的输出，如果输入叠加 $U_1(t) + U_2(t)$，相应地获得输出叠加 $Y_1(t) + Y_2(t)$，则称该系统是可叠加的。齐次的，可叠加的系统称为线性系统(linear system)。

容易验证例 1、3 和 4 是线性系统。例 2 是非线性系统，因为在其状态方程中出现状态变量的二次项如 x_1x_2 和 x_3^2 等，因而不满足齐次和可叠加性条件，故不是线性系统。

如果系统的输入 $U(t)$产生相应的输出 $Y(t)$，我们把输入与输出的对应关系表示成

$$U(t) \rightarrow Y(t)$$

又假如有两个输入 $U_1(t)$和 $U_2(t)$，它们相应的输出分别是 $Y_1(t)$和 $Y_2(t)$，对应关系有

$$U_1(t) \rightarrow Y_1(t)$$
$$U_2(t) \rightarrow Y_2(t)$$

于是系统齐次性的条件成为

$$\alpha U(t) \rightarrow \alpha Y(t) \tag{8.6}$$

系统可叠加性条件成为

$$U_1(t) + U_2(t) \rightarrow Y_1(t) + Y_2(t) \tag{8.7}$$

线性系统的条件将成为

$$\alpha U_1(t) + \beta U_2(t) \rightarrow \alpha Y_1(t) + \beta Y_2(t) \tag{8.8}$$

其中α ,β 为任意常量。

也就是说条件(8.6)、(8.7)和(8.8)分别可以作为系统的齐次性、可叠加性和线性的充分必要条件。至于线性的条件，容易证明下面的等价性关系：

(8.6)与(8.7)成立$\Leftrightarrow$(8.8)成立

要注意线性系统不可理解为一般的线性关系。我们可以说当$Y(t) = \alpha U(t) + \beta, (\alpha, \beta \neq 0)$时，输入与输出具有线性关系，但并不意味着系统是线性的。因为这时有$Y_1(t) = \alpha U_1(t) + \beta$ 和 $Y_2(t) = \alpha U_2(t) + \beta$，相应于输入 $U_1(t) + U_2(t)$时有 $Y(t) = \alpha(U_1(t) + U_2(t))$

$+\beta$，此输出不满足叠加性条件，如果按照叠加性条件输出将是 $Y_1(t)+Y_2(t)=\alpha(U_1(t)+U_2(t))+2\beta$。由此足已说明输入与输出虽具有线性关系并不能表示系统是线性系统。

线性系统的理论最完善，将成为学习系统理论的重要内容。在实际问题中也具有重要意义。因为凡是非线性的问题，在适当的条件或变换下，非线性问题都能找到适当的线性系统进行逼近，从而非线性系统获得一定程度的解决。

线性系统的系统方程一般可表示如下

$$\left.\begin{aligned}\dot{X}(t)&=A(t)X(t)+B(t)U(t)\\ \dot{Y}(t)&=C(t)X(t)+D(t)U(t)\end{aligned}\right\} \tag{8.9}$$

其中

$A(t)$称状态矩阵，n 行×n 列
$B(t)$称输入矩阵，n 行×r 列
$C(t)$称输出矩阵，m 行×n 列
$D(t)$称输入输出矩阵，m 行×r 列

以上四个矩阵称为线性系统的四联矩阵，记作$[A(t), B(t), C(t), D(t)]$。

系统例 3 是线性系统，其系统方程已经写成上述矩阵与向量乘积的形式。状态向量、输入向量、输出向量、状态矩阵、输入矩阵和输出矩阵分别表示如下

$$X(t)=\begin{bmatrix}x_1(t)\\x_2(t)\\x_3(t)\end{bmatrix}\qquad U(t)=\begin{bmatrix}U_1(t)\\U_2(t)\end{bmatrix}\qquad Y(t)=\begin{bmatrix}y_1(t)\\y_2(t)\end{bmatrix}$$

$$A(t)=\begin{bmatrix}-a_1-c_1 & 0 & a_3\\ a_1 & -a_2 & 0\\ 0 & a_2 & -a_3-c_2\end{bmatrix}\qquad B(t)=\begin{bmatrix}1&0\\0&0\\0&1\end{bmatrix}$$

$$C(t)=\begin{bmatrix}c_1&0&0\\0&0&c_2\end{bmatrix}$$

在此例 $D(t)=0$。

凡线性系统的系统方程都有相应的一组四联矩阵；反过来，一组四联矩阵也就给出了一个系统方程(8.9)，从而确定了一个线性系统。今后讨论线性系统时，我们不必每次都写出复杂的系统方程，而只须给出四联矩阵，一个系统就被确定。四联矩阵中输入输出矩阵 $D(t)$体现输入与输出的直接联系。由 $D(t)$所确立的那部分输入和输出，由于不经过系统内部，与系统不发生直接联系，在研究系统的变化时常常对 $D(t)$不予考虑，或者干脆令 $D(t)=0$。因而四联矩阵常常只写出前三个矩阵$[A(t), B(t), C(t)]$。

线性系统可以作框图获得比较形象的理解，框图如下

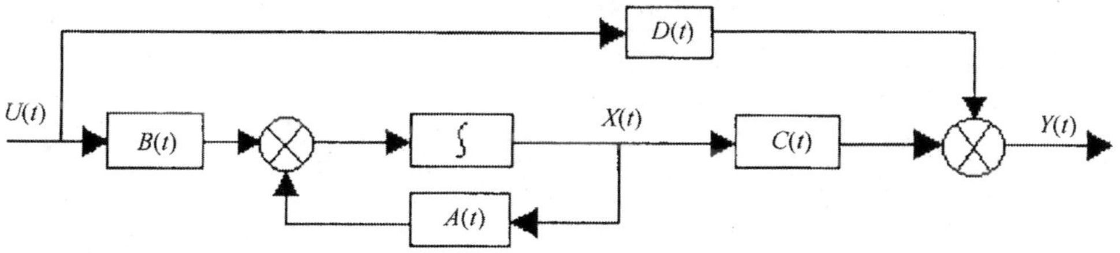

图 8-6 线形系统的框图

图中“∫”代表积分运算，它以状态方程中对状态向量求导的逆运算而出现在框图中。从框图我们可以理解状态的变化过程和信息的传输关系。也可以看到系统方程中，求导和每个矩阵所代表的数学运算在系统中所起的作用。整个系统通过框图获得比较清晰的理解。

线性系统的四联矩阵一般形式矩阵系数带有时间参数，因而系统随时间不断的变化，如果四联矩阵都是常矩阵，系统不随时间而改变。由此我引进系统定常的概念：线性的且时不变的系统称为定常系统(linear constant system)。定常系统的系统方程一般表示如下：

$$\begin{aligned}\dot{X}(t) &= AX(t) + BU(t) \\ Y(t) &= CX(t) + DU(t)\end{aligned} \tag{8.10}$$

系统方程也就是描述系统的数学模型，这样的数学模型为了体现整体性并且有综合性分析的能力，采用了多维向量和相应的矩阵运算。这里与多元统计中的大量矩阵运算不同之处是动态的、随时间而变化的，多元统计是静态的。因而在系统方程中出现带时间参数的向量和矩阵，同时还须要引进对向量与矩阵进行求导与积分的数学运算。我们不得不把有关这方面的数学知识，事先做一番准备。

由于向量是矩阵的特殊情形，下面的论述都以矩阵为对象。

以时间 t 为自变量的函数矩阵

$$A(t) = \begin{bmatrix} a_{11}(t) & a_{12}(t) & \cdots & a_{1n}(t) \\ a_{21}(t) & a_{22}(t) & \cdots & a_{2n}(t) \\ \cdots & \cdots & \cdots & \cdots \\ a_{m1}(t) & a_{m2}(t) & \cdots & a_{mn}(t) \end{bmatrix} \tag{8.11}$$

函数矩阵的微商与积分定义如下：

$$\frac{dA(t)}{dt}=\dot{A}(t)=\begin{bmatrix}\frac{da_{11}(t)}{dt} & \frac{da_{12}(t)}{dt} & \cdots & \frac{da_{1n}(t)}{dt}\\ \frac{da_{21}(t)}{dt} & \frac{da_{22}(t)}{dt} & \cdots & \frac{da_{2n}(t)}{dt}\\ \cdots\cdots & \cdots\cdots & \cdots\cdots & \cdots\cdots\\ \frac{da_{m1}(t)}{dt} & \frac{da_{m2}(t)}{dt} & \cdots & \frac{da_{mn}(t)}{dt}\end{bmatrix} \tag{8.12}$$

$$\int A(t)dt=\begin{bmatrix}\int a_{11}(t)dt & \int a_{12}(t)dt & \cdots & \int a_{1n}(t)dt\\ \int a_{21}(t)dt & \int a_{22}(t)dt & \cdots & \int a_{2n}(t)dt\\ \cdots\cdots & \cdots\cdots & \cdots\cdots & \cdots\cdots\\ \int a_{m1}(t)dt & \int a_{m2}(t)dt & \cdots & \int a_{mn}(t)dt\end{bmatrix} \tag{8.13}$$

函数矩阵微商与积分运算的性质：

1. $\frac{dA^T(t)}{dt}=\left[\frac{dA(t)}{dt}\right]^T$，　$\int A^T(t)dt=\left[\int A(t)dt\right]^T$；

2. $\frac{d}{dt}[\alpha A(t)+\beta B(t)]=\alpha\frac{dA(t)}{dt}+\beta\frac{dB(t)}{dt}$　　(其中α ,β 为常数)；

3. $\frac{d}{dt}[A(t)B(t)]=\frac{dA(t)}{dt}B(t)+A(t)\frac{dB(t)}{dt}$；

4. $\int_{t_0}^{t}A(t)\frac{dB(t)}{dt}dt=A(t)B(t)\big|_{t_0}^{t}-\int_{t_0}^{t}\frac{dA(t)}{dt}B(t)dt$；

5. $\frac{d}{dt}\left[A^{-1}(t)\right]=-A^{-1}(t)\frac{dA(t)}{dt}A^{-1}(t)$。　　(8.14)

以上性质 1~4 根据定义容易验证。性质 5 证明如下
对等式

$$A(t)\cdot A^{-1}(t)=E$$

两边施行微商运算，并利用性质 3 有

$$\frac{dA(t)}{dt}A^{-1}(t)+A(t)\frac{d}{dt}\left[A^{-1}(t)\right]=0$$

得

$$A(t)\frac{d}{dt}\left[A^{-1}(t)\right]=-\frac{dA(t)}{dt}A^{-1}(t)$$

$$\frac{d}{dt}\left[A^{-1}(t)\right]=-A^{-1}(t)\frac{dA(t)}{dt}A^{-1}(t)$$

函数矩阵的求导和积分运算，形式上与普通函数的求导和积分运算相类似，总结以后，相同的性质我们大胆地照搬使用。然而性质 5 却与分数函数的求导略有区别，我们不得不铭记在心，以后的理论推导中将多次使用。

对于线性系统为了取得线性系统的分析结果，首先必须导出状态方程的解。如果当 $t=t_0$ 时 $X(t_0)=X_0$，线性系统(8.9)所确立的状态微分方程如下：

$$\begin{aligned}\dot{X}(t)&=A(t)X(t)+B(t)U(t)\\X(t_0)&=X_0\end{aligned}\tag{8.15}$$

在讨论的区间$[t_0, t_1]$上如果 $A(t)$, $B(t)$, $U(t)$都是连续的，根据微分方程的理论，方程(8.15)在指定区间上存在唯一的解。理论上解的存在已解决，要给出具体的解确实非常困难。我们不得不先把方程简化到最简单的形式

$$\begin{aligned}\dot{x}(t)&=ax(t)\\x(t_0)&=x_0\end{aligned}\tag{8.16}$$

状态维数降低到 1 维，方程(8.16)就是我们熟悉的 Malthusian 方程，方程解如下

$$x(t)=x_0e^{a(t-t_0)}\tag{8.17}$$

如果从 Malthusian 方程开始，将状态从 1 维改成多维，相应的方程应是

$$\begin{aligned}\dot{X}(t)&=AX(t)\\X(t_0)&=X_0\end{aligned}\tag{8.18}$$

为了获得该方程的解，我们有理由相信方程的解乃是 Malthusian 方程解(8.17)向多维的推广，也就是将式(8.17)中的常数 a 以 n 阶矩阵取代。这里先利用函数 e^t 的级数展开形式

$$e^{a(t-t_0)}=1+a(t-t_0)+\frac{1}{2!}a^2(t-t_0)^2+\cdots$$

再将此式中 a 改换成矩阵 A，首项是单位矩阵 E，形式上可以获得矩阵

$$e^{A(t-t_0)} = E + A(t-t_0) + \frac{1}{2!}A^2(t-t_0)^2 + \cdots \tag{8.19}$$

这一推广又遇到数学上矩阵级数以及矩阵函数的运算问题。我们又不得不将所需的有关矩阵的模和矩阵序列极限等数学内容也做一次系统的整理。

线性代数中有向量的模，现在须要利用向量的模给矩阵确立模的概念。对于方阵 A，模的定义如下：

$$\|A\| = \sup_{X\neq 0}\frac{\|AX\|}{\|X\|} \tag{8.20}$$

其中$\|AX\|$和$\|X\|$是向量的模。

矩阵的模具有以下性质：

1. $\|A\|\geq 0$，当且仅当 $A=0$ 时$\|A\|=0$；

2. 对于常数α，$\|\alpha A\|=|\alpha|\,\|A\|$；

3. $\|AX\|\leq\|A\|\,\|X\|$；

4. $\|A+B\|\leq\|A\|+\|B\|$；

5. $\|AB\|\leq\|A\|\,\|B\|$。

依据定义前 3 条性质易明了，下面仅给出性质 4 与 5 的证明。事实上对任意向量 X 作$(A+B)X$，再依据向量模的三角不等式有下面推导结果：

$$\|(A+B)X\| = \|AX+BX\| \leq \|AX\|+\|BX\|$$

又依据模$\|A+B\|$的定义，对$\varepsilon>0$存在向量 $X\neq 0$，有

$$\|A+B\|-\varepsilon \leq \frac{\|(A+B)X\|}{\|X\|} \leq \frac{\|AX\|}{\|X\|}+\frac{\|BX\|}{\|X\|} \leq \sup_{Y\neq 0}\frac{\|AY\|}{\|Y\|}+\sup_{Y\neq 0}\frac{\|BY\|}{\|Y\|}$$

因而

$$\|A+B\|-\varepsilon \leq \|A\|+\|B\|$$

令$\varepsilon\to 0$得性质 4

$$\|A+B\| \leq \|A\|+\|B\|$$

再证性质 5，依据模$\|AB\|$的定义，对于$\varepsilon > 0$存在非 0 向量 X 有

$$\|AB\| - \varepsilon \le \frac{\|(AB)X\|}{\|X\|} = \frac{\|A(BX)\|}{\|X\|}$$

再依据性质 3

$$\|AB\| - \varepsilon \le \frac{\|A\|\,\|BX\|}{\|X\|}$$

$$\le \|A\| \sup_{Y \ne 0} \frac{\|BY\|}{\|Y\|} \le \|A\|\,\|B\|$$

令$\varepsilon \to 0$得性质 5

$$\|AB\| \le \|A\|\,\|B\|$$

有了前面的结果，我们可以讨论矩阵序列的极限，从而给出矩阵(8.19)的严格定义。对于矩阵序列

$$A_k = \begin{bmatrix} a_{11}^{(k)} & a_{12}^{(k)} & \cdots & a_{1n}^{(k)} \\ a_{21}^{(k)} & a_{22}^{(k)} & \cdots & a_{2n}^{(k)} \\ \cdots & \cdots & \cdots & \cdots \\ a_{n1}^{(k)} & a_{n2}^{(k)} & \cdots & a_{nn}^{(k)} \end{bmatrix} \qquad (k = 1,2,\cdots) \tag{8.21}$$

另有矩阵

$$A = \begin{bmatrix} a_{11} & a_{12} & \cdots & a_{1n} \\ a_{21} & a_{22} & \cdots & a_{2n} \\ \cdots & \cdots & \cdots & \cdots \\ a_{n1} & a_{n2} & \cdots & a_{nn} \end{bmatrix} \tag{8.22}$$

若矩阵的每一元素存在极限

$$\lim_{k \to \infty} a_{ij}^{(k)} = a_{ij} \qquad (i, j = 1,2,\cdots,n) \tag{8.23}$$

则称矩阵序列(8.21)收敛于 A，亦称取极限于 A，记作

$$\lim_{k \to \infty} A_k = A$$

矩阵序列的极限与一般数列的极限具有相类似的性质，矩阵序列的性质总结于下：

1. $\lim\limits_{k\to\infty}(\alpha A_k+\beta B_k)=\alpha\lim\limits_{k\to\infty}A_k+\beta\lim\limits_{k\to\infty}B_k$ （α ，β 为常数）；

2. $\lim\limits_{k\to\infty}(A_k\cdot B_k)=\left(\lim\limits_{k\to\infty}A_k\right)\left(\lim\limits_{k\to\infty}B_k\right)$；

3. 若 $\lim\limits_{k\to\infty}A_k=A$，则相应的行列式序列存在极限

$$\lim_{k\to\infty}|A_k|=|A|\ ;$$

4. 若 $\lim\limits_{k\to\infty}A_k=A$，且 $|A|\neq 0, |A_k|\neq 0\ (k=1,2,\cdots)$

则

$$\lim_{k\to\infty}A_k^{-1}=A^{-1}\ ;$$

5. $\lim\limits_{k\to\infty}A_k=A$ 成立的充分必要条件是 $\lim\limits_{k\to\infty}\|A_k-A\|=0$。

前 4 个性质易证。现在给出性质 5 的证明：

充分性从下面的推导立即可得。对于矩阵 A_k-A 的第 p 行 q 列元素有下面一连串的关系式

$$\left|a_{pq}^{(k)}-a_{pq}\right|\leq\sqrt{\sum_{i=1}^{n}\left(a_{iq}^{(k)}-a_{iq}\right)^2}=\left\|(A_k-A)X_q\right\|\leq\sup_{X\neq 0}\frac{\|(A_k-A)X\|}{\|X\|}=\|A_k-A\|$$

其中 X_q 是第 q 分量为 1，其余分量皆为 0 的向量。注意上式的首尾关系，从 $\lim\limits_{k\to\infty}\|A_k-A\|=0$ 可得 $\lim\limits_{k\to\infty}\left|a_{pq}^{(k)}-a_{pq}\right|=0$，在此 p 与 q 任意，即 $p, q=1, 2, \cdots, n$ 极限均成立。故有 $\lim\limits_{k\to\infty}A_k=A$。

欲证必要性先作向量的分解：

$$(A_k-A)X=\sum_{j=1}^{n}(A_k-A)_j x_j$$

其中 $(A_k-A)_j$ 表示矩阵 A_k-A 的第 j 列向量，x_j 是向量 X 的第 j 分量。再作模的估值

$$\frac{\|(A_k - A)X\|}{\|X\|} \le \frac{1}{\|X\|}\sum_{j=1}^{n}\|(A_k - A)_j x_j\|$$

$$\le \sum_{j=1}^{n}\|(A_k - A)_j\|\frac{|x_j|}{\|X\|}$$

$$\le \sum_{j=1}^{n}\left[\sum_{i=1}^{n}\left(a_{ij}^{(k)} - a_{ij}\right)^2\right]^{\frac{1}{2}}$$

因而有

$$\|A_k - A\| = \sup_{X\neq 0}\frac{\|(A_k - A)X\|}{\|X\|} \le \sum_{j=1}^{n}\left[\sum_{i=1}^{n}\left(a_{ij}^{(k)} - a_{ij}\right)^2\right]^{\frac{1}{2}}$$

考虑到 $\lim\limits_{k\to\infty}(A_k - A) = 0$，上式右端随 $k\to\infty$ 以 0 为极限，因而亦有

$$\lim_{k\to\infty}\|A_k - A\| = 0$$

必要性证毕。

每一项都是矩阵的无穷矩阵级数

$$A_1 + A_2 + \cdots + A_k + \cdots \tag{8.24}$$

前 k 项之和 $S_k = \sum\limits_{i=1}^{k} A_i\ (k = 1,2,\cdots)$ 构成矩阵序列，该矩阵序列的收敛亦就是无穷矩阵级数的收敛。今后凡无穷矩阵级数的收敛，就是指逐项求和序列 S_k $(k = 1, 2, \cdots)$的收敛，二者收敛性的概念完全一致。

对前面矩阵序列的收敛性，如果是带时间参数的矩阵序列 $A_k(t)$ $(k = 1, 2, \cdots\cdots)$，亦有一致收敛的概念。

若矩阵序列 $A_k\ (t)$的每一个元素 $a_{ij}^{(k)}(t)$ 在定义的区域$[t_0, t_1]$上都一致收敛于矩阵 $A(t)$ 的相应元素 $a_{ij}(t)$，则称矩阵序列 $A_k\ (t)$在区域$[t_0, t_1]$上一致收敛于 $A(t)$。$a_{ij}^{(k)}(t)$ 一致收敛于 $a_{ij}(t)$是一般函数的一致收敛，其定义如下：

对于任意 $\varepsilon > 0$，存在充分大的整数 K，当 $k \geqslant K$，在区间$[t_0, t_1]$上均有不等式

$$\left|a_{ij}^{(k)}(t) - a_{ij}(t)\right| < \varepsilon \tag{8.25}$$

则称函数序列 $a_{ij}^{(k)}(t)$ 在区间$[t_0, t_1]$上一致收敛于 $a_{ij}(t)$。

一般函数级数一致收敛性概念推广到矩阵序列和矩阵级数时，有关一致收敛性的判

别方法以及一致收敛条件下的逐项微分和逐项积分结果，都可以推广到矩阵上来。特别是绝对收敛和比较收敛判别法。如果无穷矩阵级数(8.24)每一项的模构成的无穷级数

$$\|A_1\|+\|A_2\|+\cdots+\|A_k\|+\cdots \tag{8.26}$$

收敛，则称无穷矩阵级数(8.24)绝对收敛。

对于带时间变量的矩阵级数 $\sum_{k=1}^{\infty} A_k(t)$，如果有收敛的数值级数 $\sum_{k=1}^{\infty} c_k$ 使

$$\|A_k(t)\|< c_k \quad (t_0 \le t \le t_1, k=1,2,\cdots) \tag{8.27}$$

成立，则 $\sum_{k=1}^{\infty} A_k(t)$ 在区间 $[t_0, t_1]$ 上绝对一致收敛。

需要指出的收敛性性质 5，对于一致性仍然成立，阐述如下：

矩阵序列 $A_k(t)$ 一致收敛于矩阵 $A(t)$ 的充分必要条件是模 $\|A_k(t)-A(t)\|$ 作为一般函数序列一致收敛于 0。此一致性收敛条件的证明与前述性质 5 的证明类似，推导过程中只须考虑在定义区间上的一致性成立，最后以一般函数一致收敛性概念验证不等式(8.25)或 $\|A_k(t)-A(t)\|<\varepsilon$ 在讨论区间 $[t_0, t_1]$ 上的一致成立。

有了上述准备再回到矩阵级数(8.19)，考虑到定义区间的有界，$|t-t_0|\le M$，因而级数的每一项都有

$$\left\|\frac{1}{k!}A^k(t-t_0)^k\right\| \le \frac{1}{k!}\|A\|^k|t-t_0|^k \le \frac{1}{k!}\|A\|^k M^k$$

而数值级数 $1+\|A\|M+\frac{1}{2!}\|A\|^2 M^2+\cdots$ 是收敛的，因此矩阵级数(8.19)在事先确定的任意区间 $[t_0, t_1]$ 上绝对一致收敛。由此我们以矩阵级数(8.19)定义矩阵的指数函数 $e^{A(t-t_0)}$。特别当 $t_0=0$ 时有

$$e^{At}=E+At+\frac{1}{2!}A^2t^2+\cdots+\frac{1}{k!}A^kt^k+\cdots \tag{8.28}$$

又作为特殊情形 $t=t_0$ 时，$e^0=E$(0 代表零矩阵)。

上述形式的矩阵指数函数对线性系统的研究十分重要，其基本性质如下：

1. $\frac{d}{dt}e^{A(t-t_0)}=Ae^{A(t-t_0)}$；
2. $e^{(A+B)t}=e^{At}e^{Bt}$ (当 $AB=BA$ 时成立)；

3. 对任何方阵 A，e^A 可逆且 $(e^A)^{-1}=e^{-A}$；

4. $e^{TAT^{-1}}=Te^AT^{-1}$。

性质 1 涉及方程(8.18)的解，因为按照 Malthusian 方程的推广其解将取 $e^{A(t-t_0)}X_0$。现在验证性质 1。因为确定矩阵指数函数 $e^{A(t-t_0)}$ 的级数在任意区间$[t_0, t_1]$上一致收敛，可以借逐项求导做出下面的推导：

$$\begin{aligned}\frac{d}{dt}e^{A(t-t_0)}&=0+A+A^2(t-t_0)+\frac{1}{2!}A^3(t-t_0)^2+\cdots+\frac{1}{(k-1)!}A^k(t-t_0)^{k-1}+\cdots\\&=A\left[E+A(t-t_0)+\frac{1}{2!}A^2(t-t_0)^2+\cdots+\frac{1}{k!}A^k(t-t_0)^k+\cdots\right]\\&=Ae^{A(t-t_0)}\end{aligned}$$

这一性质说明 $X(t)=e^{A(t-t_0)}X_0$ 是方程的解。事实上只须代入方程(8.18)

$$\begin{aligned}\frac{d}{dt}X(t)&=\frac{d}{dt}e^{A(t-t_0)}X_0\\&=Ae^{A(t-t_0)}X_0\\&=AX(t)\end{aligned}$$

不仅满足方程，且适合初始值

$$X(t_0)=e^0X_0=EX_0=X_0$$

再验证性质 2，依据矩阵指数函数的级数表达式(8.28)有

$$e^{(A+B)t}=E+(A+B)t+\frac{1}{2!}(A+B)^2t^2+\cdots+\frac{1}{k!}(A+B)^kt^k+\cdots$$

此级数第 1 项是 0 次项，第 2 项是 1 次项…第 $k+1$ 项是 k 次项。为了证明性质 2 的成立，就必须验证等式两边逐项是否都相同。现在看等式右边的展开

$$e^{At}e^{Bt}=\left[E+At+\frac{1}{2!}A^2t^2+\cdots+\frac{1}{k!}A^kt^k+\cdots\right]\left[E+Bt+\frac{1}{2!}B^2t^2+\cdots+\frac{1}{k!}B^kt^k+\cdots\right]$$

0 次项	E
1 次项	$At+Bt$

2 次项 $\frac{1}{2!}A^2t^2 + ABt^2 + \frac{1}{2!}B^2t^2$

…… ……

k 次项 $\frac{1}{k!}A^kt^k + \frac{1}{(k-1)!}A^{k-1}Bt^k + \cdots + \frac{1}{(k-1)!}AB^{k-1}t^k + \frac{1}{k!}B^kt^k$

…… ……

0 次项与 1 次项已等于 $e^{(A+B)t}$ 的展开式，2 次项的验证展开于下

$$\frac{1}{2!}(A+B)^2t^2 = \frac{1}{2!}A^2t^2 + \frac{1}{2!}ABt^2 + \frac{1}{2!}BAt^2 + \frac{1}{2!}B^2t^2$$
$$= \frac{t^2}{2!}\left[A^2 + 2AB + B^2\right]$$

在此已利用 $AB = BA$，二次项结果亦说明等式左右两边相同。现在验证 k 次项，考虑到 $AB = BA$，对 $(A + B)^k$ 可利用二项式定理进行展开

$$\frac{t^k}{k!}(A+B)^k = \frac{t^k}{k!}\left[A^k + kA^{k-1}B + \frac{1}{2!}k(k-1)A^{k-2}B^2 + \cdots + kAB^{k-1} + B^k\right]$$

与 $e^{At}e^{Bt}$ 展开的 k 次项完全相同。性质 2 验证完毕。

再考虑任意方阵 A 和 $-A$ 的乘积是可交换的，利用性质 2 下面推导

$$e^Ae^{-A} = e^{A+(-A)} = e^0 = E\text{，同理 } e^{-A}e^A = E$$

性质 3 得证。

性质 4 的验证只须写出矩阵指数函数的级数展式，容易获得。

让我们再回过头来讨论线性系统方程的解，前面已经从 Malthusian 方程的推广获得方程(8.18)的解

$$X(t) = e^{A(t-t_0)}X(t_0) \tag{8.29}$$

对任一时间 $t=\tau$

$$X(\tau) = e^{A(\tau-t_0)}X(t_0) \tag{8.30}$$

根据矩阵指数函数性质 3 $\left(e^{A(t-t_0)}\right)^{-1} = e^{-A(t-t_0)}$，因而从(8.29)可得

$$
\begin{aligned}
X(t_0) &= \left(e^{A(t-t_0)}\right)^{-1} X(t) \\
&= e^{-A(t-t_0)} X(t) \\
&= e^{A(t_0-t)} X(t)
\end{aligned} \tag{8.31}
$$

将此结果代入(8.30)得

$$
\begin{aligned}
X(\tau) &= e^{A(\tau-t_0)} \cdot e^{A(t_0-t)} X(t) \\
&= e^{A(\tau-t)} X(t)
\end{aligned} \tag{8.32}
$$

从上面的推导结果引导我们建立一种新的观点，是否能把矩阵 $e^{A(\tau-t)}$ 看作将系统的状态从向量 $X(t)$ 转换成 $X(\tau)$ 的变换。事实上式(8.31)中的矩阵 $e^{A(t_0-t)}$ 已将 $X(t)$转换成 $X(t_0)$；式(8.30)中的矩阵 $e^{A(\tau-t_0)}$ 把 $X(t_0)$ 转换成 $X(\tau)$ 。这一观点对于方程(8.18)的解已经正确无疑，所谓方程(8.18)的解就是利用变换 $e^{A(t-t_0)}$ 将初始状态 $X(t_0)$转换到当前状态 $X(t)$。

上述观点能否推广到线性系统一般性齐次方程？它的推广正是我们试图获得线性系统通解的一条思路。先将线性系统一般性齐次微分方程列出于下：

$$
\begin{aligned}
&\dot{X}(t) = A(t)X(t) \\
&X(t_0) = X_0
\end{aligned} \tag{8.33}
$$

针对方程建立具有双变量的函数矩阵 $\Phi(t,\tau)$ ，并且定义满足上述转换的矩阵。

定义 8.3　对于方程(8.9)，如果 n 阶方阵 $\Phi(t,\tau)$ 满足以下条件

$$
\left.
\begin{aligned}
&\frac{d}{dt}\Phi(t,\tau) = A(t)\Phi(t,\tau) \\
&\Phi(t,t) = E
\end{aligned}
\right\} \tag{8.34}
$$

则称 $\Phi(t,\tau)$ 为方程(8.9)的迁移矩阵(transition matrix)。

迁移矩阵具有以下性质：

1. $X(t) = \Phi(t,t_0)X_0$ 是原线性系统齐次方程

$$
\begin{aligned}
&\dot{X}(t) = A(t)X(t) \\
&X(t_0) = X_0
\end{aligned} \tag{8.35}
$$

的解；

2. 传递性

$$\Phi(t_2,t_0)=\Phi(t_2,t_1)\Phi(t_1,t_0)\ ; \tag{8.36}$$

3. 可逆性

$$\Phi^{-1}(t,\tau)\text{存在，}\ \Phi^{-1}(t,\tau)=\Phi(\tau,t)\ \text{。} \tag{8.37}$$

将 $X(t)=\Phi(t,t_0)X_0$ 代入方程(8.35)，依据迁移矩阵的定义可验证性质 1 成立。再验证传递性，对于方程(8.35)

$$X(t_2)=\Phi(t_2,t_0)X_0 \tag{8.38}$$

$$X(t_1)=\Phi(t_1,t_0)X_0 \tag{8.39}$$

再以 $t=t_1$ 时 $X(t)=X(t_1)$为初始条件，$X(t)=\Phi(t,t_1)X(t_1)$ 是齐次方程的解，取 $t=t_2$ 有

$$X(t_2)=\Phi(t_2,t_1)X(t_1)$$

将(8.39)代入后得

$$X(t_2)=\Phi(t_2,t_1)\Phi(t_1,t_0)X_0 \tag{8.40}$$

又如果 $A(t)$连续，依据微分方程(8.35)解的存在唯一性，知

$$\Phi(t_2,t_0)X_0=\Phi(t_2,t_1)\Phi(t_1,t_0)X_0$$

又由于事先给定初始条件 X_0 的任意性，知两矩阵恒等

$$\Phi(t_2,t_0)=\Phi(t_2,t_1)\Phi(t_1,t_0)$$

最后证明性质 3。为此利用性质 2，取 $t_0=t,\ t_1=\tau,\ t_2=t$ 代入(8.36)得

$$\Phi(t,\tau)\Phi(\tau,t)=\Phi(t,t)=E$$

又取 $t_0=\tau$ ，$t_1=t,\ t_2=\tau$代入(8.36)得

$$\Phi(\tau,t)\Phi(t,\tau)=\Phi(\tau,\tau)=E$$

联合前两结论，说明$\Phi(t,\tau)$ 的逆矩阵就是$\Phi(\tau,t)$ 。

对于一般线性系统，可以从理论上说明迁移矩阵的存在。为此把初始时间设在系统的定义范围内任意值，记作τ；又初始状态值确立为单位向量 e_i，所谓单位向量 e_i 就是第 i 分量为 1，其他分量皆为 0 的向量。建立线性系统的微分方程

$$
\begin{cases}
\dot{X}(t) = A(t)X(t) \\
X(\tau) = e_i
\end{cases}
\tag{8.41}
$$

在定义的区域内上述微分方程存在唯一解，记作$\Phi_i(t,\tau)$。让 i 跑遍所有标号值($i=1$, 2, $\cdots$, n)得$\Phi_1,\Phi_2,\cdots,\Phi_n$。这些向量满足方程(8.41)

$$
\frac{d}{dt}\Phi_i(t,\tau) = A(t)\Phi_i(t,\tau) \quad (i=1,2,\cdots,n) \tag{8.42}
$$

且

$$
\Phi_i(\tau,\tau) = e_i \qquad (i=1,2,\cdots,n) \tag{8.43}
$$

将$\Phi_i(t,\tau)$作为矩阵的列向量排成方阵就是迁移矩阵：

$$
\Phi(t,\tau) = [\Phi_1(t,\tau)\Phi_2(t,\tau)\cdots\Phi_n(t,\tau)]
$$

很明显如此给出的矩阵$\Phi(t,\tau)$满足迁移矩阵的二项条件(8.34)。事实上 n 个等式(8.42)的联合，就是迁移矩阵的第 1 条导数运算条件；n 个等式(8.43)的联合，就是迁移矩阵的第 2 条单位矩阵条件。

最后讨论线性系统(8.15)的解。为此，我们利用解微分方程的常数变易法。先看已经获得的齐次方程解 $X(t)=\Phi(t,t_0)X(t_0)$，这里初始值可以视作积分常数，不同的常数获得不同的特解。我们将此常数改换成待定函数 $W(t)$，认为非齐次方程(8.15)的解取如下形式

$$
X(t) = \Phi(t,t_0)W(t) \tag{8.44}
$$

然后将此形式的解代入非齐次方程(8.15)，以此确定 $W(t)$，这就是所谓的常数变易法求解微分方程。求解过程如下：

$$
\begin{aligned}
\dot{X}(t) &= \frac{d\Phi(t,t_0)}{dt}W(t) + \Phi(t,t_0)\frac{dW(t)}{dt} \\
&= A(t)\Phi(t,t_0)W(t) + \Phi(t,t_0)\frac{dW(t)}{dt}
\end{aligned}
$$

与原状态方程比较得

$$
\Phi(t,t_0)\frac{dW(t)}{dt} = B(t)U(t)
$$

$$
\begin{aligned}
\frac{dW(t)}{dt} &= \Phi^{-1}(t,t_0)B(t)U(t) \\
&= \Phi(t_0,t)B(t)U(t)
\end{aligned}
$$

积分上式

$$W(t)-W(t_0)=\int_{t_0}^{t}\Phi(t_0,\tau)B(\tau)U(\tau)d\tau$$

代入(8.44)获解

$$\begin{aligned}X(t)&=\Phi(t,t_0)W(t_0)+\Phi(t,t_0)\int_{t_0}^{t}\Phi(t_0,\tau)B(\tau)U(\tau)d\tau\\&=\Phi(t,t_0)W(t_0)+\int_{t_0}^{t}\Phi(t,t_0)\Phi(t_0,\tau)B(\tau)U(\tau)d\tau\end{aligned}$$

考虑到$\Phi(t,\tau)$的传递性，其中$\Phi(t,t_0)\Phi(t_0,\tau)=\Phi(t,\tau)$。又利用初始值$t=t_0$时，可以确定$W(t_0)=X(t_0)$。最后获得线性系统的解：

$$X(t)=\Phi(t,t_0)X(t_0)+\int_{t_0}^{t}\Phi(t,\tau)B(\tau)U(\tau)d\tau \tag{8.45}$$

无疑，这是迄今获得线性系统理论上最重要的结果，以后有关线性系统的许多理论研究都将以此为基础。

看来进一步分析解的表达式(8.45)，加深对它的认识很有必要。解的表达式是由两部分构成。第一部分$\Phi(t,t_0)X(t_0)$代表齐次方程(8.35)的解，也就是系统在没有输入的情况下，初始状态$X(t_0)$经过迁移矩阵直接转入当前状态，此时解仅由这一部分构成。解的第二部分$\int_{t_0}^{t}\Phi(t,\tau)B(\tau)U(\tau)d\tau$代表输入$U(t)$对系统产生的影响，表达式说明在$\tau$时刻每一个输入微分量$U(\tau)d\tau$，通过矩阵$B(\tau)$ ($n\times r$矩阵)将输入量分配到n个状态分量上去，再通过迁移矩阵将τ时刻的输入量转移到当前t时刻的状态上去，最后将所有这些输入微分量作积分求和，就构成输入$U(\tau)$在时间$[t, t_0]$内施加于系统状态$X(t)$的第二部分。

输入$U(t)$随着时间不断改变，为了更清楚地表示输入与解的联系，将讨论的区间$[t_0, t]$作l分割，在第i分割小区间$\Delta_i=[t_i,t_{i+1}](i=0,1,\cdots,l-1)$上取$\tau_i$点，该点的输入量近似地写成$B(\tau_i)U(\tau_i)\Delta_i$，这部分输入经迁移矩阵$\Phi(t,\tau_i)$从时间$\tau_i$转移到时间$t$，如此每一小区间上的量叠加后应该是

$$\sum_{i=0}^{l-1}\Phi(t,\tau_i)B(\tau_i)U(\tau_i)\Delta_i$$

如果被叠加的向量函数是连续的，让分割无限加细取极限正是积分

$$\int_{t_0}^{t}\Phi(t,\tau)B(\tau)U(\tau)d\tau=\lim_{\Delta\to 0}\sum_{i}\Phi(t,\tau_i)B(\tau_i)U(\tau_i)\Delta_i$$

看来我们利用迁移矩阵，以状态变量转移的观点，也能导出线性系统解的表达式

(8.45)。这里重要的是迁移矩阵以及由迁移矩阵表示的状态变量转移的思想观点，是我们认识系统的方法和手段。

第二节　系统的可控性与可观测性

系统的可控性与可观测性是系统理论的重要概念。本节以线性系统论述这两个概念，给出严谨的定义，阐述基本理论并拿出判别方法，最后以定常系统实施可控性与可观测性实际判别运算，以加深对抽象理论的认识。

系统的变化受输入的影响，可控性就是指通过输入能控制系统的变化。一个系统的可控性，按通常的意义去理解，就是从某初始状态出发，在指定的时间利用输入，让系统达到任意指定的目标。系统的可控性确实应该这样去理解，但是鉴于逻辑推理的方便，系统理论却没有按这样的方式给可控性下定义。下面让我们看系统理论怎样给出系统可控性的定义。

定义 8.4　线性系统$[A(t), B(t), C(t)]$在区间$[t_0, t_1]$ 上，如果从任何初始状态 $X(t_0) = X_0$ 开始，都能找到适当的输入 $U(t)$，使 $X(t_1) = 0$，则称系统在$[t_0, t_1]$上可控(controllable)。

前面已经导出线性系统解的表达式(8.45)，按上述定义我们可以导出如下结果，若系统是可控的，那么对任何初始状态值 $X(t_0) = X_0$，都存在输入 $U(t)$使下式成立：

$$X(t_1) = \Phi(t_1, t_0)X_0 + \int_{t_0}^{t_1}\Phi(t_1, \tau)B(\tau)U(\tau)d\tau = 0 \tag{8.46}$$

此式可以作为一般线性系统可控性的数学表达式。换句话说系统的可控与否只要验证表达式(8.46)是否能成立。

按照上述可控性概念，我们发现可控的区间可以延拓。如果系统在$[t_0, t_1]$上可控，将时间延拓到$[t_0, t_2]$ ($t_1 \leqslant t_2$)，系统仍然可控。为了证实这一点，在于是否能找到相应的输入 $U(t)$，使 $X(t_2) = 0$。事实上只须将 $U(t)$也延拓出去，让 $U(t) = 0$ 当$t \in (t_1, t_2)$。下面将导出 $X(t_2) = 0$。

$$\begin{aligned}X(t_2) &= \Phi(t_2, t_0)X_0 + \int_{t_0}^{t_2}\Phi(t_2, \tau)B(\tau)U(\tau)d\tau \\ &= \Phi(t_2, t_1)\Phi(t_1, t_0)X_0 + \int_{t_0}^{t_1}\Phi(t_2, t_1)\Phi(t_1, \tau)B(\tau)U(\tau)d\tau \\ &= \Phi(t_2, t_1)X(t_1) \\ &= 0\end{aligned}$$

其中最后一步推导利用了在$[t_0, t_1]$上可控性成立的条件，即 $X(t_1) = 0$。这里 t_2 可以取任意大，因此可以这样说：在任意局部小区间$[t_0, t_0 + \delta](\delta > 0)$上可控，必在全部区域$[t_0, \infty)$上可控。

仔细体会上述结果，就能够理解可控性的本质意义，对于可控性，可控的时间长短不是本质方面，实质在于可控性的事实能否发生。或者用通俗的话说，办某些事不在惜时间的长短，而在于有没有机会。

让我们再回到通常意义下理解可控性，不妨称为可达性，定义如下：

在$[t_0, t_1]$上的线性系统，对于任意初始状态X_f和终止状态X_e，都存在控制量$U(t)$ $t\in[t_0, t_1]$，使系统从初始状态$X(t_0)=X_f$达到终止状态$X(t_1)=X_e$，则称系统在$[t_0, t_1]$是可达的。

我们立即着手证明可达性与可控性两个概念的等价性。即可达性⇔可控性。

两个概念的定义描述，可达性包括了可控性，必要性显然不必证明。仅须证明充分性，即从可控性导出可达性。

按照可达性的要求，对于事先给定的两个状态X_f和X_e，初始状态$X(t_0)=X_f$，如何选择适当的输入$U(t)$，使终止状态$X(t_1)=\Phi(t_1,t_0)X_f+\int_{t_0}^{t_1}\Phi(t_1,\tau)B(\tau)U(\tau)d\tau=X_e$。将$X_e$移至上式的左边，就成为要求下面的等式成立

$$\Phi(t_1,t_0)X_f-X_e+\int_{t_0}^{t_1}\Phi(t_1,\tau)B(\tau)U(\tau)d\tau=0$$

换一种写法上式成为

$$\Phi(t_1,t_0)\left[X_f-\Phi(t_0,t_1)X_e\right]+\int_{t_0}^{t_1}\Phi(t_1,\tau)B(\tau)U(\tau)d\tau=0$$

为了验证系统的可达性，要求找到适当的输入$U(t)$使上式成立。注意对比上式与(8.46)，就会发现，这恰恰就是可控性所能做到的事。只要取初始值$X_0=X_f-\Phi(t_0,t_1)X_e$，利用可控性条件，存在$U(t)$ $t\in[t_0, t_1]$使上式成立，于是$U(t)$找到了。剩下的问题是按可达性要求验证在此输入下$X(t_1)=X_e$。为了完成充分性证明，留下的推导工作建议由读者自己去做。

可达性与可控性是等价的，因而可控性有两种定义的形式。而可达性定义的描述比可控性要求更高，为了验证系统的可控性我们应选择简捷而易于进行的形式。因为合理的定义将为以后的逻辑推理带来方便。

下面将讨论系统可控性的判别条件，为此先建立辅助定理。

辅助定理　在区间$[t_0, t_1]$上的连续函数向量$X(t)$，若$\int_{t_0}^{t_1}\|X(t)\|^2dt=0$，则在区间$[t_0, t_1]$上$X(t)\equiv 0$。

反证法，若结论不成立，在$[t_0, t_1]$上必存在t'使$X(t')\neq 0$。若t'取在区间内，$t_0<t'<t_1$，取$t^*=t'$；若t'取在区间端点t_0或t_1，依据连续性在$[t_0, t_1]$上存在点t^*，$t_0<t^*<t_1$使$X(t^*)\neq 0$。总之存在t^*, $t_0<t^*<t_1$使$X(t^*)\neq 0$。

非0向量$X(t^*)$中必存在某一分量$x_i(t^*)\neq 0$，取$\varepsilon=\frac{1}{2}|x_i(t^*)|$，根据函数$|x_i(t)|$的连续性，对于$\varepsilon>0$存在充分小$\delta>0$，又使$\delta<\min\{|t^*-t_0|,|t^*-t_1|\}$有不等式

$$\left||x_i(t)|-|x_i(t^*)|\right|<\varepsilon \qquad \text{当}|t-t^*|\leq\delta\text{时成立}$$

即

$$|x_i(t^*)| - \varepsilon < |x_i(t)| < |x_i(t^*)| + \varepsilon \qquad \text{当} t^* - \delta \le t \le t^* + \delta \text{时成立}$$

因为$|x_i(t^*)| = 2\varepsilon$，故有

$$\varepsilon < |x_i(t)| < |x_i(t^*)| + \varepsilon \quad \text{当} t^* - \delta \le t \le t^* + \delta \text{时成立}$$

再看积分

$$\int_{t_0}^{t_1} \|X(t)\|^2 dt \ge \int_{t_0}^{t_1} x_i^2(t) dt$$

又由于$\delta < \min\{|t^* - t_0|, |t^* - t_1|\}$，有$t_0 < t^* - \delta < t^* + \delta < t_1$，继续考虑上述积分，有不等式

$$\int_{t_0}^{t_1} \|X(t)\|^2 dt \ge \int_{t^*-\delta}^{t^*+\delta} x_i^2(t) dt$$

注意被积函数 $|x_i(t)| > \varepsilon$，因而有

$$\int_{t^*-\delta}^{t^*+\delta} |x_i(t)| dt > \varepsilon^2 \cdot 2\delta > 0$$

终于出现与定理给定条件不相容的结果

$$\int_{t_0}^{t_1} \|X(t)\|^2 dt > 0$$

反证假设不成立，辅助定理获证。

我们继续讨论可控性的判别根据，从可控性的定义和线性系统解的表达式(8.45)，得到(8.46)。现在就(8.46)做进一步推导

$$\begin{aligned} X(t_1) &= \Phi(t_1, t_0) X(t_0) + \int_{t_0}^{t_1} \Phi(t_1, \tau) B(\tau) U(\tau) d\tau \\ &= \Phi(t_1, t_0) \left[X(t_0) + \int_{t_0}^{t_1} \Phi(t_0, \tau) B(\tau) U(\tau) d\tau \right] \end{aligned}$$

这里迁移矩阵$\Phi(t_1, t_0)$可逆，当然是满秩的，即$\Phi(t_1, t_0)$的 n 个列向线性无关。为了满足 $X(t_1) = 0$，对上述推导结果，只能让括号中的表达式为 0。也就是说可控性判断根据成为：对任何初始状态 $X(t_0)$，是否存在适当的输入 $U(t)$使下面的表达式成立

$$X(t_0)+\int_{t_0}^{t_1}\Phi(t_0,\tau)B(\tau)U(\tau)d\tau=0 \tag{8.47}$$

接着即将建立可控性的第 1 个基本定理。

定理 8.1　连续线性系统$[A(t), B(t), C(t)]$在$[t_0, t_1]$上可控的充分必要条件是可控性判别矩阵

$$Q_C[t_0,t_1]=\int_{t_0}^{t_1}\Phi(t_0,\tau)B(\tau)B^T(\tau)\Phi^T(t_0,\tau)d\tau \tag{8.48}$$

的秩等于 n。

这里可控性判别矩阵是 $n\times n$ 方阵，它的秩为 n，即满秩。满秩的方阵其 n 行向量或 n 列向量线性无关，也就是矩阵可逆，再或者是说矩阵的行列式值非 0 值。上述多种说法在线性代数里都是等价的。

现在证明定理 8.1，先证充分性

若 $Q_C[t_0, t_1]$满秩，存在逆矩阵$Q_C^{-1}[t_0,t_1]$，取输入向量

$$U(t)=-B^T(t)\Phi^T(t_0,t)Q_C^{-1}[t_0,t_1]X(t_0)$$

验证表达式(8.47)

$$\begin{aligned}&X(t_0)-\int_{t_0}^{t_1}\Phi(t_0,\tau)B(\tau)B^T(\tau)\Phi^T(t_0,\tau)Q_C^{-1}[t_0,t_1]X(t_0)d\tau\\&=X(t_0)-\int_{t_0}^{t_1}\Phi(t_0,\tau)B(\tau)B^T(\tau)\Phi^T(t_0,\tau)d\tau\, Q_C^{-1}[t_0,t_1]X(t_0)\\&=X(t_0)-Q_C[t_0,t_1]Q_C^{-1}[t_0,t_1]X(t_0)\\&=X(t_0)-X(t_0)\\&=0\end{aligned}$$

系统可控性证毕。

再证明必要性

反之，若矩阵 $Q_C[t_0, t_1]$不满秩，存在非 0 向量 X_0，使

$$X_0^TQ_C[t_0,t_1]=0$$

一方面把 X_0 作为初始状态值，依据系统的可控性，存在输入 $U(t)$，使(8.47)成立，即

$$X_0+\int_{t_0}^{t_1}\Phi(t_0,\tau)B(\tau)U(\tau)d\tau=0$$

得

$$X_0 = -\int_{t_0}^{t_1} \Phi(t_0,\tau)B(\tau)U(\tau)d\tau \tag{8.49}$$

另一方面，从 $X_0^T Q_C[t_0,t_1]=0$，亦有 $X_0^T Q_C[t_0,t_1]X_0=0$，即等于 0 的积分表达式

$$\begin{aligned}
0 &= \int_{t_0}^{t_1} X_0^T \Phi(t_0,\tau)B(\tau)B^T(\tau)\Phi^T(t_0,\tau)X_0 d\tau \\
&= \int_{t_0}^{t_1} \left[B^T(\tau)\Phi^T(t_0,\tau)X_0\right]^T \left[B^T(\tau)\Phi^T(t_0,\tau)X_0\right]dt \\
&= \int_{0}^{t_1} \left\|B^T(\tau)\Phi^T(t_0,\tau)X_0\right\|^2 d\tau
\end{aligned}$$

其中 $B^T(\tau)\Phi^T(t_0,t)$ 在区间$[t_0, t_1]$上连续，从辅助定理知，整个区间$[t_0, t_1]$上

$$B^T(t)\Phi^T(t_0,t)X_0 = 0$$

转置并乘以前面获得的输入向量 $U(t)$得

$$X_0^T \Phi(t_0,t)B(t)U(t) = 0 \qquad \text{在}[t_0, t_1]\text{成立}$$

作等于 0 的积分

$$\begin{aligned}
0 &= \int_{t_0}^{t_1} X_0^T \Phi(t_0,t)B(t)U(t)dt \\
&= X_0^T \int_{t_0}^{t_1} \Phi(t_0,t)B(t)U(t)dt
\end{aligned}$$

将(8.49)的关系引入后得

$$\begin{aligned}
0 &= -X_0^T X_0 \\
&= -\|X_0\|^2
\end{aligned}$$

但 X_0 是非 0 向量，在此出现矛盾，反证假设不成立。因而 Q_C $[t_0, t_1]$必须满秩。至此定理 8.1 证毕。

确立在$[t_0, t_1]$上的线性系统$[A(t), B(t), C(t)]$，若 $A(t)$是 $n-2$ 次可导，$B(t)$为 $n-1$ 次可导，建立下面一系列矩阵

$$\begin{aligned}
&B_1(t) = B(t) \\
&B_2(t) = -A(t)B_1(t) + \dot{B}_1(t) \\
&B_3(t) = -A(t)B_2(t) + \dot{B}_2(t) \\
&\cdots\cdots \\
&B_n(t) = -A(t)B_{n-1}(t) + \dot{B}_{n-1}(t)
\end{aligned}$$

在此 $B_i(t)$是 $n\times r$ 矩阵，将 n 个上列矩阵作为子块，横向并列成 n 行 $n\times r$ 列矩阵

$$[B_1(t)\ B_2(t)\cdots B_n(t)] \tag{8.50}$$

利用上述矩阵可以得到系统可控性的一个判别方法。

定理 8.2　确立在区间$[t_0, t_1]$上的连续线性系统$[A(t), B(t), C(t)]$，若存在$\tilde{t}\in[t_0,t_1]$使矩阵$[B_1(\tilde{t})\ B_2(\tilde{t})\cdots B_n(\tilde{t})]$的秩为 n，则系统可控。

这里形式为(8.50)的矩阵，列数$(n\times r)$远比行数(n)为大。因此，矩阵秩为 n，也就是说矩阵的 n 行行向量线性无关。

现在着手证明定理 8.2。

反证法，若系统不可控，根据定理 8.1，可控性判别矩阵 $Q_C\ [t_0, t_1]$不满秩，即存在非 0 向量 X_0，使

$$X_0^TQ_C[t_0,t_1]X_0=0$$

重复定理 8.1 必要性证明中的推导，获得在整个区间$[t_0, t_1]$上为 0 的向量

$$B^T(t)\Phi^T(t_0,t)X_0=0\qquad t\in[t_0,t_1]$$

转置以后得

$$X_0^T\Phi(t_0,t)B(t)=0\qquad t\in[t_0,t_1]$$

求导数以后仍为 0 向量

$$\begin{aligned}
0&=X_0^T\frac{d}{dt}[\Phi(t_0,t)B(t)]\\
&=X_0^T\left[\frac{d}{dt}\Phi^{-1}(t,t_0)B(t)+\Phi(t_0,t)\dot{B}(t)\right]\\
&=X_0^T\left[-\Phi(t_0,t)\frac{d}{dt}\Phi(t,t_0)\Phi(t_0,t)B(t)+\Phi(t_0,t)\dot{B}(t)\right]\\
&=X_0^T\left[-\Phi(t_0,t)A(t)\Phi(t,t_0)\Phi(t_0,t)B(t)+\Phi(t_0,t)\dot{B}(t)\right]\\
&=X_0^T\Phi(t_0,t)\left[-A(t)B(t)+\dot{B}(t)\right]\\
&=X_0^T\Phi(t_0,t)B_2(t)
\end{aligned}$$

对 $X_0^T\Phi(t_0,t)B_2(t)$ 重复前面的求导数运算得 $X_0^T\Phi(t_0,t)B_3(t)=0,\cdots\cdots$。经过 $n-1$ 次重复求导运算得

$$X_0^T\Phi(t_0,t)B_i(t)=0 \quad (i=1,2,\cdots,n;\ t\in[t_0,t_1])$$

上面 n 个等式亦可写成

$$X_0^T\Phi(t_0,t)[B_1(t)\ B_2(t)\cdots B_n(t)]=0 \quad (t\in[t_0,t_1]) \tag{8.51}$$

其中 X_0^T 是非 0 向量，又迁移矩阵 $\Phi(t_0,t)$ 可逆，因而 $X_0^T\Phi(t_0,t)$ 是非 0 向量，等式(8.51)说明对任何 $t\in[t_0,t_1]$，矩阵 $[B_1(t)\ B_2(t)\cdots B_n(t)]$ 的 n 行行向量线性相关即该矩阵的秩小于 n，与定理条件产生矛盾。因而反证假设不成立，系统可控。

对系统可控性的判别是系统理论的重要部分，定理 8.1 给出理论上的结果，然而要事先计算迁移矩阵并给出可控性判别矩阵的积分是非常困难的。而定理 8.2 把可控性的判别推进到实际可执行的地步。对于通常线性系统，计算矩阵(8.50)并检验其行向量是否都线性无关，这是可以做得到的。如果系统是定常系统，由于 $\dot{B}=0$ 问题将更简单。

对于定常系统[A, B, C]，定理 8.2 中引用的矩阵(8.50)，因 $\dot{B}=0$ 而有

$$B_1=B,\ B_2=-AB,\ B_3=A^2B,\cdots,B_n=(-1)^{n-1}A^{n-1}B$$

相应于(8.50)的判别矩阵将是

$$[B\ -AB\ A^2B\cdots(-1)^{n-1}A^{n-1}B]$$

考虑到检验该矩阵的秩时，矩阵每一列的符号并不影响秩的结果，因而在计算每个矩阵块 $B_i(i=1,2,\cdots,n)$ 时不再考虑符号问题，相应的矩阵将成为

$$[B\ AB\ A^2B\cdots A^{n-1}B] \tag{8.52}$$

最后，对定常系统情形，作为定理 8.2 的推论表述如下。

推论　对于定常系统[A, B, C]，若矩阵 $[B\ AB\ A^2B\cdots A^{n-1}B]$ 的秩为 n，则系统可控。

本推论是我们判断定常系统可控性最容易施行的一种方法。注意到判别矩阵与时间参数无关，因此在任意区间上系统都是可控的，称之为完全可控。还须要说明的是原定理 8.2 可控性的判别是充分的，并不是必要的。推论仍保留原定理充分性的叙述方式。而实际上矩阵 $[B\ AB\ A^2B\cdots A^{n-1}B]$ 的秩为 n 是定常系统可控性既充分又必要的条件，充分性我们在确立推论之前已讨论过，必要性的证明比较复杂在此回避。

下面开始讨论系统的可观测性。可观测性与可控性的理论和判别方法，形式上有许多类似之处，许多理论的阐述和对应的名词相互平行出现。因而这两个内容可以放在一起进行讨论。但是考虑到初学时矛盾不宜过分集中，本书将可控性与可观测性完全分开独立论述。在学过可控性理论后，再学习可观测性相应部分时，会感到轻松而容易得多。但是读者在学习时，应将两个内容联系在一起，进行比较，从中加深对理论的理解。

何谓可观测性？系统要求与外界隔离，唯有输入和输出是系统与外界的联系，因此

只有通过输出才能了解系统。可观测性就是指从输出过程，反映和了解系统变化运动的状态。下面给出可观测性的定义。

定义 8.5　对于系统[$A(t)$, $B(t)$, $C(t)$]，在系统输入已知的情况下，如果从[t_0, t_1]上的输出 $Y(t)$能唯一确定状态初值 $X(t_0)$，则称系统在[t_0, t_1]上可观测(observable)。

一个线性系统如果在[t_0, t_1]上可观测，将区间扩展到[t_0, t_2] ($t_1 < t_2$)，因为区间[t_0, t_1]是区间[t_0, t_2]的部分，又有共同的初始时间，依可观测性的定义容易理解在[t_0, t_2]上系统亦保持可观测。这里可观测性区间的开拓性与可控性一样，然而可观测性比可控性较直观，更容易理解。

可观测性唯一确定了状态初值，在系统输入事先确定的条件下，状态方程存在唯一解。因而从初值的确定，整个系统在区间[t_0, t_1]上的变化也都被唯一确定(包括终点状态 $X(t_1)$在内)。反过来，把可观测性的定义改变成唯一确定终止状态 $X(t_1)$，亦然。可观测性的定义不管确定在初值抑或是终值，两种定义的选择都是等价的，这一点从解的表达式可以看得十分明显。由 $X(t_0)$和 $U(t)$可确定 $X(t_1)$：

$$X(t_1) = \Phi(t_1,t_0)X(t_0) + \int_{t_0}^{t_1}\Phi(t_1,\tau)B(\tau)U(\tau)d\tau$$

因为 $\Phi(t_1,t_0)$ 可逆，又可以导出终值对初值的表达式，由 $X(t_1)$和 $U(t)$可确定 $X(t_0)$：

$$X(t_0) = \Phi(t_0,t_1)X(t_1) - \int_{t_0}^{t_1}\Phi(t_0,\tau)B(\tau)U(\tau)d\tau$$

这里可观测性与可控性也有类似之处。下面与定理 8.1 类似有定理 8.3。

定理 8.3　连续线性系统[$A(t)$, $B(t)$, $C(t)$]，在[t_0, t_1]上可观测的充分必要条件是可观测判别矩阵

$$Q_o[t_0,t_1] = \int_{t_0}^{t_1}\Phi^T(\tau,t_0)C^T(\tau)C(\tau)\Phi(\tau,t_0)d\tau \tag{8.53}$$

的秩等于 n。

与可控性一样，这里可观测判别矩阵亦是 $n \times n$ 阶方阵。秩等于 n，也就是满秩。

先证明充分性，即 $Q_o[t_0,t_1]$ 满秩 $\Rightarrow$ 系统可观测。

将系统的解(8.45)代入输出方程

$$Y(t) = C(t)X(t) = C(t)\Phi(t,t_0)X(t_0) + C(t)\int_{t_0}^{t_1}\Phi(t,\tau)B(\tau)U(\tau)d\tau \tag{8.54}$$

等式双方左乘以 $\Phi^T(t,t_0)C^T(t)$，并对变量 t 作积分 $\int_{t_0}^{t_1}$ ：

$$\int_{t_0}^{t_1}\Phi^T(t,t_0)C^T(t)Y(t)dt=\int_{t_0}^{t_1}\Phi^T(t,t_0)C^T(t)C(t)\Phi(t,t_0)X(t_0)dt$$

$$+\int_{t_0}^{t_1}\Phi^T(t,t_0)C^T(t)C(t)\int_{t_0}^{t}\Phi(t,\tau)B(\tau)U(\tau)d\tau dt$$

$$=Q_o[t_0,t_1]X(t_0)+\int_{t_0}^{t_1}\Phi^T(t,t_0)C^T(t)C(t)$$

$$\int_{t_0}^{t}\Phi(t,\tau)B(\tau)U(\tau)d\tau dt$$

利用 $Q_o[t_0, t_1]$满秩的条件，存在$Q_o^{-1}[t_0,t_1]$，上式双方左乘以$Q_o^{-1}[t_0,t_1]$，解得 $X(t_0)$

$$X(t_0)=Q_o^T[t_0,t_1]\left[\int_{t_0}^{t_1}\Phi^T(t,t_0)C^T(t)Y(t)dt-\int_{t_0}^{t_1}\Phi^T(t,t_0)C^T(t)C(t)\int_{t_0}^{t}\Phi(t,\tau)B(\tau)U(\tau)d\tau dt\right]$$

该式显示 $X(t_0)$被在$[t_0, t_1]$上的 $Y(t)$唯一确定，故系统在$[t_0, t_1]$上可观测。

再证明必要性，即系统可观测$\Rightarrow Q_o[t_0,t_1]$满秩。

事先设$U(t)\equiv 0 \quad t\in[t_0,t_1]$。如果 $X(t_0)=0$，从(8.54)得$Y(t)=0 \quad t\in[t_0,t_1]$。于是一方面，对于输出$Y(t)=0 \quad t\in[t_0,t_1]$对应初值 $X(t_0)=0$。

另一方面采取反证法，若 $Q_o[t_0, t_1]$不满秩，存在非 0 向量 X_0使

$$X_0^TQ_o[t_0,t_1]X_0=0$$

得

$$0=\int_{t_0}^{t_1}X_0^T\Phi^T(\tau,t_0)C^T(\tau)C(\tau)\Phi(\tau,t_0)X_0d\tau$$

$$=\int_{t_0}^{t_1}[C(\tau)\Phi(\tau,t_0)X_0]^T[C(\tau)\Phi(\tau,t_0)X_0]d\tau$$

$$=\int_{t_0}^{t_1}\|C(\tau)\Phi(\tau,t_0)X_0\|^2d\tau$$

$C(t)\Phi(t,t_0)X_0$在$[t_0, t]$上连续，引用辅助定理知被积向量是 0 向量

$$C(t)\Phi(t,t_0)X_0=0 \qquad t\in[t_0,t_1]$$

从输出方程(8.54)得

$$Y(t)=C(t)\Phi(t,t_0)X_0=0 \qquad t\in[t_0,t_1]$$

于是获得的结果是，输出$Y(t)=0 \quad t\in[t_0,t_1]$对应于非 0 初始值$X(t_0)=X_0\neq 0$。

两个方面对于相同的输出$Y(t)=0 \quad t\in[t_0,t_1]$，对应于两个不同的初值($X(t_0)$取 0 或非 0 向量)。此与系统可观测性唯一确定初值产生矛盾，反证假设不成立，矩阵 $Q_o[t_0, t_1]$

必满秩。定理证毕。

与可控性判别矩阵(8.50)相平行地建立矩阵：

$$
\begin{aligned}
&C_1(t)=C(t)\\
&C_2(t)=C_1(t)A(t)+\dot{C}_1(t)\\
&C_3(t)=C_2(t)A(t)+\dot{C}_2(t)\\
&\cdots\cdots\\
&C_n(t)=C_{n-1}(t)A(t)+\dot{C}_{n-1}(t)
\end{aligned}
$$

在此 $C_i(t)$是 $m\times n$ 矩阵，将 n 个上列矩阵作为子块，竖直排列成 $m\times n$ 行、n 列矩阵

$$
\begin{bmatrix} C_1(t)\\ C_2(t)\\ \cdots\\ C_n(t)\end{bmatrix} \tag{8.55}
$$

有可观测性判别定理。

定理 8.4　确立在区间$[t_0, t_1]$上的连续线性系统$[A(t), B(t), C(t)]$，若存在$\tilde{t}\in[t_0,t_1]$使矩阵$\begin{bmatrix} C_1(\tilde{t})\\ C_2(\tilde{t})\\ \cdots\\ C_n(\tilde{t})\end{bmatrix}$的秩为 n，则系统可观测。

反证法，若系统不可观测，根据定理 8.3，可观测性矩阵 $Q_o\,[t_0, t_1]$不满秩，即存在非 0 向量 X_0，使

$$X_0^T Q_o[t_0,t_1]X_0=0$$

重复定理 8.3 必要性证明中的推导，获得在整个区间$[t_0, t_1]$上为 0 的向量

$$C(t)\Phi(t,t_0)X_0=0\qquad t\in[t_0,t_1]$$

上式求导数以后仍为 0 向量

$$
\begin{aligned}
0&=\frac{d}{dt}[C(t)\Phi(t,t_0)]X_0\\
&=\left[\dot{C}(t)\Phi(t,t_0)+C(t)\frac{d}{dt}\Phi(t,t_0)\right]X_0\\
&=\left[\dot{C}(t)\Phi(t,t_0)+C(t)A(t)\Phi(t,t_0)\right]X_0\\
&=\left[C(t)A(t)+\dot{C}(t)\right]\Phi(t,t_0)X_0\\
&=C_2(t)\Phi(t,t_0)X_0
\end{aligned}
$$

对 $C_2(t)\Phi(t,t_0)X_0$ 重复前面的求导数运算得 $C_3(t)\Phi(t,t_0)X_0=0,\cdots\cdots$。

经过 $n-1$ 次重复求导运算得

$$C_i(t)\Phi(t,t_0)X_0=0 \quad (i=1,2,\cdots,n; t\in[t_0,t_1])$$

上述 n 个等式亦可写成

$$\begin{bmatrix} C_1(t) \\ C_2(t) \\ \cdots \\ C_n(t) \end{bmatrix} \Phi(t,t_0)X_0=0 \qquad t\in[t_0,t_1] \tag{8.56}$$

其中 X_0 是非 0 向量，又迁移矩阵 $\Phi(t,t_0)$ 可逆，因而 $\Phi(t,t_0)X_0$ 是非 0 向量。等式(8.56)说明对任何 $t\in[t_0,t_1]$，矩阵 $\begin{bmatrix} C_1(t) \\ C_2(t) \\ \cdots \\ C_n(t) \end{bmatrix}$ 的 n 列列向量线性相关，即该矩阵的秩小于 n，与定理条件产生矛盾。因而反证假设不成立，系统可观测。

对于定常系统[A, B, C]，定理 8.4 中引用的矩阵(8.55)，因 $\dot{C}=0$ 而有

$$C_1=C, C_2=CA, C_3=CA^2,\cdots, C_n=CA^{n-1}$$

相应于(8.55)的判别矩阵成为

$$\begin{bmatrix} C \\ CA \\ CA^2 \\ \cdots \\ CA^{n-1} \end{bmatrix} \tag{8.57}$$

最后，对定常系统作定理 8.4 的推论表述如下：

推论　对于定常系统[A, B, C]，若矩阵 $\begin{bmatrix} C \\ CA \\ \cdots \\ CA^{n-1} \end{bmatrix}$ 的秩为 n，则系统可观测。

与可控性的判别一样，这里判别矩阵与时间参数无关，因此在任意区间上系统都是可观测的，称之为完全可观测。而且进一步还可以证明，本推论可观测的条件既充分也是必要的。

关于可控性与可观测性，我们已经从理论上进行上面的讨论，接着就几个例子进行

分析，以加深对理论的认识。

例 5　先讨论人体内糖的新陈代谢。糖以血糖和肝糖两种形式存在于人体，分别以 x_1 和 x_2 表示其数量，过多的血糖将以 c_1x_1 的速率成为肝糖贮存于肝脏，肝糖又以 c_2x_2 的速率转化成血糖，并以 a_2x_2 的速率为肝自身新陈代谢消耗使用，血糖以 a_1x_1 的速率被人体各组织新陈代谢过程中消耗使用，又不断从消化器官将单糖以速率 $u(t)$吸收转入血液。其中 a_1, a_2, c_1 和 c_2 都是非负常量。

先列出系统方程

$$\begin{bmatrix} \dot{x}_1 \\ \dot{x}_2 \end{bmatrix} = \begin{bmatrix} -a_1-c_1 & c_2 \\ c_1 & -a_2-c_2 \end{bmatrix} \begin{bmatrix} x_1 \\ x_2 \end{bmatrix} + \begin{bmatrix} 1 \\ 0 \end{bmatrix} u(t)$$

$$\begin{bmatrix} y_1 \\ y_2 \end{bmatrix} = \begin{bmatrix} a_1 & 0 \\ 0 & a_2 \end{bmatrix} \begin{bmatrix} x_1 \\ x_2 \end{bmatrix}$$

该系统是定常系统：

$$A = \begin{bmatrix} -a_1-c_1 & c_2 \\ c_1 & -a_2-c_2 \end{bmatrix} \quad B = \begin{bmatrix} 1 \\ 0 \end{bmatrix} \quad C = \begin{bmatrix} a_1 & 0 \\ 0 & a_2 \end{bmatrix}$$

求可控性判别矩阵：

$$B_1 = B = \begin{bmatrix} 1 \\ 0 \end{bmatrix} \quad B_2 = AB = \begin{bmatrix} -a_1-c_1 & c_2 \\ c_1 & -a_2-c_2 \end{bmatrix} \begin{bmatrix} 1 \\ 0 \end{bmatrix} = \begin{bmatrix} -a_1-c_1 \\ c_1 \end{bmatrix}$$

$[B_1B_2] = \begin{bmatrix} 1 & -a_1-c_1 \\ 0 & c_1 \end{bmatrix}$，当 $c_1 \neq 0$ 时，可控性判别矩阵秩等于 2，系统可控。

求可观测性判别矩阵：

$$C_1 = \begin{bmatrix} a_1 & 0 \\ 0 & a_2 \end{bmatrix} \quad C_2 = CA = \begin{bmatrix} a_1 & 0 \\ 0 & a_2 \end{bmatrix} \begin{bmatrix} -a_1-c_1 & c_2 \\ c_1 & -a_2-c_2 \end{bmatrix}$$

$$= \begin{bmatrix} -a_1^2-a_1c_1 & a_1c_2 \\ a_2c_1 & -a_2c_2-a_2^2 \end{bmatrix}$$

$$\begin{bmatrix} C_1 \\ C_2 \end{bmatrix} = \begin{bmatrix} a_1 & 0 \\ 0 & a_2 \\ -a_1^2-a_1c_1 & a_1c_2 \\ a_2c_1 & -a_2c_2-a_2^2 \end{bmatrix}$$

为了使该矩阵中两列向量线性无关，只需构成 2 阶不为 0 的行列式，因此下列条件的成立

$$a_1 a_2 \neq 0$$

或 $a_2 = 0, a_1 c_2 \neq 0$

或 $a_1 = 0, a_2 c_1 \neq 0$ 　　则系统可观测。

再讨论前一节例 1 林木生长经营系统的可控性与可观测性。

该系统属定常系统

$$A = \begin{bmatrix} -a_1 & 0 & a_3 \\ a_1 & -a_2 & 0 \\ 0 & a_2 & -c \end{bmatrix}$$

$$B = \begin{bmatrix} 1 \\ 0 \\ 0 \end{bmatrix} \quad C = [0 \quad 0 \quad c]$$

求可控性判别矩阵：

$$B_1 = \begin{bmatrix} 1 \\ 0 \\ 0 \end{bmatrix}$$

$$B_2 = \begin{bmatrix} -a_1 & 0 & a_3 \\ a_1 & -a_2 & 0 \\ 0 & a_2 & -c \end{bmatrix} \begin{bmatrix} 1 \\ 0 \\ 0 \end{bmatrix} = \begin{bmatrix} -a_1 \\ a_1 \\ 0 \end{bmatrix}$$

$$B_3 = \begin{bmatrix} -a_1 & 0 & a_3 \\ a_1 & -a_2 & 0 \\ 0 & a_2 & -c \end{bmatrix} \begin{bmatrix} -a_1 \\ a_1 \\ 0 \end{bmatrix} = \begin{bmatrix} a_1^2 \\ -a_1^2 - a_1 a_2 \\ a_1 a_2 \end{bmatrix}$$

$[B_1 \quad B_2 \quad B_3] = \begin{bmatrix} 1 & -a_1 & a_1^2 \\ 0 & a_1 & -a_1^2 - a_1 a_2 \\ 0 & 0 & a_1 a_2 \end{bmatrix}$ 使该矩阵满秩的条件是矩阵行列式非 0，即 $a_1^2 a_2 \neq 0$，因此当 $a_1 \neq 0, a_2 \neq 0$ 时系统可控。

求可观测性判别矩阵：

$$C_1 = [0 \quad 0 \quad c]$$

$$C_2 = [0 \quad 0 \quad c] \begin{bmatrix} -a_1 & 0 & a_3 \\ a_1 & -a_2 & 0 \\ 0 & a_2 & -c \end{bmatrix} = [0 \quad a_2 c \quad -c^2]$$

$$C_3 = [0 \quad a_2 c \quad -c^2] \begin{bmatrix} -a_1 & 0 & a_3 \\ a_1 & -a_2 & 0 \\ 0 & a_2 & -c \end{bmatrix} = [a_1 a_2 c \quad -a_2^2 c - a_2 c^2 \quad c^3]$$

$$\begin{bmatrix} C_1 \\ C_2 \\ C_3 \end{bmatrix} = \begin{bmatrix} 0 & 0 & c \\ 0 & a_2 c & -c^2 \\ a_1 a_2 c & -a_2 c(a_2+c) & c^3 \end{bmatrix}$$

欲使该矩阵满秩的条件是矩阵行列式非 0，即 $-c^3 a_2^2 a_1 \neq 0$，因而可观测性条件是 $a_1 \neq 0, a_2 \neq 0$ 和 $c \neq 0$。

最后讨论第一节例 3 的可控性与可观测性

系统是定常系统

$$A = \begin{bmatrix} -a_1 - c_1 & 0 & a_3 \\ a_1 & -a_2 & 0 \\ 0 & a_2 & -a_3 - c_2 \end{bmatrix} \quad B = \begin{bmatrix} 1 & 0 \\ 0 & 0 \\ 0 & 1 \end{bmatrix} \quad C = \begin{bmatrix} c_1 & 0 & 0 \\ 0 & 0 & c_2 \end{bmatrix}$$

求可控性判别矩阵：

$$B_1 = \begin{bmatrix} 1 & 0 \\ 0 & 0 \\ 0 & 1 \end{bmatrix}$$

$$B_2 = AB_1 = \begin{bmatrix} -a_1 - c_1 & a_3 \\ a_1 & 0 \\ 0 & -a_3 - c_2 \end{bmatrix}$$

$$B_3 = AB_2 = \begin{bmatrix} (a_1+c_1)^2 & -a_3(a_1+c_1) - a_3(a_3+c_2) \\ -a_1(a_1+c_1) - a_1 a_2 & a_1 a_3 \\ a_1 a_2 & (a_3+c_2)^2 \end{bmatrix}$$

$$[B_1 \quad B_2 \quad B_3] = \begin{bmatrix} 1 & 0 & -a_1 - c_1 & a_3 & (a_1+c_1)^2 & -a_3(a_1+c_1) - a_3(a_3+c_2) \\ 0 & 0 & a_1 & 0 & -a_1(a_1+c_1) - a_1 a_2 & a_1 a_3 \\ 0 & 1 & 0 & -a_3 - c_2 & a_1 a_2 & (a_3+c_2)^2 \end{bmatrix}$$

为了使该判别矩阵的秩等于 3，就是要从矩阵取出 3 行 3 列(实际在此只要取 3 列)能构成行列式不为 0 的 3 阶矩阵。取第 1, 2, 3 列构成的行列式值为 $-a_1$，因此若 $a_1 \neq 0$ 则系统可控。

求可观测性判别矩阵：

$$C_1 = \begin{bmatrix} c_1 & 0 & 0 \\ 0 & 0 & c_2 \end{bmatrix}$$

$$C_2 = C_1 A = \begin{bmatrix} -c_1(a_1+c_1) & 0 & c_1 a_3 \\ 0 & c_2 a_2 & -c_2(a_3+c_2) \end{bmatrix}$$

$$C_3 = C_2 A = \begin{bmatrix} c_1(a_1+c_1)^2 & c_1 a_2 a_3 & -c_1 a_3(a_1+a_3+c_1+c_2) \\ c_2 a_1 a_2 & -c_2 a_2(a_2+a_3+c_2) & c_2(a_3+c_2)^2 \end{bmatrix}$$

$$
\begin{bmatrix} C_1 \\ C_2 \\ C_3 \end{bmatrix} = \begin{bmatrix} c_1 & 0 & 0 \\ 0 & 0 & c_2 \\ -c_1(a_1+c_1) & 0 & c_1a_3 \\ 0 & c_2a_2 & -c_2(a_3+c_2) \\ c_1(a_1+c_1)^2 & c_1a_2a_3 & -c_1a_3(a_1+a_3+c_1+c_2) \\ c_2a_1a_2 & -c_2a_2(a_2+a_3+c_2) & c_2(a_3+c_2)^2 \end{bmatrix}
$$

为了使该判别矩阵的秩等于 3，就是要求从矩阵取 3 行、3 列(实际上在此只要取 3 行)能构成行列式不为 0 的 3 阶矩阵，则系统可观测。

取第 1, 2, 4 行，构成矩阵行列式值为 $-c_1c_2^2a_2$　　要求 $c_1, c_2, a_2 \neq 0$，则系统可观测。

取第 1, 3, 5 行，构成矩阵行列式值为 $-c_1^3a_2a_3^2$　　要求 $c_1, a_2, a_3 \neq 0$，则系统可观测。

取第 2, 4, 6 行，构成矩阵行列式值为 $-c_2^3a_1a_2^2$　　要求 $c_2, a_1, a_2 \neq 0$，则系统可观测。

第三节　系统的坐标变换、系统的分解和系统的稳定性

在解析几何学和线性代数中有坐标变换，通过变换某些性状显示得更明确，变换是数学研究的一种方法和手段。系统理论也一样，现在先给出定义：

定义 8.6　对于一个系统如果函数矩阵 $T(t)$是可逆且可导的，则

$$
\tilde{X}(t) = T(t)X(t) \tag{8.58}
$$

把状态变量 $X(t)$转变成新的状态变量 $\tilde{X}(t)$，称为系统的坐标变换(coordinate transformation)，$T(t)$是该坐标变换的变换矩阵(transformation matrix)。

假如原状态变量 $X(t)$构成系统 S：

系统 S

$$
\begin{aligned} \dot{X}(t) &= A(t)X(t) + B(t)U(t) \\ Y(t) &= C(t)X(t) + D(t)U(t) \end{aligned}
$$

经过坐标变换(8.58)，状态变量满足新的方程：

$$
\begin{aligned} \dot{\tilde{X}}(t) &= \dot{T}(t)X(t) + T(t)\dot{X}(t) \\ &= \dot{T}(t)X(t) + T(t)A(t)X(t) + T(t)B(t)U(t) \\ &= \left[\dot{T}(t) + T(t)A(t)\right]X(t) + T(t)B(t)U(t) \\ &= \left[\dot{T}(t) + T(t)A(t)\right]T^{-1}(t)\tilde{X}(t) + T(t)B(t)U(t) \end{aligned}
$$

$$
Y(t) = C(t)T^{-1}(t)\tilde{X}(t) + D(t)U(t)
$$

新的状态变量 $\tilde{X}(t)$ 在新的方程下构成新的系统 $\tilde{S}$：
系统 $\tilde{S}$

$$\dot{\tilde{X}}(t) = \tilde{A}(t)\tilde{X}(t) + \tilde{B}(t)U(t)$$
$$Y(t) = \tilde{C}(t)\tilde{X}(t) + \tilde{D}(t)U(t)$$

其中

$$\left.\begin{aligned} \tilde{A}(t) &= \left[\dot{T}(t) + T(t)A(t)\right]T^{-1}(t) \\ \tilde{B}(t) &= T(t)B(t) \\ \tilde{C}(t) &= C(t)T^{-1}(t) \\ \tilde{D}(t) &= D(t) \end{aligned}\right\} \tag{8.59}$$

系统 S 通过坐标变换 $T(t)$得到具有关系(8.59)的系统 $\tilde{S}$，则称系统 S 等价于(be equivalent to)系统 $\tilde{S}$，记作

$$系统\, S = 系统\, \tilde{S}$$

从系统的坐标变换又引出系统之间等价的概念，系统的等价性具有以下性质：

1. 自反性，系统 $S =$ 系统 S；
2. 对称性，若系统 $S_1 =$ 系统 S_2，则系统 $S_2 =$ 系统 S_1；
3. 传递性，若系统 $S_1 =$ 系统 S_2 且系统 $S_2 =$ 系统 S_3，则系统 $S_1 =$ 系统 S_3。

对于自反性，只要取单位矩阵 E 作坐标变换矩阵，自反性显然成立。对称性也不难证明，若 $T(t)$是系统 $S_1 =$ 系统 S_2 的坐标变换矩阵，系统 S_1 和系统 S_2 的四联矩阵分别是$[A_1(t), B_1(t), C_1(t), D_1(t)]$和$[A_2(t), B_2(t), C_2(t), D_2(t)]$。从系统 $S_1 =$ 系统 S_2 有关系

$$\left.\begin{aligned} A_2(t) &= \left[\dot{T}(t) + T(t)A_1(t)\right]T^{-1}(t) \\ B_2(t) &= T(t)B_1(t) \\ C_2(t) &= C_1(t)T^{-1}(t) \\ D_2(t) &= D_1(t) \end{aligned}\right\} \tag{8.60}$$

从第 1 个等式有

$$A_2(t)T(t) = \dot{T}(t) + T(t)A_1(t)$$

移项得

$$T(t)A_1(t) = -\dot{T}(t) + A_2(t)T(t)$$

双方左乘以 $T^{-1}(t)$ 后

$$A_1(t) = -T^{-1}(t)\dot{T}(t) + T^{-1}(t)A_2(t)T(t)$$

继续推导

$$= \left[-T^{-1}(t)\dot{T}(t)T^{-1}(t) + T^{-1}(t)A_2(t)\right]T(t)$$
$$= \left[\frac{dT^{-1}(t)}{dt} + T^{-1}(t)A_2(t)\right]\left(T^{-1}(t)\right)^{-1}$$

同时还有

$$B_1(t) = T^{-1}(t)B_2(t)$$
$$C_1(t) = C_2(t)\left(T^{-1}(t)\right)^{-1}$$
$$D_1(t) = D_2(t)$$

以 $T^{-1}(t)$ 作为坐标变换矩阵，将系统 S_2 变换成系统 S_1 的关系已列出于上，因而系统 S_2 等价于系统 S_1，即

$$\text{系统 } S_2 = \text{ 系统 } S_1$$

最后证明传递性。设 $[A_i(t), B_i(t), C_i(t), D_i(t)]$ 是系统 S_i $(i = 1, 2, 3)$的四联矩阵，$T_1(t)$ 是系统 1 到系统 2 的坐标变换矩阵，$T_2(t)$是系统 2 到系统 3 的坐标变换矩阵。为了证明系统 S_1 = 系统 S_3，要选取变换矩阵 $T_3(t)$将系统 S_1 变换为系统 S_3。实际上只要取 $T_3(t) = T_2(t)T_1(t)$即是。为此须要证明 $T_3(t)$满足该坐标变换相应的关系(8.59)。在此利用已给条件系统 S_1 = 系统 S_2 和系统 S_2 = 系统 S_3 分别得

$$A_2(t) = \left[\dot{T}_1(t) + T_1(t)A_1(t)\right]T_1^{-1}(t)$$
$$A_3(t) = \left[\dot{T}_2(t) + T_2(t)A_2(t)\right]T_2^{-1}(t)$$

将前式代入后式有

$$A_3(t) = \left[\dot{T}_2(t) + T_2(t)\dot{T}_1(t)T_1^{-1}(t) + T_2(t)T_1(t)A_1(t)T_1^{-1}(t)\right]T_2^{-1}(t)$$
$$= \left[\dot{T}_2(t)T_1(t) + T_2(t)\dot{T}_1(t) + T_2(t)T_1(t)A_1(t)\right]T_1^{-1}(t)T_2^{-1}(t)$$
$$= \left\{\frac{d}{dt}\left[T_2(t)T_1(t)\right] + T_2(t)T_1(t)A_1(t)\right\}\left(T_2(t)T_1(t)\right)^{-1}$$

注意将 $T_3(t) = T_2(t)T_1(t)$代入得反映等价关系的第 1 个等式

$$A_3(t) = \left[\dot{T}_3(t) + T_3(t)A_1(t)\right]T_3^{-1}(t)$$

等价关系的其余3个等式十分容易获得，留给读者自己写出。

为了进一步研究等价系统所具有的共同性质，需要了解迁移矩阵在坐标变换下的关系。对于系统 S_1 在矩阵 $T(t)$ 的坐标变换下与之等价的系统 S_2，如果两系统分别具有

系统 S_1，状态变量 $X_1(t)$，四联矩阵 $[A_1(t), B_1(t), C_1(t), D_1(t)]$，迁移矩阵 $\Phi_1(t,\tau)$

系统 S_2，状态变量 $X_2(t)$，四联矩阵 $[A_2(t), B_2(t), C_2(t), D_2(t)]$，迁移矩阵 $\Phi_2(t,\tau)$

系统 S_1 中的状态 $X(\tau)$ 到状态 $X(t)$ 的转移关系

$$X_1(t) = \Phi_1(t,\tau)X_1(\tau)$$

坐标变换是

$$X_2(t) = T(t)X_1(t)$$

双方左乘 $T^{-1}(t)$ 得

$$X_1(t) = T^{-1}(t)X_2(t)$$

同理可得

$$X_1(\tau) = T^{-1}(\tau)X_2(\tau)$$

代入原转移关系

$$T^{-1}(t)X_2(t) = \Phi_1(t,\tau)T^{-1}(\tau)X_2(\tau)$$

得

$$X_2(t) = T(t)\Phi_1(t,\tau)T^{-1}(\tau)X_2(\tau)$$

又系统 S_2 中应有

$$X_2(t) = \Phi_2(t,\tau)X_2(\tau)$$

两式比较可得在坐标变换 $T(t)$ 下迁移矩阵有

$$\Phi_2(t,\tau) = T(t)\Phi_1(t,\tau)T^{-1}(\tau) \tag{8.61}$$

在系统 S_2 中可依据迁移矩阵的定义再进行验证

$$\begin{aligned}\frac{d}{dt}\Phi_2(t,\tau) &= \dot{T}(t)\Phi_1(t,\tau)T^{-1}(\tau) + T(t)\frac{d}{dt}\Phi_1(t,\tau)T^{-1}(\tau)\\ &= \dot{T}(t)\Phi_1(t,\tau)T^{-1}(\tau) + T(t)A_1(t)\Phi_1(t,\tau)T^{-1}(\tau)\\ &= \left[\dot{T}(t) + T(t)A_1(t)\right]T^{-1}(t)T(t)\Phi_1(t,\tau)T^{-1}(\tau)\end{aligned}$$

依据系统 S_2 等价于系统 S_1 的关系(8.60)和关系(8.61)，最后得迁移矩阵求导数的验

证结果

$$\frac{d}{dt}\Phi_2(t,\tau)=A_2(t)\Phi_2(t,\tau)$$

迁移矩阵为单位矩阵的验证十分明显，因为

$$\Phi_2(t,t)=T(t)\Phi_1(t,t)T^{-1}(t)=T(t)T^{-1}(t)=E$$

继续前面的讨论，假如系统 S_1 与系统 S_2 的可控性判别矩阵分别是 $Q_c^{(1)}[t_0,t_1]$ 和 $Q_c^{(2)}[t_0,t_1]$，又可观测性判别矩阵分别是 $Q_o^{(1)}[t_0,t_1]$ 和 $Q_o^{(2)}[t_0,t_1]$。现在演算变换前后的关系，为此已有(8.61)和(8.60)，将这些已知关系代入，分别有以下演算结果：

$$\begin{aligned}
Q_c^{(2)}[t_0,t_1]&=\int_{t_0}^{t_1}\Phi_2(t_0,\tau)B_2(\tau)B_2^T(\tau)\Phi_2^T(t_0,\tau)d\tau\\
&=\int_{t_0}^{t_1}T(t_0)\Phi_1(t_0,\tau)T^{-1}(\tau)T(\tau)B_1(\tau)B_1^T(\tau)T^T(\tau)\left(T^{-1}(\tau)\right)^T\Phi_1^T(t_0,\tau)T^T(t_0)d\tau\\
&=\int_{t_0}^{t_1}T(t_0)\Phi_1(t_0,\tau)B_1(\tau)B_1^T(\tau)\Phi_1^T(t_0,\tau)T^T(t_0)d\tau\\
&=T(t_0)\int_{t_0}^{t_1}\Phi_1(t_0,\tau)B_1(\tau)B_1^T(\tau)\Phi_1^T(t_0,\tau)d\tau\,T^T(t_0)\\
&=T(t_0)Q_c^{(1)}[t_0,t_1]T^T(t_0)
\end{aligned}$$

$$\begin{aligned}
Q_o^{(2)}[t_0,t_1]&=\int_{t_0}^{t_1}\Phi_2^T(\tau,t_0)C_2^T(\tau)C_2(\tau)\Phi_2(\tau,t_0)d\tau\\
&=\int_{t_0}^{t_1}\left(T^{-1}(t_0)\right)^T\Phi_1^T(\tau,t_0)T^T(\tau)\left(T^{-1}(\tau)\right)^TC_1^T(\tau)C_1(\tau)T^{-1}(\tau)T(\tau)\Phi_1(\tau,t_0)T^{-1}(t_0)d\tau\\
&=\int_{t_0}^{t_1}\left(T^{-1}(t_0)\right)^T\Phi_1^T(\tau,t_0)C_1^T(\tau)C_1(\tau)\Phi_1(\tau,t_0)T^{-1}(t_0)d\tau\\
&=\left(T^{-1}(t_0)\right)^T\int_{t_0}^{t_1}\Phi_1^T(\tau,t_0)C_1^T(\tau)C_1(\tau)\Phi_1(\tau,t_0)d\tau\,T^{-1}(t_0)\\
&=\left(T^{-1}(t_0)\right)^TQ_o^{(1)}[t_0,t_1]T^{-1}(t_0)
\end{aligned}$$

上述演算的最终结果中矩阵 $T(t_0)$和 $T^{-1}(t_0)$以及其转置矩阵都是可逆矩阵。因此 $Q_c^2[t_0,t_1]$ 的满秩与否与矩阵 $Q_c^{(1)}[t_0,t_1]$ 相同，矩阵 $Q_o^{(2)}[t_0,t_1]$ 的满秩与否与矩阵 $Q_o^{(1)}[t_0,t_1]$相同。再依据定理 8.1 和定理 8.3，若系统属连续线性系统，则系统 S_2 的可控性与系统 S_1 的可控性相同，系统 S_2 的可观测性与系统 S_1 的可观测性相同。从而有以下定理。

定理 8.5　凡等价的连续线性系统可控性相同，可观测性相同。

接着我们讨论系统的分解。对于线性系统 S: $[A(t), B(t), C(t)]$，若状态矩阵具有形式：

$$A(t)=\begin{bmatrix} A^{(1)}(t) & & & 0 \\ & A^{(2)}(t) & & \\ & & \ddots & \\ 0 & & & A^{(l)}(t) \end{bmatrix} \tag{8.62}$$

其中 $A^{(i)}(t)$ 是具有 n_i 阶的方阵 $(i=1,2,\cdots,l;n=\sum_{i=1}^{l}n_i)$ ，矩阵 $A(t)$中除 l 个子块 $A^{(i)}(t)$ 外皆为 0。于是依矩阵 $A(t)$的行列标号次序，矩阵 $B(t)$, $C(t)$分成相应的子块形式：

$$B(t)=\begin{bmatrix} B^{(1)}(t) \\ B^{(2)}(t) \\ \cdots \\ B^{(l)}(t) \end{bmatrix} \qquad C(t)=\left[C^{(1)}(t)\ C^{(2)}(t)\cdots C^{(l)}(t)\right]$$

其中 $B^{(i)}(t)$ 是 n_i 行 r 列矩阵 $(i=1,2,\cdots,l)$ ； $C^{(i)}(t)$ 是 m 行 n_i 列矩阵 $(i=1,2,\cdots,l)$ 。

于是状态向量亦作相应的分解

$$X(t)=\begin{bmatrix} X^{(1)}(t) \\ X^{(2)}(t) \\ \cdots \\ X^{(l)}(t) \end{bmatrix}$$

$X^{(i)}(t)$ 是 n_i 维向量 $(i=1,2,\cdots,l)$ 。以 $X^{(i)}(t)$ 为状态向量，相应的矩阵子块构成的系统 $S_i:[A^{(i)}(t), B^{(i)}(t), C^{(i)}(t)]$ $(i=1,2,\cdots,l)$ 称为原系统 S 的子系统(subsystem)。子系统的系统方程如下

系统 S_i

$$\left.\begin{aligned} \dot{X}^{(i)}(t) &= A^{(i)}(t)X^{(i)}(t)+B^{(i)}(t)U(t) \\ Y^{(i)}(t) &= C^{(i)}(t)X^{(i)}(t) \end{aligned}\right\} \qquad (i=1,2,\ldots,l)$$

子系统 S_i 与原系统 S 之间具有以下关系。

1. 原系统 S 的输出是全部子系统输出之和，即

$$Y(t)=\sum_{i=1}^{l}Y^{(i)}(t)$$

实际上系统 S 的输出有

$$Y(t)=C(t)X(t)=\sum_{i=1}^{l}C^{(i)}(t)X^{(i)}(t)=\sum_{i=1}^{l}Y^{(i)}(t)$$

2. 原系统的迁移矩阵$\boldsymbol{\Phi}(t,\tau)$可由子系统的迁移矩阵$\boldsymbol{\Phi}^{(i)}(t,\tau)$作为子块构成如下

$$\boldsymbol{\Phi}(t,\tau)=\begin{bmatrix}\boldsymbol{\Phi}^{(1)}(t,\tau) & & & 0\\ & \boldsymbol{\Phi}^{(2)}(t,\tau) & & \\ & & \ddots & \\ 0 & & & \boldsymbol{\Phi}^{(l)}(t,\tau)\end{bmatrix} \tag{8.63}$$

验证迁移矩阵的求导条件：

$$\begin{aligned}\frac{d}{dt}\boldsymbol{\Phi}(t,\tau)&=\begin{bmatrix}\frac{d}{dt}\boldsymbol{\Phi}^{(1)}(t,\tau) & & 0\\ & \ddots & \\ 0 & & \frac{d}{dt}\boldsymbol{\Phi}^{(l)}(t,\tau)\end{bmatrix}\\ &=\begin{bmatrix}A^{(1)}(t)\boldsymbol{\Phi}^{(1)}(t,\tau) & & 0\\ & \ddots & \\ 0 & & A^{(l)}(t)\boldsymbol{\Phi}^{(l)}(t,\tau)\end{bmatrix}\\ &=\begin{bmatrix}A^{(1)}(t) & & 0\\ & \ddots & \\ 0 & & A^{(l)}(t)\end{bmatrix}\begin{bmatrix}\boldsymbol{\Phi}^{(1)}(t,\tau) & & 0\\ & \ddots & \\ 0 & & \boldsymbol{\Phi}^{(l)}(t,\tau)\end{bmatrix}\\ &=A(t)\boldsymbol{\Phi}(t,\tau)\end{aligned}$$

迁移矩阵成为单位矩阵的条件显然。

一个庞大复杂的系统如果能分解成多个简单的子系统，这是研究分析庞大系统的一种思想方法。正如研究一个大范围的地理生态系统，可以分解为数个地理区域子系统；研究动物个体生命活动过程，可以分解为消化系统、循环系统、呼吸系统和神经系统等子系统。系统的分解与系统的坐标变换相结合，对于定常系统的研究具有更重要的意义。

设定常系统 S: $[A, B, C]$，变换矩阵是可逆常矩阵 T，在坐标变换 $\hat{X}(t)=TX(t)$之下，有与之等价的系统$\hat{S}:[\hat{A}, \hat{B}, \hat{C}]$。两系统之间矩阵的关系：

$$\hat{A}=TAT^{-1},\ \hat{B}=TB,\ \hat{C}=CT^{-1}$$

系统$\hat{S}$的方程：

$$\begin{aligned}\dot{\hat{X}}(t)&=TAT^{-1}X(t)+TBU(t)\\ Y(t)&=CT^{-1}X(t)\end{aligned}$$

线性代数知识告诉我们，选择适当的 T，经相似变换 TAT^{1}，状态矩阵可化成约当标准型

$$
\hat{A} = TAT^{-1} = \begin{bmatrix} \hat{A}^{(1)} & & & 0 \\ & \hat{A}^{(2)} & & \\ & & \ddots & \\ 0 & & & \hat{A}^{(l)} \end{bmatrix} \tag{8.64}
$$

其中 $\hat{A}^{(i)}$ 是 n_i 阶方阵，取约当块形式

$$
\hat{A}^{(i)} = \begin{bmatrix} \lambda_i & 1 & & 0 \\ & \lambda_i & 1 & \\ & & \ddots & \\ & & \ddots & 1 \\ 0 & & & \lambda_i \end{bmatrix} \qquad (i = 1,2,\cdots,l;\, n = \sum_{i=1}^{l} n_i)
$$

λ_i 是矩阵 A 的特征值。

按照前面系统分解的方法，矩阵 B、C 和状态向量作相应的分解得 l 个子系统：子系统

$$
\hat{S}_i : \qquad \left[\hat{A}^{(i)}\ \hat{B}^{(i)}\ \hat{C}^{(i)}\right] \qquad (i = 1,2,\cdots,l)
$$

该系统的状态矩阵是矩阵 A 的约当块：

$$
\hat{A}^{(i)} = \begin{bmatrix} \lambda_i & 1 & & 0 \\ & \lambda_i & 1 & \\ & & \ddots & \\ & & \ddots & 1 \\ 0 & & & \lambda_i \end{bmatrix}
$$

如果每一个形式如上述的子系统的解能得到，那么作为一般的定常系统的解也就可以获得。下面的定理就是正对状态矩阵为约当块，求迁移矩阵的定理。

定理 8.6　定常系统$[A, B, C]$，
若

$$
A = \begin{bmatrix} \lambda & 1 & & 0 \\ & \lambda & 1 & \\ & & \ddots & \\ & & \ddots & 1 \\ 0 & & & \lambda \end{bmatrix}
$$

则迁移矩阵 $\Phi(t,\tau) = e^{\lambda(t-\tau)}\Psi(t,\tau)$。
其中矩阵

$$
\Psi(t,\tau)=\begin{bmatrix}
1 & (t-\tau) & \frac{1}{2!}(t-\tau)^2 & \cdots & \frac{1}{(n-1)!}(t-\tau)^{n-1} \\
 & 1 & (t-\tau) & \cdots & \frac{1}{(n-2)!}(t-\tau)^{n-2} \\
 & & & & \cdots \\
 & & 1 & \ddots & \frac{1}{2!}(t-\tau)^2 \\
 & & & \ddots & (t-\tau) \\
0 & & & & 1
\end{bmatrix} \tag{8.65}
$$

证明：首先验证下面对矩阵$\Psi(t,\tau)$的求导数运算

$$
\frac{d}{dt}\Psi(t,\tau)=\begin{bmatrix}
0 & 1 & (t-\tau) & \cdots & \frac{1}{(n-2)!}(t-\tau)^{n-2} \\
 & 0 & 1 & \cdots & \frac{1}{(n-3)!}(t-\tau)^{n-3} \\
 & & 0 & & \cdots \\
 & & & \ddots & (t-\tau) \\
 & & & \ddots & 1 \\
0 & & & & 0
\end{bmatrix}
$$

$$
=\begin{bmatrix}
0 & 1 & & & 0 \\
 & 0 & 1 & & \\
 & & 0 & \ddots & \\
 & & & \ddots & 1 \\
0 & & & & 0
\end{bmatrix}\Psi(t,\tau)
$$

现在验证迁移矩阵的求导条件：

$$
\begin{aligned}
\frac{d}{dt}\Phi(t,\tau) &= \lambda e^{\lambda(t-\tau)}\Psi(t,\tau)+e^{\lambda(t-\tau)}\frac{d}{dt}\Psi(t,\tau) \\
&= e^{\lambda(t-\tau)}\left[\lambda E+\begin{bmatrix}
0 & 1 & & 0 \\
 & 0 & 1 & \\
 & & \ddots & \ddots \\
 & & & 1 \\
0 & & & 0
\end{bmatrix}\right]\Psi(t,\tau) \\
&= e^{\lambda(t-\tau)}A\Psi(t,\tau) \\
&= Ae^{\lambda(t-\tau)}\Psi(t,\tau) \\
&= A\Phi(t,\tau)
\end{aligned}
$$

迁移矩阵取单位矩阵的条件极易验证，因为$\Psi(t,t)=E$，故$\Phi(t,t)=E$。

系统状态方程的求解是系统研究的基本问题。表达式(8.45)给出了一般线性系统解

的形式，为了获得有意义的表达式还须要列出迁移矩阵。定理 8.6 为写出一般定常系统的迁移矩阵提供了具体的方法，从而解决了定常系统的求解。这里举两个解定常系统的例子。

例 6　求解定常系统

$$\frac{d}{dt}\begin{bmatrix} x_1(t) \\ x_2(t) \end{bmatrix} = \begin{bmatrix} -17 & -9 \\ 30 & 16 \end{bmatrix}\begin{bmatrix} x_1(t) \\ x_2(t) \end{bmatrix}$$

$$y(t) = \begin{bmatrix} 2 & 1 \end{bmatrix}\begin{bmatrix} x_1(t) \\ x_2(t) \end{bmatrix}$$

系统状态矩阵 $A = \begin{bmatrix} -17 & -9 \\ 30 & 16 \end{bmatrix}$，变换矩阵取 $T = \begin{bmatrix} 2 & 1 \\ 5 & 3 \end{bmatrix}$，$T^{-1} = \begin{bmatrix} 3 & -1 \\ -5 & 2 \end{bmatrix}$

$$\hat{A} = TAT^{-1} = \begin{bmatrix} 2 & 1 \\ 5 & 3 \end{bmatrix}\begin{bmatrix} -17 & -9 \\ 30 & 16 \end{bmatrix}\begin{bmatrix} 3 & -1 \\ -5 & 2 \end{bmatrix} = \begin{bmatrix} -2 & 0 \\ 0 & 1 \end{bmatrix}$$

$$\lambda_1 = -2, \lambda_2 = 1, \quad \hat{\Phi}(t,\tau) = \begin{bmatrix} e^{-2(t-\tau)} & 0 \\ 0 & e^{(t-\tau)} \end{bmatrix}$$

$$\begin{aligned} \Phi(t,\tau) &= T^{-1}\hat{\Phi}(t-\tau)T \\ &= \begin{bmatrix} 3 & -1 \\ -5 & 2 \end{bmatrix}\begin{bmatrix} e^{-2(t-\tau)} & 0 \\ 0 & e^{(t-\tau)} \end{bmatrix}\begin{bmatrix} 2 & 1 \\ 5 & 3 \end{bmatrix} \\ &= \begin{bmatrix} 6\,e^{-2(t-\tau)} - 5\,e^{t-\tau} & 3\,e^{-2(t-\tau)} - 3\,e^{t-\tau} \\ -10\,e^{-2(t-\tau)} + 10\,e^{t-\tau} & -5\,e^{-2(t-\tau)} + 6\,e^{t-\tau} \end{bmatrix} \end{aligned}$$

初始时间取 $t_0 = 0$，又设 $u(t) = 0$，系统状态方程的解

$$\begin{bmatrix} x_1(t) \\ x_2(t) \end{bmatrix} = \begin{bmatrix} 6\,e^{-2t} - 5\,e^{t} & 3\,e^{-2t} - 3\,e^{t} \\ -10\,e^{-2t} + 10\,e^{t} & -5\,e^{-2t} + 6\,e^{t} \end{bmatrix}\begin{bmatrix} x_1(0) \\ x_2(0) \end{bmatrix}$$

输出

$$y(t) = \begin{bmatrix} 2\,e^{-2t} & e^{-2t} \end{bmatrix}\begin{bmatrix} x_1(0) \\ x_2(0) \end{bmatrix}$$

例 7　求解方程

$$\frac{d}{dt}\begin{bmatrix}x_1(t)\\x_2(t)\\x_3(t)\end{bmatrix}=\begin{bmatrix}-2&2&-1\\0&-2&0\\1&-4&0\end{bmatrix}\begin{bmatrix}x_1(t)\\x_2(t)\\x_3(t)\end{bmatrix}$$

$$A=\begin{bmatrix}-2&2&-1\\0&-2&0\\1&-4&0\end{bmatrix}，变换矩阵 T=\begin{bmatrix}-1&0&0\\1&-2&1\\0&1&0\end{bmatrix}，\quad T^{-1}=\begin{bmatrix}-1&0&0\\0&0&1\\1&1&2\end{bmatrix}$$

$$\hat{A}=TAT^{-1}=\begin{bmatrix}-1&0&0\\1&-2&1\\0&1&0\end{bmatrix}\begin{bmatrix}-2&-2&-1\\0&-2&0\\1&-4&0\end{bmatrix}\begin{bmatrix}-1&0&0\\0&0&1\\1&1&2\end{bmatrix}=\begin{bmatrix}-1&1&0\\0&-1&0\\0&0&-2\end{bmatrix}$$

约当块

$$\hat{A}^{(1)}=\begin{bmatrix}-1&1\\0&-1\end{bmatrix},\qquad \hat{\Phi}^{(1)}(t,\tau)=e^{-(t-\tau)}\begin{bmatrix}1&t-\tau\\0&1\end{bmatrix}$$

$$\hat{A}^{(2)}=[-2],\qquad \hat{\Phi}^{(2)}(t,\tau)=e^{-2(t-\tau)}$$

$$\hat{\Phi}(t,\tau)=\begin{bmatrix}e^{-(t-\tau)}&(t-\tau)e^{-(t-\tau)}&0\\0&e^{-(t-\tau)}&0\\0&0&e^{-2(t-\tau)}\end{bmatrix}$$

$$\begin{aligned}\Phi(t,\tau)&=T^{-1}\hat{\Phi}(t,\tau)T\\&=\begin{bmatrix}-1&0&0\\0&0&1\\1&1&2\end{bmatrix}\begin{bmatrix}e^{-(t-\tau)}&(t-\tau)e^{-(t-\tau)}&0\\0&e^{-(t-\tau)}&0\\0&0&e^{-2(t-\tau)}\end{bmatrix}\begin{bmatrix}-1&0&0\\1&-2&1\\0&1&0\end{bmatrix}\\&=\begin{bmatrix}(1-t+\tau)e^{-(t-\tau)}&2(t-\tau)e^{-(t-\tau)}&-(t-\tau)e^{-(t-\tau)}\\0&e^{-2(t-\tau)}&0\\(t-\tau)e^{-(t-\tau)}&-2(t-\tau)e^{-(t-\tau)}&(1+t-\tau)e^{-(t-\tau)}\end{bmatrix}\\&=\begin{bmatrix}1-t+\tau&2(t-\tau)&-(t-\tau)\\0&e^{-(t-\tau)}&0\\t-\tau&-2(t-\tau)&(1+t-\tau)\end{bmatrix}e^{-(t-\tau)}\end{aligned}$$

得

$$\begin{bmatrix}x_1(t)\\x_2(t)\\x_3(t)\end{bmatrix}=e^{-(t-\tau)}\begin{bmatrix}1-t+t_0&2(t-t_0)&-(t-t_0)\\0&e^{-(t-t_0)}&0\\t-t_0&-2(t-t_0)&1+t-t_0\end{bmatrix}\begin{bmatrix}x_1(t_0)\\x_2(t_0)\\x_3(t_0)\end{bmatrix}$$

有了前面在理论上的准备可以开始讨论系统的稳定性。稳定性的概念多种多样，这里采取渐近稳定性的概念，定义如下。

定义 8.7 在系统的输入 $U(t) = 0$ 的情况下，对任何初始值 $X(t_0) = X_0$，若有 $\lim\limits_{t\to\infty}\|X(t)\| = 0$，则称系统状态稳定(state stable)；若 $\lim\limits_{t\to\infty}\|Y(t)\| = 0$，则称系统输出稳定(output stable)。

对于线性系统因为 $Y(t) = C(t)X(t)$，故状态稳定必有输出稳定。但是输出稳定却未必状态稳定。例 7 给我们提供了这样的例子，该例输出包含 e^{-2t} 项，当 $t\to\infty$ 时 $Y(t)\to 0$。而状态变量两个分量皆包含 e^t 项，当 $t\to\infty$ 时，$X(t)$不可能趋于 0。今后，每当讨论系统的稳定未声明是输出稳定时，通常意义下都是指状态稳定。

定常系统状态矩阵 A 如果有特征值 λ_i，当 A 在相似性变换下化成约当标准型时，就有相应于特征值 λ_i 的约当块，系统迁移矩阵会出现具有因子 $e^{\lambda_i t}$ 的项。如果特征值是非负实数 $\lambda_i > 0$，当 $t\to\infty$，系统状态变量将会随 $e^{\lambda_i t}\to\infty$ 而不可能趋向于 0；如果特征值是负实数 $\lambda_i < 0$，当 $t\to\infty$，系统状态变量将会随 $e^{\lambda_i t}\to 0$ 而趋向于 0。如果特征值取虚数，状态变量是否趋向于 0 将取决于特征值实部的符号。因而定常系统的稳定性将取决于特征值实部的符号。下面将建立一系列定理讨论定常系统的稳定性，最后给出一个具体判别方法。

定理 8.7 定常系统$[A, B, C]$，若 A 的约当标准型具有 l 个约当块，λ_j 是相应于第 j 约当块具有 n_j 重的特征值($j = 1,2,\cdots,l; n = \sum\limits_{i=1}^{l} n_i$)，则系统齐次状态方程 $\dot{X}(t) = AX(t)$ 解的第 k 分量有以下形式

$$x_k(t) = \sum_{j=1}^{l} P_{kj}(t)e^{\lambda_j(t-t_0)} \tag{8.66}$$

其中 $P_{kj}(t)$是 t 的次数不超过 n_j-1 的多项式。

证明：取适当的坐标变换 $\hat{X}(t) = TX(t)$，新系统的状态矩阵 TAT^{-1} 可化成约当标准型，即

$$\hat{A} = TAT^{-1} = \begin{bmatrix} \hat{A}^{(1)} & & & 0 \\ & \hat{A}^{(2)} & & \\ & & \ddots & \\ 0 & & & \hat{A}^{(l)} \end{bmatrix}$$

其中 $\hat{A}^{(j)}$ 是约当块，相应的特征值 λ_j 具有 n_j 重(包括 $n_j = 1$，$n = \sum\limits_{j=1}^{l} n_j$)。按照矩阵 A 的约当块，新系统被分解为 l 个子系统，系统的迁移矩阵成为

$$\hat{\boldsymbol{\Phi}}(t,t_0)=\begin{bmatrix}\hat{\boldsymbol{\Phi}}^{(1)}(t,t_0) & & & 0\\ & \hat{\boldsymbol{\Phi}}^{(2)}(t,t_0) & & \\ & & \ddots & \\ 0 & & & \hat{\boldsymbol{\Phi}}^{(l)}(t,t_0)\end{bmatrix}$$

原系统的迁移矩阵

$$\boldsymbol{\Phi}(t,t_0)=T^{-1}\hat{\boldsymbol{\Phi}}(t,t_0)T$$

系统齐次方程的解

$$\begin{aligned}X(t)&=\boldsymbol{\Phi}(t,t_0)X(t_0)\\&=T^{-1}\hat{\boldsymbol{\Phi}}(t,t_0)TX(t_0)\\&=T^{-1}\hat{\boldsymbol{\Phi}}(t,t_0)\hat{X}(t_0)\end{aligned}$$

将矩阵 T^1 按 A 的约当块，在行的方向划分为相应的 l 块

$$T^{-1}=[T_1\quad T_2\quad \cdots\quad T_l]$$

$$X(t)=[T_1\quad T_2\quad \cdots\quad T_l]\begin{bmatrix}\hat{\boldsymbol{\Phi}}^{(1)}(t,t_0) & & & 0\\ & \hat{\boldsymbol{\Phi}}^{(2)}(t,t_0) & & \\ & & \ddots & \\ 0 & & & \hat{\boldsymbol{\Phi}}^{(l)}(t,t_0)\end{bmatrix}\begin{bmatrix}\hat{X}^{(1)}(t_0)\\ \hat{X}^{(2)}(t_0)\\ \vdots\\ \hat{X}^{(l)}(t_0)\end{bmatrix}$$

$$\begin{aligned}&=\sum_{j=1}^{l}T_j\hat{\boldsymbol{\Phi}}^{(j)}(t,t_0)\hat{X}^{(j)}(t_0)\\&=\sum_{j=1}^{l}T_j\boldsymbol{\Psi}_j(t,t_0)\hat{X}^{(j)}(t_0)e^{\lambda_j(t-t_0)}\end{aligned}\tag{8.67}$$

其中$\boldsymbol{\Psi}_j$ 是定理 8.6 中形式(8.65)的矩阵。$\boldsymbol{\Psi}_j$ 对应于约当块 $\hat{A}^{(j)}$，具有 $(t-t_0)$ 的最高次项 $(t-t_0)^{n_j-1}$。取向量 $T_j\boldsymbol{\Psi}_j(t,t_0)\hat{X}^{(j)}(t_0)$ 的第 k 分量，记作 $P_{kj}(t)$。显然 $P_{kj}(t)$是 t 的次数不超过 n_j-1 的多项式，并有等式(8.66)。定理证毕。

定理 8.8　定常系统[A, B, C]稳定的充分必要条件是 A 的特征值实部皆小于 0。

证明：先证充分性。对 A 的特征值 $\lambda_1,\lambda_2,\cdots,\lambda_l$ 存在充分小值 $\alpha>0$，使 λ_i 的实部 $\mathrm{Re}(\lambda_j)$ 有不等式

$$\mathrm{Re}(\lambda_i)\le -2\alpha\quad (i=1,2,\cdots,l)$$

又由定理 8.7 知解的第 k 分量

$$x_k(t)=\sum_{j=1}^{l}P_{kj}(t)e^{\lambda_j(t-t_0)}$$

$$\begin{aligned}\left|P_{kj}(t)e^{\lambda_j(t-t_0)}\right| &= \left|P_{kj}(t)e^{\mathrm{Re}(\lambda_j)(t-t_0)}e^{\mathrm{Im}(\lambda_j)(t-t_0)i}\right| \\ &= \left|P_{kj}(t)e^{-\alpha(t-t_0)}\cdot e^{\left(\mathrm{Re}(\lambda_j)+\alpha\right)(t-t_0)}\right| \\ &= \left|P_{kj}(t)e^{-\alpha(t-t_0)}\right|e^{\left(\mathrm{Re}(\lambda_j)+\alpha\right)(t-t_0)}\end{aligned}$$

$P_{kj}(t)$是 t 的不高于 n_j-1 次多项式，因而 $P_{kj}(t)e^{-\alpha(t-t_0)}\to 0$ 当 $t\to\infty$，$\left|P_{kj}(t)e^{-\alpha(t-t_0)}\right|$ 有界，对于 $k=1, 2, \cdots, n$ 和 $j=1, 2, \cdots, l$ 存在 $M>0$，使 $\left|P_{kj}(t)e^{-\alpha(t-t_0)}\right|<M \quad (k=1,2,\cdots,n;\ j=1,2,\cdots,l)$。又 e^t 是单调递增函数，且 $\mathrm{Re}(\lambda_j)+\alpha\le-\alpha$

$$\left|P_{kj}(t)e^{\lambda_j(t-t_0)}\right|<Me^{-\alpha(t-t_0)}$$

$$\left|x_k(t)\right|<lMe^{-\alpha(t-t_0)}$$

令 $t\to\infty$，不等式右边趋向 0，因而同时亦有 $\left|x_k(t)\right|\to 0$。故系统稳定，充分性证毕。

现在证必要性。反证法，若存在某一特征值实部大于或等于 0，为了阐述方便不妨就是 λ_1 的实部大于或等于 0。重复定理 8.7 导出(8.67)的讨论，其中坐标变换可得初值

$$X(t_0)=T^{-1}\hat{X}(t_0)$$

稳定性的定义中对任何初值皆能满足定义条件，在此取初值

$$X(t_0)=T^{-1}\begin{bmatrix}1\\0\\0\end{bmatrix}$$

在此初值条件下

$$\hat{X}(t_0)=TX(t_0)=\begin{bmatrix}1\\0\\0\end{bmatrix}$$

因而除 $\hat{X}(t_0)$ 的第 1 个分量外皆有 $\hat{X}^{(j)}(t_0)=0 \quad (j=2,3,\cdots,l)$

再引(8.67)，此式中仅保留 $j=1$ 项

$$X(t)=T_1\Psi_1(t,t_0)\hat{X}^{(1)}(t_0)e^{\lambda_1(t-t_0)}$$

上面的矩阵乘积由于 $\hat{X}^{(1)}(t_0)$ 是一个 n_1 维向量，且仅在第 1 分量为 1，其余皆为 0。再注意形式为(8.65)的矩阵 $\Psi(t,t_0)$，$\Psi_1(t,t_0)\hat{X}^{(1)}(t_0)$ 仍然是第 1 分量为 1，其余皆为 0 的 n_1 维向量。因而 $T_1\Psi_1(t,t_0)\hat{X}^{(1)}(t_0)$ 是 T_1 的第 1 列向量，也是 T^{-1} 的第 1 列向量，因为 T^{-1} 可逆，该向量非 0，不妨设第 k 分量为 a，$a\neq 0$。于是得状态向量的第 k 分量

$$\begin{aligned}x_k(t)&=ae^{\lambda_1(t-t_0)}\\&=ae^{\mathrm{Re}(\lambda_1)(t-t_0)}e^{\mathrm{Im}(\lambda_1)(t-t_0)i}\end{aligned}$$

不论 $\mathrm{Re}(\lambda_1)$ 取正值抑或 0 值，当 $t\to\infty$ 时都不可能有 $|x_k(t)|\to 0$ 的结果。与系统稳定性条件产生矛盾，反证假设不成立，必要性获证。

关于定常系统稳定性的判别，定理 8.8 已经将其转变为一个线性代数问题，就是要问 A 的特征值实部是否皆小于 0。特征值由特征多项式的根决定，如何判别特征多项式根的实部皆取负值，我们不加证明地引用线性代数中的两个定理，作为定常系统稳定性判别方法。

特征多项式由行列式的展开而得，即行列式

$$|\lambda E-A|=0 \tag{8.68}$$

展开后写成

$$a_0\lambda^n+a_1\lambda^{n-1}+\cdots+a_n=0 \quad (a_0>0) \tag{8.69}$$

在此要求 $a_0>0$。

补充定理 1　多项式(8.69)根的实部皆为负值，则该多项式全部系数皆取正值。

若特征多项式计算出来以后，可先依据补充定理 1 初步检验，这是一个必要条件，如果特征多项式的某个系数取负或 0 值，则系统不可能稳定。若系数都取正值，尚不能得出稳定性的结论，须要做进一步的检验。这里引用 Routh-Hurwitz 判别法。

补充定理 2　多项式(8.69)的根都具有负实部的充分必要条件是矩阵

$$\Delta_n=\begin{bmatrix}a_1 & a_0 & 0 & 0 & 0 & 0 & \cdots & 0\\ a_3 & a_2 & a_1 & a_0 & 0 & 0 & \cdots & 0\\ a_5 & a_4 & a_3 & a_2 & a_1 & a_0 & \cdots & 0\\ \cdots & \cdots & \cdots & \cdots & \cdots & \cdots & \cdots & \cdots\\ a_{2n-1} & a_{2n-2} & a_{2n-3} & \cdots & & & & a_n\end{bmatrix} \tag{8.70}$$

的主子式行列式都取正值。矩阵中 a_l 当 $l>n$ 时规定 $a_l=0$。

矩阵(8.70)的主子式行列式列出如下：

$$\Delta_1 = a_1$$

$$\Delta_2 = \begin{vmatrix} a_1 & a_0 \\ a_3 & a_2 \end{vmatrix}$$

$$\Delta_3 = \begin{vmatrix} a_1 & a_0 & 0 \\ a_3 & a_2 & a_1 \\ a_5 & a_4 & a_3 \end{vmatrix} \cdots$$

试利用前面特征多项式的理论讨论例 7 的系统稳定性。特征多项式如下

$$|\lambda E - A| = \begin{vmatrix} \lambda+2 & -2 & 1 \\ 0 & \lambda+2 & 0 \\ -1 & 4 & \lambda \end{vmatrix} = 0$$

展开后得多项式

$$\lambda^3 + 4\lambda^2 + 5\lambda + 2 = 0$$

多项式所有系数均为正值，从补充定理 1 尚不能作出稳定性结论，继续进行补充定理 2 的检验，写出 Routh-Hurwitz 判别矩阵

$$\Delta_3 = \begin{bmatrix} 4 & 1 & 0 \\ 2 & 5 & 4 \\ 0 & 0 & 2 \end{bmatrix}$$

检验主子式行列式

$$\Delta_1 = 4 > 0, \quad \Delta_2 = \begin{vmatrix} 4 & 1 \\ 2 & 5 \end{vmatrix} = 18 > 0, \quad \Delta_3 = \begin{vmatrix} 4 & 1 & 0 \\ 2 & 5 & 4 \\ 0 & 0 & 2 \end{vmatrix} = 36 > 0$$

所有主子式行列式值都大于 0，符合条件，故系统稳定。

再看原例 6，先计算特征多项式

$$|\lambda E - A| = \begin{vmatrix} \lambda+17 & 9 \\ -30 & \lambda-16 \end{vmatrix} = \lambda^2 + \lambda - 2 = 0$$

这里特征多项式中出现负系数，根据补充定理 1 知该系统不可能稳定，进一步检验已没有必要。实际上前面已经通过齐次方程的解得出系统不稳定的结论。

随后将过去曾经提出的定常系统实例，分析其稳定性。先讨论上节的例 5，本例比较简单，是一个 2 维定常系统，状态矩阵 $A=\begin{bmatrix}-a_1-c_1 & c_2 \\ c_1 & -a_2-c_2\end{bmatrix}$，特征多项式

$$|\lambda E-A|=\begin{vmatrix}\lambda+a_1+c_1 & -c_2 \\ -c_1 & \lambda+a_2+c_2\end{vmatrix}=(\lambda+a_1+c_1)(\lambda+a_2+c_2)-c_1c_2$$

$$=\lambda^2+(a_1+a_2+c_1+c_2)\lambda+a_1a_2+c_1a_2+c_2a_1=0$$

Routh-Hurwitz 矩阵：

$$\begin{bmatrix}a_1+a_2+c_1+c_2 & 1 \\ 0 & a_1a_2+a_1c_2+a_2c_1\end{bmatrix}$$

主子式行列式值：

$$\Delta_1=a_1+a_2+c_1+c_2,\quad \Delta_2=\begin{vmatrix}a_1+a_2+c_1+c_2 & 1 \\ 0 & a_1a_2+a_1c_2+a_2c_1\end{vmatrix}$$

$$=(a_1+a_2+c_1+c_2)(a_1a_2+a_1c_2+a_2c_1)$$

首先不难证明：$\Delta_1>0, \Delta_2>0 \Leftrightarrow a_1a_2>0, a_1c_2>0, a_2c_1>0$ 三式至少其中之一成立。再由定理 8.8 知系统稳定的充分必要条件是

$a_1a_2>0, a_1c_2>0, a_2c_1>0$ 三式至少其中之一成立。

再分析第一节提出的例 1 林木生长经营系统。

状态矩阵：

$$A=\begin{vmatrix}-a_1 & 0 & a_3 \\ a_1 & -a_2 & 0 \\ 0 & a_2 & -c\end{vmatrix}\quad |\lambda E-A|=\begin{vmatrix}\lambda+a_1 & 0 & -a_3 \\ -a_1 & \lambda+a_2 & 0 \\ 0 & -a_2 & \lambda+c\end{vmatrix}$$

$$=(\lambda+a_1)(\lambda+a_2)(\lambda+c)-a_1a_2a_3=0$$

得特征多项式：

$$\lambda^3+(a_1+a_2+c)\lambda^2+(a_1a_2+a_1c+a_2c)\lambda+a_1a_2c-a_1a_2a_3=0$$

Routh-Hurwitz 矩阵的主子式行列式分别是：

$$\Delta_1 = a_1 + a_2 + c$$

$$\Delta_2 = \begin{vmatrix} a_1 + a_2 + c & 1 \\ a_1 a_2 (c - a_3) & a_1 a_2 + a_1 c + a_2 c \end{vmatrix} = (a_1 + a_2 + c)(a_1 a_2 + a_1 c + a_2 c) - a_1 a_2 (c - a_3)$$

$$= (a_1 + a_2 + c)(a_1 a_2 + a_1 c + a_2 c) + a_1 a_2 a_3 - a_1 a_2 a_c$$

$$\Delta_3 = \begin{vmatrix} a_1 + a_2 + c & 1 & 0 \\ a_1 a_2 (c - a_3) & a_1 a_2 + a_1 c + a_2 c & a_1 + a_2 + c \\ 0 & 0 & a_1 a_2 (c - a_3) \end{vmatrix} = a_1 a_2 (c - a_3) \Delta_2$$

在此 $\Delta_3 = a_1 a_2 (c - a_3) \Delta_2 > 0$ 是条件成立的关键，由此式的分析不难证明下面的等价关系。

$$\Delta_1 > 0, \Delta_2 > 0 \text{ 和 } \Delta_3 > 0 \text{ 成立} \Leftrightarrow a_1 > 0, a_2 > 0, \text{ 和 } c > a_3 \text{ 成立。}$$

最后根据定理 8.8 得，本系统稳定的充分必要条件是

$$a_1 > 0, a_2 > 0 \text{ 和 } c > a_3 \text{ 成立。}$$

3 个不等式成立的直观意义也容易理解。只要我们看图 8-2 的框图就能明白，当 $a_1 > 0, a_2 > 0$，才能在没有输入的情况下，x_1(种子)和 x_2(幼苗)不断地都转到 x_3(成材树)，最终被砍伐而输出于系统之外。否则 $X(t) \to 0$ (当 $t \to \infty$)不能成立。至于不等式 $c > a_3$，它说明树木被砍伐输出的速率大于系统自身繁殖增长的速率，也只有这样才能保证在没有外界输入时系统趋向于 0，否则系统不断地自我增值，破坏了系统的稳定性。

第四节　最优控制与最小值原理

前面几节我们以线性系统讨论了系统理论中的可控性、可观测性和稳定性等一系列重要概念和理论。现在再回到一般性的系统，讨论系统的最优控制问题。这是一个理论性很强又具有实际意义的内容。为了解决最优控制，本节应用到变分法理论，考虑到未学过变分法读者的需要，在阐述过程中，随时对新的数学知识给予补充，便于读者学习和理解。本节的理论和方法最后归于最小值原理，庞特里雅金的最小值原理是近代系统控制理论中具有里程碑意义的研究成果。学完本节以后，希望读者能理解其基本理论，掌握该原理，并应用于解决某些生物学有关的实际问题。

前面第二节在论述可控性时，曾经讨论了通过系统输入控制系统的问题，在那里是讨论能否控制和控制的条件；在这里讨论的是如何控制，并实现最优控制(optimum control)。何谓最优控制？这里须要事先确立系统的最优目标，并考虑到在一定的数学模型下各种约束条件，然后设计最佳输入方案，使整个系统的运行在满足各种约束条件下，实现预期的最优目标。

还是让我们从简单的实际例子入手。不妨取林木生长经营系统(例 1)开始讨论。本系统的最优目标自然是在系统的运行过程中获得最佳经济效益。前面几节的讨论，已经建立系统方程，这是运行的基础。通常系统的初始状态和终止状态作为对系统的约束条件被提出，约束还体现在对输入 $U(t)$的限制和要求，我们必须了解清楚，是在什么样的输入下获取最佳经济效益。最后还需要将最优目标以数学形式体现出来，这就是性能指标的建立。一个完整的最优控制问题的提出，至少应包括系统的状态方程、系统的约束条件和性能指标的建立。其中以性能指标最为重要。整个最优控制问题以变分法数学工具来处理，实质上是对性能指标所确立的一个泛函数求极值问题。如何理解性能指标的泛函极值问题，还是让我回到林木生长经营的实际问题中进行讨论，所谓最佳效益就是要算一算经济效益。假如系统中种子、树苗和树木的价格分别是α_1,α_2和α_3。第一笔要算的是终止时 ($t=t_f$)，系统内各状态具有的经济价值，就是 $\alpha_1 x_1(t_f)+\alpha_2 x_2(t_f)+\alpha_3 x_3(t_f)$；第二笔要算的是整个经营过程中系统输出木材创造的经济价值,应该是$\int_{t_0}^{t_f} y(t)\alpha_3 dt=\int_{t_0}^{t_f} c\alpha_3 x_3(t)dt$；第三笔要算的是系统输入付出的价值，即 $\int_{t_0}^{t_f}\alpha_1^* u(t)dt$，这里$\alpha^*$代表种子的市场价格，它比成本价格$\alpha_1$要高。最后将这三个方面综合在一起，以泛函的形式给出性能指标的数学表达式

$$J(u)=-\left[\alpha_1 x_1(t_f)+\alpha_2 x_2(t_f)+\alpha_3 x_3(t_f)\right]+\int_{t_0}^{t_f}\left[u(t)\alpha_1^*-c\alpha_3 x_3(t)\right]dt \tag{8.71}$$

上面的表达式中除函数 $u(t)$以外，其他值都是常量或者是由 $u(t)$和约束条件确定的值，每给定一个输入函数 $u(t)$，表达式(8.71)按经济价值算出一个值，记作 $J(u)$，最优控制的目标就是在各种约束条件下选出最佳输入方案，记作 $\tilde{u}(t)\ t\in[t_0,t_f]$，使泛函数 $J(\tilde{u})$达到极小值。因此 $J(u)$也称为目标泛函数，整个最优控制的数学理论、方法以及有关数学运算都为取得目标泛函数 $J(u)$的极值而展开。

读者一定不难理解上面所描述的概念，所谓最优控制就是那么一桩十分清楚易于明了的事。在理解的过程中，你是否意识到，在数学基本概念上我们已经又跨入一个新的领域。实际上我们已经在讨论泛函问题，提出了变分学中求泛函极值问题。细心的读者会注意到，建立的所谓泛函数 $J(u)$与一般函数有本质区别，一般函数是确立在实数集合上的实值函数，这里是确立在函数集合上的实值函数，称为泛函。所谓泛函也就是每给一个符合一定条件、取自一定范围的函数 $x(t)$，就有唯一的值，记作 $f(x(t))$与之对应，则称 $f(x(t))$为函数 $x(t)$的泛函。我们建立的泛函，就是以输入 $u(t)$为函数的泛函 $J(u(t))$。

泛函是一般函数概念的扩充，泛函概念不过是一般函数从实数集合移植到函数集合上的扩展。学习本节的数学理论，我们要学会从实数集合到函数集合概念上的扩充。在实数集合上有两点之间的距离，在函数集合上也应有两函数之间的距离，可以把函数 $x(t)$与 $y(t)$之间的距离定义为 $\max|x(t)-y(t)|\ t\in[t_0,t_1]$。在实数集合上有实数点序列取极限的概念，在函数集合上也有函数序列收敛于某一函数的概念。在实数集合上以极限为基础的函数连续性和函数的微分运算，扩充到函数集合建立起泛函，也有泛函的连续性和

泛函变分与之相对应的概念。回顾一般函数微分的定义，我们也可以确立泛函变分的概念。

对于泛函 $f(x(t))$，函数 $x(t)$有一个改变量 $\Delta x(t)$，相应的有泛函的改变量

$$\Delta f = f(x(t) + \Delta x(t)) - f(x(t))$$

如果当 $\max|\Delta x| \to 0$ 时，能写出 Δf 的主要线性部分，记作 $f'(x(t))\delta x$，即

$$\Delta f = f'(x(t))\delta x + \omega(x(t), \delta x)$$

其中 $\omega(x(t), \delta x)$ 是比 δx 更高级的无穷小量，则 Δf 的主要线性部分称为泛函 $f(x(t))$ 的变分，记作

$$\delta f = f'(x(t))\delta x$$

变分也就是通常意义下函数的微分伸引到函数集合上对泛函相应概念的扩充。高等数学曾经建立起有关函数微分的许多数学理论，都能以相应的形式伸引到泛函的变分理论中来。譬如函数的微分为 0，是函数取极值的必要条件，那么泛函的变分为 0

$$\delta f = 0$$

也是泛函 $f(x(t))$ 在 $x(t)$取到极值的条件。

泛函也可以推广到多元，譬如 $f(x(t), y(t), z(t))$ 是依赖于三个函数 $x(t), y(t)$和 $z(t)$的泛函数。这里与多元函数一样，相应于多元函数的全微分，也有泛函的全变分，并且仍然保持着变分为 0 是多元泛函取极值的条件。全变分为 0 表示如下

$$\delta f = \frac{\partial f}{\partial x}\delta x + \frac{\partial f}{\partial y}\delta y + \frac{\partial f}{\partial z}\delta z = 0$$

也可写成矩阵乘积的形式

$$\delta f = \begin{bmatrix} \delta x & \delta y & \delta z \end{bmatrix} \begin{bmatrix} \dfrac{\partial f}{\partial x} \\ \dfrac{\partial f}{\partial y} \\ \dfrac{\partial f}{\partial z} \end{bmatrix} = 0$$

让我们以泛函极值的观点来讨论系统最优控制问题，准备以变分学数学方法来解决最优控制问题。首先问题的提出需要规范化，以变分学的观点，系统最优控制问题的提出应包括三个主要方面：状态方程、约束条件和性能指标。就林木生长经营的例子来说，

最优控制问题提出如下：

状态方程：

$$\dot{X}(t)=\begin{bmatrix}-a_1 & 0 & a_3\\ a_1 & -a_2 & 0\\ 0 & a_2 & -c\end{bmatrix}X(t)+\begin{bmatrix}1\\0\\0\end{bmatrix}u(t)$$

约束条件：

$$\begin{aligned}&\text{初值条件} && X(t_0)=X_0\\ &\text{终端条件} && X(t_f)=X_{t_f}\\ &\text{输入约束} && 0\le u(t)\le M\end{aligned}$$

性能指标：

$$J(u)=-[\alpha_1x_1(t_f)+\alpha_2x_2(t_f)+\alpha_3x_3(t_f)]+\int_{t_0}^{t_f}[u(t)\alpha_1^*-c\alpha_3x_3(t)]dt$$

在以上条件下求在区间$[t_0, t_f]$上的函数$\tilde{u}(t)$，使$J(\tilde{u})$达到极小值。

然后考虑系统的状态方程，最优控制问题中，状态方程是讨论问题的基础，因为状态方程是整个系统运动变化的规律，它以微分方程数学模型对状态给予确定性的描述，最优控制是在此基础上进行。此例状态方程是一个定常系统，作为一般情形，状态方程应该取系统理论最一般的形式(8.1)，即

$$\dot{X}(t)=F[X(t),U(t),t]$$

这里F是n维向量函数，并且具有一阶连续导函数。

再考虑约束条件，包括初值约束、终值约束和输入约束。初值约束在所有最优控制问题中几乎都采取"$X(t_0)=X_0$"的形式，它与状态方程构成取得方程特解的完整微分方程。在以后的讨论中都以这种形式把初值条件固定下来。而且由于在时间t_0状态取定值X_0，变分在该点必取0值，即$\delta X(t_0)=0$，这已成为条件多次在论证过程中使用。

终值约束在此例是一定值X_{t_f}，许多实际问题会提出特殊要求，通常以$l(l\le n)$维连续可导向量函数Ψ，表示成

$$\Psi[X(t_f),t_f]=0$$

把时间t也包括在内的多维状态空间中，终值约束是一个多维空间上的曲面，它要求系统状态的运行终止在该曲面上。见图8.7，在图中$X=X(t)$是一条满足状态方程解的轨线，当$t=t_f$时，$X(t_f)$要求满约束条件，落在终值约束曲面上。当$X=X(t)+\delta X(t)$时，新的状态轨线要求终点仍落在终值约束曲面上，终止时间不得不改变为$t_f+\delta t_f$，产生变分

δt_f。

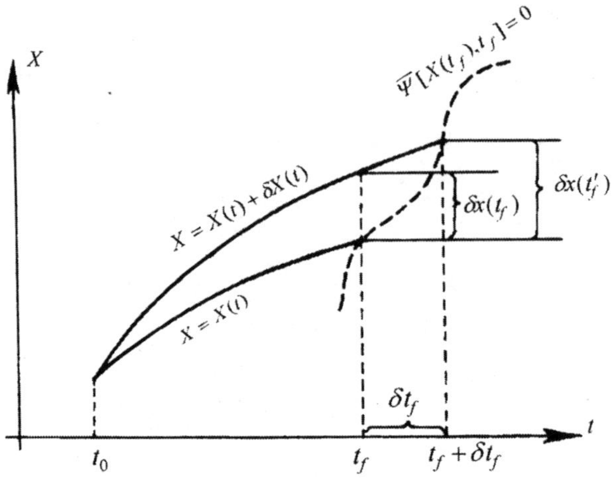

图 8-7

函数 $\delta X(t)$ 在 t_f 的值是 $\delta X(t_f)$，此外又有变分记作 $\delta X(t_f')$，$\delta X(t_f')=X(t_f+\delta t_f)-X(t_f)$，$\delta X(t_f')$ 与 $\delta X(t_f)$ 有关系

$$\delta X(t_f')=\delta X(t_f)+\dot{X}(t_f)\delta t_f$$

上述结果在讨论横截条件时，将用于演算推导。

对输入的约束，以 S 维连续可导向量函数 G 的不等式形式给出

$$G[X(t),U(t),t]\geq 0$$

这是最一般的形式。在最小值原理中还可将 $U(t)$的限制放宽到分断连续函数。

一般情形性能指标可写成下面的形式

$$J(U)=\Phi[X(t_f),t_f]+\int_{t_0}^{t_f}L[X(t),U(t),t]dt$$

其中Φ和 L 都是连续可导数量函数，因此性能指标是数量函数。作为一般泛函 $J(U)$，U 是向量函数，林木生长的例子是 1 维的特殊情形，在此最优控制中的泛函又作了泛函概念上的推广。由于系统是多输入多输出，状态是多维的，须要研究多维向量的泛函及其变分。下面变分的各种形式和向量、矩阵的表示方法，读者应十分熟悉。

先考虑数量函数 $L=L[X(t),U(t)]$的变分，这里 $X(t)$是 n 维向量，U 是 r 维向量，按照多元函数的变分形式

$$\delta L=\sum_{i=1}^{n}\frac{\partial L}{\partial x_i}\delta x_i+\sum_{i=1}^{r}\frac{\partial L}{\partial u_i}\delta u_i$$

$$=\begin{bmatrix}\delta x_1 & \delta x_2 & \cdots & \delta x_n\end{bmatrix}\begin{bmatrix}\dfrac{\partial L}{\partial x_1}\\ \dfrac{\partial L}{\partial x_2}\\ \vdots \\ \dfrac{\partial L}{\partial x_n}\end{bmatrix}+\begin{bmatrix}\delta u_1 & \delta u_2 & \cdots & \delta u_r\end{bmatrix}\begin{bmatrix}\dfrac{\partial L}{\partial u_1}\\ \dfrac{\partial L}{\partial u_2}\\ \vdots \\ \dfrac{\partial L}{\partial u_r}\end{bmatrix}$$

因此数量函数 $L[X(t),U(t)]$ 的变分可写成

$$\delta L=\delta X^T\frac{\partial L}{\partial X}+\delta U^T\frac{\partial L}{\partial U}$$

其中

$$\delta X=\begin{bmatrix}\delta x_1\\ \delta x_2\\ \vdots \\ \delta x_n\end{bmatrix}\qquad \delta U=\begin{bmatrix}\delta u_1\\ \delta u_2\\ \vdots \\ \delta u_n\end{bmatrix}\qquad \frac{\partial L}{\partial X}=\begin{bmatrix}\dfrac{\partial L}{\partial x_1}\\ \dfrac{\partial L}{\partial x_2}\\ \vdots \\ \dfrac{\partial L}{\partial x_n}\end{bmatrix}\qquad \frac{\partial L}{\partial U}=\begin{bmatrix}\dfrac{\partial L}{\partial u_1}\\ \dfrac{\partial L}{\partial u_2}\\ \vdots \\ \dfrac{\partial L}{\partial u_r}\end{bmatrix}$$

也可以表示为另一种等价的写法

$$\delta L=\left(\frac{\partial L}{\partial X}\right)^T\delta X+\left(\frac{\partial L}{\partial U}\right)^T\delta U$$

最优控制的讨论中，对性能指标 $J(U)$ 的变分将出现上述表示方法。

再考虑向量函数 $F[X(t),U(t)]$ 的变分。这里向量 $X(t)$ 与 $U(t)$ 同前，F 是 n 维向量

$$F(X,U)=\begin{bmatrix}f_1(X,U)\\ f_2(X,U)\\ \vdots \\ f_n(X,U)\end{bmatrix}$$

取出一个分量是数量函数 $f_i(X, U)$，对数量函数的变分有

$$\delta f_i(X,U)=\left(\frac{\partial f_i}{\partial X}\right)^T\delta X+\left(\frac{\partial f_i}{\partial U}\right)^T\delta U\quad (i=1,2,\cdots,n)$$

n 个上述等式可写成

$$\delta F=\begin{bmatrix}\delta f_1(X,U)\\ \delta f_2(X,U)\\ \vdots\\ \delta f_n(X,U)\end{bmatrix}=\begin{bmatrix}\dfrac{\partial f_1}{\partial X}^T\\ \dfrac{\partial f_2}{\partial X}^T\\ \vdots\\ \dfrac{\partial f_n}{\partial X}^T\end{bmatrix}\begin{bmatrix}\delta x_1\\ \delta x_2\\ \vdots\\ \delta x_n\end{bmatrix}+\begin{bmatrix}\dfrac{\partial f_1}{\partial U}^T\\ \dfrac{\partial f_2}{\partial U}^T\\ \vdots\\ \dfrac{\partial f_n}{\partial U}^T\end{bmatrix}\begin{bmatrix}\delta u_1\\ \delta u_2\\ \vdots\\ \delta u_r\end{bmatrix}$$

$$=\begin{bmatrix}\dfrac{\partial f_1}{\partial x_1} & \dfrac{\partial f_1}{\partial x_2} & \cdots & \dfrac{\partial f_1}{\partial x_n}\\ \dfrac{\partial f_2}{\partial x_1} & \dfrac{\partial f_2}{\partial x_2} & \cdots & \dfrac{\partial f_2}{\partial x_n}\\ \cdots & \cdots & \cdots & \cdots\\ \dfrac{\partial f_n}{\partial x_1} & \dfrac{\partial f_n}{\partial x_2} & \cdots & \dfrac{\partial f_n}{\partial x_n}\end{bmatrix}\begin{bmatrix}\delta x_1\\ \delta x_2\\ \vdots\\ \delta x_n\end{bmatrix}+\begin{bmatrix}\dfrac{\partial f_1}{\partial u_1} & \dfrac{\partial f_1}{\partial u_2} & \cdots & \dfrac{\partial f_1}{\partial u_r}\\ \dfrac{\partial f_2}{\partial u_1} & \dfrac{\partial f_2}{\partial u_2} & \cdots & \dfrac{\partial f_2}{\partial u_r}\\ \cdots & \cdots & \cdots & \cdots\\ \dfrac{\partial f_n}{\partial u_1} & \dfrac{\partial f_n}{\partial u_2} & \cdots & \dfrac{\partial f_n}{\partial u_r}\end{bmatrix}\begin{bmatrix}\delta u_1\\ \delta u_2\\ \vdots\\ \delta u_r\end{bmatrix}$$

即

$$\delta F=\frac{\partial F}{\partial X}\delta X+\frac{\partial F}{\partial U}\delta U$$

也可表示成

$$\delta F^T=\delta X^T\frac{\partial F}{\partial X}^T+\delta U^T\frac{\partial F}{\partial U}^T$$

对于最优控制中的状态方程作变分，将出现与上述相同的变分表达式，写出如下

$$\delta\dot{X}(t)=\frac{\partial F}{\partial X}\delta X+\frac{\partial F}{\partial U}\delta U$$

这里把变分 $\delta X^T=[\delta x_1\quad\delta x_2\quad\cdots\quad\delta x_n]$ 看作状态向量，$\delta U^T=[\delta u_1\quad\delta u_2\quad\cdots\quad\delta u_r]$ 看作输入向量，注意上式又构成了一个线性系统，$\dfrac{\partial F}{\partial X}$ 是系统的状态矩阵，$\dfrac{\partial F}{\partial U}$ 是系统的输入矩阵。这个观点随后将用到。

前面我们已经从一个林木生长经营的实际例子引出了系统最优控制问题，给出了提出最优控制问题的正规格式，并对问题提出的一般情形作了讨论。通过讨论我们已经明白，最优控制问题实质上是变分学中的泛函极值问题。然后对变分学中的部分数学知识和今后数学推导中可能出现的形式作简单介绍。下面我们将从一个简单的最优控制问题

入手，利用变分法导出最优控制的条件。提出拉格朗日乘子法。然后利用拉格朗日乘子法分析 Bolza 最优控制问题，讨论并证明最优控制的最小值原理。回过头来最后再应用最小值原理去讨论林木生长经营系统的控制和药物动力学的最优控制等问题。

先讨论固定端点的简单最优控制问题。问题的提出如下：

系统的状态方程

$$\dot{X}(t) = F[X(t), U(t), t]$$

系统的约束条件

$$X(t_0) = X_0$$

性能指标

$$J(U) = \int_{t_0}^{t_f} L[X(t), U(t), t]\,dt$$

求 $U(t)$使泛函 $J(U)$达到极值的条件。

如果$\hat{U}(t)$是使目标泛函$J(\hat{U})$达到极值的输入，$\hat{X}(t)$是满足上述条件在输入$\hat{U}(t)$下的状态变量，依据变分为 0 是泛函数取极值的条件，$\hat{U}$与$\hat{X}$应满足以下等式。为了书写的方便式中仍以 U 与 X 表示相应的$\hat{U}$与$\hat{X}$。

$$\delta J = \int_{t_0}^{t_f} \left(\delta X^T \frac{\partial L}{\partial X} + \delta U^T \frac{\partial L}{\partial U} \right) dt = 0 \tag{8.72}$$

其中 L 是数量函数，向量的乘积如下

$$\delta X^T \frac{\partial L}{\partial X} = [\delta x_1 \quad \delta x_2 \quad \cdots \quad \delta x_n] \begin{bmatrix} \dfrac{\partial L}{\partial x_1} \\ \dfrac{\partial L}{\partial x_2} \\ \vdots \\ \dfrac{\partial L}{\partial x_n} \end{bmatrix} = \sum_{i=1}^{n} \frac{\partial L}{\partial x_i} \delta x_i$$

$$\delta U^T \frac{\partial L}{\partial U} = [\delta u_1 \quad \delta u_2 \quad \cdots \quad \delta u_r] \begin{bmatrix} \dfrac{\partial L}{\partial u_1} \\ \dfrac{\partial L}{\partial u_2} \\ \vdots \\ \dfrac{\partial L}{\partial u_r} \end{bmatrix} = \sum_{i=1}^{r} \frac{\partial L}{\partial u_i} \delta u_i$$

这里δX和δU受到系统方程和约束条件的限制，也就是δX和δU必须满足状态方程的变分方程

$$\delta\dot{X}=\frac{\partial F}{\partial X}\delta X+\frac{\partial F}{\partial U}\delta U \tag{8.73}$$

其中F是n维向量，矩阵与向量的乘积如下

$$\frac{\partial F}{\partial X}\delta X=\begin{bmatrix}\frac{\partial f_1}{\partial x_1} & \frac{\partial f_1}{\partial x_2} & \cdots & \frac{\partial f_1}{\partial x_n}\\ \frac{\partial f_2}{\partial x_1} & \frac{\partial f_2}{\partial x_2} & \cdots & \frac{\partial f_2}{\partial x_n}\\ \cdots & \cdots & \cdots & \cdots\\ \frac{\partial f_n}{\partial x_1} & \frac{\partial f_n}{\partial x_2} & \cdots & \frac{\partial f_n}{\partial x_n}\end{bmatrix}\begin{bmatrix}\delta x_1\\ \delta x_2\\ \vdots\\ \delta x_n\end{bmatrix}\qquad \frac{\partial F}{\partial U}\delta U=\begin{bmatrix}\frac{\partial f_1}{\partial u_1} & \frac{\partial f_1}{\partial u_2} & \cdots & \frac{\partial f_1}{\partial u_r}\\ \frac{\partial f_2}{\partial u_1} & \frac{\partial f_2}{\partial u_2} & \cdots & \frac{\partial f_2}{\partial u_r}\\ \cdots & \cdots & \cdots & \cdots\\ \frac{\partial f_n}{\partial u_1} & \frac{\partial f_n}{\partial u_2} & \cdots & \frac{\partial f_n}{\partial u_r}\end{bmatrix}\begin{bmatrix}\delta u_1\\ \delta u_2\\ \vdots\\ \delta u_r\end{bmatrix}$$

把δX看作状态变量，$\dfrac{\partial F}{\partial X}$当作状态矩阵，式(8.73)是线性系统的状态方程，根据线性系统的理论有形式为(8.45)解

$$\delta X(t)=\Phi(t,t_0)\delta X(t_0)+\int_{t_0}^{t}\Phi(t,\tau)\frac{\partial F[X(\tau),U(\tau),\tau]}{\partial U(\tau)}\delta U(\tau)d\tau$$

其中矩阵$\Phi(t,\tau)$是该线性系统的迁移矩阵。又考虑到状态初值为常向量$X(t_0)=X_0$，因而$\delta X(t_0)=0$，变分$\delta X(t)$作为线性系统的解可写成

$$\delta X(t)=\int_{t_0}^{t}\Phi(t,\tau)\frac{\partial F[X(\tau),U(\tau),\tau]}{\partial U(\tau)}\delta U(\tau)d\tau$$

代入(8.72)

$$\delta J=\int_{t_0}^{t_f}\int_{t_0}^{t}\delta U^T(\tau)\left[\frac{\partial F[X(\tau),U(\tau),\tau]}{\partial U(\tau)}\right]^T\Phi^T(t,\tau)\frac{\partial L}{\partial X}d\tau dt$$

$$-\int_{t_0}^{t_f}\delta U^T(t)\frac{\partial L[X(t),U(t),t]}{\partial U(t)}dt=0$$

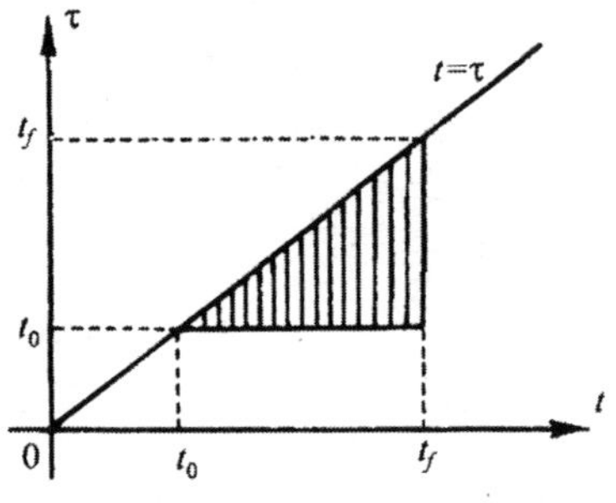

图 8-8

在此积分区域如图 8-8 所示。双重积分交换积分次序，并将后面的单积分的积分变量改为对τ积分，最后积分合并在一起得

$$\delta J=\int_{t_0}^{t_f}\delta U^T(\tau)\left\{\left[\frac{\partial F[X(\tau),U(\tau),\tau]}{\partial U(\tau)}\right]^T\int_{\tau}^{t_f}\Phi^T(t,\tau)\frac{\partial L[X(t),U(t),t]}{\partial X(t)}dt+\frac{\partial L[X(\tau),U(\tau),\tau]}{\partial U(\tau)}\right\}d\tau=0$$

引入协状态向量(covariant state vector)

$$\Lambda(t)=\int_{t}^{t_f}\Phi^T(\mu,t)\frac{\partial L[X(\mu),U(\mu),\mu)]}{\partial X(\mu)}d\mu \tag{8.74}$$

又定义 Hamilton 函数

$$H[X(t),U(t),\Lambda(t),t]=\Lambda^T(t)F[X(t),U(t),t]+L[X(t),U(t),t] \tag{8.75}$$

前面的条件$\delta J=0$又可写成

$$\delta J=\int_{t_0}^{t_f}\delta U^T(\tau)\left\{\left[\frac{\partial F[X(\tau),U(\tau),\tau]}{\partial U(\tau)}\right]^T\Lambda(\tau)+\frac{\partial L[X(\tau),U(\tau),\tau]}{\partial U(\tau)}\right\}d\tau=0$$

由于δU的任意性，有

$$\frac{\partial H[X(t),U(t),\Lambda(t),t]}{\partial U(t)}=\left[\frac{\partial F[X(t),U(t),t]}{\partial U(t)}\right]^T\Lambda(t)+\frac{\partial L[X(t),U(t),t]}{\partial U(t)}=0 \tag{8.76}$$

另一方面对协状态向量求导数

$$\begin{aligned}\dot{\Lambda}(t)&=\frac{d}{dt}\int_{t}^{t_f}\Phi^T(\mu,t)\frac{\partial L[X(\mu),U(\mu),\mu]}{\partial X(\mu)}d\mu\\&=\int_{t}^{t_f}\frac{d\Phi^T(\mu,t)}{dt}\frac{\partial L[X(\mu),U(\mu),\mu]}{\partial X(\mu)}d\mu-\Phi^T(t,t)\frac{\partial L[X(t),U(t),t]}{\partial X(t)}\end{aligned}$$

其中$\Phi(\mu,t)$是方程(8.73)的迁移矩阵，因而$\Phi(t,t)=E$，且

$$\frac{d\Phi(t,\mu)}{dt}=\frac{\partial F[X(t),U(t),t]}{\partial X(t)}\Phi(t,\mu)$$

作下面的推导：

$$\frac{d\Phi(\mu,t)}{dt}=\frac{d\Phi^{-1}(t,\mu)}{dt}$$

$$=-\Phi^{-1}(t,\mu)\frac{d\Phi(t,\mu)}{dt}\Phi^{-1}(t,\mu)$$

$$=-\Phi^{-1}(t,\mu)\frac{\partial F[X(t),U(t),t]}{\partial X(t)}\Phi(t,\mu)\Phi^{-1}(t,\mu)$$

$$=-\Phi(\mu,t)\frac{\partial F[X(t),U(t),t]}{\partial X(t)}$$

将此式转置后，代入前面对协状态向量的求导数运算结果，进一步演算有

$$\dot{\Lambda}(t)=-\int_t^{t_f}\left[\frac{\partial F[X(t),U(t),t]}{\partial X(t)}\right]^T\Phi^T(\mu,t)\frac{\partial L[X(\mu),U(\mu),\mu]}{\partial X(\mu)}d\mu-\frac{\partial L[X(t),U(t),t]}{\partial X(t)}$$

$$=-\left[\frac{\partial F[X(t),U(t),t]}{\partial X(t)}\right]^T\int_t^{t_f}\Phi^T(\mu,t)\frac{\partial L[X(\mu),U(\mu),\mu]}{\partial X(\mu)}d\mu-\frac{\partial L[X(t),U(t),t]}{\partial X(t)}$$

$$=-\left[\frac{\partial F(X(t),U(t),t)}{\partial X(t)}\right]^T\Lambda(t)-\frac{\partial L[X(t),U(t),t]}{\partial X(t)}$$

$$=-\frac{\partial}{\partial X(t)}\{\Lambda^T(t)F[X(t),U(t),t]-L[X(t),U(t),t]\}$$

$$=-\frac{\partial H[X(t),U(t),\Lambda(t),t]}{\partial X(t)}$$

对于协状态向量又有

$$\Lambda(t)\big|_{t=t_f}=0$$

总结以上演算与论证，得本控制命题泛函 $J(U)$取极值的条件

$$\left.\begin{aligned}&\frac{\partial H[X(t),U(t),\Lambda(t),t]}{\partial U(t)}=0\\&\dot{\Lambda}(t)=-\frac{\partial H[X(t),U(t),\Lambda(t),t]}{\partial X(t)}\end{aligned}\right\}\tag{8.77}$$

回顾前面获得如此极值条件，经过比较复杂的推理过程，其复杂性就在于利用泛函极值变分为 0 的同时，还要考虑到状态方程和各种约束条件。对性能指标的变分演算，被积函数中的许多量，包括 δX 和 δU 这些量都不是任意的，要服从状态方程和约束条件。我们是否可以把状态方程和各种约束条件都置于性能指标之内，在变分演算中就将这些条件都综合在一起统一考虑呢？如状态方程改写成 $F[X(t),U(t),t]-\dot{X}(t)=0$ ，然后

在性能指标的被积函数中增加 $F-\dot{X}$ 与待定乘子 $\Lambda(t)$ 的乘积项 $\Lambda^T(t)\left[F[X(t),U(t),t]-\dot{X}(t)\right]$，于是新的性能指标成为

$$J_1(U)=\int_{t_0}^{t_f}\left\{L[X(t),U(t),t]+\Lambda^T(t)\left[F[X(t),Ut),t]-\dot{X}(t)\right]\right\}dt$$

考虑前面的最优控制问题，状态方程的条件已包括在新的性能指标中。由于增加的乘子项 $\Lambda^T(F-\dot{X})=0$，并不影响原性能指标的成立。现在考虑新性能指标下的最优控制问题。将 Hamilton 函数 $H[X(t),U(t),\wedge(t),t]$ 取代性能指标中的部分项，又利用部分积分公式得下面结果

$$\begin{aligned}J_1(U)&=\int_{t_0}^{t_f}H[X(t),U(t),\Lambda(t),t]dt-\int_{t_0}^{t_f}\Lambda^T(t)\dot{X}(t)dt\\&=\int_{t_0}^{t_f}H[X(t),U(t),\Lambda(t),t]dt+\int_{t_0}^{t_f}\dot{\Lambda}^T(t)X(t)dt-\Lambda^T(t)X(t)\Big|_{t_0}^{t_f}\\&=\int_{t_0}^{t_f}\left[H[X(t),U(t),\Lambda(t),t]+\dot{\Lambda}^T(t)X(t)\right]dt+\Lambda^T(t_0)X(t_0)\end{aligned}$$

因为 $\Lambda(t_f)=0$，其中 $\Lambda(t_f)X(t_f)$ 已不包括在内。$\delta J_1=0$ 是泛函 $J_1(U)$ 取极值的条件，作变分

$$\delta J_1=\int_{t_0}^{t_f}\left\{\delta X^T(t)\left[\frac{\partial H[X(t),U(t),\Lambda(t),t]}{\partial X(t)}+\dot{\Lambda}(t)\right]+\delta U^T(t)\frac{\partial H[X(t),U(t),\Lambda(t),t]}{\partial U(t)}\right\}dt=0$$

由于 δX 和 δU 是任意的，获得与(8.77)完全一致的结果

$$\left.\begin{aligned}\dot{\Lambda}(t)&=-\frac{\partial H[X(t),U(t),\Lambda(t),t]}{\partial X(t)}\\&\frac{\partial H[X(t),U(t),\Lambda(t),t]}{\partial U(t)}=0\end{aligned}\right\}$$

这里以新的性能指标取代原性能指标，不再考虑各种等式形式的约束，以最简捷的演算步骤获得了最优控制的条件。该方法称为拉格朗日乘子法(Lagrange's method of multiplier)。

对于最优控制问题，拉格朗日乘子法将所有等式约束条件(除状态初值条件 $X(t_0)=X_0$ 外)改写为等于 0 的表达式，取表达式与待定乘子作数量乘积。为了使乘积结果是数量，乘子向量维数与表达式维数相同，通常以转置的形式左乘表达式，这样的乘子称为拉格朗日乘子(Lagrange multiplier)。再将表达式与拉格朗日乘子的乘积置于性能指标作为原性能指标的补充项，获得新的性能指标。于是原来带等式约束条件的最优控制问题被转

变为一个无约束条件的泛函极值问题。利用变分法能够比较容易地获得最优控制的必要条件。拉格朗日乘子法由于推理演算的简捷，成为最优控制理论分析的得力工具。在此没有对拉格朗日乘子法给出严谨的证明，前面的最优控制问题我们仅作了验证。下面再举波尔查(Bolza)最优控制问题，以拉格朗日乘子法说明推理的过程，最后以拉格朗日乘子法导出最小值原理。

Bolza 最优控制问题提出如下：

状态方程：

$$\dot{X}(t)=F[X(t),U(t),t]$$

约束条件：

初值条件　　$X(t_0)=X_0$

终值条件　　$\Psi[X(t_f),t_f]=0$

性能指标：

$$J(U)=\Phi[X(t_f),t_f]+\int_{t_0}^{t_f}L[X(t),U(t),t]dt \tag{8.78}$$

上述条件中 X 与 F 为 n 维向量，输入向量 U 为 r 维，Ψ是 $l(l\leqslant n)$维向量，性能指标中Φ与 L 均为数量。所有上述函数变量的连续性可微性应推理的需要而提出要求。最优控制就是在以上各项条件下，求最优控制 $U(t)$使性能指标 $J(U)$达到最小值。

拉格朗日乘子法的关键是设计拉格朗日乘子，对状态方程取 n 维乘子 $\Lambda(t)$，有被积函数项 $\Lambda^T(t)[F[X(t),U(t),t]-\dot{X}(t)]$。对终值条件$\Psi[X(t_f),t_f]=0$，取 l 维向量 K 为乘子，有数值项 $K^T\Psi[X(t_f),t_f]$。新的性能指标如下

$$J(U)=\Phi[X(t_f),t_f]+K^T\Psi[X(t_f),t_f]+\int_{t_0}^{t_f}\{L[X(t),U(t),t]+\Lambda^T(t)$$
$$[F[X(t),U(t),t]-\dot{X}(t)]\}dt$$

引入函数 $H[X(t),U(t),\Lambda(t),t]$，并对 $\Lambda^T(t)\dot{X}(t)$ 作部分积分后得

$$J(U)=\Phi[X(t_f),t_f]+K^T\Psi[X(t_f),t_f]-\Lambda^T(t_f)X(t_f)+\Lambda^T(t_0)X(t_0)+$$
$$\int_{t_0}^{t_f}\{H[X(t),U(t),\Lambda(t),t]+\dot{\Lambda}^T(t)X(t)\}dt$$

泛函 $J(U)$取极值的必要条件是性能指标的变分为 0。作变分 δJ 的演算按性能指标中的自由变量分别进行。先将 t_f固定有

$$\delta J=\delta X^T(t_f)\left[\frac{\partial \Phi}{\partial X}+\frac{\partial \Psi^T}{\partial X}K-\Lambda\right]_{t=t_f}+\int_{t_0}^{t_f}\left\{\delta X^T\left[\frac{\partial H}{\partial X}+\dot{\Lambda}\right]+\delta U^T\frac{\partial H}{\partial U}\right\}dt=0$$

考虑δX与δU的任意性有欧拉方程：

$$\left.\begin{aligned}\dot{\Lambda}(t)&=-\frac{\partial H[X(t),U(t),\Lambda(t),t]}{\partial X}\\ \frac{\partial H[X(t),U(t),\Lambda(t),t]}{\partial U}&=0\end{aligned}\right\}\tag{8.79}$$

$\delta X(t_f)$不是积分下被积函数引出的变分δX，$\delta X(t_f)$表示终端值$X(t_f)$满足终端条件下的变分，该量也具有一定任意性，又得横截条件

$$\Lambda(t_f)=\left[\frac{\partial \Phi[X(t),t]}{\partial X}+\frac{\partial \Psi^T[X(t),t]}{\partial X}K\right]_{t=t_f}\tag{8.80}$$

当t_f变化时，

$$\delta J=\delta t_f\left[H+\dot{\Lambda}^T X+\frac{\partial \Phi}{\partial t_f}+\frac{\partial K^T\Psi}{\partial t_f}-\dot{\Lambda}^T X\right]_{t=t_f}=0$$

得另一横截条件

$$\left[H[X(t),U(t),\Lambda(t),t]+\frac{\partial \Phi[X(t_f),t_f]}{\partial t_f}+K^T\frac{\partial \Psi[X(t_f),t_f]}{\partial t_f}\right]_{t=t_f}=0\tag{8.81}$$

现在完成最小值原理的论证。较一般性的系统最优控制问题提出如下：
状态方程：

$$\dot{X}=F[X(t),U(t),t]$$

约束条件：

初值条件　$X(t_0)=X_0$

终端条件　$\Psi[X(t_f),t_f]=0$

控制条件　$G[X(t),U(t),t]\geq 0$

性能指标：

$$J=\Phi[X(t_f),t_f]+\int_{t_0}^{t_f}L[X(t),U(t),t]dt\tag{8.82}$$

所讨论的系统状态向量 n 维，输入向量 r 维，状态方程中的 F 为 n 维向量函数；终端条件中的 Ψ 是 $l(l\leqslant n)$ 维向量函数，G 是 s 维向量函数；性能指标中的 Φ 和 L 都是数量函数。所有上述函数的连续性可微性应论证推理的需要而提出。

最优控制问题就是在满足上述各种条件下，求最优控制 $U(t)$ 使性能指标达到最小。

上面描述的问题与 Bolza 最优控制问题有类似之处，仍以拉格朗日乘子法进行论证。与 Bolza 问题不同的是增加了对输入 $U(t)$ 的条件，而且不是等式约束条件，它为拉格朗日乘子法的应用带来困难。为了克服此难点，不得不引入新向量 V 和 Z，设计新的函数向量替代 U 和 G，规定如下

$$(\dot{Z})^2 = G[X(t),U(t),t],\ Z(t_0)=0 \tag{8.83}$$

$$\dot{V} = U,\quad V(t_0)=0 \tag{8.84}$$

这里 $(\dot{Z})^2$ 表示 $\dot{Z}$ 的每个分量的平方构成的向量。这样一来不管 $\dot{Z}$ 怎样变化都能保证 $G \geqslant 0$。以 $\dot{V}$ 取代 U，就可以让 U 放宽限制，U 成为分段连续函数向量，这时只要求 V 是分段连续可微。

应用拉格朗日乘子法进行论证，对状态方程仍采用 n 维乘子 $\Lambda(t)$，终端约束仍取 l 维乘子 K。改换后的输入控制约束 $\dot{Z}^2 = G[X(t),U(t),t]$，引入 s 维乘子 Γ，作

$$\Gamma^T\left[G[X(t),\dot{V}(t),t] - \dot{Z}(t)^2\right]$$

置于性能指标的被积函数中。

新的性能指标

$$\begin{aligned}J = \Phi[X(t_f),t_f] + K^T\Psi[X(t_f),t_f] + \int_{t_0}^{t_f}\Big\{&L[X(t),\dot{V}(t),t] + \Lambda^T\left[F[X(t),\dot{V}(t),t] - \dot{X}(t)\right] \\ &+ \Gamma^T\left[G[X(t),\dot{V}(t),t] - \dot{Z}^2(t)\right]\Big\}dt\end{aligned} \tag{8.85}$$

现在最优控制问题已转化为无约束条件下求此泛函的极值问题。

为了表达式的简化，引入

$$\begin{aligned}H[X(t),V(t),\Lambda(t),t] &= L[X(t),\dot{V}(t),t] + \Lambda^T F[X(t),\dot{V}(t),t] \\ W(X,\dot{X},V,\dot{V},Z,\dot{Z},\Lambda,\Gamma,t) &= H(X,\dot{V},\Lambda,t) - \Lambda^T\dot{X} + \Gamma^T\left[G(X,\dot{V},t) - \dot{Z}^2\right]\end{aligned} \tag{8.86}$$

目标泛函改写成

$$J = \Phi[X(t_f),t_f] + K^T\Psi[X(t_f),t_f] + \int_{t_0}^{t_f} W(X,\dot{X},V,\dot{V},Z,\dot{Z},\Lambda,\Gamma,t)dt$$

变分在终点按目标泛函中各自由变量 t_f, X, V 和 Z 分别进行

$$\delta \boldsymbol{J} = \delta \boldsymbol{J}_{t_f} + \delta \boldsymbol{J}_X + \delta \boldsymbol{J}_V + \delta \boldsymbol{J}_Z$$

其中各变分分别表示如下：

$$\delta J_{t_f} = \left[\frac{\partial \Phi}{\partial t_f} + \frac{\partial \Psi^T}{\partial t_f} K + W \right]_{t=t_f} \delta t_f$$

$$\delta J_X = \delta X^T(t'_f) \left[\frac{\partial \Phi}{\partial X} + \frac{\partial \Psi^T}{\partial X} K \right]_{t=t_f} + \int_{t_0}^{t_f} \left[\delta X^T \frac{\partial W}{\partial X} + \delta \dot{X}^T \frac{\partial W}{\partial \dot{X}} \right] dt$$

其中 $\delta X(t'_f)$ 表示当 t_f 固定，$X(t_f)$ 在终端约束曲面上的变分。又有

$$\int_{t_0}^{t_f} \delta \dot{X}^T \frac{\partial W}{\partial \dot{X}} dt = \delta X^T \frac{\partial W}{\partial \dot{X}} \Big|_{t=t_0}^{t=t_f} - \int_{t_0}^{t_f} \delta X^T \frac{d}{dt} \frac{\partial W}{\partial \dot{X}} dt$$

$$= \delta X^T(t_f) \frac{\partial W}{\partial \dot{X}} \Big|_{t=t_f} - \int_{t_0}^{t_f} \delta X^T \frac{d}{dt} \frac{\partial W}{\partial \dot{X}} dt$$

因 $X(t_0) = X_0$，$\delta X(t_0) = 0$，又 $\delta X(t_f)$ 与 $\delta X(t'_f)$ 不同，显示在图 8-7 中有关系 $\delta X(t'_f) = \delta X(t_f) + \dot{X}(t_f) \delta t_f$，代入这些结果后有

$$\int_{t_0}^{t_f} \delta \dot{X}^T \frac{\partial W}{\partial \dot{X}} dt = \delta X^T(t'_f) \frac{\partial W}{\partial \dot{X}} \Big|_{t=t_f} - \dot{X}^T(t_f) \frac{\partial W}{\partial \dot{X}} \Big|_{t=t_f} \delta t_f - \int_{t_0}^{t_f} \delta X^T(t) \frac{d}{dt} \frac{\partial W}{\partial \dot{X}} dt$$

因而

$$\delta J_X = \delta X^T(t'_f) \left[\frac{\partial \Phi}{\partial X} + \frac{\partial \Psi^T}{\partial X} K + \frac{\partial W}{\partial \dot{X}} \right]_{t=t_f} + \int_{t_0}^{t_f} \delta X^T(t) \left(\frac{\partial W}{\partial X} - \frac{d}{dt} \frac{\partial W}{\partial \dot{X}} \right) dt - \dot{X}^T(t) \frac{\partial W}{\partial \dot{X}} \Big|_{t=t_f} \delta t_f$$

$$\delta J_V = \int_{t_0}^{t_f} \left(\delta V^T \frac{\partial W}{\partial V} dt + \delta \dot{V}^T \frac{\partial W}{\partial \dot{V}} \right) dt$$

$$= \int_{t_0}^{t_f} \delta V^T \frac{\partial W}{\partial V} dt + \delta V^T \frac{\partial W}{\partial \dot{V}} \Big|_{t_0}^{t_f} - \int_{t_0}^{t_f} \delta V^T \frac{d}{dt} \frac{\partial W}{\partial \dot{V}} dt$$

在此 $\frac{\partial W}{\partial V} = 0$，又 $V(t_0) = 0$，因而 $\delta V(t_0) = 0$，得

$$\delta J_V = \delta V^T(t)\frac{\partial W}{\partial \dot{V}}\bigg|_{t=t_f} - \int_{t_0}^{t_f}\delta V^T(t)\frac{d}{dt}\frac{\partial W}{\partial \dot{V}}dt$$

类似的推导有

$$\delta J_Z = \delta Z^T(t)\frac{\partial W}{\partial \dot{Z}}\bigg|_{t=t_f} - \int_{t_0}^{t_f}\delta Z^T(t)\frac{d}{dt}\frac{\partial W}{\partial \dot{Z}}dt$$

上述结果都综合于一个等式，得变分 δJ

$$\begin{aligned}\delta J =& \left[\frac{\partial \Phi}{\partial t_f} + \frac{\partial \Psi}{\partial t_f}^T K + W - \dot{X}^T(t)\frac{\partial W}{\partial \dot{X}}\right]_{t=t_f}\delta t_f + \delta X^T(t_f')\left[\frac{\partial \Phi}{\partial X} + \frac{\partial \Psi}{\partial X}^T K + \frac{\partial W}{\partial \dot{X}}\right]_{t=t_f} \\ &+ \int_{t_0}^{t_f}\delta X^T(t)\left[\frac{\partial W}{\partial X} - \frac{d}{dt}\frac{\partial W}{\partial \dot{X}}\right]dt + \delta V^T(t)\frac{\partial W}{\partial \dot{V}}\bigg|_{t=t_f} - \int_{t_0}^{t_f}\delta V^T(t)\frac{d}{dt}\frac{\partial W}{\partial \dot{V}}dt \\ &+ \delta Z^T(t)\frac{\partial W}{\partial \dot{Z}}\bigg|_{t=t_f} - \int_{t_0}^{t_f}\delta Z^T(t)\frac{d}{dt}\frac{\partial W}{\partial \dot{Z}}dt\end{aligned}$$

此等式中 $\delta X, \delta X(t_f'), \delta t_f$ 具任意性，从 V 和 Z 的定义知 δV 和 δZ 也具有任意性，因而得下面的条件：

从 δX 的任意性有

$$\frac{\partial W}{\partial X} - \frac{d}{dt}\frac{\partial W}{\partial \dot{X}} = 0$$

即

$$\dot{\Lambda}(t) = -\frac{\partial H}{\partial X} - \frac{\partial G}{\partial X}^T \Gamma \tag{8.87}$$

当 G 与 X 无关时，条件成为 $\dot{\Lambda}(t) = -\dfrac{\partial H}{\partial X}$

从 δt_f 的任意性有 $\left[\dfrac{\partial \Phi}{\partial t_f} + \dfrac{\partial \Psi}{\partial t_f}^T K + W - \dot{X}^T\dfrac{\partial W}{\partial \dot{X}}\right]_{t=t_f} = 0$，按 W 的定义恢复原来的函数，其中 $W - \dot{X}^T\dfrac{\partial W}{\partial \dot{X}} = H - \Lambda^T\dot{X} - \dot{X}^T\dfrac{\partial W}{\partial \dot{X}} = H - \Lambda^T\dot{X} + \dot{X}^T\Lambda = H$，因而获条件

$$\left[\frac{\partial \Phi}{\partial t_f} + \frac{\partial \Psi}{\partial t_f}^T K + H\right]_{t=t_f} = 0 \tag{8.88}$$

从 $\delta X(t_f')$ 的任意性有 $\left[\frac{\partial \Phi}{\partial X}+\frac{\partial \Psi^T}{\partial X}K+\frac{\partial W}{\partial \dot{X}}\right]_{t=t_f}=0$，而 $\frac{\partial W}{\partial \dot{X}}=-\tilde{\Lambda}$，因而得条件

$$\tilde{\Lambda}(t_f)=\left[\frac{\partial \Phi}{\partial X}+\frac{\partial \Psi^T}{\partial X}K\right]_{t=t_f} \tag{8.89}$$

从 δV 的任意性有 $\frac{d}{dt}\frac{\partial W}{\partial \dot{V}}=0$，因而 $\frac{\partial W}{\partial \dot{V}}=$ 常量；又从 $\delta V(t_f)$ 的任意性得 $\left.\frac{\partial W}{\partial \dot{V}}\right|_{t=t_f}=0$，因而得条件 $\frac{\partial W}{\partial \dot{V}}=\frac{\partial H}{\partial \dot{V}}+\frac{\partial G^T}{\partial \dot{V}}\tilde{\Gamma}=0$，即

$$\frac{\partial H}{\partial U}=-\frac{\partial G^T}{\partial U}\tilde{\Gamma} \tag{8.90}$$

从 δZ 的任意性有 $\frac{d}{dt}\frac{\partial W}{\partial \dot{Z}}=0$，类似的结果有 $\frac{\partial W}{\partial \dot{Z}}=-2\Gamma^*\dot{\tilde{Z}}=0$，即

$$\Gamma^*\dot{\tilde{Z}}=0 \tag{8.91}$$

其中

$$\Gamma^*=\begin{bmatrix}\gamma_1 & & & 0\\ & \gamma_2 & & \\ & & \ddots & \\ 0 & & & \gamma_s\end{bmatrix}$$

式(8.91)又可改写成 $\Gamma^*\dot{\tilde{Z}}^2=0$，即

$$\Gamma^*G=0 \tag{8.92}$$

从(8.87)~(8.92)仅表示性能指标取极值的条件，是否极小值尚须作进一步检验。在普通函数的极值问题中，都知道一级导数为 0 是极值必要条件，只有当二级导数大(小)于 0 时，方可知函数取极小(大)值。这里是同样性质的问题，但情况要复杂得多，现在讨论的是多维空间中变分学的泛函极值问题，我们不加证明地引用维尔斯特拉斯判别条件。如果在最优输入 $\hat{U}$ 下，满足各种约束条件的一组最优变量都以 $\tilde{X},\tilde{V},\tilde{Z},\tilde{\Lambda},\dot{\tilde{X}},\dot{\tilde{V}},\dot{\tilde{Z}}$ 表示，性能指标 J 取极小值的条件是函数 $E\geqslant 0$，待检验的 E 函数可表示如下

$$E = W\left(\widetilde{X},\widetilde{V},\widetilde{Z},\widetilde{\Lambda},X,\dot{V},\dot{Z}\right) - W\left(\widetilde{X},\widetilde{V},\widetilde{Z},\widetilde{\Lambda},\dot{\widetilde{X}},\dot{\widetilde{V}},\dot{\widetilde{Z}}\right)$$
$$-\left(\dot{X}-\dot{\widetilde{X}}\right)\frac{\partial W}{\partial \dot{X}} - \left(\dot{V}-\dot{\widetilde{V}}\right)\frac{\partial W}{\partial \dot{V}} - \left(\dot{Z}-\dot{\widetilde{Z}}\right)\frac{\partial W}{\partial \dot{Z}}$$

引入函数 W 的定义(8.86)，又注意到 $\widetilde{X},\widetilde{V},\widetilde{Z},\widetilde{\Lambda}$ 满足条件 $\frac{\partial W}{\partial \dot{V}} = \frac{\partial W}{\partial \dot{Z}} = 0$ ，$\frac{\partial W}{\partial \dot{X}} = -\Lambda$ ，和(8.83)中的 $(\dot{Z})^2 = G[X(t),U(t),t]$ ，E 函数可化简如下

$$E = H\left(\widetilde{X},\dot{V},\widetilde{\Lambda},t\right) - \widetilde{\Lambda}^T\dot{X} - H\left(\widetilde{X},\dot{\widetilde{V}},\widetilde{\Lambda},t\right) + \widetilde{\Lambda}^T\dot{\widetilde{X}} + \left(\dot{X}-\dot{\widetilde{X}}\right)^T\widetilde{\Lambda}$$
$$= H\left(\widetilde{X},U,\widetilde{\Lambda},t\right) - H\left(\widetilde{X},\widetilde{U},\widetilde{\Lambda},t\right)$$

$E \geqslant 0$ 的条件将成为

$$H\left(\widetilde{X},U,\widetilde{\Lambda},t\right) \geq H\left(\widetilde{X},\widetilde{U},\widetilde{\Lambda},t\right) \tag{8.93}$$

依据维尔特拉斯判别条件，为了取得最优控制，必须 $E \geqslant 0$，即(8.93)成立，换句话说，函数 $H\left(\widetilde{X},U,\widetilde{\Lambda},t\right)$ 在 $U = \widetilde{U}$ 时应取极小值。

从 Hamilton 函数的定义知 $\frac{\partial H}{\partial \Lambda} = F$ ，因而最优控制的解应满足:

$$\dot{X} = \frac{\partial H(X,U,\Lambda,t)}{\partial \Lambda}$$

当 G 与 X 无关时连同(8.87)有

$$\dot{\Lambda} = -\frac{\partial H(X,U,\Lambda,t)}{\partial X}$$

上面两方程称为规范方程，也称正则方程。

条件(8.88)和(8.89)是最优解的终点必须满足的条件，称为横截条件。

总结前面的论证结果，获得系统控制的最小值原理。

定理 8.10 (系统控制最小值原理)对于满足状态方程

$$\dot{X}(t) = F[X(t),U(t),t]$$

的系统，F 是 n 维连续可微向量函数，输入 $U(t)$ 是 r 维定义于某有界闭集 Ω 上具有第一类间断点(左、右极限存在，但左极限、右极限和函数值不相等的间断点)分段连续的向量函数。系统初值 $X(t_0)$ 和终值 $X(t_f)$ 分别满足

初值条件

$$X(t_0) = X_0$$

终值条件

$$\Psi[X(t_f), t_f] = 0$$

Ψ是 l 维连续可微向量函数。且输入 $U(t)$满足 s 维向量函数约束

$$G[X(t), U(t), t] \geq 0$$

对于事先确立的性能指标

$$J(U) = \Phi[X(t_f), t_f] + \int_{t_0}^{t_f} L[X(t), U(t), t] dt$$

其中Φ与 L 分别是连续可微数量函数。

选取满足以上条件的最优控制$\tilde{U}(t)$，在此最优控制下 $\tilde{X}(t)$ 是状态方程的解，由此使性能指标 $J(\tilde{U})$ 达到极小值的必要条件是：

1. 存在与$\tilde{U}(t)$ 和 $\tilde{X}(t)$ 对应的 n 维协状态向量 $\tilde{\Lambda}(t)$，以及与 G 对应的 s 维拉格朗日乘子 $\tilde{\Gamma}(t)$，使之满足规范方程：

$$\dot{X}(t) = \frac{\partial H\left(\tilde{X}(t), \tilde{U}(t), \tilde{\Lambda}(t), t\right)}{\partial \Lambda}$$
$$\dot{\Lambda}(t) = -\frac{\partial H\left(\tilde{X}(t), \tilde{U}(t), \tilde{\Lambda}(t), t\right)}{\partial X} - \frac{\partial G^T\left(\tilde{X}(t), \tilde{U}(t), t\right)}{\partial X}\tilde{\Gamma}(t)$$

当 G 与 X 无关时

$$\dot{\Lambda}(t) = -\frac{\partial H\left(\tilde{X}(t), \tilde{U}(t), \tilde{\Lambda}(t), t\right)}{\partial X}$$

其中 $H(X, U, \Lambda, t) = L[X(t), U(t), t] + \Lambda^T F[X(t), U(t), t]$，称为 Hamilton 函数。

2. 当 $X = \tilde{X}(t), \Lambda = \tilde{\Lambda}(t)$，Hamilton 函数 $H\left(\tilde{X}, U, \tilde{\Lambda}, t\right)$在最优控制$\tilde{U}$ 达到最小值，即

$$\min_{U \in \Omega} H\left(\tilde{X}, U, \tilde{\Lambda}, t\right) = H\left(\tilde{X}, \tilde{U}, \tilde{\Lambda}, t\right)$$

3. 存在 l 维向量 K，在终点 $t = t_f$满足条件

$$\left[H + \frac{\partial \Phi}{\partial t_f} + \frac{\partial \Psi^T}{\partial t_f} K\right]_{t=t_f} = 0$$

4. 协状态向量终值满足条件

$$\tilde{\Lambda}(t_f)=\left[\frac{\partial\Phi}{\partial X}+\frac{\partial\Psi}{\partial X}^T K\right]_{t=t_f}$$

5. 满足边界条件

初值条件

$$X(t_0)=X_0$$

终端条件

$$\Psi\left[X(t_f),t_f\right]=0$$

6. G 的拉格朗日乘子 $\tilde{\Gamma}(t)$ 满足的条件

$$\frac{\partial H(\tilde{X},\tilde{U},\tilde{\lambda},t)}{\partial U}=-\frac{\partial G(\tilde{X},\tilde{U},t)}{\partial U}\Gamma(t)$$

7. 最优输入满足的条件

$$\Gamma^*(t)G(\tilde{X},\tilde{U},t)=0$$

式中 $\Gamma^*(t)$ 是向量 $\tilde{\Gamma}(t)$ 的分量 $\gamma_i(t)\ (i=1,2,\cdots,s)$ 构成的对角矩阵

$$\Gamma^*(t)=\begin{bmatrix}\gamma_1(t) & & & 0\\ & \gamma_2(t) & & \\ & & \ddots & \\ 0 & & & \gamma_s(t)\end{bmatrix}$$

最小值原理中的 7 个条件，前两个条件，即规范方程和 Hamilton 函数取最小值两个条件对各种类型的最优控制问题普遍适用。后五个条件随问题的改变而情况各异。若终端时间 t_j 固定，第 3 条件将不出现；否则 H 的终值将由第 3 条件决定。当 G 中不出线 X 时，有不出现的拉格朗日乘子 Γ 的规范方程，因而求解规范方程需要 $2n$ 个条件，这时初值提供 n 个条件，协状态终值又提 n 个条件。原最小值原理没有条件 6 与 7，考虑到生物学问题的特殊需要，在此列出。当输入条件采取不等式且 G 中出现状态向量时，规范方程中协状态方程出现 Γ 函数，这时由条件 6 提供 Γ 的表达式，规范方程方能求解。又条件 7 能给出输出 $U(t)$ 可能的取值函数，这也是很有必要的。

现在应用最小值原理讨论林木生长经营的最优控制问题。问题的提出重复如下：

状态方程

$$\frac{d}{dt}\begin{bmatrix}x_1(t)\\x_2(t)\\x_3(t)\end{bmatrix}=\begin{bmatrix}-a_1 & 0 & a_3\\a_1 & -a_2 & 0\\0 & a_2 & -c\end{bmatrix}\begin{bmatrix}x_1(t)\\x_2(t)\\x_3(t)\end{bmatrix}+\begin{bmatrix}1\\0\\0\end{bmatrix}u(t)$$

初始条件

$$X(t_0)=X_0$$

终端条件

$$X(t_f)-X(t_f)=0$$

输入条件

$$u(t)[h(X(t),t)-u(t)]\geq 0 \qquad (h(X(t),t)=M-(1-a_1)x_1(t)-a_3x_3(t))$$

性能指标

$$J(u)=-[\alpha_1x_1(t_f)+\alpha_2x_2(t_f)+\alpha_3x_3(t_f)]+\int_{t_0}^{t_f}[u(t)\alpha_1^*-c\alpha_3x_3(t)]dt$$

上述状态方程中 a_1, a_2, a_3 和 c 均为非负常数，性能指标中 $\alpha_1,\alpha_2,\alpha_3$ 和 $\alpha_1^*(\alpha_1<\alpha_1^*)$ 都是正常数。终端条件以恒等式给出，表示没有约束。输入条件为了体现经营能力的限制，规定种子育苗最大数是 M，t 时刻系统已有种子量 $(1-a_1)x_1(t)+a_3x_3(t)$，尚能投入的最大种子数量为 $h(X(t),t)=M-(1-a_1)x_1(t)-a_3x_3(t)$。若 $h>0$ 输入量应该满足 $0\leq u(t)\leq h\ (X(t),t)$；若 $h<0$，表示系统自身产生的种子量已超出自身经营的能力，输入不得不取负输入的形式，应该满足 $h(X(t),t)\leq u(t)\leq 0$。综合这两个不等式提出输入条件是 $u(t)[h(X\ (t),t)-u(t)]\geq 0$。注意这里输入向量 $U(t)=u(t)$是一维，$r=1$；输入约束 $G=u(h-u)$也是一维，$s=1$。

本最优控制问题是指在经营时间$[t_0, t_f]$内，求满足上述条件下的输入控制 $\tilde{u}(t)$，使性能指标 $J(\tilde{u})$ 达到最小值。

依据系统最小值原理讨论如下：

引入协状态向量

$$\Lambda^T(t)=[\lambda_1(t)\ \lambda_2(t)\ \lambda_3(t)]$$

一维输入向量的拉格朗日乘子

$$\Gamma(t)=\gamma(t)$$

Hamilton 函数

$$H=[u(t)\alpha_1^*-c\alpha_3x_3(t)]+[\lambda_1(t)\ \lambda_2(t)\ \lambda_3(t)]\begin{bmatrix}-a_1 & 0 & a_3\\a_1 & -a_2 & 0\\0 & a_2 & -c\end{bmatrix}\begin{bmatrix}x_1(t)\\x_2(t)\\x_3(t)\end{bmatrix}+\lambda_1(t)u(t)$$

最优控制满足规范方程，$\dot{\tilde{X}} = \frac{\partial H}{\partial \Lambda}, \dot{\tilde{\Lambda}} = -\frac{\partial H}{\partial X} - \frac{\partial G^T}{\partial X}\tilde{\Gamma}$

$$\frac{d}{dt}\begin{bmatrix} x_1(t) \\ x_2(t) \\ x_3(t) \end{bmatrix} = \begin{bmatrix} -a_1 & 0 & a_3 \\ a_1 & -a_2 & 0 \\ 0 & a_2 & -c \end{bmatrix}\begin{bmatrix} x_1(t) \\ x_2(t) \\ x_3(t) \end{bmatrix} + \begin{bmatrix} 1 \\ 0 \\ 0 \end{bmatrix}\tilde{u}(t)$$

$$\frac{d}{dt}\begin{bmatrix} \lambda_1(t) \\ \lambda_2(t) \\ \lambda_3(t) \end{bmatrix} = -\begin{bmatrix} -a_1 & a_1 & 0 \\ 0 & -a_2 & a_2 \\ a_3 & 0 & -c \end{bmatrix}\begin{bmatrix} \lambda_1(t) \\ \lambda_2(t) \\ \lambda_3(t) \end{bmatrix} + \begin{bmatrix} 0 \\ 0 \\ c\alpha_3 \end{bmatrix} + \begin{bmatrix} (1-a_1)\tilde{u}(t) \\ 0 \\ a_3\tilde{u}(t) \end{bmatrix}\gamma(t)$$

初值条件

$$X(t_0) = X_0$$

$\Lambda(t)$ 终值条件

$$\tilde{\Lambda}(t_f) = \left.\frac{\partial \Phi}{\partial X}\right|_{t=t_f} = \begin{bmatrix} \alpha_1 \\ \alpha_2 \\ \alpha_3 \end{bmatrix}$$

$\gamma(t)$ 满足条件

$$\frac{\partial H}{\partial U} = -\frac{\partial G^T}{\partial U}\tilde{\Gamma}$$

即

$$\alpha_1^* + \lambda_1(t) = -[h(X(t),t) - 2\tilde{u}(t)]\gamma(t)$$

此式若 $2\tilde{u}(t) - h(X(t),t) \neq 0$，可得 $\gamma(t)$。只要 $u(t)$确定，连同规范方程以及状态初值条件，协状态终端条件可以求解 $\tilde{X}(t)$ 与 $\tilde{\Lambda}(t)$。

$\tilde{u}(t)$ 的确定由条件 7 和 Hamilton 的最小值条件联合给出：
由条件 7 有

$$0 = \Gamma^* G = \gamma(t)\tilde{u}(t)[h(X(t),t) - \tilde{u}(t)]$$

得 $\tilde{u}(t)$ 的两个取值

$$\tilde{u}(t) = 0$$

$$\tilde{u}(t) = h(X(t),t) = M - (1-a_1)x_1(t) - a_3 x_3(t)$$

因 Hamilton 函数

$$H=\left(\alpha_1^*+\lambda_1(t)\right)\tilde{u}(t)+\left[\lambda_1(t)\ \lambda_2(t)\ \lambda_3(t)\right]\begin{bmatrix}-a_1 & 0 & a_3\\ a_1 & -a_2 & 0\\ 0 & a_2 & -c\end{bmatrix}\begin{bmatrix}x_1(t)\\ x_2(t)\\ x_3(t)\end{bmatrix}-c\alpha_3x_3(t)$$

函数 $H\left(\hat{X},\tilde{\Lambda},U,t\right)$的最小值取决于项 $\left[\alpha_1^*+\lambda_1(t)\right]\tilde{u}(t)$，
按最小值的条件最优控制取决于下：

当 $h(X(t),t)>0$ 时 $$u(t)=\begin{cases}h(X(t),t) & 当\ \alpha_1^*+\lambda_1(t)\le 0\\ 0 & 当\ \alpha_1^*+\lambda_1(t)>0\end{cases}$$

$h(X(t),t)<0$ 时 $$u(t)=\begin{cases}0 & 当\ \alpha_1^*+\lambda_1(t)\le 0\\ h(X(t),t) & 当\ \alpha_1^*+\lambda_1(t)>0\end{cases}$$

现在讨论药物动力学中的应用，这里也存在最优控制问题。使用药物治疗疾病，药在人体内吸收、分布、代谢的过程，从药理效应提出如何安排药物进入体内，以期达到最佳治疗效果，这是药物动力学中一项十分有意义的研究课题。在此将应用系统控制最小值原理讨论药物最佳滴注问题。

药物通过静脉滴 注进入人体以后，在不同组织间转移分布，药物动力学以分室模型描述这一过程。此模型把人体不同组织分成多室，譬如血液、肌肉、蹄结组织和骨骼等，药物在不同组织形成的室，药物分布和转移规律是不同的。如果设定有 n 个室，每个室药物浓度以 $z_i(t)\ (i=1,2,\cdots,n)$ 表示，药物从体外进入室内的速率以 $v_i(t)\ (i=1,2,\cdots,n)$ 表示。让 $v_i(\max)\ (i=1,2,\cdots,n)$ 表示第 i 室允许的最快输入速率。药物从体外进入人体，当浓度达到有效的治疗水平时，药物控制稳定在一理想的浓度，记作 $\bar{z}_i(i=1,2,\cdots,n)$，当时药物输入的速率稳定在 $\bar{v}_i$。我们设定状态变量和输入量如下

$$x_i(t)=z_i(t)-\bar{z}_i \quad (i=1,2,\cdots,n)$$
$$u_i(t)=v_i(t)-\bar{v}_i \quad (i=1,2,\cdots,n)$$

又假设 $a_{ij}(t)$表示药物自 j 室到 i 室转移速率的联系因子，在此假设下有方程

$$\dot{x}_i(t)=\sum_{j=1}^{n}a_{ij}(t)x_j(t)+u_i(t) \quad (i=1,2,\cdots,n)$$

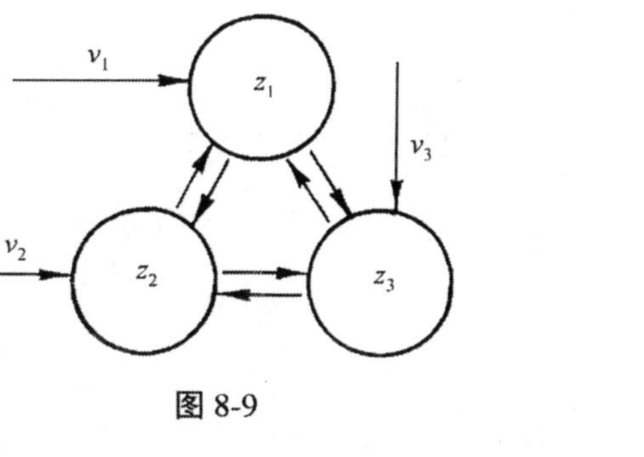

图 8-9

写成矩阵的形式就是线性系统的状态方程

$$\dot{X}(t)=A(t)X(t)+U(t)$$

这是一个状态矩阵为 $A(t)$，输入向量为 $U(t)$，输入向量维数 r 与状态向量维数 n 相等的线性系统。该系统描述了药物进入人体的动力学过程。药物静脉最佳滴注问题在此系统下成为系统的最优控制问题。也就是确定系统的约束条件，拟定适当的性能指标，寻求适当的输入过程 $U(t)$，使性能指标达到最小值。

系统最优控制问题提出如下：

状态方程

$$\dot{X}(t) = A(t)X(t) + U(t)$$

初始条件

$$X(t_0) = -\overline{Z}$$

终端条件

$$\Psi\left(X(t_f), t_f\right) = X(t_f) - X(t_f) = 0$$

输入约束

$$G[U(t), t] = \begin{bmatrix} u_1(t)(m_1 - u_1(t)) \\ u_2(t)(m_2 - u_2(t)) \\ \vdots \\ u_n(t)(m_n - u_n(t)) \end{bmatrix} \geq 0$$

性能指标

$$J(U) = \int_{t_0}^{t_f} \left[X^T(t)QX(t) + R^T U(t)\right] dt$$

其中终端条件考虑没有约束，以恒等式取代。性能指标中矩阵 Q、R 和初始值中 $\overline{Z}$ 分别表示如下：

$$Q = \begin{bmatrix} q_1 & & & 0 \\ & q_2 & & \\ & & \ddots & \\ 0 & & & q_n \end{bmatrix} \quad R = \begin{bmatrix} r_1 \\ r_2 \\ \vdots \\ r_n \end{bmatrix} \quad \overline{Z} = \begin{bmatrix} \overline{z}_1 \\ \overline{z}_2 \\ \vdots \\ \overline{z}_n \end{bmatrix}$$

常量 $q_i > 0, r_i > 0\ (i = 1,2,\cdots,n)$。性能指标中对 $X^T(t)QX(t) = \sum_{i=1}^{n} q_i x_i^2(t)$ 最小值的要求，即 $X(t) = 0$，它将保证各室的药物浓度 $z_i(t)$，取稳定的最佳浓度 $\overline{z}_i$。项 $R^T U(t) = \sum_{i=1}^{n} r_i u_i(t)$ 取最小值，将要求输入药物取可能的最小量。常数 q_i 和 r_i 的数值大小具有权重意义，数值愈大，权重的意义愈大。输入约束中 $m_i = v_i(\max) - \overline{v}_i \geq 0\ (i = 1,2,\cdots,n)$，输入约束 $u_i(t)(m_i - u_i(t)) \geq 0$ 等价于 $0 \leq u_i(t) \leq m_i (i=1,2,\cdots,n)$。

最优控制问题就是在上述条件下，寻求$U(t)\ t\in[t_0,t_f]$，使性能指标达到最小值。在最优控制$\tilde{U}(t)$下，最优轨线$\tilde{X}(t)$和其他各变量$\tilde{\Lambda},\tilde{\Gamma}$，为了书写方便，都一律写成$U,X,\Lambda,\Gamma$。

按照系统控制最小值原理分析如下：

Hamilton 函数

$$H = X^T(t)QX(t) + R^T U(t) + \Lambda^T(t)[A(t)X(t)+U(t)]$$

$$= X^T(t)QX(t) + \Lambda^T(t)A(t)X(t) + [R^T + \Lambda^T(t)]U(t)$$

规范方程

$$\dot{X}(t) = \frac{\partial H}{\partial \Lambda} = A(t)X(t) + U(t)$$

$$\dot{\Lambda}(t) = -\frac{\partial H}{\partial X} = -2QX(t) - A^T(t)\Lambda(t)$$

初值条件

$$X(t_0) = -\overline{Z}$$

协状态向量终值

$$\Lambda(t_f) = 0$$

规范方程联合状态初值和协状态终值可以解出满足最优控制的状态函数$X(t)$和协状态函数$\Lambda(t)$。

根据最小值原理条件 6，$\dfrac{\partial H}{\partial U} = -\dfrac{\partial G}{\partial U}^T \Gamma$，

即

$$[R+\Lambda(t)] = -\begin{bmatrix} m_1 - 2u_1(t) & & & 0 \\ & m_2 - 2u_2(t) & & \\ & & \ddots & \\ 0 & & & m_n - 2u_n(t) \end{bmatrix} \begin{bmatrix} \gamma_1(t) \\ \gamma_2(t) \\ \vdots \\ \gamma_n(t) \end{bmatrix}$$

得$\gamma_i(t)$满足的条件

$$r_i + \lambda_i(t) = -(m_i - 2u_i(t))\gamma_i(t) \quad (i = 1,2,\cdots,n)$$

只要$u_i(t) \neq \dfrac{1}{2}m_i$，有

$$\gamma_i(t) = \frac{r_i + \lambda_i(t)}{2u_i(t) - m_i} \quad (i = 1,2,\cdots,n)$$

又从最小值原理条件 7，$\Gamma^* G = 0$，即

$$\begin{bmatrix} \gamma_1(t) & & & 0 \\ & \gamma_2(t) & & \\ & & \ddots & \\ 0 & & & \gamma_n(t) \end{bmatrix} \begin{bmatrix} u_1(t)(m_1 - u_1(t)) \\ u_2(t)(m_2 - u_2(t)) \\ \cdots\cdots \\ u_n(t)(m_n - u_n(t)) \end{bmatrix} = 0$$

得最佳控制 $u_i(t)$满足的条件

$$\gamma_i(t) u_i(t)(m_i - u_i(t)) = 0 \quad (i = 1, 2, \cdots, n)$$

在 $r_i + \lambda_i(t) \neq 0$ 的区域上，$u_i(t)$取值于 0，或 m_i：

$$u_i(t) = \begin{cases} 0 \\ m_i \end{cases} \qquad (i = 1, 2, \cdots, n)$$

再回到 Hamilton 取最小值的条件，Hamilton 函数的最小值条件由 $[R^T + \Lambda^T(t)]U(t)$ 项决定。取出第 i 分量，要求 $[r_i + \lambda_i(t)]u_i(t)$ 取最小值，应由 $[r_i + \lambda_i(t)]$ 的符号决定 $u_i(t)$ 取最小值 0，抑或最大值 m_i。

$$u_i(t) = \left.\begin{cases} 0 & \text{当} r_i + \lambda_i(t) > 0 \\ m_i & \text{当} r_i + \lambda_i(t) \leq 0 \end{cases}\right\}(i = 1, 2, \cdots, n)$$

回到输入变换前原来的值，$v_i(t) = u_i(t) + \bar{v}_i \ (i = 1, 2, \cdots, n)$，得最优控制输入

$$v_i(t) = \left.\begin{cases} \bar{v}_i & \text{当} r_i + \lambda_i(t) > 0 \\ v_i(\max) & \text{当} r_i + \lambda_i(t) \leq 0 \end{cases}\right\}(i = 1, 2, \cdots, n)$$

$u_i(t)$取值转换的不连续点 t^*由方程 $r_i + \lambda_i(t^*) = 0$ 所决定。

从上面的讨论把系统状态维数降低到一维，成为一室药物动力学的最优控制问题。这时一维的状态方程和协状态方程都能写出解的解析表达式，结果将更具体，看下面的演算结果。

先提出问题于下

状态方程

$$\dot{x}(t) = -ax(t) + u(t)$$

初始条件

$$x(t_0) = -\bar{z}$$

终端条件

$$x(t_f) - x(t_f) = 0$$

输入约束

$$u(t)(m - u(t)) \geq 0 \quad (m = v(\max) - \bar{v})$$

性能指标

$$J(u) = \int_{t_0}^{t_f} [qx^2(t) + ru(t)] dt$$

求满足上述条件的输入 $u(t)$，和最优控制下的方程解 $x(t)$，使性能指标取最小值。根据最小值原理，最优控制的条件讨论如下：

Hamilton 函数

$$\begin{aligned} H &= qx^2(t) + ru(t) + \lambda(t)(-ax(t) + u(t)) \\ &= qx^2(t) - a\lambda(t)x(t) + [r + \lambda(t)]u(t) \end{aligned}$$

Hamilton 函数取最小值的条件成为

$$u(t) = \begin{cases} m & 当 r + \lambda(t) < 0 \\ 0 & 当 r + \lambda(t) \geq 0 \end{cases}$$

这里 $u(t)$取值更换的不连续点 t^*满足等式 $r + \lambda(t^*) = 0$。对于一维情形，可以求协状态 $\lambda(t)$ 的解，并给出求不连续点 t^*的解析表达式，演算列出如下：

规范方程

$$\dot{x}(t) = -ax(t) + u(t)$$
$$\dot{\lambda}(t) = -2qx(t) + a\lambda(t)$$

初值条件

$$x(t_0) = -\bar{z}$$

协态终值

$$\lambda(t_f) = 0$$

根据上述方程，演算方程的解 $x(t)$和 $\lambda(t)$，最后列出求解 t^*的解析表达式。开始时 $u(t) = m$，在区间$[t_0, t^*]$上有

$$\begin{cases} \dot{x}(t) = -ax(t) + m \\ x(t_0) = -\bar{z} \end{cases}$$

得

$$x(t)=\frac{m}{a}+\left(-\bar{z}-\frac{m}{a}\right)e^{-a(t-t_0)}$$

$$=\frac{m}{a}-\left(\bar{z}+\frac{m}{a}\right)e^{-a(t-t_0)}$$

在区间 $[t_1^*, t_f]$ 上

$$\begin{cases}\dot{x}(t)=-ax(t)\\ x(t_1^*)=\dfrac{m}{a}-(\bar{z}+\dfrac{m}{a})e^{-a(t^*-t_0)}\end{cases}$$

得

$$x(t)=x(t^*)e^{-a(t-t^*)}$$

$$=e^{-a(t-t^*)}\left[\frac{m}{a}-(\bar{z}+\frac{m}{a})e^{-a(t^*-t_0)}\right]$$

$$=\frac{m}{a}e^{-a(t-t^*)}-(\bar{z}+\frac{m}{a})e^{-a(t-t_0)}$$

联合两区间上的值有

$$x(t)=\begin{cases}\dfrac{m}{a}-(\bar{z}+\dfrac{m}{a})e^{-a(t-t_0)} & \text{当 } t_0\le t\le t^*\\ \dfrac{m}{a}e^{-a(t-t^*)}-(\bar{z}+\dfrac{m}{a})e^{-a(t-t_0)} & \text{当 } t^*\le t\le t_f\end{cases}$$

在 $[t^*, t_f]$ 上解方程

$$\dot{\lambda}(t)=a\lambda(t)-2qx(t)$$

将 $x(t)$ 代入得方程

$$\begin{cases}\dot{\lambda}(t)=a\lambda(t)-2q\left[\dfrac{m}{a}e^{-a(t-t^*)}-(\bar{z}+\dfrac{m}{a})e^{-a(t-t_0)}\right]\\ \lambda(t^*)=-r\end{cases}$$

解方程得

$$\lambda(t)=-re^{a(t-t^*)}-\int_{t^*}^{t}e^{a(t-\tau)}\cdot 2q\left[\frac{m}{a}e^{-a(\tau-t^*)}-(\bar{z}+\frac{m}{a})e^{-a(\tau-t_0)}\right]d\tau$$

$$=-re^{a(t-t^*)}-2qe^{a(t-t_0)}\int_{t^*}^{t}\left[\frac{m}{a}e^{-2a\tau+at^*+at_0}-(\bar{z}+\frac{m}{a})e^{-2a\tau+2at_0}\right]d\tau$$

$$= -re^{a(t-t^*)} + \frac{q}{a}\left[\frac{m}{a}\left(e^{at^*-at} - e^{at-at^*}\right) - (\bar{z} + \frac{m}{a})\left(e^{at_0-at} - e^{at_0+at-2at^*}\right)\right]$$

考虑到满足终端值$\lambda(t_f) = 0$得

$$0 = \lambda(t_f)e^{at^*-at_f} = \frac{q}{a}\left[\frac{m}{a}\left(e^{-2at_f+2at^*} - 1\right) - (\bar{z} + \frac{m}{a})\left(e^{-2at_f+at^*+at_0} - e^{at_0-at^*}\right)\right] - r$$

$$= \frac{q}{a}\left(e^{-2a(t_f-t^*)} - 1\right)\left[\frac{m}{a} - (\bar{z} + \frac{m}{a})e^{a(t_0-t^*)}\right] - r$$

从方程

$$q\left(e^{-2a(t_f-t^*)} - 1\right)\left[m - (\bar{z}a - m)e^{a(t_0-t^*)}\right] = ra^2$$

可解得 t^*的值

得最佳输入 $u(t)$的条件

$$u(t) = \begin{cases} m & 当 t_0 \le t < t^* \\ 0 & 当 t^* \le t \le t_f \end{cases}$$

回到原来的符号，$v(t) = u(t) + \bar{v}$，药物最佳进入人体速率安排是

$$v(t) = \begin{cases} v(\max) & 当 t_0 \le t < t^* \\ \bar{v} & 当 t^* \le t \le t_f \end{cases}$$

参 考 文 献

第一章

杨纪珂、徐克学. 1983. 生物数学的发展. 生物科学参考资料，17：1~11

徐克学. 1979. 试论生物数学方法. 生物化学与生物物理进展，4：50~58

徐克学. 1986. 试论生物数学的特点与展望. 生物数学学报，1(2)：151~154

徐克学. 1991. 生物数学. 中国大百科全书 生物学 II. 中国大百科全书出版社，1426~1430

Thompson D'A W. 1952. On Growth and Form

Wiener N. 郝季仁译. 1963. 控制论. 科学出版社

Zadeh L A. 1965. Fuzzy set, Information and Control, 8:338~353

第二章

中国科学院数学研究所概率统计室编. 1979. 常用数理统计表. 科学出版社

刘有樵、徐克学. 1982. 古北区草蛾属的数值分类研究(鳞翅目：草蛾科). 昆虫分类学报，4：239~251

汤旦林. 1991. 生物统计. 中国大百科全书 生物学 II. 中国大百科全书出版社. 1431~1438

张尧庭、方开泰. 1983. 多元统计分析引论. 科学出版社

杨纪珂. 1985. 现代生物统计. 安徽教育出版社

肖培根、徐克学、宋晓明. 1982. 大黄属植物的外形、成分与泻下作用间联系性的多元分析. 中西医结合杂志，2(4)：231~234

唐守正. 1986. 多元统计分析方法. 中国林业出版社

徐克学. 1987. 中国猪种定量分析 I. 猪种的类型和地理分布. 畜牧兽医学报，18(2)：73~78

徐克学. 1988. 中国猪种定量分析 II. 性状、产地和生态因子的综合分析. 畜牧兽医学报 19(1)7~12

徐克学、李德中. 1983. 我国人参属数量分类研究初试. 植物分类学报，21(1)：34~43

裴鑫德. 1991. 多元统计分析及其应用. 北京农业大学出版社

魏宏图、丁志遵、徐克学. 1983. 应用群分析研究薯蓣的分类. 云南植物研究，5(3)：231~237

第三章

阳含熙、卢泽愚. 1981. 植物生态学的数量分类方法. 科学出版社

张渝华、徐克学. 1990. 阴山荠属和泡果荠属的数量分类研究. 武汉植物学研究，8(4)：317~324

陈守良、徐克学、盛国英. 1983. 中国散生竹类的数量分类和确定分类等级的探讨. 植物分类学报，21(2)：113~120

钟杨、陈家宽、黄德世. 1990. 数量分类的方法与程序

徐克学. 1980. 数量分类学的发展. 生物科学动态，1：1~12

徐克学. 1982. 浅谈分类学的数学方法. 植物分类学报，20(4)：502~509

徐克学. 1991. 数量分类学. 中国大百科全书 生物学 II. 中国大百科全书出版社，1549~1552

徐克学. 1994. 数量分类学. 科学出版社

徐克学、张明理. 1997. 数量分类学与微机信息处理研究进展. 云南科学技术出版社

徐克学、李德中. 1983. 科学的分类方法——数量分类学. 生物科学参考资料，17：16~26

Anderson E. and Abbe E C. 1934. A quantitative comparison of specific and generic differences in the Betulaceae, J. Arnold. Arboretum, 15:43~49

Sneath P H A and Sokal R R. 1973. Numerical Taxonomy: The Principles and Practice of Numerical Classification, W. H. Freeman and Company. San Francisco

Sokal R R and Sneath P H A. 1963. Principles of numerical taxonomy. W. H. Freeman and Company. San Francisco

Xu Kexue(徐克学). 1989. On the quantitative representation of resemblence in biology-association coefficients. Cathaya, 1:93~108

Xu Kexue(徐克学). 1998. Quantitative analysis of pig breeds in China, Mathematical biology. Proceeding of the International Conference on Biomathematics, 235

第四章

钟杨、李伟、黄德世. 1994. 分支分类的理论与方法. 科学出版社

徐克学. 1989. 分支分类的一种计算方法——最大同步法. 植物分类学报，27(3)：232~239

徐克学. 1992. 生物演化的数学模型. 生物数学学报，7(3)：92~97

徐克学. 1993. 分支分类的一种计算方法——最小平行进化法. 植物分类学报，31(6)：578~586

徐克学. 1993. 演化极端结合分支分类方法. 武汉植物学研究，11(3)：223~231

徐克学. 1994. 数量分类学. 科学出版社，195~305

黄大卫. 1996. 支序系统学概论. 中国农业出版社

Camin J H and Sokal R R. 1965. A method for deducing branching sequences in phylogeny. Evolution, 19:311~326

Estabrook G F, Johnson Jr C S and F R McMorris. 1976. A mathematical foundation for the analysis of chadistic character compatibility. Math. Biosci., 29:181~187

Estabrook G F, Johnson Jr C S and McMorris F R. 1975. An idealized concept of the true cladistic character. Math. Biosci., 23:263~272

Farris J S. 1970. Mathods for computing Wagner trees. Syst. Zool., 19:83~92

Wiley E O et al. 1991. The Compleat Cladist. A Primer of Phylogenetic Procedures. Museum of Natural History. The University of Kansas

第五章

大羽滋(日)著. 赵敏、孙勇如、李良材译. 1983. 群体遗传学

向井辉美(日)著. 隋文彬译. 1984. 群体遗传学

周荫清. 1987. 随机过程导论. 北京航空学院出版社

蒋庆琅著. 方积乾译. 1987. 随机过程原理与生命科学模型. 上海翻译出版社

Bhat U N. 1984. Elements of applied stochastic processes, John Wiley & Sons

Mather W B, 梁中字译. 1978. 数量遗传学原理. 人民教育出版社

Olinick M. 1978. An introduction to mathematical models in the social and life sciences

Roberts F S. 1976. Discrete mathematical models

第六章

马知恩. 1996. 种群生态学的数学建模与研究. 安徽教育出版社

孙洪志. 1997. 生物种群动态模型. 东北林业大学出版社

杨纪珂、齐翔林、陈霖. 1982. 生物数学概论. 科学出版社

陈兰荪. 1988. 数学生态学模型与研究方法. 科学出版社

Braun M, Coleman C S and Drew D A. 1978. Differential Equation Models. Springer-Verlag

Peskin S P. 1976. Partial Differential Equations in Biology

Pielou E C. 卢泽愚译. 1978. 数学生态学引论. 科学出版社

Rinel J. 1978. Integration and propagation of neuroelectric signals, in studies in mathematics biology Part I. edited by S. A. Levin

第七章

张金屯. 1995. 植被数量生态学方法. 中国科学技术出版社，58~78

周怀梧、孙伟民. 1990. 医用生物数学. 人民卫生出版社，63~93

复旦大学数学系编著. 1960. 统计数学. 上海科学技术出版社，320~333

徐克学. 1994. 数量分类学. 科学出版社，111~132

徐炳声. 1965. 黄山植物志资料，陈郝杰等：黄山植物的研究. 上海科学技术出版社，101~206

傅祖芸. 1986. 信息论基础. 电子工业出版社

Clifford H T and Stephenson W. 1975. An Introduction to Numerical Classification. Academic Press. New York

Laxton R R. 1978. The measure of Diversity. J. Theor, Biol. 70(1): 51~67

第八章

何关钰. 1982. 线性控制系统理论. 辽宁人民出版社

张象枢. 1987. 农业系统工程概论

汪云九、顾凡及. 1986. 生物控制论研究方法. 科学出版社

胡寿松. 1984. 自动控制原理. 国防工业出版社

徐强、俞修海、施关澄. 1986. 现代控制论入门. 上海科学技术出版社

秦寿康、张正方. 1984. 最优控制. 电子工业出版社

Hitz K L and T E Fortmann. 吕林、郑学坚等译. 1980. 线性控制系统引论. 机械工业出版社

Mahmoud M S and M G Singh. 1984. Discrete Systems Analysis , Control and Optimization, Springer-Verlag

Shinners S M. 1978. Modern control system theory and application, Addison-Wesley Publishing Company